Colored Illustration

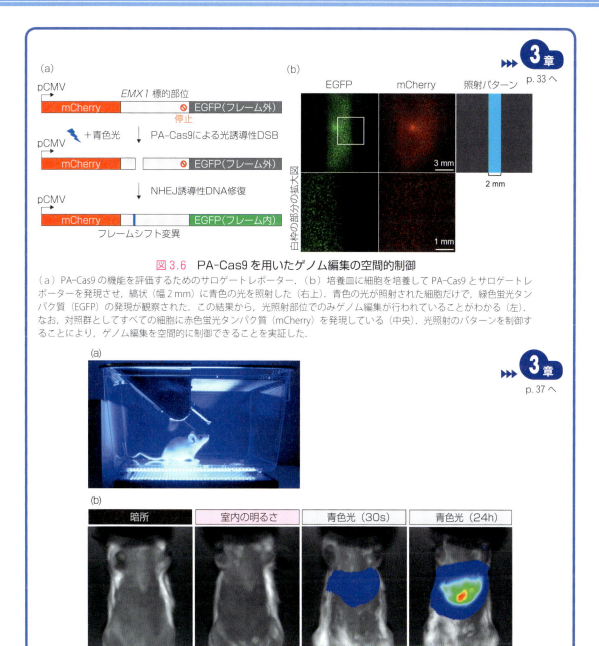

図 3.6　PA-Cas9 を用いたゲノム編集の空間的制御
（a）PA-Cas9 の機能を評価するためのサロゲートレポーター．（b）培養皿に細胞を培養して PA-Cas9 とサロゲートレポーターを発現させ，縞状（幅 2 mm）に青色の光を照射した（右上）．青色の光が照射された細胞だけで，緑色蛍光タンパク質（EGFP）の発現が観察された．この結果から，光照射部位でのみゲノム編集が行われていることがわかる（左）．なお，対照群としてすべての細胞に赤色蛍光タンパク質（mCherry）を発現している（中央）．光照射のパターンを制御することにより，ゲノム編集を空間的に制御できることを実証した．

図 3.11　PA-Cre を用いた，生体外からの非侵襲的な光照射による生体深部の遺伝子の働きのコントロール
（a）DNA 組換え反応によりルシフェラーゼを発現するレポーターと PA-Cre をコードする cDNA を，ハイドロダイナミックインジェクション法でマウスの肝臓に導入した後，LED を用いてマウスに生体外から非侵襲的に青色光を照射した．（b）青色光によりマウスの肝臓で DNA 組換え反応が誘起され，レポーターからルシフェラーゼが発現する様子を可視化した．24 時間の光照射はもとより，30 秒間という短時間の光照射でも肝臓で遺伝子発現が観察された．一方，暗所や室内の明るさではまったくルシフェラーゼの発現は観察されなかった．

Colored Illustration

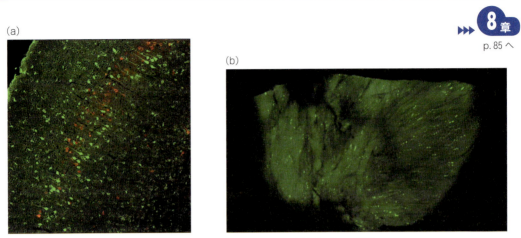

図 8.4 HITI 法によるマウスの生体内ゲノム編集
（a）局所的にゲノム編集した成体マウスの脳の一部の染色写真．神経特異的に発現する *Tubb3* 遺伝子の下流に蛍光タンパク質 GFP（緑）を HITI-AAV でノックインした．緑がノックインに成功した神経細胞を示している．赤は HITI-AAV 感染細胞．（b）全身性ゲノム編集を行ったマウスの心臓の一部の 3D 染色写真．緑がノックインに成功した心筋細胞の核を示している．

▶▶▶ 8章 p. 85 へ

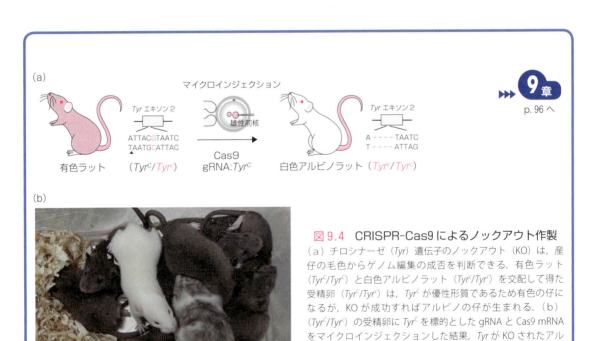

図 9.4 CRISPR-Cas9 によるノックアウト作製
（a）チロシナーゼ（*Tyr*）遺伝子のノックアウト（KO）は，産仔の毛色からゲノム編集の成否を判断できる．有色ラット（*Tyr^c^/Tyr^c^*）と白色アルビノラット（*Tyr^c^/Tyr^c^*）を交配して得た受精卵（*Tyr^c^/Tyr^c^*）は，*Tyr* が優性形質であるため有色の仔になるが，KO が成功すればアルビノの仔が生まれる．（b）（*Tyr^c^/Tyr^c^*）の受精卵に *Tyr^c^* を標的とした gRNA と Cas9 mRNA をマイクロインジェクションした結果，*Tyr* が KO されたアルビノラットが生まれた．有色毛と白色毛が斑になっているのはモザイク動物（後述）である．K. Yoshimi et al., *Nat. Commun.*, **5**, 4240 (2014) より．

▶▶▶ 9章 p. 96 へ

Colored Illustration

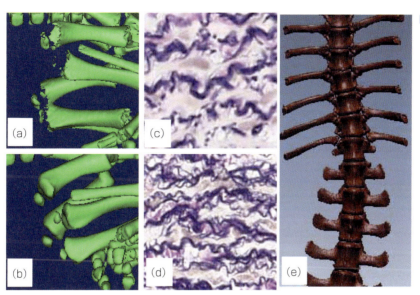

図10.8 *FBN1*遺伝子ヘテロKOブタに現れたマルファン症候群の表現型

*FBN1*ヘテロKOブタ新生仔の大腿骨と脛骨には，骨端の石灰化遅延が見られた（a）．（b）は健常個体．*FBN1*ヘテロKOブタの大動脈中膜組織には弾性板層の形成異常が見られた（c）．健常個体（d）の弾性板層に比べて，コラーゲン繊維の形成が不連続で断裂が見られる．（e）*FBN1*ヘテロKOブタに見られた脊椎側弯．*FBN1*変異ブタには，以上の表現型のほかに口蓋異常，水晶体脱臼などの症状が見られた．

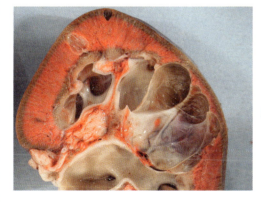

図10.9 *PKD*遺伝子ヘテロKOブタに見られた多嚢胞腎の表現型

*PKD*ヘテロKOファウンダークローン（5カ月齢）に見られた腎臓の嚢胞形成．ファウンダー個体の繁殖で得られた次世代個体においても同様の腎嚢胞が発症した．*PKD*ヘテロKOブタは，常染色体優性遺伝病の発症動態を忠実に再現しているといえる．

Colored Illustration

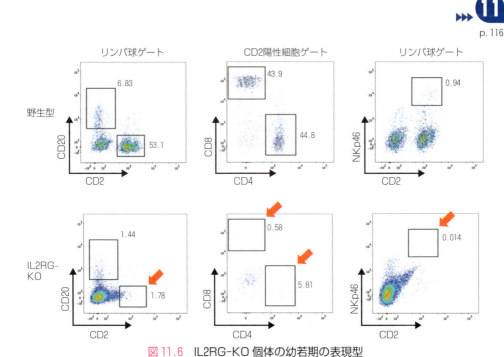

図11.6 IL2RG-KO 個体の幼若期の表現型

血液を対象とした FACS 解析結果. 上段は仮親の末梢血, 下段は IL2RG-KO 個体の臍帯血の解析結果を示す. IL2RG-KO では B 細胞は野生型と同程度に存在するが, 矢印で示された T 細胞と NK 細胞は著しく減少している (CD20 陽性: B 細胞. CD2, 4, 8 陽性: T 細胞. NKp46 陽性: NK 細胞).

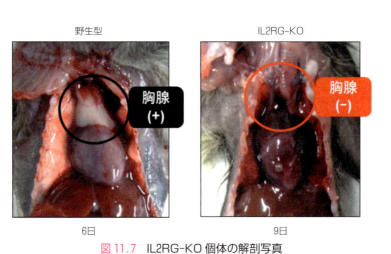

図11.7 IL2RG-KO 個体の解剖写真

飼育初期に死亡した個体の剖検結果. IL2RG-KO 個体では胸腺が著しく委縮している.

Colored Illustration

p.160 へ

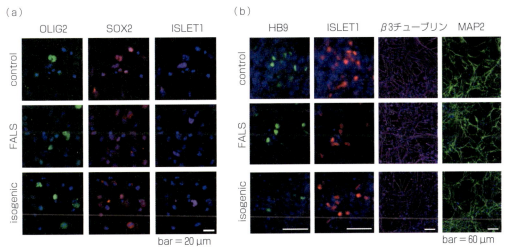

図 15.5 MPC および運動ニューロンにおけるマーカータンパク質発現
（a）MPC マーカー発現，（b）運動ニューロンマーカー発現．

p.160 へ

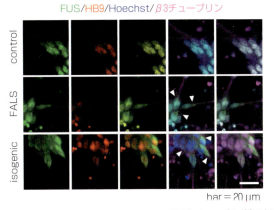
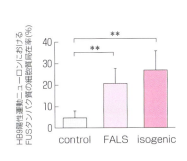

図 15.6 FUS タンパク質の細胞質への漏出

Colored Illustration

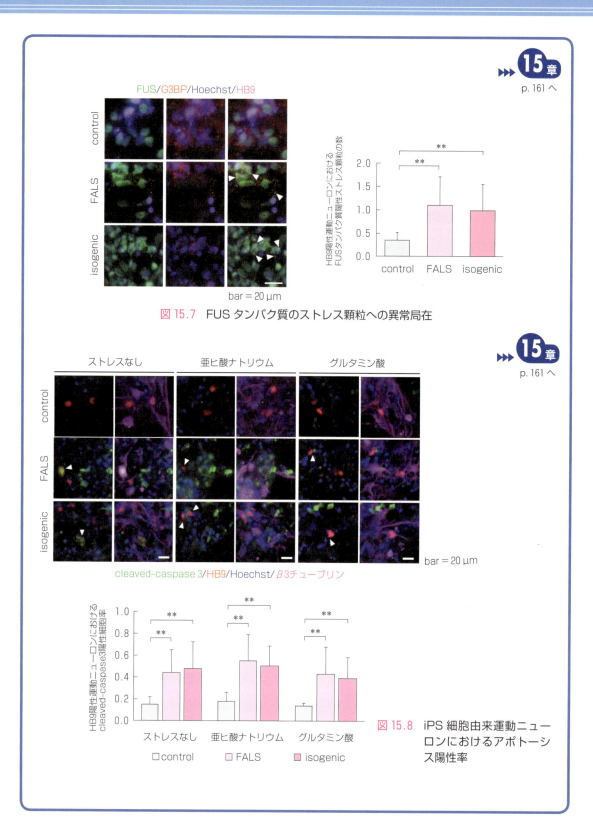

図 15.7 FUS タンパク質のストレス顆粒への異常局在

図 15.8 iPS 細胞由来運動ニューロンにおけるアポトーシス陽性率

Colored Illustration

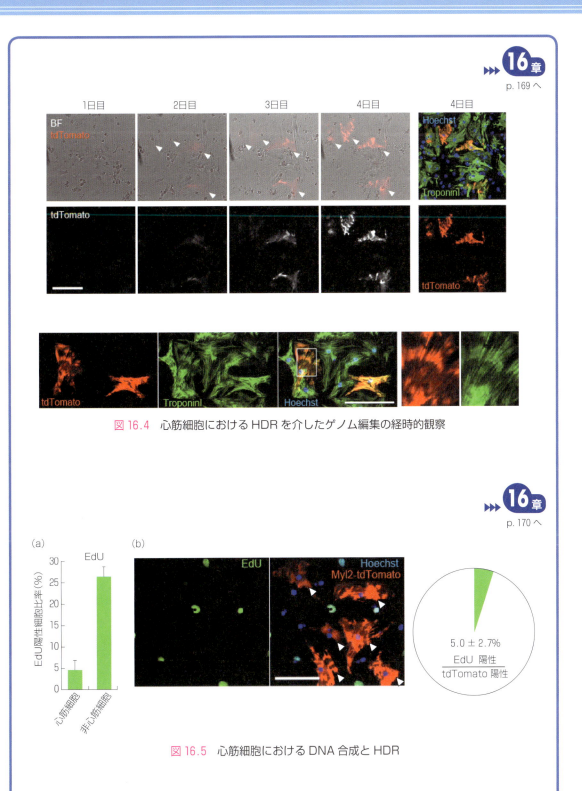

図 16.4 心筋細胞における HDR を介したゲノム編集の経時的観察

図 16.5 心筋細胞における DNA 合成と HDR

Colored Illustration

>>> 16章
p.174 へ

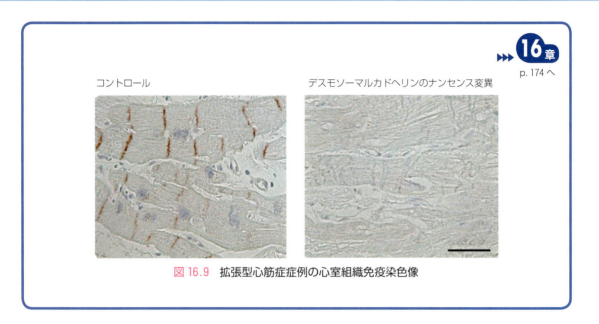

図 16.9 拡張型心筋症症例の心室組織免疫染色像

>>> 18章
p.193 へ

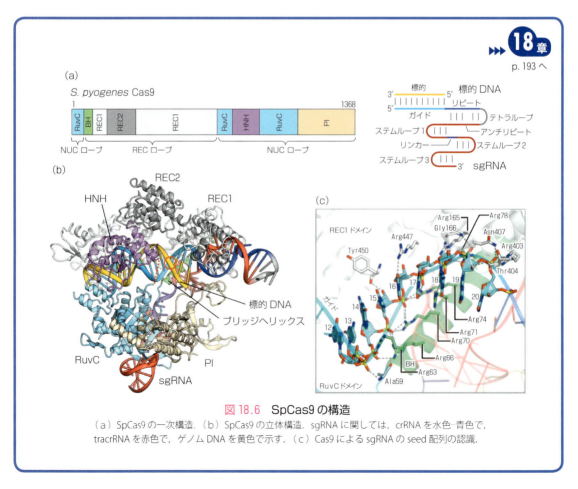

図 18.6 SpCas9 の構造
（a）SpCas9 の一次構造．（b）SpCas9 の立体構造．sgRNA に関しては，crRNA を水色−青色で，tracrRNA を赤色で，ゲノム DNA を黄色で示す．（c）Cas9 による sgRNA の seed 配列の認識．

C-8

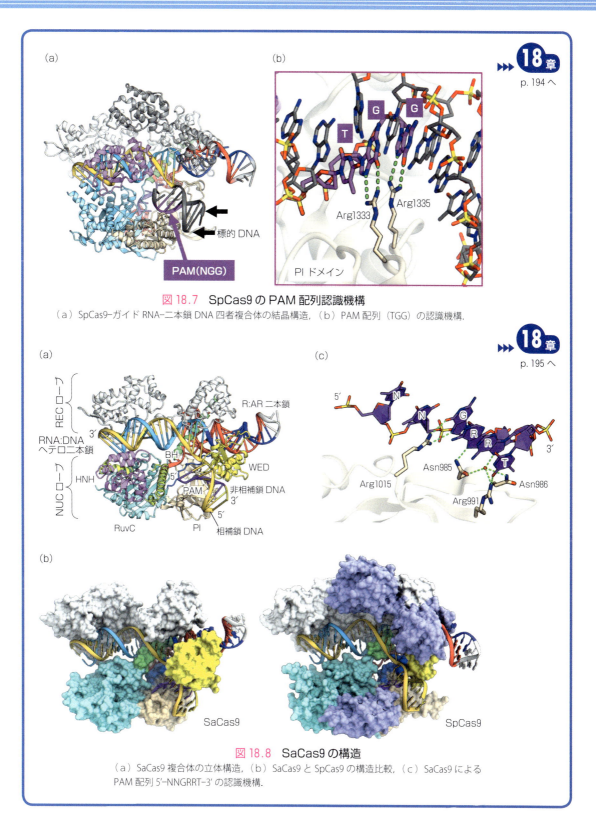

図 18.7 SpCas9 の PAM 配列認識機構
（a）SpCas9-ガイド RNA-二本鎖 DNA 四者複合体の結晶構造，（b）PAM 配列（TGG）の認識機構.

図 18.8 SaCas9 の構造
（a）SaCas9 複合体の立体構造，（b）SaCas9 と SpCas9 の構造比較，（c）SaCas9 による PAM 配列 5′-NNGRRT-3′ の認識機構.

Colored Illustration

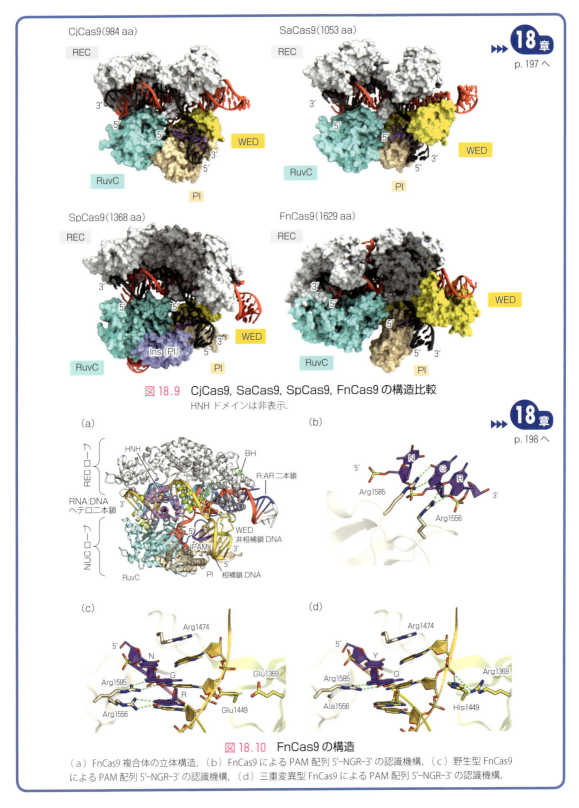

図 18.9 CjCas9, SaCas9, SpCas9, FnCas9 の構造比較
HNH ドメインは非表示.

図 18.10 FnCas9 の構造
（a）FnCas9 複合体の立体構造，（b）FnCas9 による PAM 配列 5'-NGR-3' の認識機構，（c）野生型 FnCas9 による PAM 配列 5'-NGR-3' の認識機構，（d）三重変異型 FnCas9 による PAM 配列 5'-NGR-3' の認識機構．

医療応用をめざす
ゲノム編集

最新動向から技術・倫理的課題まで

真下知士・金田安史 編

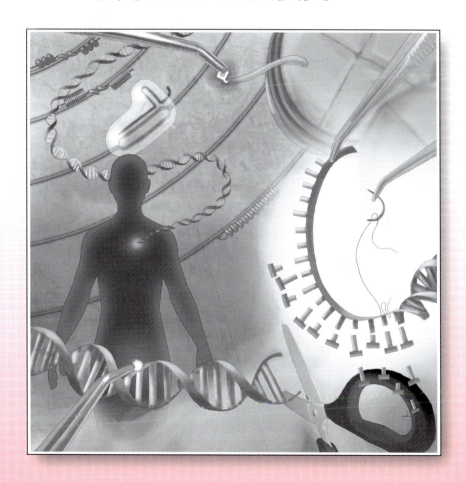

化学同人

執筆者一覧

編　者

真下　知士　　大阪大学大学院医学系研究科
金田　安史　　大阪大学大学院医学系研究科

執筆者

1章	金田　安史	大阪大学大学院医学系研究科
2章	佐久間哲史	広島大学大学院理学研究科
	山本　　卓	広島大学大学院理学研究科
3章	佐藤　守俊	東京大学大学院総合文化研究科
4章	西田　敬二	神戸大学大学院科学技術イノベーション研究科
5章	森田　純代	群馬大学生体調節研究所
	堀居　拓郎	群馬大学生体調節研究所
	畑田　出穂	群馬大学生体調節研究所
6章	藤田　敏次	弘前大学大学院医学研究科
	藤井　穂高	弘前大学大学院医学研究科
7章	落合　　博	広島大学大学院理学研究科
8章	鈴木啓一郎	大阪大学高等共創研究院
9章	宮坂　佳樹	大阪大学大学院医学系研究科
	吉見　一人	大阪大学大学院医学系研究科
	真下　知士	大阪大学大学院医学系研究科
10章	長嶋比呂志	明治大学農学部
11章	佐藤　賢哉	実験動物中央研究所
	佐々木えりか	実験動物中央研究所
12章	堀田　秋津	京都大学iPS細胞研究所
	岩渕久美子	京都大学iPS細胞研究所
13章	小玉　尚宏	大阪大学大学院医学系研究科
	竹原　徹郎	大阪大学大学院医学系研究科
14章	北畠　康司	大阪大学大学院医学系研究科
15章	岡野　栄之	慶應義塾大学医学部
	一柳　直希	慶應義塾大学医学部
16章	肥後修一朗	大阪大学大学院医学系研究科
	坂田　泰史	大阪大学大学院医学系研究科
17章	小澤　敬也	自治医科大学名誉教授
18章	濡木　　理	東京大学大学院理学系研究科
19章	田村　泰造	九州大学大学院農学研究院
	中村　崇裕	九州大学大学院農学研究院
20章	三谷幸之介	埼玉医科大学ゲノム医学研究センター
21章	石井　哲也	北海道大学安全衛生本部

まえがき

　ゲノム編集の登場により，バイオサイエンスや医薬開発研究に"革命"が起きている．CRISPR-Cas9 システムは，ガイド RNA（gRNA）と Cas9 タンパク質を動植物の細胞や受精卵に導入するだけで，ゲノム配列を編集（改変）することができる．その応用範囲はバイオサイエンス研究だけでなく，農作物や畜産動物の品種改良にも利用されている．さらにモデル動物の開発，再生医療やゲノム編集治療などへの応用研究が活発に進められ，その勢いは増すばかりである．

　もちろんゲノム編集には，その規制やガバナンス，リスクマネジメント，生命倫理学的諸問題の検討など考えなければならない課題が存在する．医療応用への技術的なハードルとしては，標的以外の遺伝子を改変してしまう"オフターゲット効果"が重要課題である．これを低減するため，改変型 Cas9 やダブルニッキング法などの技術開発が進められている．Cas9 の DNA 切断活性を不活化した dead Cas9（dCas9）と塩基置換酵素を結合させた"Base Editor"は，DNA を切断せずに遺伝子の一塩基変異を導入することができ，オフターゲットのリスクがより少ないゲノム編集治療法として注目を集めている．またゲノムを傷つけず，RNA を編集できる新たな CRISPR-Cas システムも登場してきており，より安全な遺伝子治療法の開発研究に寄せられる期待は大きい．

　すでにアメリカで実施されたエイズ患者の T 細胞における HIV レセプターノックアウトを皮切りに，イギリスの急性リンパ性白血病患児に対する TALEN を使った CAR-T 療法，ムコ多糖症の患者体内に直接 ZFN を投与する *in vivo* ゲノム編集治療など，世界ではゲノム編集の社会実装に向けた熾烈な開発競争が繰り広げられている．日本では，ゲノム編集基本特許が欧米に押さえられていることから，多くの製薬企業等は開発競争に後れをとっており，日本発の新しいゲノム編集技術の開発が待たれている．

　本書では，ゲノム編集とその医療応用における最新の開発動向，課題，未来展望について，日本を代表する研究者の方々にご執筆をお願いした．ゲノム編集の基本原理や技術利用，研究開発の成果を簡潔にご説明いただき，最先端の知見，今後の医療応用や未来予測についても，研究者のみならず生物学を専攻する学生や，現在医師を目指している学生にもわかりやすいようご配慮いただいた．これからますます進化するゲノム編集技術の現状を理解し，研究に生かすきっかけとして本書をご活用いただければ幸甚である．

2018 年 6 月

編者　真下知士　金田安史

目　次

Colored Illustration　口 絵 C-1

イントロダクション

1章　ゲノム編集の医療応用 1

- 1.1　遺伝子治療の現状　　　　　　　　　1
- 1.2　ゲノム編集の遺伝子治療への応用　　5
- 1.3　おわりに　　　　　　　　　　　　13

Part I　ゲノム編集技術の利用

2章　総論：ゲノム編集 16

- 2.1　はじめに　　　　　　　　　　　　16
- 2.2　ゲノム編集の基本ツール　　　　　17
- 2.3　さまざまな CRISPR-Cas 関連システム　　　　　　　　　　　　19
- 2.4　ゲノム編集と DSB 修復機構　　　21
- 2.5　遺伝子ノックアウト・ノックイン以外のゲノム改変　　　　　　　　　23
- 2.6　ゲノム DNA の配列改変を伴わないゲノム編集ツールの派生的応用　　24
- 2.7　ゲノム編集の特異性とオフターゲット作用　　　　　　　　　　　　25
- 2.8　おわりに　　　　　　　　　　　　26

3章　ゲノムの光操作技術の創出 28

- 3.1　光スイッチタンパク質　　　　　　28
- 3.2　CRISPR-Cas9 システムの光操作技術　31
- 3.3　Cre-loxP システムの光操作技術　　35
- 3.4　おわりに　　　　　　　　　　　　38

4章　塩基変換反応によるゲノム編集 39

- 4.1　ヌクレアーゼ型ゲノム編集の課題　39
- 4.2　デアミナーゼの塩基変換反応を用いたゲノム編集　　　　　　　　　　39
- 4.3　今後の展望　　　　　　　　　　　43

5章　エピゲノム編集技術 …… 44

5.1	エピゲノムとは	*44*	5.5	エピゲノム編集技術の課題 *50*
5.2	エピゲノム編集技術とは	*45*	5.6	臨床的な応用 *51*
5.3	エピゲノム編集技術の実際	*48*	5.7	おわりに *51*
5.4	エピゲノム編集のさらなる改変	*49*		

6章　ゲノム編集技術の応用：enChIP法とその創薬への応用 …… 53

- 6.1　はじめに　*53*
- 6.2　enChIP法の原理　*55*
- 6.3　enChIP法による解析対象ゲノム領域結合タンパク質の同定　*56*
- 6.4　enChIP法による解析対象ゲノム領域結合RNAの同定　*57*
- 6.5　enChIP法による解析対象ゲノム領域結合DNAの同定（ゲノム領域間相互作用の同定）　*57*
- 6.6　細胞内での人工DNA結合分子の発現を必要としない *in vitro* enChIP法　*59*
- 6.7　*in vitro* enChIP法の開発　*60*
- 6.8　*in vitro* enChIP法による解析対象ゲノム領域結合DNAの同定（ゲノム領域間相互作用の同定）　*60*
- 6.9　enChIP法の創薬などへの応用　*62*
- 6.10　おわりに　*64*

7章　生細胞内の特定ゲノム領域のライブイメージング技術 …… 65

- 7.1　間期細胞核内における遺伝子局在の可視化　*65*
- 7.2　生細胞における特定ゲノム領域の可視化技術の原理　*69*
- 7.3　特定ゲノム領域可視化技術の応用例　*72*
- 7.4　今後この技術で期待されること　*75*

8章　生体内におけるゲノム編集 …… 77

- 8.1　はじめに　*77*
- 8.2　ゲノム編集の基本原理　*79*
- 8.3　動物モデルを用いた生体内ゲノム編集法による遺伝子修復治療　*81*
- 8.4　NHEJを利用したHITI法による生体内ゲノム編集法　*82*
- 8.5　その他の原理を用いた生体内ゲノム編集法　*84*
- 8.6　Casマウスの開発　*86*
- 8.7　おわりに　*86*

■目次■

Part II 疾患モデル動物

9章 疾患モデルマウス，ラット 90

- 9.1 はじめに　*90*
- 9.2 疾患モデル　*91*
- 9.3 ゲノム編集技術による遺伝子改変　*92*
- 9.4 ゲノム編集動物作製の課題　*96*
- 9.5 おわりに　*98*

10章 ゲノム編集による単一遺伝子疾患モデルブタの開発 100

- 10.1 ブタにおける単一遺伝子疾患の再現　*100*
- 10.2 X連鎖性遺伝病モデル　*101*
- 10.3 常染色体優性遺伝病モデル　*103*
- 10.4 常染色体劣性遺伝病モデル　*105*
- 10.5 まとめ　*106*

11章 ゲノム編集による疾患モデルマーモセット 108

- 11.1 遺伝子改変霊長類作製の変遷　*108*
- 11.2 霊長類でのゲノム編集における問題点とその解決　*112*
- 11.3 ゲノム編集による疾患モデルマーモセットの作製　*114*
- 11.4 おわりに　*119*

Part III 疾患治療

12章 ゲノム編集によるデュシェンヌ型筋ジストロフィーの治療戦略 122

- 12.1 デュシェンヌ型筋ジストロフィーの病態　*122*
- 12.2 原因遺伝子ジストロフィンの構造と機能　*122*
- 12.3 既存の治療法と開発中の治療法　*124*
- 12.4 DMDにおけるゲノム編集研究の進展　*125*
- 12.5 ゲノム編集治療開発へ向けた課題と展望　*131*
- 12.6 今後の課題　*134*

13章 CRISPR-Cas技術を用いたB型肝炎根治を目指す新規治療法 137

- 13.1 はじめに　*137*
- 13.2 HBVゲノムとHBV遺伝子　*138*
- 13.3 HBVの生活環　*139*
- 13.4 B型肝炎の疫学　*140*
- 13.5 B型肝炎の臨床経過　*140*
- 13.6 B型慢性肝炎の治療　*141*
- 13.7 CRISPR-Casを用いたHBV治療　*142*
- 13.8 CRISPR-Casを用いたHBV治療の問題点　*144*
- 13.9 おわりに　*145*

14章　ゲノム編集と疾患特異的 iPS 細胞を用いたダウン症候群の病態解明 …… 147

- 14.1　ダウン症候群の実験モデル系　*147*
- 14.2　ダウン症候群における造血異常と一過性骨髄異常増殖症（TAM）　*148*
- 14.3　疾患特異的 iPS 細胞とゲノム編集技術による TAM の実験モデルの確立　*148*
- 14.4　ヒト iPS 細胞におけるゲノム編集の実際　*150*
- 14.5　ダウン症候群における病態メカニズム　*151*
- 14.6　21 番染色体における TAM の責任領域/遺伝子の同定　*153*
- 14.7　今後の展望　*154*

15章　神経変性疾患におけるゲノム編集技術とその医療応用 …… 156

- 15.1　iPS 細胞とゲノム編集技術を用いた神経変性疾患モデル構築　*156*
- 15.2　ALS と FUS　*158*
- 15.3　iPS 細胞を用いた ALS 病態解析　*159*
- 15.4　ALS 患者由来 iPS 細胞を用いた薬剤スクリーニングと臨床試験　*162*
- 15.5　おわりに　*163*

16章　拡張型心筋症におけるゲノム編集治療 …… 166

- 16.1　拡張型心筋症と遺伝子変異　*166*
- 16.2　心筋細胞を対象としたゲノム編集　*168*
- 16.3　マウス培養心筋細胞における HDR を介したゲノム編集　*168*
- 16.4　心筋症遺伝子変異に対するゲノム修復　*170*
- 16.5　心筋細胞におけるゲノム編集の課題　*171*
- 16.6　拡張型心筋症患者由来疾患 iPS 細胞を用いた病態解析　*173*
- 16.7　おわりに　*174*

17章　CAR-T 遺伝子治療へのゲノム編集技術の応用 …… 176

- 17.1　はじめに：T 細胞を用いた遺伝子治療へのゲノム編集技術の応用　*176*
- 17.2　CAR-T 遺伝子治療のコンセプト　*177*
- 17.3　CAR-T 遺伝子治療の特徴　*178*
- 17.4　B 細胞性腫瘍に対する CAR-T 遺伝子治療の臨床試験　*179*
- 17.5　CAR-T 遺伝子治療の副作用と対策　*180*
- 17.6　ゲノム編集技術の応用によるユニバーサル CAR-T 遺伝子治療の開発　*181*
- 17.7　固形がんに対する CAR-T 遺伝子治療へのゲノム編集技術の応用　*183*
- 17.8　おわりに　*184*

■目 次■

Part IV　産学連携

18章　CRISPRの医療応用の最前線 …… 186

18.1	はじめに　*186*	18.5	立体構造に基づく理想的なゲノム編集ツールの開発　*199*
18.2	CRISPR-Cas の特許紛争　*188*		
18.3	海外企業の動向　*190*	18.6	医療分野におけるゲノム編集の将来展望　*200*
18.4	CRISPR-Cas の立体構造と分子機構　*192*		

19章　新規ゲノム編集ツール …… 203

19.1	PPR タンパク質　*203*	19.3	PPR を用いた核酸操作技術の開発　*208*
19.2	PPR を利用した DNA 操作，RNA 操作技術の開発　*206*	19.4	ゲノム編集の産業利用　*211*
		19.5	今後の展望　*214*

Part V　倫理と課題

20章　ゲノム編集の臨床応用に向けての課題 …… 218

20.1	はじめに　*218*	20.5	ヒト受精卵でのゲノム編集治療　*225*
20.2	ゲノム編集技術の臨床応用　*219*	20.6	おわりに　*226*
20.3	安全性の評価　*220*		
20.4	対象疾患から考えるリスク・ベネフィット　*225*		

21章　ゲノム編集医療の倫理的課題 …… 228

21.1	遺伝子治療とゲノム編集治療　*228*	21.3	ゲノム編集医療と国内規制　*239*
21.2	生殖細胞系列ゲノム編集　*235*	21.4	おわりに　*240*

用語解説 …… *243*
索　引 …… *249*

イントロダクション

ゲノム編集の医療応用

Summary

　ゲノム編集の医療応用は遺伝子治療の範疇に含まれるため，まずは遺伝子治療の現状とその進展について紹介する．従来の遺伝子治療は治療遺伝子の発現によって細胞機能を回復させるアプローチであり，ゲノム自体を改変する方法ではなかった．それでも遺伝子治療のベクター技術などの進歩は目覚ましく，成功例が続々と報告されるようになり，2012 年以降，欧米で承認を受けた遺伝子治療薬は遺伝性疾患やがんを含めて 3 種類にのぼり，今後も承認される治療薬の件数は増加すると予想される．そうした状況下でゲノム編集技術が開発され，次々と改良されて，それが遺伝子治療に取り込まれ，実際の臨床応用も始まり，好成績を収めつつある．これらはいずれも体細胞でのゲノム編集による疾患治療であり，対象とする遺伝子を破壊して治療する方法である．ゲノム編集を変異遺伝子の修復技術のみと捉えると，実はまだまだ効率が低く，逆に治療の可能性を低くしてしまう．ゲノムの特定部位に遺伝子を挿入することによって安定に遺伝子発現の調節を行うことも可能であり，今後，ゲノム編集技術の導入によって，遺伝子治療の対象疾患は確実に拡大し，成功例は急増することが予想される．一方で，受精卵のゲノム編集も可能になりつつあり，世代を超えて改変されたゲノムが子孫に伝えられる可能性も膨らんできた．これは遺伝性疾患の究極的な治療法になると考えられる一方で，ヒトの受精卵の遺伝子を改変することの倫理性と，それが後世に及ぼす予想もできない事態を懸念する声も上がっている．

1.1　遺伝子治療の現状

　遺伝子治療は，1990 年代には難病に対する革新的な治療法として大いに注目され，臨床応用の件数も飛躍的に伸びた．ただし，未熟な技術にもかかわらず，期待だけが大きかった．1990 年代の後半には，成果が出ない一方で，死亡事故や規制違反など問題点が浮き彫りになった．2000 年代には X 連鎖性重症複合型免疫不全症（X-linked severe combined immunodeficiency：X-SCID）の遺伝子治療で，3 年間免疫状態が改善していた患者から相次いで白血病が発症し，遺伝子治療に対する期待が急速に衰えた．このような重大な有害事象のために，2000 年代は遺伝子治療に携わる者にとっては冬の時代であった．しかしその間に，研究面では基礎生物学に根差したサイエンスが発展した．たとえば，レンチウイルスとレトロウイルスのゲノム挿入サイトの解析，さまざまな特性（抗原性や組織親和性）をもつアデノ随伴ウイルス（adeno-associated virus）ベクターの開発，次世代シーケンサーを用いた迅速なゲノム解析技術の開発などがあった．それらが多くの遺伝性疾患の遺伝子治療を成功に導く原動力になった．実際に 2011 年頃から，遺伝性疾患の治療が相次いで好成績を上げ始め，がん治療でも有望な治療法が開発されてきた．臨床応用も安定して伸び始めている．それらの成果を表 1.1 にまとめる．代表的な疾患治療について以下に解説する．

表1.1 最近の遺伝子治療臨床応用の成果

疾患	ベクター	方法	期間（月）	有効症例数/総症例数（有効率）
遺伝性疾患		造血幹細胞		
ウィスコット・アルドリッチ症候群	LV	HSC（体外導入）	10–60	7/7（100%）
ウィスコット・アルドリッチ症候群	LV	HSC（体外導入）	9–42	5/6（83%）
X連鎖性重症複合免疫不全症	RV	HSC（体外導入）	12–39	7/9（78%）
βサラセミア	LV	HSC（体外導入）	24–72	1/2（50%）
βサラセミア	LV	HSC（体外導入）	15	2/2（100%）
βサラセミア	LV	HSC（体外導入）	1–6	2/2（100%）
副腎白質ジストロフィー	LV	HSC（体外導入）	54–101	3/4（75%）
異染性白質ジストロフィー	LV	HSC（体外導入）	3–60	20/20（100%）
		全身投与（肝臓標的）		
血友病B	AAV8	静脈内投与	16–48	6/6（100%）
		網膜内投与		
レーバー黒内障（網膜変性疾患）	AAV2	片側，網膜下投与	36	5/5（100%）
レーバー黒内障	AAV2	片側，網膜下投与	54–72	3/3（100%）
レーバー黒内障	AAV2	片側，網膜下投与	36	6/12（50%）
リンパ腫，白血病		遺伝子改変T細胞		
B細胞リンパ腫，白血病（B細胞）	RV	抗CD19抗体（体外導入）	1–23	12/15（80%）
急性リンパ性白血病（B細胞）	RV	抗CD19抗体（体外導入）	1–4	5/5（100%）
急性リンパ性白血病（B細胞）	LV	抗CD19抗体（体外導入）	1–24	27/30（90%）
急性リンパ性白血病（B細胞）	RV	抗CD19抗体（体外導入）	平均10	14/21（67%）

文献3に基づき改変．LV: lentivirus vector, RV: retrovirus vector, AAV: adeno-associated virus vector, HSC: hematopoietic stem cell.

1.1.1 遺伝性疾患

（1）アデノシンデアミナーゼ欠損症

アデノシンデアミナーゼ（adenosine deaminase: ADA）欠損症は免疫不全症であるが，1990年に初めて遺伝子治療が行われた対象疾患である．レトロウイルスベクターを用いた遺伝子導入により，最初の1例のみ成功したかに見えたが，その後の同様な治療では好成績が得られなかった．その原因は，末梢のT細胞を用いた遺伝子治療であるため，遺伝子導入された細胞の寿命により長期間の回復は望めないことにあると考えられた．そこでレトロウイルスベクターによる骨髄造血幹細胞への遺伝子治療が2002年に始められていた[1]．図1.1に示すように，患者から取り出した骨髄造血幹細胞にレトロウイルスベクターを用いてADA遺伝子を導入し，また体内に戻す方法である．レトロウイルスベクターによる骨髄造血幹細胞への遺伝子導入は，フランスで行われたX-SCIDの遺伝子治療で白血病を発症させたことにより危険な組合せではないかと懸念されたが，こちらでは白血病の発症は見られなかった．この原因は，X-SCIDの導入遺伝子がIL-2などのサイトカイン受容体遺伝子（γc）であり，この発現自身がリンパ球の増殖を促すものであるのに対し，ADA遺伝子は核酸代謝に関与し，リンパ球の増殖促進作用がなかったことによると考えられている．2002年に始まったADA欠損症の遺伝子治療は，図1.1に示したように14年間フォローされ，18名の患者全員が生存し，他の治療を受けなくても健康を維持できた患者は80%にも及んだ．その後プロトコルの改訂などもあったが，Telethonという活動を通した民間の寄附と大手製薬企業のGlaxoSmithKline（GSK）社の財政援助に支えられ，最終的にGSK社が受け継いで，2016年3月末に欧州医薬品庁でADA欠損症の治療薬Strimvelis®として承認された．

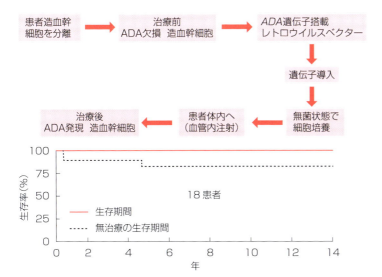

図1.1 骨髄造血幹細胞を用いたADA欠損症の遺伝子治療
下図のように，14年間の追跡調査で好成績を得られたため，遺伝子医薬品としての承認を受けた．

(2) 副腎白質ジストロフィー

副腎白質ジストロフィー (adrenoleukodystrophy：ALD) では，長鎖脂肪酸分解酵素の異常（伴性劣性遺伝）により長鎖脂肪酸が神経系に蓄積し，中枢神経のミエリンの喪失（脱髄）を起こし，脳の白質を傷害する．2008年にフランスでは，ABC (ATP-binding cassette) トランスポーターの一つである *ABCD1* 遺伝子（脂肪酸のペルオキシソームへの輸送に関与）を骨髄造血幹細胞にレンチウイルスベクターで導入し，その細胞を患者に投与した．骨髄細胞が脳内にも入り，*ABCD1* 遺伝子発現により脂肪酸の蓄積を防ぐことが期待された．ここで用いたレンチウイルスベクターは，エイズ (acquired immunodeficiency syndrome：AIDS) を起こすヒト免疫不全ウイルス (human immunodeficiency virus：HIV) を改変し，さまざまな細胞に遺伝子導入ができる．休止期の細胞の核内に入り込んでゲノム中に挿入されるため，長期遺伝子発現が可能である．ゲノム中に挿入されるが，古典的なレトロウイルスベクターとは異なり，安全性が高く，細胞がん化の報告はない．脱髄を伴う神経変性が進行してしまった状態では治療は難しいが，この遺伝子治療では，神経変性が起こる前の遺伝子診断で変異が認められた時点で遺伝子治療を開始すれば，疾病の進行を抑制でき，神経変性を抑制できている[2]．従来は，ほかに治療法がなくなってからでないと許されなかった遺伝子治療を，遺伝子診断と組み合わせて第一選択として用いることにより，患者に大きなベネフィットをもたらした点で画期的な成果であった．

(3) レーバー黒内障

AAVは，ヒト染色体19番の長腕のAAV-S1領域に入り込み，長期に潜伏する最小のウイルスである．これをベクターとして用いると，AAV-S1領域への挿入能はなくなるが，核内でゲノム外に長期に存在し，長期の遺伝子発現が可能である．AAVベクターを用いた遺伝子治療は，体外に取り出した細胞に遺伝子導入を行う *ex vivo* 法ではなく，直接組織や臓器に投与する *in vivo* 法であるが，AAVベクターのもつ長期遺伝子発現作用と，その血清型による組織親和性を利用して，安定な成果を上げてきている．レーバー黒内障 (Leber's congenital amaurosis：LCA) は約40,000人に1人の常染色体劣性の遺伝病で，網膜細胞を形成する遺伝子の変異により網膜変性が起こり，

生後間もなくから極度の視力低下と盲目に陥る．変異を起こす遺伝子によって18にも及ぶ分類がなされている．そのうちLCA2は*RPE65*遺伝子変異によって起こるが，この*RPE65*遺伝子を組み込んだAAV2ベクターを網膜下に直接注入する遺伝子治療が欧米で行われてきている．これにより，1回の投与で9割以上の患者で長期（3年以上）にわたる視力の回復が見られている[3]．

（4）リポ蛋白リパーゼ欠損症

リポ蛋白リパーゼ欠損症（lipoprotein lipase deficiency：LPLD）は，脂肪酸を分解できないため，高脂血症になり膵炎や糖尿病や動脈硬化になる疾患で，100万人に1人といわれる稀少疾患である．脂肪の摂取を抑制するだけでも症状は軽減するが，欧米では重症の膵炎で死亡例もある．この遺伝子治療は，*LPLD*遺伝子をもつAAVベクターを筋肉内に投与して，LPLを産生させ，脂肪の分解を促進するものである．*LPLD*遺伝子搭載のAAVベクターは，遺伝子治療製品Glybera (alipogene tiparvovec) として2012年10月25日に欧州医薬品庁で承認された．オランダのuniQure社が開発を進めてきた医薬品で，第1相から第3相まで合計27名の患者が参加した治験の結果をもって，欧州医薬品庁でオーファン指定を受け承認された．AAVには約10種類の血清型があるが，これらにはサル由来のAAV1を用いている．AAV1は，とくに筋肉への遺伝子導入に優れている．

（5）その他

このほかにAAVベクターを用いた遺伝子治療では，血友病Bでも成果が認められ，16カ月から4年にわたって症状の改善が見られている．また，パーキンソン病の治療遺伝子として使われている芳香族アミノ酸脱炭酸酵素（aromatic amino acid decarboxylase：AADC）を先天的に欠損した患者では運動神経に重度の障害が起こっているが，日本と台湾で行われている*AADC*遺伝子をもつAAV2ベクター投与による遺伝子治療において運動能力の著明な改善が認められている．レンチウイルスベクターを用いた骨髄造血幹細胞への遺伝子導入によって，重症貧血を起こすβサラセミア（β-thalassemia）では1カ月から6年にわたって50％以上の患者で貧血が改善した．また免疫不全を示すウィスコット・アルドリッチ症候群では，9カ月から5年にわたって75％以上の患者で出血傾向や易感染性などが改善している．さらに異染性白質ジストロフィーでは3カ月から5年にわたってすべての患者で神経症状が改善した．

1.1.2　が　ん

遺伝子治療の臨床応用の約三分の二は，がんを対象としたものである．1990年代には，がん抑制遺伝子の*TP53*遺伝子をもつアデノウイルスベクターによる遺伝子治療が国内外で行われたが，単独では十分な効果が得られなかった．最近では放射線治療との併用で効果が増強されることが証明されてきており，薬事承認に向けて治験が進められている．そのほかにも自殺遺伝子治療法や免疫遺伝子治療法などさまざまな方法が開発されたが，どれも単独では十分ではなく，この成功率の低さが遺伝子治療の効果に対してよくない印象を与えていた可能性は否めない．しかし最近になって，がん遺伝子治療の分野でも画期的な方法が開発され，高い成功率が報告されてきている．一つはキメラ抗原受容体T細胞（chimeric antigen receptor-T cell：CAR-T cell）法であり，もう一つは腫瘍溶解ウイルスである．

（1）CAR-T細胞法

CAR-T細胞とは，人工のT細胞受容体をもつT細胞である．腫瘍抗原を認識する一本鎖抗体をもつT細胞受容体（TCR）を遺伝子工学的に作成し，さらにその細胞質部分には，抗原抗体反応が起こったときに活性化シグナルを伝えるような

補助刺激分子やTCRの細胞質ドメインを付加している[4]．重要な点は，いかに特異的な抗体を使うかにあり，今のところB細胞の腫瘍抗原CD19を認識する抗体の遺伝子を使ったリンパ腫や白血病に限られるが，いずれの臨床試験においても100％に近い成功率を上げている．このがん細胞の認識の特異性が重要で，特異性が低下すると正常細胞まで攻撃されて免疫不全状態に陥るなど重篤な副作用が懸念される．また，この方法を固形がんにも応用しようという試みもなされている．中皮腫のマーカーであるメソセリン（mesothelin）は，卵巣がんや膵臓がんなどの腺がんのマーカーでもあるので，この抗体を用いたCAR-T細胞が作成されている．しかし固形がんの場合は，がん細胞ごとの不均一性が高く，また腫瘍組織内へのT細胞の浸潤も十分でない場合が多く，B細胞を対象とした治療と比較して，依然として難しい状況にあると考えられる．

（2）腫瘍溶解ウイルス

腫瘍溶解ウイルスとは，腫瘍細胞で特異性の高いシグナル伝達経路や特異的に発現の高い分子を利用してウイルス増殖をコントロールし，腫瘍細胞でのウイルス増殖により腫瘍細胞を破壊する方法である．天然の腫瘍溶解ウイルスも発見されているが，多くは遺伝子工学的にウイルスゲノムを改変して作製するもので，遺伝子治療の範疇に入れられる．アデノウイルスの*E1B*遺伝子を欠損させると増殖能の高い細胞（当初の報告では*p53*欠損細胞）で選択的にウイルス複製が起こることで，*E1B*欠損アデノウイルスが腫瘍溶解ウイルスとして認識されたことで急速に広まった．また，治療効果を高めるためにウイルスゲノムに治療遺伝子（*TP53*，*IL-12*，*GM-CSF*など）を入れ込んで発現させる場合もある．最近，その治療効果は単にウイルス増殖による腫瘍細胞の破壊だけでなく，ウイルスそのものの抗原性や搭載した治療遺伝子によって抗腫瘍免疫が活性化される効果も大きいことが明らかになってきた．その流れのなかで，2015年10月にアメリカ食品医薬品局（Food and Drug Administration：FDA）によってT-VEC（Talimogen Laherparepvec）がメラノーマ治療薬として承認され，12月には欧州医薬品庁にも承認された．これは単純ヘルペスウイルス1型（herpes simplex virus type-1：HSV-1）の遺伝子を欠損させて腫瘍細胞で選択的に増殖させるように改変した腫瘍溶解ウイルスであり，さらに免疫細胞を浸潤させて抗腫瘍免疫を活性化させる目的でGM-CSF（granulocyte monocyte colony-stimulating factor）の遺伝子を発現させるようにしたウイルスベクターでもある[5]．免疫チェックポイント阻害抗体との併用の治験もすでに進められており，切除不能のメラノーマ治療薬として期待されている．このほかにもヘルペスウイルスやアデノウイルスを用いた腫瘍溶解ウイルスの臨床試験が進んでおり，今後新たながん遺伝子治療薬が出現する可能性は高い．

1.2　ゲノム編集の遺伝子治療への応用

1.2.1　ゲノム編集技術の開発

図1.2に示すように，ゲノム編集による変異遺伝子修復の基本は，選択的に変異部位のDNA塩基配列を認識させてその付近のゲノム部位を切断し，引き続いて起こる相同組換え修復（homology-directed repair：HDR）により正常塩基配列をもつ鋳型DNAを利用して，変異部位を修復することである．そのためにはゲノムDNAの特異的な配列を認識させる技術が必要である．その目的のためにタンパク質やRNAを用いて特異的に塩基配列を認識させ切断するZFN（zinc-finger nuclease），TALEN（transcription activator-like effector nuclease）に加えて，CRISPR（clustered regularly interspaced short palindromic repeats）-Cas9（CRISPR-associated nuclease）などの技術

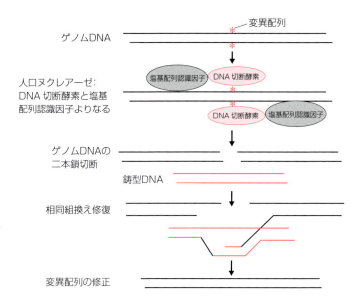

図 1.2 ゲノム編集技術による遺伝子変異修復の概念図
ZFN をモデルにしているが，TALEN，CRISPR-Cas9 法でも同様なゲノム編集が起こる．鋳型DNAがなければ非相同末端結合が起こり，最終的に挿入・欠失が生じて遺伝子破壊が起こる．

が開発された．

(1) ZFN

最初に開発されたのが，転写因子に含まれる ZF（zinc-finger）ドメインを利用して特定のアミノ酸配列を認識する方法で，さらに ZF に制限酵素を結合させた ZFN が開発された．この方法では，通常一つの ZFN は 3-6 個の ZF ドメインを含み，一つの ZF ドメインはグアニンを含む三つの塩基配列を認識できるので，9-18 個の塩基配列に結合できる．これに制限酵素の FokI を結合させることによって特異的な遺伝子配列を ZFN が切断でき，DNA の二本鎖切断が可能となる．これは画期的な技術として遺伝子治療への応用が期待されたが，全ゲノムシーケンスを行ったところ，非標的部位にもゲノム編集が起こっていること（オフターゲット効果）がわかり，遺伝性疾患治療への応用は難しいと判断された．

図 1.2 に示したように，DNA 切断が起こったときに鋳型 DNA があると，それとの間で HDR が生じ，変異が修復される．しかし鋳型 DNA がないと，多くの場合は非相同末端結合（non-homologous end joining: NHEJ）が起こる．この結合によって塩基の挿入や欠失（インデル）が生じる場合が多く，終止コドンができて mRNA からタンパク質へ翻訳できなくなり，遺伝子発現が見られなくなる．このような遺伝子破壊の場合，対象疾患によっては治療の可能性があると考えられ，ゲノム編集技術を利用した初めての遺伝子治療がエイズ患者に実施された（後述）．

(2) TALEN

DNA を認識するタンパク質として，植物の病原菌であるキサントモナス（Xanthomonus）の DNA 認識配列（transcription activator-like effector: TALE）に制限酵素を結合させた TALEN（TALE nuclease）が開発された．TALE の DNA 結合ドメインには RVD（repeat variable diresidue）というドメインが 12-26 個含まれており，このドメインによって二つのアミノ酸で一つの DNA を構築する塩基一つを認識できる．ZFN と同様に，センス鎖とアンチセンス鎖に結合して切断するので，この場合は 24 塩基以上を認識できる．このアミノ酸配列をさまざまに設計することで，特異的な遺伝子配列の認識が可能となる．標的部位を認識できる RVD を設計し，それを制限酵素に結合させた TALEN が開発された．TALEN は ZFN とゲノム編集能力がほぼ

同等と判断されるが，毒性が低いことが報告され，オフターゲット効果が低いという報告もある[6]．その塩基配列認識能は RVD に依存するが，設計が ZFN よりも容易で，特異性を高めることが可能である．

（3）CRISPR-Cas9

最近広く使われるようになった CRISPR-Cas9 は，細菌のウイルス防御システムを哺乳類の細胞に応用した技術である[7]．CRISPR-Cas9 の場合，1 回の導入で両アレルの遺伝子破壊も高い頻度で起こる．モデル動物の作出法として，この数年で爆発的に広まった．とくにこの方法は，設計において ZFN，TALEN とは比較にならないほど簡単で，基本的にはガイド RNA の設計だけで済ませることができる．変異のある遺伝子を修復するためには，正しい配列をもつ鋳型 DNA を核内に導入しておくと，それを使って HDR が起こり，遺伝子修復や遺伝子のノックインが可能となる．ここで問題となるのは，前述したオフターゲット効果の頻度である．Cas9 の改良（四つの変異によってオフターゲット効果を抑えた high-fidelity Cas9，DNA 二本鎖の片側のみを切断するニッカーゼ），ガイド RNA の長さと設定場所の最適化などによって，特異性をさらに向上させる研究が行われている．

1.2.2 遺伝子破壊による治療応用

現在，臨床研究に用いられているのは，変異遺伝子の修復ではなく，ゲノム編集技術を用いた特定遺伝子の破壊による治療である．

（1）ZFN の臨床応用

ZFN 技術の開発を行ってきたアメリカのベンチャー企業である Sangamo 社は，当初，レトロウイルスベクターによる白血病誘発が問題となっていた X-SCID の遺伝子治療への応用を計画していた．しかし全ゲノムシーケンスを行ったところ，非標的部位にもゲノム編集が起こっていること（オフターゲット効果）がわかり，遺伝性疾患治療への応用は難しいと判断された．そこで遺伝子修復ではなく，遺伝子破壊を目指し，ヒトで初めての応用が AIDS の治療で実施された[8]．AIDS を起こす HIV に感染した患者は免疫不全に陥るため，リンパ球を移植する必要があるが，その移植治療において HIV に感染しない T 細胞が見出された．その T 細胞を調べた結果，HIV の受容体の一つである CCR5 の遺伝子に 32 bp の欠失（CCR5 Δ32）があることが見出された．また，この欠失をもつ人は健康上の問題がなかった．このことは，CCR5 Δ32 をもつ T 細胞をゲノム編集によって作成し移植すれば，HIV が感染できなくなって AIDS の治療が可能になることを示している．そこで，$CD4^+T$ 細胞の *CCR5* を ZFN で破壊して CCR5 Δ32 の自己の $CD4^+T$ 細胞を構築し，0.5-1.0×10^{10} の $CD4^+T$ 細胞を患者に輸注した．ほとんどの患者で HIV の DNA は検出されず，4 人のうち 1 人で HIV RNA も検出限界以下となった．有害事象としては，1 人で輸注に伴う発熱や疼痛などがあった．現在は，末梢の $CD4^+T$ 細胞ではなく，自己の造血幹細胞での *CCR5* を同様に破壊して HIV 感染を抑制する臨床試験も実施されている．

（2）TALEN の臨床応用

イギリスでは，急性リンパ性白血病の小児に，他人の T 細胞を改変した CAR-T 細胞法による白血病治療を行う際，ゲノム編集技術が用いられた．他人の T 細胞が患者の正常組織を攻撃しないように，CAR-T 細胞の T 細胞受容体の遺伝子が TALEN を用いて破壊された．さらに白血病治療抗体を用いた治療からの攻撃を受けないようにするため，そのターゲットである CD52 の遺伝子も TALEN を用いて破壊された．この CAR-T 細胞の投与によって，患者の状態は安定するようになった（図 1.3）．

■ 1章　ゲノム編集の医療応用 ■

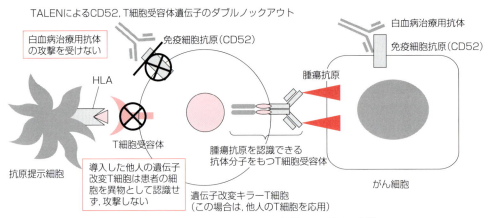

図1.3　TALENを用いたCAR-T細胞でのゲノム編集
ドナーのT細胞をもとにして作成したCAR-T細胞で，レシピエントの組織を攻撃しないように，T細胞受容体遺伝子を破壊した．また白血病治療抗体の使用を想定して，その抗体で攻撃されないようにCD52遺伝子も破壊し，白血病治療へ応用した．

(3) CRISPR-Cas9の臨床応用

　CRISPR-Cas9を用いた臨床応用は，中国において2016年10月28日，がん治療のために行われた．転移性小細胞性肺がん患者のT細胞を取り出し，抑制シグナルの受容体であるPD-1 (programmed cell death-1) をノックアウトし，その細胞を体内に戻す方法により，がんに対するキラーT細胞を活性化するものである．免疫チェックポイント阻害抗体と比較して，どのようなメリットがあるのかは不明であり，経過を観察中である．同様な治療法はアメリカでも承認されており，臨床応用が開始される予定である．

1.2.3　遺伝子変異の修復の試み

　ゲノム編集技術は遺伝子変異の修復が可能であるために，一躍注目されるようになった．しかし，この目的のための臨床応用はまだなされていない．それは遺伝子破壊とは異なり，正常配列を含む鋳型DNAを入れて，そこで相同組換えで修復するという方法の確率が，まだ十分に高くないためであろう．しかし動物実験では，多くの報告がなされている．たとえば，遺伝性高チロシン血症I型 (hereditary hypertyrosinemia type I: HTI) マウスの肝臓へのCRISPR-Cas9システムの遺伝子導入によって症状の改善が認められている[9]．HTIのマウスモデルでは，チロシン代謝の最終段階に関与するフマリルアセト酢酸加水分解酵素 (fumarylacetoacetate hydrolase: FAH) 遺伝子であるエキソン8の点変異 (G→A) によってスプライシング時にエキソン8が飛ばされ (スキッピング)，機能的なFAHが産生されなくなる．その結果，血中のチロシンレベルが上昇し，急性の肝臓障害や体重減少が起こる．このマウスモデルでは，肝細胞の1万個に1個でも正常のFAHを発現すれば，症状が改善することが知られている．そこで，変異塩基配列の部位に結合できるガイドRNAとCas9をもつプラスミドを構築し，同時に，その点変異を修復する鋳型となる性状のDNA断片 (199塩基の一本鎖) をマウス肝臓にハイドロダイナミック遺伝子導入 (hydrodynamic gene delivery) 法で導入した．この方法は，大量の溶液 (マウスでは1-2 mL) を急速に静脈注射することで一時的に心不全を起こさせ，右心房から肝臓への緩やかな逆流によって肝細胞への遺伝子導入を行うものである．約250個の肝細胞に1個の割合で正常のFAHが発現し，この

正常FAHをもつ肝細胞が選択的に増殖し，肝障害や体重減少の症状を改善した．オフターゲット効果はコンピュータ上の検索で3，4カ所が想定されたが，実際にはCas9によって切断されず，シーケンス上も非標的部位のインデル率は0.3%未満であった．しかしこれは，とくにゲノム編集を用いなくても，従来の遺伝子治療（正常遺伝子の強発現）で十分な治療効果を得られると考えられる．従来法では不可能な遺伝子治療をゲノム編集で可能にするところに意義があるという観点から，上述したレーバー黒内障の別タイプへの応用が考えられている．上述のタイプ2では*RPE65*遺伝子が短く，AAVベクターに入れて網膜に直接注入することで成果を収められた．しかし，この遺伝病には18もの変異タイプがあり，LCA10（Leber's congenital amaurosis type 10）は*CEP290*遺伝子の変異で起こるが，この遺伝子は7.5 kbである．AAVベクターに入れ込める外来遺伝子のサイズは4 kbであるので，*RPE65*遺伝子のようにはAAVベクターを利用できない．そこで*CEP290*遺伝子の変異に対してAAVベクターを用いてのゲノム編集による修復が試みられている[10]．

1.2.4 ゲノム編集による新たな遺伝子治療の可能性

(1) 標的部位への挿入による遺伝子治療

遺伝子治療の研究者は，遺伝子変異の修復よりも，ゲノムの特定領域へ遺伝子を自在に挿入できるゲノム編集の能力に，限りない可能性を感じている．なぜなら，遺伝子変異を修復しても，遺伝子導入法の能力から判断して組織全体の細胞で修復が起こるわけではなく，むしろ非常に低い確率（せいぜい10%程度）であり，それでは多くの場合，疾患の治療は成功しない．そこで受精卵でのゲノム編集ということになるが，これには倫理上問題があり，実施されていない．体細胞に限れば，別のアプローチが必要である．現在進められているのは，肝臓で非常に強く発現するアルブミンのプロモーター下に治療遺伝子を挿入する方法である．アルブミンは正常の1%になっても生体機能には影響しないと考えられている．もし肝臓の多くの肝細胞でアルブミン遺伝子が別の治療遺伝子に置換されても，副作用は起こらず，かわりに治療遺伝子が強力に発現してアルブミンのように分泌され，全身に供給されると期待される．そこで血友病A，Bそれぞれの原因遺伝子である第8，第9凝固因子の遺伝子を，ZFNを利用してアルブミン遺伝子の第1イントロンの一部に相同組換えを利用して挿入させるAAV8ベクターが作成された．この治療遺伝子の5′側にはスプライシング受容部位（splicing acceptor）の配列が入っており，アルブミンのエキソン1と治療遺伝子のRNAが連結したmRNAが生じる．このタンパク質はアルブミンと同様に幹細胞で大量に生産されて分泌される．このAAV8ベクターが血友病マウスの尾静脈から投与された[11]（図1.4）．第9因子は長期間（12週間以上）安定に分泌され，血友病マウスの血液凝固能の指標（活性化部分トロンボプラスチン時間）が野生型と同じレベルにまで大幅に改善した．同様の方法がリソソーム酵素欠損症（リソソーム酵素欠損により糖脂質が蓄積し，脳神経系をはじめとするさまざまな臓器の機能に影響を及ぼす）の治療にも使えるのではないかと考えられた．α-ガラクトシダーゼ（α-galactosidase）欠損症のファブリー（Fabry）病や酸性β-グルコシダーゼ（acid β-glucosidase）欠損症のゴーシェ（Gaucher）病を標的として，ZFNを用いたアルブミン遺伝子のイントロン1への治療遺伝子の挿入が試みられた．ゴーシェ病モデルマウスでは欠損酵素が8週間にわたって分泌され，高値が維持された[11]（図1.4参照）．これは，遺伝子治療でも回復が難しいと考えられてきたリソソーム酵素欠損症の画期的な治療法になる可能性が高

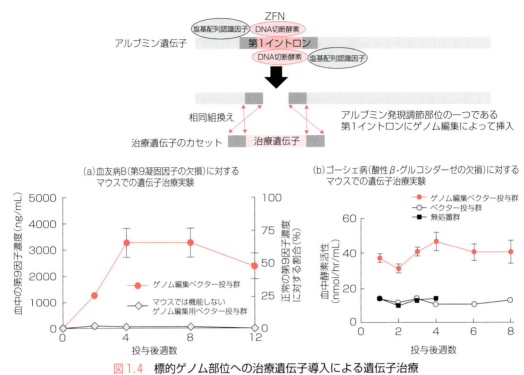

図1.4 標的ゲノム部位への治療遺伝子導入による遺伝子治療
アルブミンのプロモーター下に治療遺伝子をゲノム編集法で挿入した．肝臓からの強力な遺伝子発現により，第9凝固因子やリソソーム酵素が分泌され，血友病Bやゴーシェ病の治療が期待できる．

く，今後その臨床応用が注目される．

(2) HITI法

理化学研究所の恒川雄二らはHITI（homology-independent targeted integration）法を開発した．この方法では，Cas9によって切断される標的部位の配列を切断部位を境にして5′末端の8塩基（A配列と命名）と3′末端の8塩基（B配列と命名）に分け，標的のゲノム部位で挿入したい遺伝子の5′側にA配列，3′側にB配列を付加する．もし挿入したい遺伝子が正しい方向で挿入されると，その5′末端は，ゲノム側のA配列の次に挿入遺伝子のA配列が続き，3′末端は挿入遺伝子のB配列にゲノム側のB配列がつながっている．これはガイドRNAで認識されず，Cas9で切断されない．しかし逆方向で挿入されたり，挿入されずに元のまま修復されたりすると，接続部位にはAB配列が生じるので，Cas9で切断される．

Cas9とガイドRNAが供給される限り，正しい方向への挿入が起こるまでCas9によるゲノム切断が繰り返される．この遺伝子導入の機構は，相同組換え修復ではなく，非末端相同結合を利用している．相同組換え修復は細胞周期のS期やG2期でないと起こらないが，非末端相同結合はG1, S, G2期で起こる．したがって休止期の細胞でも遺伝子導入できるという大きなメリットがある．ソーク研究所のJ. C. I. Belmonteのグループは，この方法を*in vivo*に応用して，休止期の細胞の標的ゲノム部位への外来遺伝子挿入を試みた．神経細胞への高効率遺伝子導入，長期遺伝子発現のためにAAVベクター（AAV8または9）を用いて10週齢のマウス脳内へ導入したところ，10％の神経細胞で期待された遺伝子導入が実現された[12]．肝臓や骨格筋，心臓への標的導入にも成功しており，骨格筋では二つの相同遺伝子座へ

の標的挿入が約50%にも達している．この方法を治療応用するまでには，安全性の確認やオフターゲット作用の確認などの課題がある．また標的部位でインデルが起こった場合には，再切断が起こらず残ってしまうことも考えられるが，休止期の細胞の標的部位への高効率な遺伝子導入技術として評価されている．

(3) エキソンスキッピング

デュシェンヌ型（Duchenne）筋ジストロフィーでは，変異をもつ遺伝子のジストロフィンが巨大で，mRNAで約14,000塩基あり，ウイルスベクター（とくに筋肉への遺伝子導入に優れているAAVベクター）には入らない．しかし筋ジストロフィーのモデルマウスmdxでは，ジストロフィンのエキソン23のCAAがTAAになっているために終止コドンが生じ，ジストロフィンがつくられない．そこでエキソン23をゲノム編集法で切除して排除し，エキソン22と24を連結させたジストロフィンをつくることができる（図1.5）．以前は，アンチセンス核酸などを利用して，mRNAが編集されるスプライシングのときにエキソン23を認識させないようにして，このエキソンを飛ばしていたが（エキソンスキッピング），これはゲノム編集を用いてDNAのレベルで編集する方法であり，こちらのほうが簡便かつ完全で，

もし治療に応用するときにははるかに低コストである．このエキソンスキッピングでつくられるジストロフィンは完全ではないが，十分に機能して筋肉の分解を防ぐことができる．この遺伝子を，マウスの全身の筋肉に遺伝子導入が可能なAAV9ベクターに搭載してマウス静脈内に投与すると，骨格筋ばかりでなく心臓や横隔膜も含めたマウスの全身の筋肉でジストロフィンの発現が認められ，マウスは筋力が回復し，1回の投与で6カ月以上は筋力が保持された[13]．

1.2.5 受精卵でのゲノム編集

ゲノム編集技術はすでに植物や魚，家畜などの品種改良に用いられている．たとえば筋肉の成長を抑制するミオスタチン（myostatin）を標的としてTALEN mRNAを受精卵に導入し，ミオスタチン遺伝子を破壊して筋肉量を増加させた家畜の開発などが報告されている．またES細胞の遺伝子改変をしなくても，受精卵での特定遺伝子のノックアウトにより，さまざまな病態マウスをきわめて容易に作成できるようになった．同様な方法で疾病マウスの治療実験も行われている．また慶應義塾大学のグループは，CRISPR-Cas9法で，マーモセットの受精胚のIL-2受容体のγサブユニット遺伝子を破壊して，サルの免疫不全モデル

図1.5 筋ジストロフィー治療のためのエキソンスキッピング

ゲノム編集法で変異をもつエキソン23を省き，不完全だが機能的なジストロフィンを産生させる．AAV9ベクターを用いれば，全身の筋肉に機能的なジストロフィンタンパク質を発現させることができる．

の樹立に成功している[14]．

（1）マウス受精卵を用いたゲノム編集研究

筋ジストロフィーのモデルマウスmdxの受精卵に，変異部位を認識するガイドRNAとCas9のmRNA，さらに鋳型となる正常塩基配列を含む一本鎖DNAを注入した[15]．マウスのDNA解析により修復された11のマウスのうち，7匹はHDRが起こって修復された．また受精卵が分裂を始める前にCas9が働くと，個体のすべての細胞がゲノム編集を受けることになるが，分裂を始めてからゲノム編集が起こると，修正された細胞と未修正の細胞のキメラになってしまう．DNAの解析により，モザイク形成が起こっていることがわかった．受精卵でのゲノム編集による治療において，オフターゲット効果とともに大きな問題が提示された．

（2）ヒト受精卵でのゲノム編集研究

2015年4月1日に中国の研究者が，人工受精をして三つの核をもつヒトの受精卵（3 pronuclei: 3PN）を用いたゲノム編集の論文を発表した．彼らは，βグロビンの変異のために貧血となるサラセミアの遺伝子治療を目指し，そのモデル系としてCRISPR–Cas9システムと鋳型となる変異DNAを3核の受精卵に注入して，βグロビン遺伝子の一部の塩基の置換を試みた[16]．望みの変異を挿入できたものは54個の受精卵のうち4個で，8%未満の成功率であった．オフターゲット効果も検出され，モザイク形成がすべての受精卵で認められた．さらにβグロビンと高い相同性をもつδグロビンとの間の組換えが7個の受精卵で認められた．このように，生殖細胞での遺伝子修復技術としては，万一遺伝子治療が許容されたとしても，現時点ではとても臨床に使用できるレベルではない．

引き続いて中国では，3PNを用いて，HIV受容体のCCR5のエキソン4に32 bpの欠失（Δ32）を生じさせるようにガイドRNAをデザインし，Cas9 mRNAとともに導入した[17]．26の受精胚のうち四つで期待したΔ32を得，15%の確率であった．しかし相同染色体上のCCR5の遺伝子座が野生型のまま残っていたり，期待しない変異が入っていたりした．この研究は，体細胞ですでに成功しているCCR5のゲノム編集を，なぜヒトの受精胚で行う必要があるのかという批判を浴びた．

さらに中国では2017年，3PNのためにゲノム編集の効率が低かったのかもしれないと考え，研究のためだけに同意を得て2核をもつ正常な受精胚を作製し，これにCRISPR–Cas9法を応用して，疾患治療の可能性を検討した論文が出された[18]．一つはグルコース6リン酸脱水素酵素（G6PD）に変異をもつ男性の精子，もう一つはβグロビンに変異をもつ男性の精子が用いられている．それぞれ10個の受精胚を得たが，G6PD，βグロビンに変異をもつ胚は，それぞれ4胚と2胚であった．それぞれの変異を修正するためのガイドRNAと鋳型になる正常な塩基配列をもつDNAをCas9 mRNAと同時に注入したところ，修復が見られたのはG6PD，βグロビンでそれぞれ2胚，1胚であったが，それぞれ一つはモザイクであった．したがって，20個の受精胚のうち，モザイクにならずに変異を修復できたのは1胚にとどまった．いずれの胚においても，全ゲノムシーケンスによりオフターゲット変異は認められなかった．

2017年にオレゴン州立大学は，遺伝性の拡張性心筋症の治療を目指したヒト受精卵での治療研究を許可した．この遺伝性心筋症はMYBPC3（myosin-binding protein C/cardiac isoform）遺伝子に4塩基の欠失があるため，その修復を目指し，この遺伝子変異をもつ父の精子と正常な母の卵子を受精させ，CRISPR–Cas9法による受精卵での治療実験を行った[19]．MYBPC3遺伝子が70%程度の確率で修復されたが，この場合，鋳型DNAがなくても修復が起こった．正常な母方の遺伝子座との間で，HDRによって，変異のある

父方の遺伝子が修復されたと考えられている．受精卵でのゲノム編集ではモザイク形成が起こったが，第2減数分裂の卵細胞精子とともにCas9タンパク質とgRNAを注入するとモザイクが抑制された．これら二つの結果は，今後さらに検証されなければならないが，受精卵での研究は慎重に進めるべきである．

これらの研究は，人工受精で不要になった余剰胚ではなく，研究のためにヒトの受精胚を作製して行ったものであり，倫理的な観点から論争を引き起こしている．

1.3 おわりに

遺伝子治療は長いトンネルから抜け出し，ようやく実際の治療に用いられるようになってきた．現在の研究状況を考えれば，遺伝子治療自体の技術革新は今後も期待できる．さらにゲノム編集技術を加えることにより，体細胞の遺伝子治療によって相当数の遺伝性疾患が治療できるようになるのではと期待される．そのようなことを考えれば，受精卵でのゲノム編集が遺伝性疾患を治療する唯一の方法であるとは主張できなくなるであろう．実は，このような情報は一般市民へ十分に提供されていない．そのような状況でゲノム編集，とくに受精卵のように次世代まで受け継がれるゲノム編集法を，遺伝性疾患の唯一の治療法であるというような情報提供は，きわめて危険であるといわざるをえない．一方，受精卵でのゲノム編集の可能性を一方的にすべて奪ってしまうことにも問題があろう．ゲノム編集技術のリスクとベネフィット，現状の技術レベルなどについて一般市民が十分考え，議論を幅広く，深く行いながら，社会全体のコンセンサスをつくっていくことがきわめて重要である．

（金田安史）

文　献

1) M. P. Cicalese et al., *Blood*, **128** 45 (2016).
2) N. Cartier et al., *Science*, **326**, 818 (2009).
3) L. Naldini, *Nature*, **526**, 351 (2015).
4) M. L. Davila et al., *Int. J. Hematol.*, **104**, 6 (2016).
5) R. H. I. Andtbacka et al., *J. Clin. Oncol.*, **33**, 2780 (2015).
6) C. Mussolino et al., *Nucleic Acid Res.*, **39**, 9283 (2011).
7) P. Mali et al., *Science*, **339**, 823 (2013).
8) P. Tebas et al., *N. Engl. J. Med.*, **370**, 901 (2014).
9) H. Yin et al., *Nature Biotech.*, **32**, 531 (2014).
10) M. L. Maeder et al., *Mol. Therapy*, **24**, 430 (2016).
11) R. Sharma et al., *Blood*, **126**, 1777 (2015).
12) K. Suzuki et al., *Nature*, **540**, 144 (2016).
13) C. E. Nelson et al., *Science*, **351**, 403 (2016).
14) K. Sato et al., *Cell Stem Cell*, **19**, 127 (2016).
15) C. Long et al., *Science*, **345**, 1184 (2014).
16) P. Liang et al., *Protein Cell*, **6**(5), 363 (2015).
17) X. Kang et al., *J. Assist. Reprod. Genet.*, **33**, 581 (2016).
18) L. Tang et al., *Mol. Genet. Genomics*, **292**, 525 (2017).
19) H. Ma et al., *Nature*, **548**, 413 (2017).

☑ Genome Editing for Clinical Application

I
ゲノム編集技術の利用

2章　総論：ゲノム編集

3章　ゲノムの光操作技術の創出

4章　塩基変換反応によるゲノム編集

5章　エピゲノム編集技術

6章　ゲノム編集技術の応用：
　　　enChIP法とその創薬への応用

7章　生細胞内の特定ゲノム領域の
　　　ライブイメージング技術

8章　生体内におけるゲノム編集

© Skypixel | Dreamstime.com

Part I ゲノム編集技術の利用

chapter 2

総論：ゲノム編集

Summary

　ゲノム編集とは，改変したいゲノムDNA配列を特異的に切断し，内在の修復機構を利用することで任意のかたちに書き換える技術である．こうした説明ももはや不要かと思われるほど，ゲノム編集技術は生命科学研究の分野で広く浸透している．とりわけCRISPR–Cas9については，改変したい遺伝子を指定するだけで，設計から合成まで（場合によっては編集した細胞やマウスの作製まで）を行ってくれる受託サービスもあり，技術導入のハードルは格段に低くなった．一方で，ツール自体の入手のしやすさとは裏腹に，目的の遺伝子改変がなかなか成功しないという声や，目的通りの変異が入ったのになぜかノックアウトにならなかった，といった声も多く聞かれるようになった．技術そのものへのアクセスが容易となった今，その利用法に対する正しい理解が必要となっているといえよう．本章では，ゲノム編集の現在地点について俯瞰的に解説するとともに，それを利用するうえで知っておくべき点や注意すべき点について概説し，本書で紹介されるさまざまな特色ある技術を正しく利用するための基本情報を，余すところなく提供したい．

2.1　はじめに

　生命の設計図たるゲノムは，DNAと呼ばれる物質によって構成される遺伝情報の総体である．筆者の経験上，一般の方々に問えば，「DNA」や「遺伝子」については何となく理解できるものの，「ゲノム」という言葉は掴みどころがないようで，いくら丁寧に説明しても要領を得ないことが多い．その理由は，ゲノムがDNAのように物質ではなく〝情報〟であり，遺伝子のように一つ，二つといった単位で数えられるものではなく〝総体〟であるからだろう．この傾向は，まだ生命科学研究に従事していない学部学生諸氏にとっても同じと思われる．一方で，もしかすると，大学院生以上の研究に携わる者にとっては，逆転した現象が生じるかもしれない．なぜならば，ある程度の生物学的知識があれば，DNAが細胞内で直線的な状態で存在するわけではなく，二重らせん構造をとり，ヌクレオソームを形成し，エピジェネティック修飾を受け，複雑な立体構造を伴って存在することを知っているからである．また，遺伝子にはコード遺伝子と非コード遺伝子があり，コード領域の中にはエキソンやイントロンがあり，転写調節にかかわるエンハンサーやプロモーター，翻訳調節にかかわる非翻訳領域などが関係することを知っていれば，「遺伝子」という概念があくまでも定義上のものであって，実情はなかなか複雑であることを理解しているはずである．しかしながら，ヒトを含むさまざまな生物のゲノム配列が解読された現在では，ゲノム情報はパソコン上から容易にアクセスでき，どこの染色体上のどの位置にどういった配列が存在するかを簡単に知ることができる．A, T, G, Cの簡単な4文字のコードで示された情報は，単純な文字情報として認識で

きるがゆえに，その情報量はともかくとして，何となく"わかった気になれる"対象物であろう．となれば，それを編集するゲノム編集についても，あたかもパソコン上の文字を削除したり書き換えたり，別のファイルから特定の配列をコピーペーストするかのごとく，簡単な印象をもって捉えられたとしても不思議ではない．

ゲノム編集の黎明期において，先見の明のある科学者たちは，この技術がPCRと同じくらい一般的な技術になるだろうと予見したものだが，本章の導入部分でも述べたように，現在の状況はすでにそのステージに限りなく近づいている．もはやゲノム編集技術が開発されてきた歴史的経緯や詳しい原理を知らずとも，手軽に利用できる技術となったことは疑うべくもない．しかしながら，ゲノム編集を施す対象は，生きた細胞の核内にあるゲノムDNAであって，あらかじめ抽出・精製された試験管内のDNAを増幅するPCRとは大きく事情が異なる．核内のゲノムDNAは，複雑な修飾や立体構造を伴ったものであり，それぞれの配列に（既知か未知かを問わず）機能的なアノテーションが付与されている．また人工的に導入するのはハサミの部分だけで，それを糊付けする機構は元々細胞内に備わる修復システムを利用するため，編集結果を完全にコントロールすることは困難である．にもかかわらず，コンピュータ上で4種類の文字からなる情報を切り貼りして自由自在に書き換えるイメージでゲノム編集を捉えてしまいがちであるために，冒頭で述べたようなトラブルが生じるものと考えられる．ゲノム編集を正しく利用するためには，目的に応じて適切に設計された材料を，適切な手法で導入し，目的の編集細胞や編集個体に起こった変化を正しく理解し，目的外の編集が起こっていない（あるいはその影響を無視できる）ことをきちんと確認する必要がある．いくら技術が進歩しても，編集する相手が生き物である限り，予期せぬ現象が常に起こりう

ることを認識したうえで，実験に取り組むべきである．

2.2 ゲノム編集の基本ツール

ゲノム編集に対する着実な理解を促すために，まずはゲノム編集の基本ツールについておさらいしたい．ゲノム編集とは，文字通り「ゲノムDNAを編集する技術」であるが，それを可能にする最重要ツールは，任意の配列を認識して切断するオーダーメイドのハサミである．一般的な制限酵素が6塩基対前後の配列を認識して切断するのに対し，ゲノム編集では，ヒトであれば30億塩基対にも上る配列情報の中から，任意の領域だけを特異的に切断するために，およそ20塩基対ほどの特異性が求められる．加えて，標的配列を自由にカスタマイズできなければ，目的とする領域を切断するハサミにはならない．自然界にも，メガヌクレアーゼと呼ばれる数十塩基対ほどの認識特異性をもつタイプの制限酵素が存在し（図2.1a），これを用いてゲノム改変を行った例も存在するが，メガヌクレアーゼの塩基認識機構は複雑であり，その特異性を変化させることは容易ではない．

2.2.1 ZFNとTALEN

そこで考え出されたのが，DNA結合ドメインとDNA切断ドメインが分離しているタイプの制限酵素から，認識特異性をもたないDNA切断ドメインだけを取り出し，そこへ別途設計したDNA結合ドメインを新たに付与するという戦略である．DNA切断ドメインとしては，FokIから分離したものを用いるのが一般的であり，DNA結合ドメインとしては，自然界に広く存在するジンクフィンガー（ZF）ドメインが最初に利用された（図2.1b）[1]．このタイプの人工ヌクレアーゼはジンクフィンガーヌクレアーゼ（zinc-finger nuclease：ZFN）と呼ばれ，ゲノム編集の先駆けとなる研究

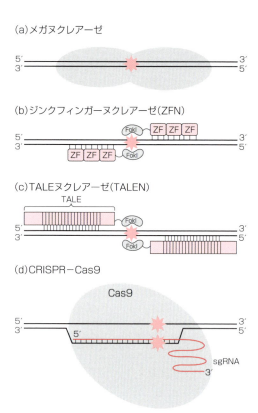

図2.1 さまざまなゲノム編集ツール

の多くが，このZFNを用いて行われた[2]．しかしながらZFには，複数のフィンガーをタンデムに連結すると塩基認識の特異性が変化する性質[3]など，いくつかの扱いにくい特徴があり，それがゲノム編集技術の進展を妨げていた．

2010年には，植物病原細菌から同定されたTALエフェクター（transcription activator-like effector：TALE）と呼ばれる転写因子様のエフェクタータンパク質をDNA結合ドメインとして利用する試みが報告され[4]，翌2011年にそれをカスタム化した報告がなされた（図2.1c）[5]．この第二世代の人工ヌクレアーゼはTALEヌクレアーゼ（TALE nuclease：TALEN）と名付けられ，ZFNよりも簡便に作製できるゲノム編集ツールとして脚光を浴びた．TALENはZFNと異なり，DNA結合を担うモジュールをどのような並びで連結しても，基本的に相互のモジュール間で塩基認識の特異性が干渉することはない（厳密には，多少の干渉作用は存在する[6]が，実用上問題となるほどではない）．よって，あらかじめ決まったパーツを任意の並びで連結することにより，機能的なTALENを得ることができる．この特徴が大きなアドバンテージとなり，TALENの登場によってゲノム編集技術は急速に進展した．ただし片側のTALENにつき15-20程度のモジュールを連結する必要があり，ZFNより簡便化されたとはいえ，それなりの分子生物学の実験技術が必要とされるものであった．

2.2.2 CRISPR-Cas9

ヒトの全遺伝子に対するTALENのライブラリーが整備される[7]など，TALENがゲノム編集ツールの決定版となるかと思われた矢先，まったく新しい第三世代のゲノム編集ツールが誕生した．細菌がもつ獲得免疫システムを利用したRNA誘導型ヌクレアーゼ，いわゆるCRISPR-Cas9である（図2.1d）．細菌のCRISPRシステム自体は，元来ゲノム編集の研究開発とは独立して細菌学の分野で研究が進んでいたが，2012年に *in vitro* での配列特異的な切断が示された[8]ことで，世界中のゲノム編集研究者がしのぎを削ってゲノム編集目的での開発を進めた．その結果，先の2012年夏の報告からわずか半年ほどで，ヒト細胞[9-11]や細菌[12]，ゼブラフィッシュ[13]などでのCRISPR-Cas9によるゲノム編集の成果が相次いで報告された．CRISPR-Cas9が画期的だったのは，これまでの人工ヌクレアーゼによる塩基配列の認識機構がタンパク質とDNAの相互作用に依存していたのに対し，シングルガイドRNA（single-guide RNA：sgRNA）と呼ばれる小分子RNAとDNAとの核酸同士の塩基対形成に依存した配列認識を可能にした点である．これにより，ZFNやTALENのようにタンパク質自体を人工的にデザインして構築する必要がなくなり，圧倒的に迅

2.3 さまざまな CRISPR-Cas 関連システム

速かつ安価にゲノム編集ツールを得ることが可能となった．かくして CRISPR-Cas9 は，またたく間に ZFN や TALEN に取って代わり，一躍ゲノム編集の主役の座を射止めたのである．

以上に述べたような経緯で，ゲノム編集ツールが開発されてきた．これ以降は，とくに CRISPR-Cas9 を用いたゲノム編集について詳説していくが，CRISPR スクリーニングのような一部の例外を除き，ZFN や TALEN でもできることは基本的に同じである．ZFN には，TALEN や CRISPR-Cas9 よりもはるかに小型であるというメリットがあり，TALEN にも特異性が高い点や標的配列の制約がほとんどない点などにおいて，目的次第では CRISPR-Cas9 よりも有利に働くことがある．海外ではすでに ZFN や TALEN の臨床試験も進んでおり，CRISPR-Cas9 が登場したからといって，これらのツールの利用価値が下がるわけではない．CRISPR-Cas9 になんらかの問題や不満を抱える局面が訪れた際には，ZFN や TALEN を今一度選択肢に入れることも一考の価値があるだろう．

2.3 さまざまな CRISPR-Cas 関連システム

現在おもに用いられている CRISPR-Cas9 は，先述したように，2012 年にその原型が完成し，2013 年にヒト細胞でのゲノム編集の実例が初めて示されたシステムを基本としているが，その後も開発が途切れることはなく，多くの改良型酵素や派生型酵素が誕生している．新規 Cas ツールについては 18 章に詳しいので，本章ではその導入として，最も一般的に使用されている Cas9 と，それを含む CRISPR-Cas システムの全体像について概説する．

2.3.1 SpCas9

ゲノム編集の目的で最初に開発された CRISPR-Cas9 であり，現在最も広く用いられているのが，化膿レンサ球菌由来の Cas9（SpCas9）と，それと複合体を形成する sgRNA である（図 2.1d）．SpCas9 は標的配列の制約がゆるく（二つのグアニンがあればよい），切断効率も高いことから，基礎研究において SpCas9 がゲノム編集酵素の主役の座を代替酵素に明け渡す日は，よほど画期的な新発見がない限り訪れないと思われる．従前の ZFN や TALEN が人工的に設計された酵素であったのに対し，SpCas9 はほぼ自然界のものをそのまま流用しているだけにもかかわらず，いやだからこそ，このシステムはそれほどまでに"完成された"代物なのである．

ただし，自然界における Cas9 のそもそもの存在意義は，外来 DNA に対する防御であり，生物は CRISPR-Cas システムをその目的に最適化してきた．Cas9 やそれに類するタンパク質がもつ PAM（protospacer adjacent motif）と呼ばれる塩基認識の特異性は，本来の目的では自己と非自己を見分けるために必須のものであるが，ゲノム編集で利用する際にはそれが標的配列の制約となる．また，外来 DNA の多型に対応するためには，sgRNA が認識する配列にある程度の柔軟性（数塩基程度のミスマッチであれば許容する，など）が必要となるが，ゲノム編集では，ともすればこの性質が，後に解説するオフターゲット変異を引き起こしかねない．このように，自然界のシステムとしてきわめて完成度が高くとも，ゲノム編集に利用するうえでは，別の性質をもつ酵素が有効なオプションとなりうるわけである．

2.3.2 別種に由来する Cas9

SpCas9 と異なる性質をもつ代替システムとして，別種に由来する Cas9 の発掘と利用も進められている．Cas9 は由来種によって PAM の特異

性や Cas9 自体のタンパク質サイズ，複合体を形成する sgRNA（自然界では crRNA と tracrRNA に分離している）の構造などに違いがあり，これらの性質をうまく利用すれば，SpCas9 の欠点を補ったり，別の使い方をしたりすることができる．たとえば SpCas9 はタンパク質のサイズが大きく，アデノ随伴ウイルス（AAV）ベクターに搭載する際にはこの巨大なサイズがネックとなるが，より小型の SaCas9 や CjCas9 を用いれば，この制限を克服できる[14, 15]．また SpCas9 は，複数の sgRNA とともに導入すれば，ゲノム上の複数箇所を同時に標的とすることができるが，逆にいえば特定の sgRNA にだけ作用させることはできない．しかしながら，前述のように sgRNA の構造も種によって異なることから，SpCas9 と複合体を形成する sgRNA は，SaCas9 とは複合体を形成せず，SaCas9 と複合体を形成する sgRNA は SpCas9 とは複合体を形成しない．この性質を利用すれば，ある領域を GFP でラベルし，別の領域を RFP でラベルするような応用的なアプリケーションも可能となる．

このように，別種に由来する Cas9 は，SpCas9 の穴を埋める役割の一部を担いうるが，あくまでも Cas9 である以上，根本的なシステムは同一である．一方で，Cas9 とは異なる Cas 関連タンパク質には，より大きく性質の異なる酵素が存在することも徐々に明らかとなっており，その高い利用価値も示されつつある．

2.3.3　Cas9 以外の Cas 関連タンパク質

Cas9 以外の Cas タンパク質について知るには，CRISPR-Cas システムの全容を理解する必要がある．細菌がもつ CRISPR-Cas システムは，複数の Cas タンパク質の発現ユニットと，crRNA や tracrRNA の由来となる DNA 領域から構成されるが，この構成の違いによって分類が定義されている[16, 17]（表 2.1）．最も大きな分類はクラス 1 とクラス 2 の 2 種類であり，このうちクラス 1 に分類される CRISPR-Cas システム群では，いわゆる interference（ターゲット核酸を認識して切断する機構）を複数のタンパク質が担っている．一方，クラス 2 に分類されているシステム群では，単一の多機能性タンパク質が核酸の認識と切断を担う[16]．この特徴から容易に推測できるように，Cas9 が属するのは後者のクラス 2 である．より細かい分類としては I–VI のタイプが存在する．このうちクラス 2 に属するのはタイプ II，V，VI であり，interference を担う酵素はタイプごとに名称や特徴が異なる．タイプ II の場合は Cas9，タイプ V では Cpf1（別名 Cas12a），C2c1（Cas12b），C2c3（Cas12c）など，タイプ VI では C2c2（Cas13a），C2c6（Cas13b），C2c7（Cas13c）などが知られている[17]．本章では各 Cas タンパク質の詳細は省略するが，Cas9 とは異なり一本鎖 RNA を認識して切断できるツールや，Cas9 と同じく二本鎖 DNA を標的とするものの，切断末端の形状が異なったり，tracrRNA が存在しなかったり，PAM の位置が大きく異なったりなど，Cas9 とはかけ

表2.1　CRISPR-Cas システムの分類（2017 年 7 月時点）

クラス	タイプ	サブタイプ	備考
1	I	I–A, I–B, I–C, I–U, I–D, I–E, I–F, I–F variant	
	IV	IV, IV variant	
	III	III–A, III–D, III–C, III–B, III–B variant	
2	II	II–B, II–A, II–C, II–C variant	Cas9 が属する群
	V	V–A, V–B, V–C, V–D, V–E V–U1, V–U2, V–U5, V–U3, V–U4	Cpf1 が属する群 V–U1–U5 は機能未知
	VI	VI–A, VI–C, VI–B1, VI–B2	C2c2 が属する群

離れた性質をもつものが多数知られている．これらのオプションに関する知識があれば，利用する目的に応じたツールの使い分けができ，大いに意義があるが，やや応用的過ぎるために本章では割愛する．

2.4 ゲノム編集とDSB修復機構

ゲノム編集酵素の選択肢が増加の一途をたどっている一方で，DNA二本鎖切断（double-strand break：DSB）を誘導した後の編集様式までは，ゲノム編集酵素の選択のみでコントロールすることは難しい．なぜなら切断されたゲノムDNAがどのように編集されるかは，言い換えれば細胞内でどのように修復されるかということであり，この修復自体はゲノム編集酵素如何にかかわらず，細胞内に元々備わる因子によって実行されるからである．

2.4.1 DSB修復機構の選択的利用

古典的には，切断末端同士のつなぎ目に短い欠失などの変異を入れる目的であれば非相同末端結合（non-homologous end joining：NHEJ）を，外来DNAを挿入する目的であれば相同組換え（homologous recombination：HR）を利用すると理解されてきた（図2.2）．しかしながら，細胞が必ずしも目的通りの修復経路を選択してくれるとは限らず，期待する編集効果が得られるかどうかは確率的であった．この状況は現在でも完全に克服されたわけではないが，さまざまな創意工夫によって目的の産物を効率的に得られるようになってきた．発想としては，内在の修復機構に依存せざるを得ず，その効率が芳しくないのであれば，①目的の修復に偏らせるか，②別の修復経路を利用するか，という二つのコンセプトに立脚している．

一つ目の打開策である修復機構の選択的利用に関しては，たとえば修復エラーによる欠失を効率的に誘導したい場合に，DNA末端を削り込む作用をもつTrex2[18]やExoI[19]を過剰発現することで，欠失を生じさせやすくする試みがなされている．また，遺伝子ノックインを行いたい場合に，NHEJを抑える働きをもつ低分子化合物[20,21]や，HRを促進する働きをもつ低分子化合物[22]が利用され，一定の効果を示している．

二つ目の打開策である別の修復経路の利用については，遺伝子ノックインにNHEJを利用するHITI法[23]（8章参照），マイクロホモロジー媒介性末端結合（microhomology-mediated end joining：MMEJ）と呼ばれる第三の修復機構を利用するPITCh法[24,25]がその最たる例として挙げられる．これらについて次項および次々項で概説する．

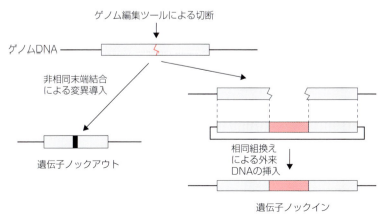

図2.2 ゲノム編集の基本原理

2.4.2 遺伝子ノックインにおけるNHEJとMMEJの利用 —— HITI法とPITCh法

従前のHRを用いた遺伝子ノックイン法は，とくに薬剤選抜が適用可能な培養細胞で汎用され，正確性の高い遺伝子挿入技術として現在でも広く利用されている．しかしながら，HRの効率が低い細胞種（たとえば神経細胞）や動物種（たとえば両生類や魚類）では適用できない場合もある．これらのケースでは，たとえNHEJを抑えたとしても，そもそものHR活性がきわめて低いために，効率的な遺伝子ノックインを実行することはきわめて困難である．そこで，別の経路を利用するという発想に至ったわけである．

NHEJを利用した遺伝子ノックイン法は，比較的古くから検討されてきたが，その決定版ともいうべきシステムが，2016年に発表された[23]．HITI法と名付けられたこの手法は，CRISPR-Cas9を用いてプラスミドドナーから目的の遺伝子カセットを切り出して挿入するシンプルな設計でありながら，意図する方向とは逆向きに挿入された場合に，再度切り出されるようにデザインされている．これにより，NHEJに依存しつつ，ある程度の方向性をもたせた遺伝子ノックインが可能となった．しかしながら，NHEJに依存する以上，連結末端に変異が入ることは避けられず，また切断に利用するsgRNAの標的配列が残存してしまうため，余分な配列を残さずに目的配列を挿入することは，現状では不可能である．

一方で筆者らは，MMEJを利用したノックイン法を2014年に初めて報告した[24]．PITCh法と名付けたこの方法では，数十bp程度までの短い相同配列（マイクロホモロジー）がドナーに付与されており，このマイクロホモロジーを利用したノックインが可能となる．単純に数十bp程度の相同配列を目的の遺伝子カセットの両末端に付加するだけでは，MMEJを効率的に誘導することはできないが，細胞内においてマイクロホモロジーの外側でドナーが切断され，マイクロホモロジー配列が露出するように設計することで，MMEJ依存的ノックインが高頻度に生じることを見出した．PITCh法においても，NHEJ法と同様にドナーベクター上にsgRNAの標的配列を必要とするが，ノックインの際にマイクロホモロジーを利用する性質上，余分な配列を残すことなくノックインすることが可能である．また当然のことながら，マイクロホモロジー配列によってノックインの方向性も定義でき，その短さからドナーベクターの構築もきわめて容易である．2016年にはPITCh法に関する詳細なプロトコールを発表し[25]，2017年にはPITChの設計を自動化するウェブツール（図2.3）も開発している[26]．PITCh法がもつメリットの多さに加え，これらのリソースの充実化をも伴って，後述するように，現在では世界中で利用が広がりつつある．

2.4.3 PITCh法の応用展開

2014年のPITCh法の初出論文で，すでにヒト細胞での実証実験に加え，HRによるノックインがほぼ不可能に近いカイコやツメガエルでもノックインが実行可能であることを，筆者らは示していた．その後，やはりHRが動きにくい細胞種として知られるCHO（Chinese hamster ovary）細胞でのノックインへの利用例[27]や，ゼブラフィッシュ個体[28]およびマウス個体[29,30]でのノックイン，2倍体細胞での両アレルノックイン[26]などを次々と発表し，PITCh法の汎用性の高さを証明しているところである．なかでもヒト細胞とマウス個体については，2.4.1項で紹介した「修復機構の選択的利用」を組み合わせることで，さらにノックイン効率を高められることも示している[29]．これらの実施例に加え，海外の別グループからも同法の利用例が報告され始めており[31,32]，今後，PITCh法が遺伝子ノックインを実施する際の世界的なスタンダードの一つとなることが期待され

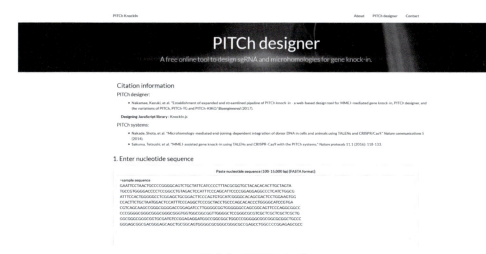

図 2.3　PITCh designer

る状況である．

2.5　遺伝子ノックアウト・ノックイン以外のゲノム改変

これまで述べてきたように，さまざまなゲノム編集ツールが利用可能となり，DSB 修復機構を巧みに使い分けることで遺伝子ノックアウトや遺伝子ノックインを効率的に実行できるようになってきた．しかしながら，ゲノム編集技術によって実現できるゲノム DNA の改変は，単純な遺伝子ノックインや遺伝子ノックアウトにとどまらない．本節では，それらの多様なゲノム改変操作について，それぞれ簡単に解説していく．

2.5.1　一塩基多型の改変

遺伝子ノックインの範疇ではあるが，一塩基多型の改変については通常の遺伝子ノックインと事情が異なる部分があるため，独立して取り上げたい．一塩基多型の改変は，遺伝性疾患のモデリングや修復のためにきわめて重要であるが，レポーター遺伝子の挿入などと異なり，改変された結果を視覚的に捉えることができず，また薬剤耐性遺伝子をもち込むこともできないため，とくに培養細胞で改変する際には比較的難度の高い実験となる．動物個体においては，ssODN（single strand oligodeoxynucleotide）と呼ばれる一本鎖のオリゴ DNA をゲノム編集ツールと共導入することで，高頻度に一塩基置換を誘導できることが知られている[33]が，培養細胞では ssODN による置換の効率は一般に低めである．培養細胞で確実に一塩基置換を実行するためには，いったん薬剤選抜カセットを入れてポジティブ選抜によってクローンを樹立し，その後カセットを抜くとともにネガティブ選抜を掛けるという二段階選抜法が有効である．一塩基置換についてより詳しい情報を得たい読者諸君は，7 章の執筆者である落合 博氏による総説[34]に詳しいので，そちらを参照されたい．また，まったく異なる方法として，昨今注目を集める「塩基編集（Base editing）」も利用可能である．本法については 4 章に詳しいので，ここでは説明を割愛する．

2.5.2　染色体レベルの改変 ── 広域欠失，逆位，重複，転座

ゲノム DNA の複数箇所を同時に切断すると，染色体レベルの大規模な改変も可能となる．図 2.4 に示すように，同一染色体上の 2 カ所が切断され

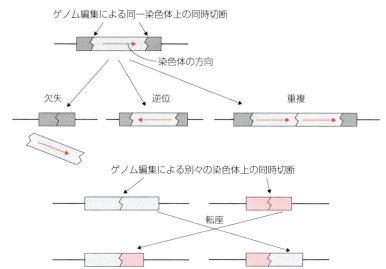

図2.4 ゲノム編集技術による染色体レベルの改変

ると，間にはさまれる領域を欠落させることができる．また，抜け落ちたフラグメントが逆向きに取り込まれる逆位や，もう片方のアレルに挿入される重複が生じることもある．別々の染色体を標的としたときには，キメラの染色体が生じる転座が誘導されることもある．ただし，とくに転座については，核内で離れた領域に存在する別々の染色体を連結させる必要があるため，非常に低効率である場合が多い．これらの染色体操作は，たとえば広域欠失をダウン症で見られるトリソミー21の重要領域の同定に使用したり（ただしこのケースでは，ゲノム編集技術とともにCre/loxPによる組換えも併用している）[35]，逆位を血友病の再現に利用したり[36]，がんの転座を人工的に誘導したり[37]など，医学研究においても重要な役割を担っている．

2.6 ゲノムDNAの配列改変を伴わないゲノム編集ツールの派生的応用

PCRに用いられるプライマーが，その実オリゴDNAであって，あるときはプローブとして利用され，またあるときはゲノム編集のドナーDNAとしても利用されているように，ゲノム編集ツールにも，ゲノム編集とは異なる使途がある．ゲノム編集以外の目的で利用される際には，ZFNやTALENであればヌクレアーゼを除いたZFやTALEとして，Cas9であればヌクレアーゼ活性をもつドメインのアミノ酸に変異を加えた不活化型Cas9（dCas9）として使用されることが多い．これらのDNA結合タンパク質に転写調節ドメインやエピゲノム改変酵素を融合させることで，エピゲノム編集と呼ばれる技術に応用することができる（5章参照）．蛍光タンパク質を融合させれば，特定のゲノム領域をラベリングすることもできる（7章参照）．また，特定のタンパク質が結合するDNA領域を同定するクロマチン免疫沈降（chromatin immunoprecipitation：ChIP）を補完する目的で，つまり特定のDNA領域に結合するタンパク質などを同定する目的で利用することもできる（6章参照）．さらに，2.3.3項で軽く触れた一本鎖RNA結合型のCasタンパク質を利用すれば，mRNAなどのRNAを操作することも可能となる．最近では，このRNA結合型Casタンパク質を利用して，ウイルス核酸を高感度に検出する手法も開発された[38]．このようにゲ

ノム編集ツールは，ゲノム編集の枠組みを超えた応用展開をも見せつつある状況である．

2.7 ゲノム編集の特異性とオフターゲット作用

ゲノム編集に話を戻して，最後にゲノム編集の最大の問題点となりうるオフターゲット作用について解説する．ゲノム編集では，特定の配列を認識して切断するようにプログラムしたヌクレアーゼを使用するが，そもそもまったく同じ配列がゲノム上の別の場所にあれば，同じように切断してしまうし，多少のミスマッチや一塩基程度の挿入・欠失があった場合でも，（切断頻度の違いはあれど）切断してしまうことがある[39]．これをオフターゲット作用と呼ぶ．

2.7.1 オフターゲット作用の回避とオンターゲットでの予期せぬ現象

オフターゲット作用のなかには，NHEJのエラーによる小さな挿入・欠失のほか，オンターゲット部位とオフターゲット部位との間で起こる転座[40]なども含まれる．また，仮にゲノムDNAを切らなかったとしても，Cas9が結合することによる転写阻害などの効果が生じる可能性もゼロではない．オフターゲット作用は，低減することはできても完全にその可能性を排除することは原理上不可能といってよい．だからこそ，ゲノム編集ツールを作用させる標的配列を選択する時点で，オフターゲット作用が生じにくいような設計にすることが肝要である．また基礎研究においては，オフターゲット作用が生じているかもしれないという前提の元で，オフターゲット作用があったとしても，その影響を否定できるようなデータの取得，すなわち破壊した遺伝子のcDNAの補完によるレスキュー実験や，異なるsgRNAを用いて別々に取得した破壊株でのフェノコピーの確認な

どを行うのも一つの解決策である．

加えて，オフターゲットとは少し意味合いが異なるが，いわゆるオンターゲット，すなわち狙った領域の改変に関しても，予期せぬ現象が生じうることが，近年相次いで報告されている．たとえば内在のmRNAが逆転写されて取り込まれる現象[41]や，ゲノム編集による変異が入った結果として，本来の開始コドンとは異なる位置から翻訳が開始される現象[42]，想定されるよりも長い欠失が導入されたり，2箇所以上を切断した場合にスティッチ上の変異パターンが見られたりといったイレギュラーな変異アレルが生じる現象[43]などが知られている．また，モルフォリノアンチセンスオリゴによる翻訳阻害と異なり，ゲノム編集による遺伝子破壊では予期せぬ代償機構が働くことによって，本来出るはずの表現型を呈さないケースもあるようだ[44]（もちろん，翻訳阻害の結果のほうが不正確であるケースも往々にしてある）．技術が急速に発展したとはいえ，ゲノム編集による遺伝子改変に基づいた研究の歴史は浅く，これらの不確実性を孕むものであるという認識をもちつつ，編集対象とする遺伝子の構造や性質を可能な限り理解したうえで，標的戦略を入念に練る必要がある．

2.7.2 オフターゲット作用を低減させる試み

オフターゲット作用を低減させるための試みも多数なされており，前述したsgRNAの選抜を除くと，大別して3通りの戦略がとられている．一つ目は，本来，単量体で機能するCas9を二量体化する戦略である．この戦略には，特定のアミノ酸変異を入れることで，ヌクレアーゼ活性をニッカーゼ活性に変換したCas9（Cas9nやnCas9と略される）を近傍の2箇所に作用させるダブルニッキング法[45,46]や，先述のdCas9にFokIヌクレアーゼドメインを融合することで，ZFNやTALENのように利用できるFokI-dCas9法[47,48]

が該当する．これらの方法は，特異性を上げる一方で標的配列の制約が厳しくなり，またしばしばゲノム編集効率を下げてしまうのがネックである．二つ目の戦略として，Cas9-sgRNA複合体と標的DNAとの間の余分な結合力を除く方法がある．これにはsgRNAと標的DNAの結合力を敢えて下げる方法[49,50]や，Cas9の非特異的な結合力を低減する方法[51,52]などが該当する．最後に，Cas9以外のCasタンパク質を利用する方法もある．とくにCpf1と呼ばれるシステムは，一般的に利用されているSpCas9よりも格段に特異性が高いことが示されている[53,54]．一般的な基礎研究においてこれらの改良法がどの程度必要になるかは議論の余地があるが，少なくとも遺伝子治療など特別に高い特異性が求められるアプリケーションでは，最大限にオフターゲット作用のリスクを下げる工夫が必要不可欠であろう．

2.8 おわりに

本章では，「総論：ゲノム編集」と題し，さまざまなゲノム編集システムと，内在の修復機構の利用法，複雑なゲノム改変操作，DNA改変を伴わない派生技術，そしてオフターゲット作用について俯瞰的に解説した．すでに多様なゲノム編集ツールが生まれ，応用法も多様化し，派生技術までもが開発されている状況であるが，今後この傾向はより一層顕著になっていくことと思われる．ゲノム編集技術を利用するユーザーが，目的に応じて最適な手法を選択するためには，常に最新情報を頭に入れる必要がある．ゲノム編集技術の劇的な進化速度を鑑みると，それは決して容易なことではないかもしれないが，2016年4月に発足した日本ゲノム編集学会に代表されるように，本技術の国内での積極的な利用を推進する取組みも活発化している．世界中を席巻するゲノム編集の大波に我が国が乗り遅れないよう，今後も精力的に活動していきたい．

（佐久間哲史・山本　卓）

文　献

1) Y. G. Kim et al., *Proc. Natl. Acad. Sci. USA*, **93**, 1156 (1996).
2) P. Perez-Pinera et al., *Curr. Opin. Chem. Biol.*, **16**, 268 (2012).
3) C. L. Ramirez et al., *Nat. Methods*, **5**, 374 (2008).
4) M. Christian et al., *Genetics*, **186**, 757 (2010).
5) J. C. Miller et al., *Nat. Biotechnol.*, **29**, 143 (2011).
6) J. C. Miller et al., *Nat. Methods*, **12**, 465 (2015).
7) Y. Kim et al., *Nat. Biotechnol.*, **31**, 251 (2013).
8) M. Jinek et al., *Science*, **337**, 816 (2012).
9) L. Cong et al., *Science*, **339**, 819 (2013).
10) P. Mali et al., *Science*, **339**, 823 (2013).
11) S. W. Cho et al., *Nat. Biotechnol.*, **31**, 230 (2013).
12) W. Jiang et al., *Nat. Biotechnol.*, **31**, 233 (2013).
13) W. Y. Hwang et al., *Nat. Biotechnol.*, **31**, 227 (2013).
14) F. A. Ran et al., *Nature*, **520**, 186 (2015).
15) E. Kim et al., *Nat. Commun.*, **8**, 14500 (2017).
16) P. Mohanraju et al., *Science*, **353**, aad5147 (2016).
17) S. Shmakov et al., *Nat. Rev. Microbiol.*, **15**, 169 (2017).
18) M. T. Certo et al., *Nat. Methods*, **9**, 973 (2012).
19) T. Mashimo et al., *Sci. Rep.*, **3**, 1253 (2013).
20) T. Maruyama et al., *Nat. Biotechnol.*, **33**, 538 (2015).
21) V. T. Chu et al., *Nat. Biotechnol.*, **33**, 543 (2015).
22) J. Song et al., *Nat. Commun.*, **7**, 10548 (2016).
23) K. Suzuki et al., *Nature*, **540**, 144 (2016).
24) S. Nakade et al., *Nat. Commun.*, **5**, 5560 (2014).
25) T. Sakuma et al., *Nat. Protoc.*, **11**, 118 (2016).
26) K. Nakame et al., *Bioengineered*, **8**, 302 (2017).
27) T. Sakuma et al., *Int. J. Mol. Sci.*, **16**, 23849 (2015).
28) Y. Hisano et al., *Sci. Rep.*, **5**, 8841 (2015).
29) T. Aida et al., *BMC Genomics*, **17**, 979 (2016).
30) Y. Nakagawa et al., *Biol. Open*, **6**, 706 (2017).
31) X. Xiong et al., *ACS Synth. Biol.*, **6**, 1034 (2017).
32) X. Yao et al., *EBioMedicine*, **20**, 19 (2017).
33) M. Meyer et al., *Proc. Natl. Acad. Sci. USA*, **109**, 9354 (2012).
34) H. Ochiai, *Int. J. Mol. Sci.*, **16**, 21128 (2015).
35) K. Banno et al., *Cell Rep.*, **15**, 1228 (2016).
36) C. Y. Park et al., *Proc. Natl. Acad. Sci. USA*, **111**, 9253 (2014).
37) F. Vanoli, M. Jasin, *Methods*, **121-122**, 138 (2017).
38) J. S. Gootenberg et al., *Science*, **356**, 438 (2017).
39) J. K. Yee, *FEBS J.*, **283**, 3239 (2016).
40) R. L. Frock et al., *Nat. Biotechnol.*, **33**, 179 (2015).
41) R. Ono et al., *Sci. Rep.*, **5**, 12281 (2015).
42) S. Makino et al., *Sci. Rep.*, **6**, 39608 (2016).

文　献

43）H. Y. Shin et al., *Nat. Commun.*, **8**, 15464（2017）.
44）A. Rossi et al., *Nature*, **524**, 230（2015）.
45）P. Mali et al., *Nat. Biotechnol.*, **31**, 833（2013）.
46）F. A. Ran et al., *Cell*, **154**, 1380（2013）.
47）S. Q. Tsai et al., *Nat. Biotechnol.*, **32**, 569（2014）.
48）J. P. Guilinger et al., *Nat. Biotechnol.*, **32**, 577（2014）.
49）S. W. Cho et al., *Genome Res.*, **24**, 132（2014）.
50）Y. Fu et al., *Nat. Biotechnol.*, **32**, 279（2014）.
51）I. M. Slaymaker et al., *Science*, **351**, 84（2016）.
52）B. P. Kleinstiver et al., *Nature*, **529**, 490（2016）.
53）D. Kim et al., *Nat. Biotechnol.*, **34**, 863（2016）.
54）B. P. Kleinstiver et al., *Nat. Biotechnol.*, **34**, 869（2016）.

Part I ゲノム編集技術の利用

ゲノムの光操作技術の創出

Summary

　光遺伝学（optogenetics）という学問分野をご存じの読者は多いだろう．2005年，光駆動型のイオンチャネル（channelrhodopsin-2：ChR2）の神経科学への応用により，この新しい学問分野は始まっている．しかし，ChR2はイオンチャネルであるため，その応用範囲は神経細胞などの興奮性細胞に限定されるのが一般的である．もし光遺伝学の応用範囲を大幅に拡張し，さまざまな生命現象を自由自在に光で操ることができるようになれば，ライフサイエンスは大きく変わると考え，筆者らの研究室では新しい光操作技術の開発を行ってきた．本章では，光スイッチタンパク質（photoswitching protein）という光操作の基盤技術について解説するとともに，これを用いたゲノムの光操作技術の創出に関する筆者らの取組みを紹介する．

3.1 光スイッチタンパク質

3.1.1 光操作の基盤技術に向けて

　蛍光タンパク質の実用化を契機として，1990年代以降，光を使ったバイオイメージング技術は世界中の研究室で利用されるようになった．しかし，ライフサイエンスにおける光技術の将来は，必ずしもバイオイメージングに限定されない．光を使って生命現象を「見る」だけでなく，それらを光で「操る」ことができるとしたら，ライフサイエンスや医療はどうなるだろう？　たとえば，細胞内シグナル伝達を光で操作できるようになれば，代謝，分泌，細胞増殖，細胞分化，細胞死などの生命機能を自由自在にコントロールできるようになるかもしれない．ゲノムの塩基配列を光で自由自在に書き換えたり，遺伝子の働きを自由自在に制御できるようになったらどうだろう？　光が得意とする高い時間・空間制御能をもってすれば，狙ったtime windowのみで，狙った生体部位のみで，さまざまな生命機能や疾患をコントロールできるかもしれない（図3.1）．このような未来を実現すべく，筆者らは新しい技術の開発を行ってきた．

　筆者らがまず重要と考えたのは，操り人形でいえばヒモや棒に相当する，汎用性の高い基盤ツールの開発である．植物や菌類のように光を利用して生きている生物は，光受容体と呼ばれるタンパク質をもっている．光受容体は，光を吸収すると大きく構造変化したり，別のタンパク質と相互作用することにより下流に情報を伝えている．つまり光受容体は，光による入力をタンパク質の構造変化や相互作用といった力学的シグナルとして出力できるのだ．しかし，野生型の光受容体は，光応答性や反応速度などに問題を抱えていることが多い．筆者らは，光受容体に対してプロテインエンジニアリングを施して，その性質を大幅に向上したり，新しい機能を付与したりするなどして，光スイッチタンパク質と総称する新しい分子ツー

■ 3.1 光スイッチタンパク質 ■

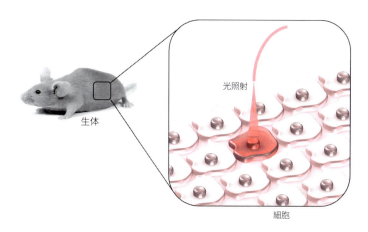

図 3.1 生命現象の光操作の概念図

ルを開発してきた．本章ではとくに，アカパンカビ (*Neurospora crassa*) の青色光受容体 (Vivid) をもとに開発した光スイッチタンパク質について紹介したい．

3.1.2 Magnet システムの開発

Vivid は青色の光を照射すると二量体を形成し，光照射をやめると元の単量体に戻るという性質をもつ (図 3.2)．その分子量が緑色蛍光タンパク質 (GFP) の三分の二程度と非常に小さいことも大きなメリットである．しかし，野生型の Vivid の

問題点の一つとして，当該光受容体がホモ二量体を形成することが挙げられる (図 3.3a)．野生型の Vivid を用いて 2 種類の異なるタンパク質 (A, B とする) を光照射で近接させ，酵素活性などの「機能」を出現させる場合を考えてみよう．野生型の Vivid を A と B のそれぞれに連結すると，光照射によって A-B 近接体が形成される．しかしこのとき，A-A および B-B という望まない近接体も同時に形成されてしまう．結果として，A-B による機能発現の効率が大幅に低下するとともに，A-A や B-B によるサイドエフェクトが問題になる場合もある．このことは野生型の Vivid を用いて光操作のための分子プローブを設計・開発するうえで大きなデメリットとなる．

筆者らは，野生型の Vivid の問題点を解決するために，当該光受容体のホモ二量体の相互作用部位に荷電性側鎖をもつアミノ酸を導入した (ちなみに，野生型の Vivid の相互作用部位は電荷中性側鎖のアミノ酸からなる) (図 3.3b)．これにより，正の荷電性アミノ酸を導入した変異体は，負の荷電性アミノ酸を導入した変異体とヘテロ二量体を形成できるが，正の荷電性アミノ酸を導入した変異体とは静電反発のためにホモ二量体を形成できない．同様に，負の荷電性アミノ酸を導入した変異体は，正の荷電性アミノ酸を導入した変異体と二量体を形成できるが，負の荷電性アミノ酸を導

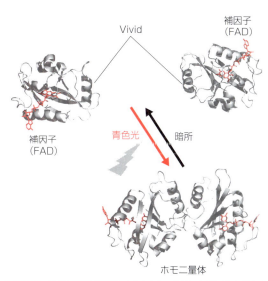

図 3.2 青色光に応答してホモ二量体を形成するアカパンカビの青色光受容体 (Vivid)

■ 3章　ゲノムの光操作技術の創出 ■

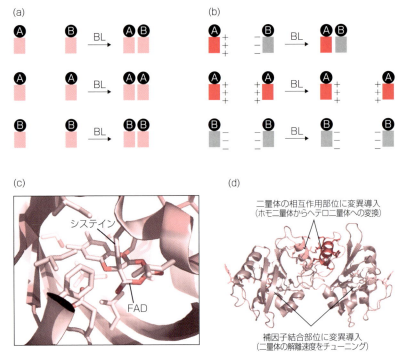

図3.3　Vividのエンジニアリング
（a）野生型のVivid（長方形：薄い赤色）を用いて2種類のタンパク質（A, B）の相互作用を光で誘導しようとすると，A–B相互作用のみならず，意図しないA–A相互作用やB–B相互作用も同時に誘導してしまう．（b）筆者らはVividの二量体界面に静電相互作用を導入し（長方形：赤色と灰色），目的のA–B相互作用を選択的に光で誘導できるようにした．（c）Vividの補因子（FAD）は，青色光を吸収するとVividのシステイン残基と共有結合を形成し，これが引き金となって二量体が形成される（スイッチON）．光照射をやめると，補因子とシステイン残基との共有結合が切断されて二量体は解離する（スイッチOFF）．Vividの補因子（FAD）は多くのアミノ酸に囲まれており，これらはVividのスイッチOFFの速度に大きな影響を与えている．（d）Vividの相互作用部位と補因子結合部位にアミノ酸変異を導入してMagnetシステムを開発した．

入した変異体とは二量体を形成できない．このようなシンプルなアイデアにより，野生型のVividの大きな問題を一つ克服できた．

Vividにはもう一つ，克服すべき問題がある．他の多くの光受容体にも共通した「速度」に関する問題である．野生型の光受容体は光照射をやめた後のスイッチOFFの速度が非常に遅い．Vividの場合，スイッチOFF（二量体の解離）に数時間を要する．これでは，短時間の光照射でパルス的に光操作プローブを活性化させたくても，光照射をやめた後に当該プローブの機能発現が持続してしまう．また，細胞内のごく狭い領域に光を照射して局所的に光操作プローブを機能させたくても，

光受容体のスイッチOFFの速度が遅いと，拡散のために光照射の領域外でも当該プローブが機能してしまう．このような時間分解能と空間分解能に大きな制約を抱えた分子ツールでは，細胞内の数マイクロメートル以下の領域で，数秒以下の反応時間で機能する生体分子の世界を探索したり，それを思いのままに制御したりするのは不可能である．

Vividなどの青色光受容体は，光を吸収すると分子内のシステイン残基と補因子（FAD）が瞬時に共有結合を形成し，これが引き金となって二量体が形成される（スイッチON）（図3.3c）．光照射をやめると，補因子とシステイン残基との共

3.2 CRISPR-Cas9 システムの光操作技術

3.2.1 PA-Cas9 の開発

2012 年，原核生物の CRISPR-Cas9 システムに基づくゲノム編集（genome editing）が報告されて以来，この技術は爆発的な勢いで発展し，すでに世界中の研究室で利用されている．CRISPR-Cas9 システムの報告を受け，光遺伝学の新しい展開を模索していた筆者らは，2013 年初頭から CRISPR-Cas9 システムと光遺伝学を組み合わせた新しい技術の開発研究を開始した．当該研究の成果として筆者らが報告した技術について紹介したい．

ゲノム編集を行うためには，ゲノム上の狙った DNA 配列を切断する必要がある．よく知られているように，Cas9 はガイド RNA（guide RNA）が指定する DNA 配列を切断する酵素である．しかし，その DNA 切断活性は常に ON であり，外部からコントロールすることはできなかった．このため，狙ったタイミングや狙った時間，組織の中の狙った細胞でのみゲノム編集を実行することができないなど，既存のゲノム編集技術にはさまざまな制約が課せられていた．このような背景か

有結合が切断されてスイッチ OFF となるが，野生型の光受容体ではこの速度が非常に遅い（Vivid の場合，$t_{1/2} = 2.8\,\mathrm{h}$）．筆者らはスイッチ OFF の速度をチューニングするために，上述のように相互作用部位に静電相互作用を導入した Vivid の変異体に対して，その補因子周辺にさらなるアミノ酸変異を導入した．その結果，スイッチ OFF の速度が著しく高速化した変異体を開発することができた（最も高速なものは $t_{1/2} = 6.8\,\mathrm{s}$）．同様のアプローチで，逆にスイッチ OFF の速度が遅くなった変異体も開発できた．

以上のように Vivid に対して多角的にプロテインエンジニアリングを施して開発した光スイッチタンパク質を，同じく引力と斥力で制御される磁石にちなんで"Magnet システム"と名付けた（図 3.3d，図 3.4）[1]．高速の Magnet システムは，たとえば細胞内シグナル伝達などを精密に時間・空間制御したい場合に非常に有用であろう．一方，遅い Magnet システムは，ほんの短時間のパルス照射を与えるだけで，長期にわたって生命現象を制御できるという特長をもつ．長時間の光照射に起因するさまざまな問題を極限まで抑えて，たとえば遺伝子発現などを長期にわたってコントロールする場合に有用かもしれない．

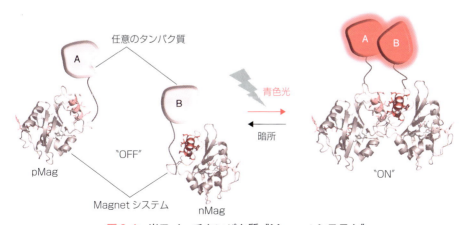

図 3.4　光スイッチタンパク質"Magnet システム"

Magnet システムを連結すれば，2 種類のタンパク質（A, B）の相互作用や活性を光照射の ON/OFF でコントロールできる．

ら，Cas9 の活性を制御できる技術の開発が強く求められていた．一方，CRISPR-Cas9 システムに基づくゲノム編集技術が発表された当時，筆者らの研究室では，上述した光スイッチタンパク質"Magnet システム"の開発が佳境を迎えていた（図 3.4）．この Magnet システムを使えばゲノム編集を自由自在に光で操作できるのではとの考えから，光駆動型のゲノム編集ツール"PA-Cas9"の開発研究に着手した（図 3.5）．

筆者らは，Cas9 の DNA 切断活性を ON/OFF 制御するために，まず Cas9 タンパク質を二分割して，その DNA 切断活性を不活性化した．さらに，二分割により活性を失った"split-Cas9"の N 末端側断片（N-Cas9）と C 末端側断片（C-Cas9）に Magnet システム（pMag および nMag）を連結した．このように split-Cas9 に Magnet システムを連結して開発したのが PA-Cas9 である．Magnet システムは，青色の光に応答して結合する光スイッチタンパク質である．青色の光を照射すると，Magnet システムの結合に伴って，split-Cas9 も互いに近接し結合する．これにより，split-Cas9 は本来の Cas9 タンパク質のように DNA 切断活性を回復し，標的の塩基配列を切断できるようになる．そして，光照射をやめると Magnet システムは結合力を失うため，split-Cas9 は元のようにバラバラになり，DNA 切断活性は消失する．このように PA-Cas9 は，DNA 切断活性を光照射で自由自在にコントロールできるツールである．なお，ガイド RNA はゲノム上での案内役を務める RNA であり，その 5′ 末端の塩基配列（20 塩基程度）を設計することにより，どの遺伝子を光操作するのかをあらかじめ指定できる．

PA-Cas9 により，光で指令を与えて意のままにゲノム遺伝子の機能を破壊（ノックアウト）したり，別の塩基配列で置換（ノックイン）したりできるようになった．筆者らは，主として HEK293T 細胞を用いてさまざまな検討を行っている．たとえば，当該細胞の染色体にコードされた遺伝子 *EMX1* と *VEGFA* を，光照射で同時にゲノム編集できることを示した．その効率を Cas9 のゲノム編集効率と比べると，両者にそれほど大きな差がないことが明らかになった．さらに，PAM 配列や標的配列に対する選択性なども，PA-Cas9 と Cas9 ではほとんど差がないことがわかった．上述のように PA-Cas9 は，Cas9 を真っ二つにするという，かなり荒っぽい手法で開発されているが，その DNA 切断活性や配列特異性が Cas9 とそれほど変わらないのは，筆者らにとって驚きであった．

筆者らはさらに，光照射のパターンを制御する

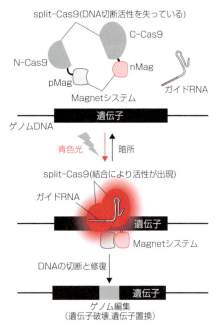

図 3.5 光駆動型のゲノム編集ツール"PA-Cas9"
二分割により活性を失わせた split-Cas9 の N 末端側断片（N-Cas9）と C 末端側断片（C-Cas9）に Magnet システム（pMag と nMag）を連結する．青色光を照射すると，Magnet システムの二量体化に伴って N-Cas9 と C-Cas9 も互いに近接し結合する．これにより N-Cas9 と C-Cas9 は，本来の Cas9 タンパク質のように DNA 切断活性を回復し，標的の塩基配列を切断できるようになる．光照射をやめると Magnet システムは結合力を失うため，N-Cas9 と C-Cas9 も離れ離れになり，DNA 切断活性は消失する．このため光を照射している間だけ，ゲノム編集を実行できる．

ことにより，ゲノム編集を空間的に制御できることも実証した．この実験では，赤色蛍光タンパク質のmCherryと緑色蛍光タンパク質のEGFPをもつサロゲートレポーター（surrogate reporter）を用いている（図3.6a）．サロゲートレポーターは，mCherryのcDNAとEGFPのcDNAの間に導入された*EMX1*標的部位がPA-Cas9により切断され，当該部位にフレームシフト（frame shift）変異が導入された際にEGFPが発現し，その緑色蛍光が観察されるように設計されている．一方，mCherryはPA-Cas9の働きに関係なく常に発現し，トランスフェクションのコントロールとしての役割をもっている．サロゲートレポーターとともにPA-Cas9のcDNAを細胞に導入し，青色光でパターン照射を行ったところ，青色光を照射した領域のみでEGFPの緑色蛍光が観察された（図3.6b）．このことから，PA-Cas9を用いてゲノム編集を空間的に制御できることがわかった．

このように筆者らは，CRISPR-Cas9システムを光照射のON/OFFで制御する技術を開発し，光によるゲノム編集の制御を実現した[2]．既存の技術では，狙ったタイミングや狙った時間でのみゲノム編集を実行することは不可能だったが，PA-Cas9を用いればDNA切断活性の持続時間を非常に短く制御できるため，オフターゲット（off-target）に関する既存技術の問題を低減できるかもしれない．また，既存の技術ではゲノム編集を空間的に制御することは不可能だったが，PA-Cas9を用いれば，たとえば脳における神経細胞のように，組織の中で狙った細胞単位でのゲノム編集が実現するかもしれない．このようにPA-Cas9は，ゲノム編集の応用可能性を大きく広げることが期待される．

3.2.2 ゲノム遺伝子発現の光操作技術

分化や発生，代謝，免疫，記憶・学習など，私たちの生体で見られる多様な生命現象は，さまざまな遺伝子の働きによって成り立っている．それぞれの遺伝子がどのように生命現象の制御にかかわっているかを明らかにするには，ゲノム上に散らばったそれぞれの遺伝子の働きを自由自在にコントロールする技術が必要である．筆者らはDNA切断活性を欠失させたdCas9を用いて，ゲノム遺伝子の発現を光操作する技術を開発した

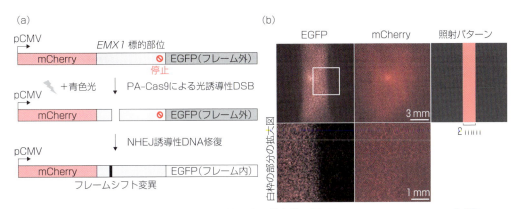

図3.6　PA-Cas9を用いたゲノム編集の空間的制御（巻頭のColored Illustration参照）
（a）PA-Cas9の機能を評価するためのサロゲートレポーター．（b）培養皿に細胞を培養してPA-Cas9とサロゲートレポーターを発現させ，縞状（幅2 mm）に青色の光を照射した（右上）．青色の光が照射された細胞だけで，緑色蛍光タンパク質（EGFP）の発現が観察された．この結果から，光照射部位でのみゲノム編集が行われていることがわかる（左）．なお，対照群としてすべての細胞に赤色蛍光タンパク質（mCherry）を発現している（中央）．光照射のパターンを制御することにより，ゲノム編集を空間的に制御できることを実証した．

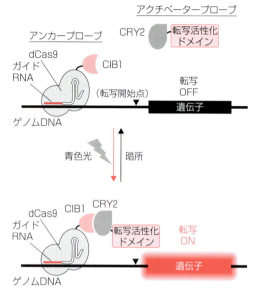

図 3.7　ゲノム遺伝子発現の光操作技術

アンカープローブ（dCas9 と CIB1 の融合タンパク質）はガイド RNA によってゲノム DNA に結合する．ガイド RNA の 5′ 末端の塩基配列は，ゲノム上でのアンカープローブの結合部位を決定する因子であるため，適切にガイド RNA を設計することにより，標的遺伝子の転写開始点の上流領域にアンカープローブを結合させることができる．アクチベータープローブは転写活性化ドメインと CRY2 の融合タンパク質である．暗所では両プローブは離れ離れになっているが（上），青色光を照射すると（下），CRY2 と CIB1 が結合して転写開始点の上流領域に転写活性化ドメインが呼び寄せられる．これにより標的ゲノム遺伝子の転写が活性化される．青色光の照射をやめると（上），両プローブは再び離れ離れになり，標的遺伝子の転写は停止する．このように，光照射の有無によって標的ゲノム遺伝子の発現をコントロールできる．

（図 3.7）[3]．

　筆者らが開発した技術は，二つのタンパク質プローブ〔以下，アンカープローブ（anchor probe），アクチベータープローブ（activator probe）〕とガイド RNA からなる．アンカープローブは，dCas9 と CIB1 という 2 種類のタンパク質をつないだ融合タンパク質である．ガイド RNA はアンカープローブの dCas9 に結合し，そのプローブをゲノム DNA に結合させる役割を果たす．アンカープローブがゲノム DNA に結合するとき，ガイド RNA の 5′ 末端の塩基配列とゲノム DNA との間で相補的な二本鎖が形成される．つまり，ガイド RNA の 5′ 末端の塩基配列（20 塩基程度）は，ゲノム上でのアンカープローブの結合部位を決定する因子となる．したがって，適切にガイド RNA を設計することにより，コントロールしたい標的遺伝子の転写開始点の手前の領域（上流領域）にアンカープローブを結合させることができる．

　一方，アクチベータープローブは転写活性化ドメインと CRY2 で構成されている．アンカープローブとアクチベータープローブに含まれる CIB1 と CRY2 は，青色光の有無によって結合したり離れたりするため，光スイッチの役割を果たす．つまり，暗所ではアンカープローブとアクチベータープローブは離れ離れになっているが，青色光を照射すると CRY2 と CIB1 が結合し，両プローブは転写開始点の上流領域で結合する．それと同時に，アクチベータープローブに含まれる転写活性化ドメインの働きにより，標的遺伝子の転写が促進される．青色光の照射をやめると，両プローブは再び離れ離れになり，標的遺伝子の転写は停止する．このように，光照射の有無によって標的遺伝子の発現をコントロールできる．

　筆者らは，HEK293T 細胞を用いてさまざまな検討を行っている．たとえば，24 時間の光照射により，当該細胞の染色体にコードされた遺伝子 *ASCL1* の mRNA を 50 倍程度，発現誘導できることを示した（mRNA が 10 倍になるのに必要な光照射時間は約 3 時間）．また，この技術は可逆性をもっており，光照射をやめれば，*ASCL1* の mRNA の量が元のレベルに戻り，再度光照射を施せば，mRNA が増加することを示した．さらに，複数の異なるガイド RNA を細胞に導入することにより，複数のゲノム遺伝子を同時に光照射でコントロールできることも示した．

　さらに筆者らは，光刺激で遺伝子発現を抑制するツールも開発した（図 3.8）[3]．上述の PA-Cas9 は光刺激でゲノムの標的部位を切断し，当該部位の塩基配列を編集できるツールであるが，この

■ 3.3 Cre-*loxP* システムの光操作技術 ■

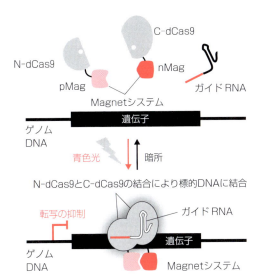

図 3.8 ゲノム遺伝子の発現を光照射で抑制する技術
PA-Cas9 の活性中心にアミノ酸変異（2 カ所，図中の白丸）を加えて DNA 切断活性を欠失させ，ゲノム上の狙った遺伝子に結合して当該遺伝子の転写を青色の光で可逆的に抑制するツールを開発した．

PA-Cas9 に変異を加えて DNA 切断活性を欠失させることにより，ゲノム上の狙った遺伝子に結合して，その発現を光で可逆的に抑制する技術として用いることができる．上述の遺伝子発現を活性化する技術では，アンカープローブをコントロールしたい標的遺伝子の転写開始点の上流領域に結合させることが重要であったが，この遺伝子発現の抑制技術では，遺伝子そのもの，とくに第1 エキソンにツールが結合するようにガイドRNA を設計するのが有効である．

3.3 Cre-*loxP* システムの光操作技術

3.3.1 PA-Cre の開発

これまで述べてきたように，CRISPR-Cas9 システムはゲノムの光操作技術を創出するうえで大きな役割を果たしている．CRISPR-Cas9 システムを用いた上述の技術の最大の特長は，ガイドRNA の塩基配列を設計するという非常にシンプルかつ簡便な方法で，標的のゲノム遺伝子を自由自在に選択できる点である．さらに，複数の異なるガイドRNA を同時に利用することにより，さまざまなゲノム遺伝子をまとめて光でコントロールできる点も重要である．この CRISPR-Cas9 システムは，バクテリオファージ（bacteriophage）と闘うために原核生物が免疫システムとして獲得した分子システムであるが，バクテリオファージや原核生物は CRISPR-Cas9 システム以外にもさまざまな分子システムをもっている．たとえば，遺伝子組換え反応を非常に高い効率で制御できる Cre-*loxP* システムは，今やライフサイエンスには欠くことのできないツールとなっている．筆者らは，この CRISPR-Cas9 システムとは異なる特長をもつゲノム改変ツールの Cre-*loxP* システムと Magnet システムを組み合わせ，DNA 組換え反応を生体内で自由自在に光操作できるツール（PA-Cre）を開発した（図 3.9）[4]．

Cre-*loxP* システムはバクテリオファージ P1 がもつ DNA 組換えシステムである．DNA 組換え酵素の Cre は，*loxP* と呼ばれる 34 bp の塩基配列に結合し，二つの *loxP* 配列の間での組換え反応を触媒する．Cre-*loxP* システムは 1980 年代から真核生物に応用され，1990 年代以降はマウスでの遺伝子ノックアウトや遺伝子の発現制御などの目的で，生命科学の諸分野で応用されている．たとえば，Cre-*loxP* システムを組織特異的/時期特異的なプロモーターや化合物依存的なドメイン（ERT2 など）と組み合わせることにより，生体内の特定の細胞や特定のタイミングで遺伝子をノックアウトしたり，遺伝子の発現制御を行ったりという，遺伝子操作が可能になった．しかし，プロモーター活性や化合物を利用する従来法は，適用できる細胞種が限定される点や，厳密な時空間制御が困難な点が課題として指摘されていた．

筆者らは，光による DNA 組換え反応の制御を実現するために，次のように PA-Cre を開発した（図 3.9）．まず Cre タンパク質を二分割して，そ

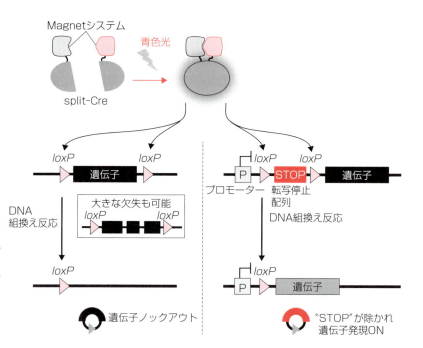

図 3.9 Cre-loxP システムの光操作技術"PA-Cre"

split-Cre と Magnet システムからなる PA-Cre は，青色光で活性化する DNA 組換え酵素である（上）．遺伝子もしくは遺伝子群を loxP ではさむことにより，当該遺伝子・遺伝子群を光刺激でノックアウトできる（左下）．また，転写停止配列（STOP）を loxP ではさむことにより，遺伝子の発現を光刺激で活性化できる（右下）．

の DNA 組換え活性を不活性化した．次に，二分割により活性を失った"split-Cre"の N 末端側断片（N-Cre）と C 末端側断片（C-Cre）のそれぞれに，筆者らが開発した Magnet システム（nMag および pMag）を連結した．青色の光を照射すると Magnet システムが結合し，これに伴って split-Cre も互いに近接し結合する．これにより split-Cre は，本来の Cre タンパク質のように DNA 組換え活性を回復し，二つの loxP 配列の間での DNA 組換え反応を促進する．このように Cre-loxP システムを光照射の ON/OFF で制御する技術を開発し，光刺激を与えて意のままに DNA 組換え反応を制御できるようになった．ここでは詳細を述べないが，上述のスキーム以外にも，split-Cre と Magnet システムのつなぎ方やリンカーのアミノ酸配列の最適化，核局在化配列の工夫，2A ペプチドの利用など，さまざまなエンジニアリング（engineering）を行うことにより，PA-Cre を完成させている．

以上のように開発した PA-Cre を，レポーターとともに培養細胞に導入して評価したところ，PA-Cre は暗所ではほとんど DNA 組換え活性を示さず，青色光を照射すると速やかに強い DNA 組換え活性が出現することがわかった（図 3.10）．光照射時の PA-Cre の DNA 組換え活性は，遺伝子ノックアウトで使われている iCre の 70% 程度である．PA-Cre をさまざまな実験系に応用するには十分な活性といえるだろう．さらに重要なのは，PA-Cre は 40 mW m^{-2} 程度の非常に弱い青色光による光照射や，30 秒程度の非常に短い時間のパルス照射でも，十分な DNA 組換え活性を得られることである．このような特長をもつ PA-Cre を用いれば，青色光の照射による光毒性を恐れる必要はないだろう．

3.3.2 PA-Cre のマウスへの応用

上述の培養細胞での検証に加えて，マウスでの PA-Cre の評価を行った（図 3.11）．まず，PA-Cre をコードするプラスミドとレポーターのプラスミドをマウスの尾静脈にハイドロダイナミックインジェクション（hydrodynamic injection）して，肝臓に当該プラスミドを導入した．レポー

3.3 Cre-loxP システムの光操作技術

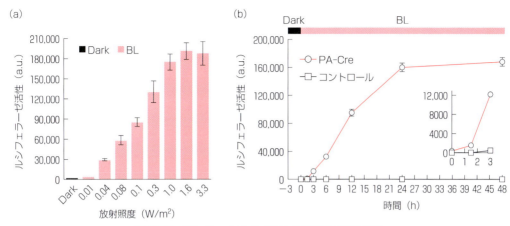

図 3.10 PA-Cre による DNA 組換え反応の評価
(a) DNA 組換え反応によりルシフェラーゼを発現するレポーターと PA-Cre をコードする cDNA とを細胞にトランスフェクションした後に，さまざまな強度の青色光を照射した．青色光依存的に PA-Cre による DNA 組換え反応が生起することがわかった．(b) 青色光の照射時間依存的な PA-Cre による DNA 組換え反応．

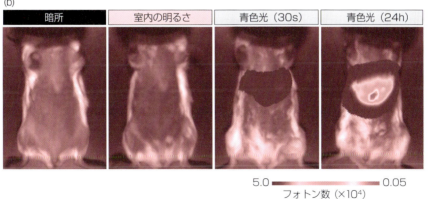

図 3.11 PA-Cre を用いた，生体外からの非侵襲的な光照射による生体深部の遺伝子の働きのコントロール（巻頭の Colored Illustration 参照）
(a) DNA 組換え反応によりルシフェラーゼを発現するレポーターと PA-Cre をコードする cDNA を，ハイドロダイナミックインジェクション法でマウスの肝臓に導入した後，LED を用いてマウスに生体外から非侵襲的に青色光を照射した．(b) 青色光によりマウスの肝臓で DNA 組換え反応が誘起され，レポーターからルシフェラーゼが発現する様子を可視化した．24時間の光照射はもとより，30秒間という短時間の光照射でも肝臓で遺伝子発現が観察された．一方，暗所や室内の明るさではまったくルシフェラーゼの発現は観察されなかった．

37

ターはDNA組換え反応によりルシフェラーゼが発現するように設計されているので，マウスの肝臓の細胞中でPA-Creが活性化すれば，その様子をEM-CCDカメラを用いて可視化できる．

さて，青色光の照射であるが，ChR2を用いたマウスの脳神経細胞の光遺伝学では，レーザー光源とつながった光ファイバーを脳深部に差し込んで光照射を行うことを常としている．これは，もちろん部位特異的に神経細胞を光操作するためであるが，ChR2の感度が低いため（PA-Creの10,000分の1以下），十分な光量を脳の深部の神経細胞に届けるには，レーザー光源と光ファイバーを利用するしかないという事情もある．一方PA-Creは，上述のように非常に感度がよいため，レーザー光源と光ファイバーを用いた光照射のみならず，生体外からの光照射でもDNA組換え反応をコントロールできる．青色LEDをアレイ化した光源（470 ± 20 nm）を用いてマウスの腹側から光照射したところ，ルシフェラーゼの明るい生物発光が肝臓から観察された．興味深いことに，30秒間程度のパルス照射を生体外から施すだけでも，PA-Creの活性化を十分に誘起できることがわかった．一方，暗所ではルシフェラーゼの生物発光はまったく観察されず，DNA組換え反応は起こらない．また通常の部屋の明るさでも，暗所の場合と同様に，マウスの肝臓ではPA-Creは活性化せず，DNA組換え反応はまったく起こらないことがわかった．このように，PA-Creは使いやすく，光による制御能が非常に高いツールといえるだろう．

PA-Creはバックグラウンドが低く，かつ高い光誘導効率をもつツールである．このため，マウスの生体外からの非侵襲的な光照射でも生体深部でのDNA組換え反応を光操作できることを，肝臓を例として示した．このような生体外からの光操作が可能になる最大のメリットは，やはりその簡便さにあるだろう．加えて，従来の光遺伝学で行われてきたような局所的なコントロールだけでなく，PA-Creの活性化に必要な光量さえ届けることができれば，生体深部の組織や器官の広い領域の細胞をまとめて制御できる点も大きな特長だろう．さらに，多数のモデル生物にまとめて光照射を施して，遺伝子の働きを制御できる点もメリットになるだろう．

3.4 おわりに

本章では，光操作の基盤技術としての光スイッチタンパク質の開発について解説するとともに，CRISPR-Cas9システムとCre-loxPシステムの光操作技術に関する研究事例を紹介した．筆者らが開発した技術により，ゲノムの塩基配列を自由自在に光刺激で書き換えることが可能になった．加えて，染色体にコードされた遺伝子の発現を光刺激で自在に活性化，つまりゲノム情報を光で読み出すことが可能になった．このようなCRISPR-Cas9システムやCre-loxPシステムと光遺伝学の出合いは，ライフサイエンスの可能性を大きく広げると筆者らは考えている．その試みは始まったばかりであり，技術のさらなる応用や改良・展開が可能だろう．上述したツールが読者の皆さんのアイデアを刺激し，生命科学の諸分野の研究に役立てば幸いである．

（佐藤守俊）

文　献

1) F. Kawano, H. Suzuki, A. Furuya, M. Sato, *Nat. Commun.*, **6**, 6256 (2015).
2) Y. Nihongaki, F. Kawano, T. Nakajima, M. Sato, *Nat. Biotechnol.*, **33**, 755 (2015).
3) Y. Nihongaki, S. Yamamoto, F. Kawano, H. Suzuki, M. Sato, *Chem. Biol.*, **22**, 169 (2015).
4) F. Kawano, R. Okazaki, M. Yazawa, M. Sato, *Nat. Chem. Biol.*, **12**, 1059 (2016).

Part I　ゲノム編集技術の利用

塩基変換反応によるゲノム編集

Summary

ヌクレアーゼ型ゲノム編集技術の課題を克服すべく，鋳型DNAを用いず毒性も低減した塩基編集技術の開発が進んでいる．塩基変換を担う触媒酵素としてデアミナーゼを用いた塩基編集技術であるTarget-AIDおよびBase Editor（BE）は，ヌクレアーゼ活性を失活させたCRISPR-Cas9を母体として直接に点変異を導入できる技術であり，遺伝子治療から植物・微生物育種までの幅広い応用可能性が期待されている．本章ではおもに，この塩基編集について筆者らが行った開発過程を紹介しつつ，技術の動作原理から改良技術について解説する．

4.1　ヌクレアーゼ型ゲノム編集の課題

　一般的なゲノム編集技術は，ヌクレアーゼ活性による標的DNAの切断を前提としている．切断されたDNAは，多くの真核生物の宿主細胞においては非相同末端修復（NHEJ）によって修復される場合が多く，正しく修復された場合は再び切断の対象となるため，繰返しの切断と修復の過程で，末端塩基の欠失や挿入といった修復エラーが入ることで変異導入される．欠失挿入ではフレームシフトによる遺伝子破壊を期待できるが，どのような配列および長さの変異が生じるかはランダムであり，細胞によっては数kbにも及ぶ欠損が生じる場合もある．より正確な配列変換や，遺伝子断片の挿入（ノックイン）を行う場合には，相同配列を伴った鋳型となるDNA断片を併せて導入することにより，相同組換え修復による断片の挿入を期待する．ただし，相同組換えが優先的に起こるとは限らず，非相同末端修復による欠失挿入と入り混じった結果になりうることと，細胞・組織によっては鋳型DNA断片をデリバリーする技術的な課題もある．また，そもそもヌクレアーゼによる毒性に弱い細胞ではゲノム編集による生存率が低下して問題となるものもある．

4.2　デアミナーゼの塩基変換反応を用いたゲノム編集

4.2.1　DNA塩基の脱アミノ化酵素デアミナーゼ

　このような課題に対して，筆者らはヌクレアーゼ型に代わるゲノム編集手法として，デアミナーゼによる塩基変換反応を用いたゲノム編集手法を開発することに成功した[1]．脱アミノ化反応を触媒するデアミナーゼは，DNA塩基のアミノ基を取り除く反応によって，たとえばDNA上のシトシンをウラシルに変換することができる（図4.1）．このような塩基の脱アミノ化は自然にも起こりうるため，大部分はウラシル脱塩基酵素による塩基除去修復によって元通りに修復されるが，何らかの要因で修復が正確に対応できない場合は点変異の要因となる．

— 39 —

4章 塩基変換反応によるゲノム編集

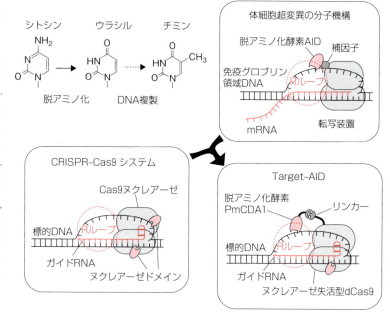

図 4.1 脱アミノ化型ゲノム編集技術 Target-AID

DNA 上のシトシンは脱アミノ化によってウラシルに変換され，DNA 複製や修復エラーなどを経て，構造の似たチミンに置き換えられる（左上）．抗体の多様性を生み出す体細胞超変異において，シチジン脱アミノ化酵素 AID は，転写装置が形成する R ループの一本鎖 DNA を認識して，脱アミノ化により変異導入する（右上）．CRISPR-Cas9 は標的 DNA 二本鎖を開き，ガイド RNA の相補性によって配列を認識して R ループ構造を形成し，ヌクレアーゼ活性で DNA を切断する（左下）．Target-AID は CRISPR-Cas9 のヌクレアーゼ活性を取り除き，AID の脱アミノ化活性を付与することによって，標的配列の R ループ領域特異的に点変異を誘導することができる（右下）．

この現象を積極的に利用しているのが，脊椎動物の獲得免疫機構における体細胞超変異である．体細胞超変異は，B 細胞が抗体の多様性を生み出すために免疫グロブリン遺伝子に変異を導入するプロセスであるが，この免疫グロブリン遺伝子領域に作用するのが AID (activation-induced cytidine deaminase) である（図 4.1）．AID は，DNA または RNA のシトシンを脱アミノ化してウラシルに変換するデアミナーゼ酵素活性をもっており，体細胞超変異において中心的役割を果たしている[2]．AID が免疫グロブリン遺伝子領域のみに特異的に変異を導入できるメカニズムは，完全には解明されていない．ただし，AID は一本鎖 DNA 構造を好むことから，遺伝子発現量の多い免疫グロブリン遺伝子において，転写装置が mRNA を合成するために DNA 二本鎖を開裂させて生じる R ループ構造を特異的に認識していると考えられる．

4.2.2 ヌクレアーゼ失活型 CRISPR-Cas9 の利用

この AID の活性をゲノム中の任意の部位に自由に標的化できれば，直接に点変異を導入できると期待されるが，実際に標的 DNA 領域に AID をリクルートする機構としては CRISPR-Cas9 が非常に適していた．CRISPR-Cas9 はガイド RNA によって DNA 配列を認識するため，DNA 二本鎖を開裂させて R ループ構造を形成するが，これは AID が標的とできる DNA 構造に非常に近い．したがって，Cas9 のヌクレアーゼ活性を失活させた変異体である dCas9 を用いることで，標的 DNA において R ループ構造を形成させて AID を特異的に作用させることができる（図 4.1）．

AID としては，ヒト由来のものを用いた場合では変異頻度はあまり高くなかった．AID の活性は細胞にとって変異原となりうる危険なものでもあるため，AID の活性にはさまざまな制限・制約が施されていると考えられた．これに対してヤツメウナギ由来の PmCDA1 を用いた場合は，飛躍的に高い効率でありながら，きわめて狭い領域に点変異を導入することができた．これは，ヤツメウナギは獲得免疫機構をもつ最も原始的な脊椎動物に類すると考えられ，そのような生物にお

4.2 デアミナーゼの塩基変換反応を用いたゲノム編集

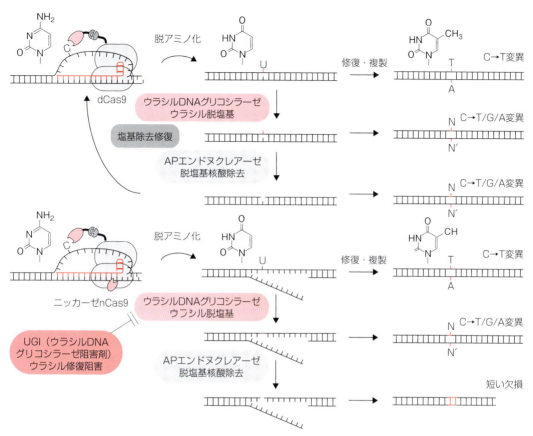

図 4.2　DNA 脱アミノ化と修復機構による変異導入
DNA 上のウラシルは比較的に頻発する異常塩基であるため，ウラシル脱塩基酵素（ウラシル DNA グリコシラーゼ）による塩基除去修復機構が備わっている．脱塩基された部位は AP エンドヌクレアーゼによって切り出され，最終的にポリメラーゼとリガーゼによって相補鎖依存的に元の塩基に修復される．このため低頻度の脱アミノ化では有効な変異原とはなりがたいが，修復を上回る脱アミノ化が繰り返された場合は修復途上で DNA 複製に移行して，チミンとして認識されて相補鎖の合成が行われる．脱塩基されている場合は対合する箇所にランダムに塩基が挿入されうるが，多くの生物では C：G → T：A になりやすく，酵母では C：G → G：C も同程度に起こる．ニッカーゼ活性と脱アミノ化反応を組み合わせると，下の鎖のニックを修復する際に脱アミノ化された上の鎖をテンプレートとすることで，間違った塩基を導入して変異が入りやすくなると推察される．ただし，脱塩基とニックが同時に起こると DNA 二本鎖が切断された状態となるため，高等真核生物では NHEJ 修復によって欠損を生じることがある．ウラシル脱塩基修復阻害タンパク質（UGI）を用いると修復の最初のステップをブロックするため，効率の大幅な向上とともに C から T への点変異に限定されやすくなる．ただし非特異的な変異率が上昇するリスクもある．

いては，AID のオルソログとして制御がシンプルな，酵素活性を引き出しやすい特徴をもつのではと推察される．

4.2.3　DNA 脱アミノ化後の修復と変異のメカニズム

DNA 上の脱アミノ化されたシトシン（＝ウラシル）は，そのまま修復されずに DNA 複製に入れば，チミンに構造が似ているため，相補的 DNA 合成によって C：G 対から T：A 対への変異となる（図 4.2）．あるいは塩基除去修復の途中で修復エラーが生じた場合には，さらに異なる塩基が挿入されうる．とはいえ，正常な細胞では DNA 上のウラシルは塩基除去修復により正常に

■ 4章　塩基変換反応によるゲノム編集 ■

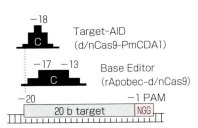
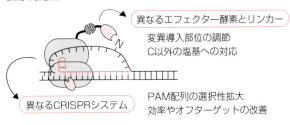

図4.3　変異導入デザインと拡張性
Target-AIDではPAM配列から上流18塩基の部位に変異導入効率のピークがあり，前後3-5塩基の範囲の上の鎖にあるシトシンに変異が導入されうる．rApobecを用いるBase Editorの系では若干PAM配列に近く，変異導入範囲も少し広くなる．異なるCRISPRシステムを同様に用いれば，PAM配列などの選択肢が広がる．また，より効率やオフターゲット性の優れたタイプを用いることでも機能性の向上を図ることができる．異なるエフェクター酵素やリンカーを用いることで，変異導入範囲を変えたりシトシン以外の塩基を対象にできる可能性がある．

修復される場合がほとんどであるため，変異として固定される効率を高めるには，デアミナーゼの活性とともに宿主細胞の修復系に対して干渉することも検討される．その手段の一つとして，DNA片鎖を切断するニッカーゼを用いることが有効であった（図4.2）．Cas9はDNA二本鎖を切断するヌクレアーゼドメインが上下で独立しているため，片方のヌクレアーゼ活性のみを失活させてDNAの一本鎖のみを切断するニッカーゼ変異体にすることができる．このうちガイドRNAとハイブリダイズする相補鎖（下の鎖）を切断するnCas9（D10A）とデアミナーゼとを組み合わせると，著しく変異導入効率を高めることができた．これは，上の鎖への脱アミノ化と下の鎖のニックが同時に起こると，相補鎖を利用する正常な修復が困難になるためと推察される．ただし，動物や植物のような高等真核生物においては，短い欠損が生じる場合もあった[3]．

また，さらにウラシルDNA脱塩基酵素の阻害剤であるUGIを用いると，点変異導入率が大きく向上するとともに，変異のタイプがCからTへの変異により限定されやすくなる．ただし，UGIはウラシル修復系を全般に止めてしまうため，非特異的な変異率の上昇を引き起こす可能性があり，注意が必要であろう．

本来の標的とは異なる領域に変異を導入してしまう，ゲノム編集技術のオフターゲット効果については，基本的にはベースとなるCRISPR-Cas9に準じるが，DNA二本鎖切断にはならないため，その悪影響の度合いはより低いといえるかもしれない．また，実際に次世代シーケンサーを用いたオフターゲット領域のディープシーケンスによる低頻度の変異の検出や，全ゲノムシーケンスなどによる検証も行われており，とくに懸念される問題は今のところ見出されていない．

変異導入の実際のデザインとしては，まずCRISPR-Cas9に準じてPAM配列（NGG）から上流20塩基程度を標的とした場合，そのPAM配列上流18番目のシトシンが最も効率よく変異導入され，その前後では効率が下がり，平均的に5塩基程度の範囲内で有効な変異導入が見られた（図4.3）．もしこの範囲内に複数のシトシンが存在すれば，それぞれが確率論的に変異の対象となる．

4.2.4　多様化する塩基編集技術と応用可能性

筆者らのほかにハーバード大学のD. R. Liu教授のグループからも共通したコンセプトの技術と

してBase Editor（BE）が発表されている[4]．BEはデアミナーゼとしてラット由来のrApobecを用いており，それに伴ってTarget-AIDとは若干異なる変異導入範囲が報告されている．また続報においては，rApobecの立体構造を変化させる変異体を作成して変異導入範囲が改変できることも示されており，さらに異なるPAM配列を要求するCas9のバリアントを用いることでデザイン性の拡大も実証されている[5]．エフェクター酵素としてアデニンを変換できるAdenine Base Editor（ABE）も発表されており[6]，異なる編集能をもったエフェクターの採用もさらに進むと見込まれる（図4.3）．このような技術改良によってデザイン制約の縮小やさらなる機能強化・多様化が図られるだろう．

適応生物種としては，従来のヌクレアーゼ型CRISPR-Cas9よりも毒性が低いことなどから，より広範な細胞に適用可能であることが示されており，哺乳動物としては，これまでにCHO細胞，Hek293細胞，マウス受精卵で実証されている．研究・創薬ツールとして，従来のノックアウトとは異なる一塩基多型（SNP）などを再現するようなマウスやiPS細胞を構築することが，より効率的に行えるようになると期待される．またゲノムワイドなスクリーニングによって，たとえば細胞のがん化を正あるいは負に制御するような点変異の探索や，バイオ医薬の生産株の改変にも有用であろう．

4.3 今後の展望

ゲノム編集技術は遺伝子治療分野においても大きな可能性があり，研究開発が進められているが，一般的なヌクレアーゼ型のゲノム編集技術では，フレームシフトあるいは配列の除去など，基本的には標的遺伝子機能の（部分的な）破壊によって治療効果を期待できる疾患が対象となりやすい．

一度細胞を体外に取り出して編集を行う *ex vivo* 編集であれば，相同組換えを利用した，より精密な編集を行うことも不可能ではないが，欠失・挿入が起こることも避けがたいため，それが許容できる状況に限定される．したがって，点変異以外の変異を避けるべき状況においてはデアミナーゼ型を使うことが有効となる．体内で直接ゲノム編集を行う *in vivo* 編集では，現状では一部の細胞の機能改変で疾患の改善が見込めなければならないが，相同組換えドナーDNAのデリバリーがより困難となること，ヌクレアーゼ毒性の副作用も考慮する必要があることから，比較的デアミナーゼ型による点変異導入の適用可能性は高い．

ゲノム編集技術の医療応用に関してはデリバリーや副作用，編集効率の問題も含めて，まだまだ超えるべき課題は多いが，大学・公的研究機関のみならず，ベンチャー企業における展開も含めて技術革新と応用化は驚くべきスピードで進んでおり，知財の確保も含めた総合的な戦略性と機動的対応が求められている．

〔西田敬二〕

文　献

1) K. Nishida, T. Arazoe, N. Yachie, S. Banno, M. Kakimoto, M. Tabata, M. Mochizuki, A. Miyabe, M. Araki, K. Y. Hara, Z. Shimatani, A. Kondo, M. Muramatsu, K. Kinoshita, S. Fagarasan, S. Yamada, Y. Shinkai, T. Honjo, B. A. Knisbacher, D. Gerber et al., *Science*, **102**, 553 (2016).
2) M. Muramatsu, K. Kinoshita, S. Fagarasan, S. Yamada, Y. Shinkai, T. Honjo, *Cell*, **102**, 553 (2000).
3) Z. Shimatani, S. Kashojiya, M. Takayama, R. Terada, T. Arazoe, H. Ishii, H. Teramura, T. Yamamoto, H. Komatsu, K. Miura, H. Ezura, K. Nishida, T. Ariizumi, A. Kondo, *Nat. Biotechnol.*, **35**, 441 (2017).
4) A. C. Komor, Y. B. Kim, M. S. Packer, J. A. Zuris, D. R. Liu, *Nature*, **533**, 420 (2016).
5) Y. B. Kim, A. C. Komor, J. M. Levy, M. S. Packer, K. T. Zhao, D. R. Liu, *Nat. Biotechnol.*, **35**, 371 (2017).
6) N. M. Gaudelli, A. C. Komor, H. A. Rees, M. S. Packer, A. H. Badran, D. I. Bryson, D. R. Liu, *Nature*, **551**(7681), 464(2017).

chapter 5

エピゲノム編集技術

Summary

ゲノム編集技術が特定のゲノムを操作する技術であるのに対し，エピゲノム編集技術とは特定のゲノム領域のエピゲノムを操作する技術である．エピゲノム編集技術の開発によってエピゲノムを操作することが可能となった．つまり，特定遺伝子の発現を自在に活性化したり抑制したりできるということである．今までエピゲノムの作用を調べる際に薬剤などの阻害剤を利用していたが，これでは広範囲にエピゲノムの変化が起こってしまい，ある特定領域のエピゲノムのみの役割を直接的に解析することは不可能であった．しかしエピゲノム編集技術の登場により，特定領域のエピゲノムのみを操作することが可能になったことで，特定領域のエピゲノムがどのような機能をもち，表現型にどのような影響を与えるのかを調べることができるようになった．エピゲノムのもつ生物学的役割はきわめて大きい．これを自在に操作できるということは，基礎研究に与える影響はもとより，医療応用や産業応用においてきわめて大きな役割をもつと考えられる．

5.1 エピゲノムとは

エピジェネティクスとは，DNAの塩基配列ではなく，DNAのメチル化やヒストン修飾によって遺伝子発現情報を制御する機構である[1]．また，その修飾情報をエピゲノムという．DNAメチル化やヒストン修飾などのエピゲノム変化は可逆的であり，細胞分裂後も維持されるという特徴をもつ．

一つの個体においてゲノムの情報はすべて同じであるが，さまざまな組織や器官を構成する細胞の種類によってエピゲノムの状態は異なる．つまり，エピゲノムの違いによって遺伝子発現制御が異なり，細胞の多様性を生むと考えられる．さらに個体レベルでは，一卵性双生児がまったく同じゲノムをもつのに表現型が異なることや，クローンネコの毛色が親ネコと同じにならないことはエピゲノムの違いに起因する．

このように，エピゲノムは生命の発生や分化，老化，リプログラミングなどにおける遺伝子発現制御に重要な役割をもつことが明らかとなってきた．さらにエピゲノムの異常は，がんや生活習慣病，神経変性疾患といったさまざまな疾患の基盤となることが明らかになってきた．ゲノムDNAの変異は塩基配列の変化であるのに対し，エピゲノムの変化はゲノムの修飾情報の変化であるため可逆的である．それは，病気を引き起こす原因となったエピゲノム異常を健康な状態のエピゲノムに戻すことが可能であるということである．つまり，エピゲノムの異常によって引き起こされた疾患が治癒できることを意味する．実際に，化合物による治療やその開発が進められている[2]．たとえばアザシチジンやデシタビンといったDNAメチル基転移酵素阻害剤が骨髄異形成症候群などの治療に，4種類のヒストン脱アセチル化酵素阻害剤が皮膚T細胞リンパ腫や多発性骨髄腫の治療

— 44 —

に使用されている．これらは非常に効果のある治療薬であるが，広範囲にエピゲノムの変化が起こるため副作用のリスクが指摘されている．したがって特定の領域のエピゲノムを操作する技術が必要である．

5.2 エピゲノム編集技術とは

エピゲノム編集技術を説明する前に，ゲノム編集について簡単に述べておく（図5.1）．ゲノム編集は，基本的に特定部位のDNA配列を認識してヌクレアーゼ活性により切断し，①特定部位の配列を削除したり，②特定部位に任意のゲノム配列を挿入・置換したりする新しい遺伝子改変技術である．1996年にZFN[3]が，2011年にTALEN[4]が開発されたが，これらはDNA配列を認識する結合ドメインと制限酵素である*Fok*Iとを結合させた人工制限酵素であり，ターゲット配列ごとにこれらを合成する必要があった．2012年にCRISPR-Cas9システム[5-7]が登場すると，簡便性ゆえに急速にその利用が広まった．このシステムは，ターゲット配列を含む短いRNA（sgRNA）とCas9という細菌由来のDNA二本鎖切断酵素からなる．この酵素はsgRNAに含まれるターゲット配列依存的にDNAを切断する．つまり，ZFNやTALENのようにターゲットとなるDNA配列ごとに異なるタンパク質を作製する必要がなく，sgRNAを作製するだけでよいため，CRISPR-Cas9システムは従来のゲノム編集法と比較して迅速にゲノム編集ができるという特徴がある．

エピゲノム編集は，これらのゲノム編集技術で用いられている，特定のDNA配列に結合できるドメインを利用することで可能となった[8]．特定のDNA配列に結合できる「特異的DNA配列結合モジュール」と，エピゲノムを修飾する酵素である「エフェクターモジュール」を連結する（図5.2）．このようにしてエピゲノムを操作することが可能となった．

5.2.1 特異的DNA配列結合モジュールとなりうるもの

エピゲノム編集における特異的DNA配列結合モジュールとして，ZFN，TALEN，CRISPR-Cas9といったゲノム編集法において利用されるDNA結合領域が用いられる．

ZFNは，3塩基を認識するジンクフィンガー（ZF）を複数つなげて特定の配列を認識するDNA結合部位と，制限酵素*Fok*IのDNA切断ドメインとを結合させた人工制限酵素である．特異的DNA配列結合モジュールとして，複数個連結したジンクフィンガーを利用することができる．し

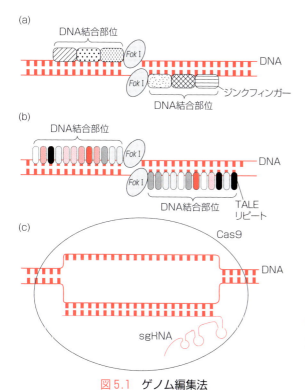

図5.1　ゲノム編集法
（a）ZFN：DNA結合部位は3個のジンクフィンガータンパク質からなる．1個のジンクフィンガーはDNA3塩基を認識し，DNA結合部位全体で9塩基を認識する．（b）TALEN：DNA結合部位は15個程度のTALEリピートからなる．1個のTALEリピートはDNA1塩基を認識する．（c）CRISPR-Cas9：DNA結合部位は，RNAであるsgRNAで20塩基を認識する．

5章 エピゲノム編集技術

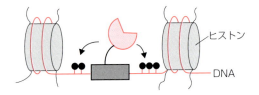

(a) DNAメチル化

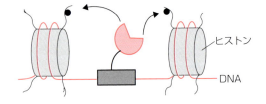

(b) ヒストン修飾

 特異的DNA配列結合モジュール

エフェクターモジュール

図5.2 エピゲノム編集法のストラテジー

かし，ジンクフィンガーを連結することでDNA認識がうまくいかない場合が多くあり，作成は容易ではない．

TALENは，核酸のA, C, G, Tそれぞれ1塩基に特異的に対応するTALEを標的配列にあわせて組み合わせ，15個程度のTALEリピートから構成されたものをDNA結合部位とし，これに制限酵素 *Fok*Iを結合させたものである．TALEは複数個つなげてもお互いの塩基認識に干渉することがないため，TALENのDNA結合部位はZFNのDNA結合部位と比較して扱いやすいと考えられる．

CRISPR-Cas9では，sgRNAと複合体を形成するDNA二本鎖切断酵素であるCas9が用いられる．この酵素は，sgRNAに含まれるターゲット配列依存的にDNAを切断する．ヌクレアーゼ活性のない変異体であるdCas9を用いれば，ターゲットDNA配列を切断することなく，sgRNAに含まれるターゲット配列依存的に結合することができる．

5.2.2 エフェクターモジュールとなりうるもの

エピゲノムのなかで代表的なものは「DNAのメチル化」と「ヒストン修飾」であり，これらの修飾はクロマチンリモデリング，転写因子のネットワークなどに影響を与える．エピゲノムを修飾する酵素は，基本的にエピゲノム編集に利用できると考えられる．

(1) DNAメチル化

DNAのメチル化は生命の発生や分化における遺伝子発現制御に重要な役割をもち，さらにある特定の遺伝子群が父親由来か母親由来かによって発現パターンに影響を与える現象（ゲノムインプリンティング）や，女性がもっている二つのX染色体のうち一つが不活性化されるという現象（X染色体不活性化）にも深くかかわっている[9]．DNAメチル化はDNAのシトシン塩基5位の炭素にメチル基が付与されるもので（図5.3），メチル化シトシン（5mC）はS-アデノシル-L-メチオニン（SAM）をメチル基供与体としてDNAメチルトランスフェラーゼ（DNMT）により誘導される．哺乳類は3種類のDnmt（Dnmt1, Dnmt3a, Dnmt3b）をもつ[10]．5mCはDNA二本鎖の両鎖に認められるが，細胞分裂の際の半保存的DNA複製過程においてメチル化の複製は行われず，鋳型鎖のみがメチル化されたヘミメチル化DNAが生まれる．細胞分裂後にヘミメチル化から両鎖メチル化への変換をDNMT1が触媒する．そのためDnmt1は維持型DNAメチル化酵素と呼ばれる．この酵素活性により，哺乳類の体細胞はDNA複製を経て同じメチル化状態を維持できる．哺乳類の発生では精子と卵子は高度にメチル化されているが，受精直後から胚盤胞期にかけてそのレベルが大きく低下し，その後それぞれの細胞系列で新たなメチル化パターンが確立される．この際にDnmt3a, Dnmt3bが働くことでDNAメチル化を入れるため，これらは新規DNAメチル化酵素と呼ばれる．

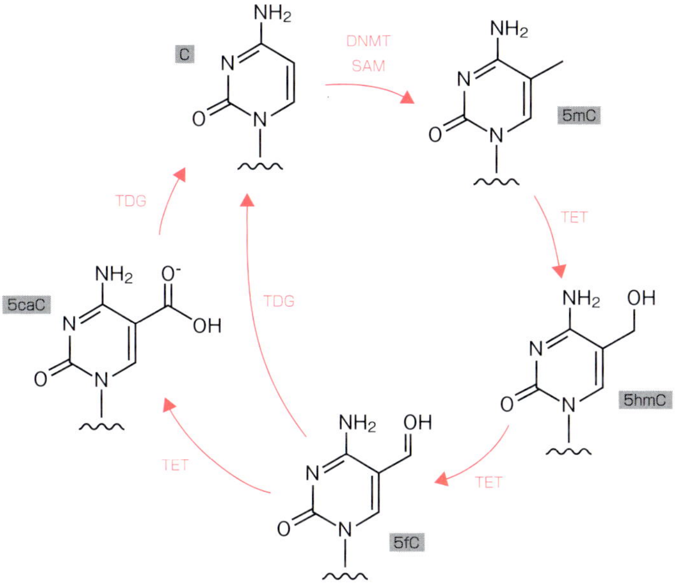

図 5.3 DNA メチル化・脱メチル化

また 5mC のメチル基は失われることがある．それは DNA 複製過程における受動的な DNA 脱メチル化のほか，能動的な DNA 脱メチル化がある．2009 年に TET（ten-eleven-translocation）と呼ばれる水酸化酵素が発見されることで明らかになってきた[11,12]．TET がかかわる脱メチル化機構では，まず 5mC が TET により 5-ヒドロキシメチルシトシン（5-hydroxymethylcytosine：5hmC）になり，その後 5-ホルミルシトシン（5-formylcytosine：5fC），5-カルボキシシトシン（5-carboxylcytosine：5caC）という順に酸化され，最終的に DNA グリコシラーゼの TDG などによる塩基除去修復機構で脱メチル化が完成する．

エピゲノム編集においては，基本的にこれら酵素の触媒ドメインを取り出して使用している．

（2）ヒストン修飾

ヒストンはリジンなどの正に荷電した塩基性アミノ酸を多数含むタンパク質で，DNA の負に荷電したリン酸基と相互作用する．一般的にヒストンは H1，H2A，H2B，H3，H4 の 5 種類が存在する．真核生物では，4 種類のコアヒストン（H2A，H2B，H3，H4）からなるヒストン 8 量体に 146 塩基対の DNA が約 2 回転巻き付いてヌクレオソームを形成する（図 5.4a）[1,13]．このヌクレオソームが連なった構造をクロマチンと呼ぶ．ヒストン H1 はリンカーヒストンと呼ばれ，ヌクレオソーム間の DNA（リンカー DNA）に結合することでヌクレオソーム構造，さらにクロマチンの高次構造の安定化への関与が知られている．

ヒストンはおもに N 末端の部分で，アセチル化，メチル化，リン酸化などのさまざまな化学修飾を受ける（図 5.4b）．したがってクロマチンの高次構造が影響を受け，DNA に転写因子が結合しやすい状態であるユークロマチンや，DNA が凝集して転写因子が結合しにくい状態であるヘテロクロマチンに変化する．

ヒストン修飾による転写活性化制御はきわめて複雑である．一般的に，ほとんどのヒストンアセチル化は転写活性化に働く．それは，ヒストンアセチル基転移酵素によってアセチル基が付加されるとヒストンの正電荷が減少し，ヒストンとDNAとの間の電気的な相互作用が減少することで凝集したヌクレオソーム構造がゆるみ，RNAポリメラーゼがプロモーター領域に結合しやすく

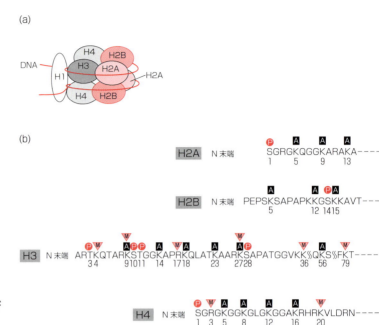

図5.4 ヒストンの構造および修飾
（a）ヌクレオソームの構造，（b）ヒストンN末端における修飾．

なるためである．一方，ヒストンメチル化による作用は，標的となるアミノ酸残基の種類とその位置により転写活性化に働く場合，あるいは転写抑制に働く場合がある．たとえばヒストンH3の4番目，36番目，79番目のリジンをメチル化すると，遺伝子の発現が促進される．またヒストンH3の9番目，27番目，ヒストンH4の20番目のリジンがメチル化されると転写抑制に働く．

さらにリジンにはモノメチル化，ジメチル化，トリメチル化の状態が，アルギニンに対してはモノメチル化，ジメチル化の状態が存在し，それぞれ作用が異なる．

5.3 エピゲノム編集技術の実際

ZF，TALE，dCas9にDNAメチル化・ヒストン修飾を行う酵素を連結して，特定の遺伝子のエピゲノムを編集する試みが行われている[14, 15]．さらにこれらのエピゲノム編集によって，特定の遺伝子発現を活性化あるいは抑制することが可能であることが示されてきた．その例を表5.1に示す．たとえば，DNAのメチル化は遺伝子発現不活性化に働くが，DNMT3aによるDNAメチル化導入によって遺伝子発現は減少し[16, 17]，逆にTET1などによるDNA脱メチル化により発現上昇が確認されている[18-20]．また，ヒストンH3の9番目リジン（H3K9）のメチル化を行うG9aやSUV39H1は転写抑制に働くが，これらを用いたエピゲノム編集では遺伝子発現が減少する[21]．H3の4番目リジン（H3K4）の脱メチル化酵素であるLSD1を用いて転写抑制を行うことも可能である[22, 23]．また，H3K27のアセチル化を行うp300は転写活性化に働くが，これによるエピゲノム編集により発現が上昇する[24]．

エピジェネティック修飾酵素のみならず，転写活性化因子や転写抑制因子を連結することでクロマチンの構造を変化させ，特定の遺伝子発現を活性化あるいは抑制することも可能である．たとえば，転写因子であるNFκBの構成因子であるp65を結合させることで転写の活性化に成功してい

5.4 エピゲノム編集のさらなる改変

表5.1 エピゲノム編集の報告例

	エフェクターモジュール	エフェクターモジュールの機能	特異的DNA配列結合モジュール	ターゲットサイト	転写活性	文献
DNA	Dnmt3a CD	DNAメチル化	ZF	プロモーター	↓	16
	Dnmt3a CD	DNAメチル化	dCas9	プロモーター	↓	17
	Dnmt3a CD, Dnmt3l, KRAB	DNAメチル化	dCas9, TALE	プロモーター, エンハンサー	↓	35
	TET1 CD, TET2 CD	DNA脱メチル化	ZF	プロモーター	↑	18
	TET1 CD	DNA脱メチル化	dCas9	プロモーター, エンハンサー	↑	19
	TET1 CD	DNA脱メチル化	dCas9	プロモーター, エンハンサー	↑	20
ヒストン	G9A	ヒストンメチルトランスフェラーゼ	ZF	プロモーター	↓	21
	SUV39H1	ヒストンメチルトランスフェラーゼ	ZF	プロモーター	↓	21
	LSD1	ヒストンデメチラーゼ	TALE, dCas9	エンハンサー	↓	22, 23
	p300	ヒストンアセチルトランスフェラーゼ	ZF, TALE, dCas9	プロモーター, エンハンサー	↑	24

る[25]. これはp300/CBPがリクルートされることでヒストンアセチル化が起こるためである. また, KRAB(Krüppel-associated box)ドメインを用いることで遺伝子発現の抑制に成功している[26]. これは, KRABドメインに核内転写抑制因子と複合体を形成するKAP-1(KRAB-associated protein 1)が結合することで遺伝子発現が抑制されるためである. さらにヘテロクロマチンを誘導して遺伝子発現を抑制するために, ヘテロクロマチンを構成するタンパク質であるHP-1を用いた報告もある[27].

5.4 エピゲノム編集のさらなる改変

今までに開発されたエピゲノム編集のほとんどが「特異的DNA配列結合モジュール」と「エフェクターモジュール」を単純に連結させたものであった. それは1分子の特異的DNA配列結合モジュールに対して1分子のエフェクターモジュールがあるだけなので, 十分な効果を得られない場合がある. さらにエフェクターモジュールの効果を上げるために, 従来のものより作用の増強した, 改変されたエフェクターモジュールを使用する方法, あるいはエフェクターモジュールを複数集めて作用を増幅する方法が開発されている.

5.4.1 新たなエフェクターモジュールの開発

VP64, p65, Rtaはそれぞれが転写活性化能をもつが, これらを融合したタンパク質をdCas9の後ろにつなげることで, それぞれを単独で使用するよりも転写活性化能が強いシステムが開発された(図5.5a)[28]. VPRと名付けられたこのシステムは, 従来の直接にdCas9と結合させたシステムのうちで, 劇的な転写活性化能をもつことが明らかとなった.

5.4.2 SunTag法

SunTag(SuperNova Tagging)法は, 短いエピトープタグ(GCN4)とそれを特異的に認識する一本鎖抗体(single-chain Fv: scFv)を使ったタンパク質標識方法であり, 生きた細胞の中で1分子を蛍光標識して追跡するための技術として開発された[29]. 一本鎖抗体とは, 抗体が抗原を認識するために必要な最小単位であるVHおよびVLから構成される可変領域(Fv)を, ペプチドリンカーで結合した単鎖可変領域フラグメントである.

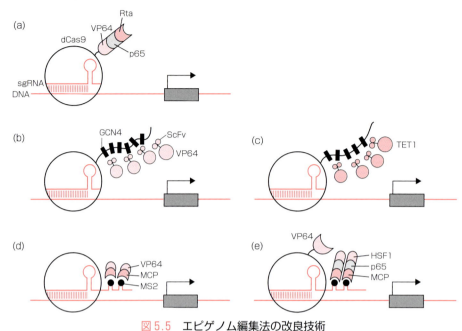

図 5.5 エピゲノム編集法の改良技術
(a) VPR, (b) SunTag：VP64 を連結させたもの, (c) SunTag：TET1 を連結させたもの, (d) MCP-VP64, (e) SAM.

たとえば，これに GFP を融合させたタンパク質を用いることで，エピトープタグの付いた 1 分子のタンパク質を蛍光標識することができる．

このシステムを dCas9 と組み合わせて遺伝子発現を活性化する方法が開発された．dCas9 の後ろにエピトープタグを複数連結し，scFv と転写活性化因子である VP64 の融合タンパク質（scFv-VP64）を発現させることで，scFv-VP64 はエピトープタグに集積し，より強い転写活性化が見られることが明らかとなった（図 5.5b）[30]．またこの dCas9 と SunTag のシステムを用い，scFv と DNA 脱メチル化酵素である TET1 の活性ドメインの融合タンパク質（ScFv-TET1）を用いることで，DNA 脱メチル化の効率が上昇した（図 5.5c）[20]．

5.4.3 MS2-MCP システム

これは，MS2 ファージ（male-specific bacteriophage-2）に由来するコートタンパク質 MCP（MS2 coat protein）[31] と特定の RNA ヘアピン配列との特異的な RNA-タンパク質相互作用を利用したシステムである．sgRNA の 3′ 末端にヘアピン配列を組み込み，それを認識して結合する MCP を用いて増幅する．MCP に VP64 を融合させたタンパク質（MCP-VP64）を用いることで，効率的に転写が増強されることが確認できた（図 5.5d）[32]．

さらに SAM（synergistic activation mediator）という方法が開発された．これは，MCP に p65 と HSF1 を融合したタンパク質（MCP-p65-HSF1）と dCas9-VP64 の融合タンパク質とを組み合わせることで，従来の方法よりも転写活性が上昇すると報告されている（図 5.5e）[33]．

5.5　エピゲノム編集技術の課題

エピゲノムを編集する際に問題になるのは，編集を行ったエピゲノムはどれくらい維持されるの

かという点である．これはエピゲノム治療を行う際にもきわめて重要な課題となる．

一般的にDNAメチル化は細胞分裂後も娘細胞に伝達され，安定した修飾であると考えられており，一度DNAがメチル化されるとヒストン修飾と比べて長期間維持されるようである[34]．しかしながら，エピゲノム編集により導入されたDNAメチル化が，ある特定の状況下では不安定で，消去されるとの報告もある[17,35]．その一方で，DNMT3a, Dnmt3l (DNAメチル化活性はないが，DNMT3aの酵素活性を補助する役割をもつ)，KRABを同時に用いることで，導入したDNAメチル化が安定するという報告もある[36]．編集されたエピゲノムの安定性は，エピゲノムの種類や編集するエピゲノムがどのような場所に位置するか，周囲のエピゲノムはどのような状態にあるかに影響されると考えられる[37]．現在までに，編集したエピゲノムの安定性についての研究報告があまりなく，今後さらなる進展が待たれる．

5.6 臨床的な応用

エピゲノムの異常は，がんや生活習慣病といったさまざまな疾患の基盤となることが明らかになってきたが，それらはエピゲノム編集によりエピゲノムの異常を修正することで疾患を治療できるという可能性も出てきた．さらに，異常となったエピゲノムの部位が疾患に与える影響，および発症のメカニズムを明らかにすることができるだろう．エピゲノム編集治療の可能性として，細胞のリプログラミングを促す再生医療，発現が抑制されてしまったがん抑制遺伝子の発現を活性化して細胞死を誘導するようながん治療，あるいはインプリンティング疾患の治療などに有効であることが期待される．

5.7 おわりに

このようにエピゲノム編集技術により，ゲノム中の特定の場所にエピジェネティック修飾を入れたり消したりすることで，特定の場所のエピゲノムの機能を明らかにできるようになった．そこで，今まで不可能であった特定領域のエピジェネティック修飾の機能解析が可能となった．さらに特定の遺伝子のみの発現制御が可能となるため，細胞分化やリプログラミングの研究において新たな遺伝子解析の手法となる．エピゲノム疾患モデル動物の作製も可能となるだろう．また臨床応用においては，疾患の原因となる遺伝子の発現を安定して上昇させたり抑制したりすることで，さまざまな疾患の遺伝子治療が可能となるであろう．

今後エピゲノム編集技術は，エピジェネティクスのメカニズム解明や疾患の治療において，強力なツールとして発展していくと考えられる．

（森田純代・堀居拓郎・畑田出穂）

文　献

1) 田嶋正二 編，『エピジェネティクス』，化学同人 (2013).
2) S. Biswas, C. M. Rao, *Pharmacol. Ther.*, **173**, 118 (2017).
3) M. H. Porteus, D. Carroll, *Nat. Biotechnol.*, **23**, 967 (2005).
4) J. C. Miller, S. Tan, G. Qiao, K. A. Barlow, J. Wang, D. F. Xia, X. Meng, D. E. Paschon, E. Leung, S. J. Hinkley et al., *Nat. Biotechnol.*, **29**, 143 (2011).
5) M. Jinek, K. Chylinski, I. Fonfara, M. Hauer, J. A. Doudna, E. Charpentier, *Science*, **337**, 816 (2012).
6) P. Mali, J. Aach, P. D. Stranges, K. M. Esvelt, M. Moosburner, S. Kosuri, L. Yang, G. M. Church, *Nat. Biotechnol.*, **31**, 833 (2013).
7) L. Cong, F. A. Ran, D. Cox, S. Lin, R. Barretto, N. Habib, P. D. Hsu, X. Wu, W. Jiang, L. A. Marraffini, F. Zhang, *Science*, **339**, 819 (2013).
8) P. I. Thakore, J. B. Black, I. B. Hilton, C. A. Gersbach, *Nat. Methods*, **13**, 127 (2016).
9) M. Iurlaro, F. v. Meyenn, W. Reik, *Curr. Opin. Genet. Dev.*, **43**, 101 (2017).
10) J. R. Edwards, O. Yarychkivska, M. Boulard,

T. H. Bestor, *Epigenetics Chromatin*, **10**, 23 (2017).
11) S. Kriaucionis, N. Heintz, *Science*, **324**, 929. (2009).
12) M. Tahiliani, K. P. Koh, Y. Shen, W. A. Pastor, H. Bandukwala, Y. Brudno, S. Agarwal, L. M. Iyer, D. R. Liu, L. Aravind, A. Rao, *Science*, **324**, 930 (2009).
13) B. M. Turner 編, 『クロマチン：エピジェネティクスの分子機構』, シュプリンガー・フェアラーク東京 (2005).
14) S. H. Stricker, A. Köferle, S. Beck, *Nat. Rev. Genet.*, **18**(1), 51 (2017).
15) D. Cano-Rodriguez, M. G. Rots, *Curr. Genet. Med. Rep.*, **4**(4), 170 (2016).
16) A. G. Rivenbark, S. Stolzenburg, A. S. Beltran, X. Yuan, M. G. Rots, B. D. Strahl, P. Blancafort, *Epigenetics*, **7**, 350 (2012).
17) A. Vojta, P. Dobrinić, V. Tadić, L. Bočkor, P. Korać, B. Julg, M. Klasić, V. Zoldoš, *Nucleic Acids Res.*, **44**, 5615 (2016).
18) H. Chen, H. G. Kazemier, M. L. D. Groote, M. H. J. Ruiters, G. L. Xu, M. G. Rots, *Nucleic Acids Res.*, **42**, 1563 (2014).
19) X. S. Liu, H. Wu, X. Ji, Y. Stelzer, X. Wu, S. Czauderna, J. Shu, D. Dadon, R. A. Young, R. Jaenisch, *Cell*, **167**(1), 233 (2016).
20) S. Morita, H. Noguchi, T. Horii, K. Nakabayashi, M. Kimura, K. Okamura, A. Sakai, H. Nakashima, K. Hata, K. Nakashima, I. Hatada, *Nat. Biotechnol.*, **34**, 1060 (2016).
21) A. W. Snowden, P. D. Gregory, C. C. Case, C. O. Pabo, *Curr. Biol.*, **12**, 2159 (2002).
22) E. M. Mendenhall, K. E. Williamson, D. Reyon, J. Y. Zou, O. Ram, J. K. Joung, B. E. Bernstein, *Nat. Biotechnol.*, **31**, 1133 (2013).
23) N. A. Kearns, H. Pham, B. Tabak, R. M. Genga, N. J. Silverstein, M. Garber, R. Maehr, *Nat. Methods*, **12**, 401 (2015).
24) I. B. Hilton, A. M. D'Ippolito, C. M. Vockley, P. I. Thakore, G. E. Crawford, T. E. Reddy, C. A. Gersbach, *Nat. Biotechnol.*, **33**, 510 (2015).
25) E. A. Heller, H. M. Cates, C. J. Peña, H. Sun, N. Shao, J. Feng, S. A. Golden, J. P. Herman, J. J. Walsh, M. Mazei-Robison et al., *Nat. Neurosci.*, **17**, 1720 (2014).
26) S. Stolzenburg, M. G. Rots, A. S. Beltran, A. G. Rivenbark, X. Yuan, H. Qian, B. D. Strahl, P. Blancafort, *Nucleic Acids Res.*, **40**, 6725 (2012).
27) N. A. Hathaway, O. Bell, C. Hodges, E. L. Miller, D. S. Neel, G. R. Crabtree, *Cell*, **149**, 1447 (2012).
28) A. Chavez, J. Scheiman, S. Vora, B. W. Pruitt, M. Tuttle, E. P. R. Iyer, S. Lin, S. Kiani, C. D. Guzman, D. J. Wiegand et al., *Nat. Methods*, **12**, 326 (2015).
29) M. E. Tanenbaum, L. A. Gilbert, L. S. Qi, J. S. Weissman, R. D. Vale, *Cell*, **159**, 635 (2014).
30) L. A. Gilbert, M. A. Horlbeck, B. Adamson, J. E. Villalta, Y. Chen, E. H. Whitehead, C. Guimaraes, B. Panning, H. L. Ploegh, M. C. Bassik, L. S. Qi, M. Kampmann, J. S. Weissman, *Cell*, **159**, 647 (2014).
31) D. S. Peabody, *EMBO J.*, **12**, 595 (1993).
32) J. G. Zalatan, M. E. Lee, R. Almeida, L. A. Gilbert, E. H. Whitehead, M. L. Russa, J. C. Tsai, J. S. Weissman, J. E. Dueber, L. S. Qi, W. A. Lim, *Cell*, **160**, 339 (2015).
33) S. Konermann, M. D. Brigham, A. E. Trevino, J. Joung, O. O. Abudayyeh, C. Barcena, P. D. Hsu, N. Habib, J. S. Gootenberg, H. Nishimasu, O. Nureki, F. Zhang, *Nature*, **517**, 583 (2015).
34) L. Bintu, J. Yong, Y. E. Antebi, K. McCue, Y. Kazuki, N. Uno, M. Oshimura, M. B. Elowitz, *Science*, **351**, 720 (2016).
35) G. Kungulovski, S. Nunna, M. Thomas, U. M. Zanger, R. Reinhardt, A. Jeltsch, *Epigenetics Chromatin*, **8**, 12 (2015).
36) A. Amabile, A. Migliara, P. Capasso, M. Biffi, D. Cittaro, L. Naldini, A. Lombardo, *Cell*, **167**, 219 (2016).
37) D. Cano-Rodriguez, R. A. Gjaltema, L. J. Jilderda, P. Jellema, J. Dokter-Fokkens, M. H. Ruiters, M. G. Rots, *Nat. Commun.*, **7**, 12284 (2016).

Part I ゲノム編集技術の利用

ゲノム編集技術の応用：
enChIP法とその創薬への応用

Summary

ゲノム機能発現の分子機構の解明には，解析対象とするゲノム領域に結合している分子を同定することが必須である．これまでに，そのためのいくつかの生化学的方法論が開発されてきたが，実際に応用されるケースは限定的であった．そこで筆者らのグループは，解析対象ゲノム領域に結合している分子の同定を目的として，遺伝子座特異的クロマチン免疫沈降法〔遺伝子座特異的ChIP（chromatin immunoprecipitation）法〕を開発してきた．遺伝子座特異的ChIP法は細胞から解析対象ゲノム領域を特異的に単離する技術であり，質量分析法などの生化学的手法と組み合わせることで，当該ゲノム領域に結合している分子の網羅的同定が可能である．遺伝子座特異的ChIP法の一つであるenChIP（engineered DNA-binding molecule-mediated ChIP）法は，TALまたはTALE（transcription activator-like effector）タンパク質やCRISPR（clustered regularly interspaced short palindromic repeats）などのゲノム編集で利用されているDNA結合分子を，解析対象ゲノム領域の単離に応用している．本技術を利用することで，転写制御などのゲノム機能発現調節の分子機構の解明に迫ることができる．また，がん細胞をはじめとする病的細胞では，疾患原因遺伝子のゲノム機能発現様式が正常細胞のそれとは異なっているため，本技術を用いて疾患原因遺伝子座に結合し，病的なゲノム機能発現に寄与している分子を解析することで，それを標的とした分子標的薬の開発につながると考えられる．

本章では，enChIP法の基本原理や応用例について紹介するとともに，その創薬への応用についても紹介する．

6.1 はじめに

転写制御に代表されるゲノム機能発現は，遺伝子座特異的なゲノム結合分子の作用によって制御されている．ゲノム機能発現制御の分子機構を解明するには，細胞内で解析対象とするゲノム領域に結合している分子を同定することが必須である．これまでに，そのためのいくつかの方法論が開発されてきたが，生理的な条件を反映した方法論は限定的であった．

そこで筆者らのグループは，細胞内で解析対象とするゲノム領域に結合している分子の同定を目的として，遺伝子座特異的クロマチン免疫沈降法（遺伝子座特異的ChIP法，locus-specific ChIP）を開発してきた（図6.1）[1]．遺伝子座特異的ChIP法は，生体内での分子結合をできるだけ保持した状態で，解析対象とするゲノム領域を細胞から単離する技術である．遺伝子座特異的ChIP法に生化学的・分子生物学的解析技術〔質量分析法，次世代シーケンス解析〔NGS（next-generation sequencing）解析〕など〕を組み合わせることで，解析対象ゲノム領域に結合している分子（タンパク質，RNA，DNA）を網羅的に同定することが可能である．

■ 6章　ゲノム編集技術の応用：enChIP 法とその創薬への応用 ■

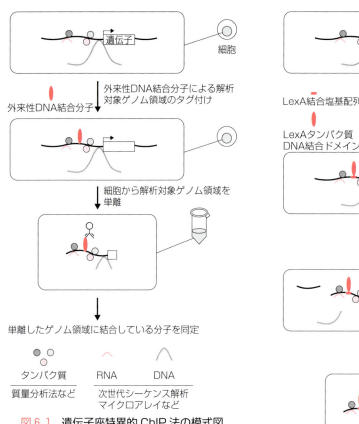

図 6.1　遺伝子座特異的 ChIP 法の模式図
遺伝子座特異的 ChIP 法は，解析対象とするゲノム領域（例：遺伝子プロモーター領域）を外来性 DNA 結合分子によってタグ付けし，ChIP 法と同様のステップにより細胞から特異的に単離する技術である．生化学的・分子生物学的解析技術を組み合わせることで，単離したゲノム領域に結合している分子（タンパク質，RNA，DNA）を網羅的に同定できる．

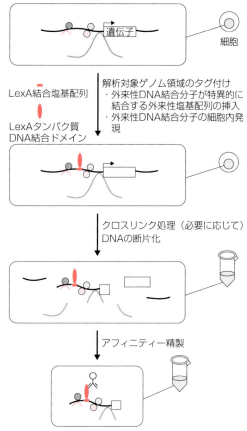

図 6.2　iChIP 法の模式図
iChIP 法では，外来性 DNA 結合分子とそれが特異的に結合する外来性塩基配列を利用し，細胞内で解析対象ゲノム領域をタグ付けする．その後，タグ付けしたゲノム領域を細胞から単離する．この図では，LexA 結合塩基配列および LexA タンパク質 DNA 結合ドメインを用いた例を示す．

　遺伝子座特異的 ChIP 法では，解析対象とするゲノム領域を外来性 DNA 結合分子でタグ付けし，その後，タグ付けしたゲノム領域をアフィニティー精製によって単離する．これまでに遺伝子座特異的 ChIP 法の構成要素として，iChIP（insertional ChIP）法[2-7]および enChIP（engineered DNA-binding molecule-mediated ChIP）法[8-11]の 2 種類を開発してきた．iChIP 法および enChIP 法ではゲノム領域のタグ付けの方法が異なっている．

　iChIP 法では，外来性 DNA 結合分子とそれが特異的に結合する外来性塩基配列を利用することで，細胞内の解析対象ゲノム領域をタグ付けしている（図 6.2）[2-7]．筆者らのグループは，外来性 DNA 結合分子として，細菌の DNA 結合タンパク質である LexA を使用している．LexA の結合塩基配列を，解析したい細胞の解析対象とするゲノム領域に相同組換え法などで挿入した後，エピトープタグを付加した LexA タンパク質の DNA 結合ドメインを発現させる．引き続き，抗エピトープタグ抗体などを用いて解析対象ゲノム領域をアフィニティー精製する．

　iChIP 法に続いて開発したのが enChIP 法である[8-11]．enChIP 法では，ジンクフィンガー（ZF）

54

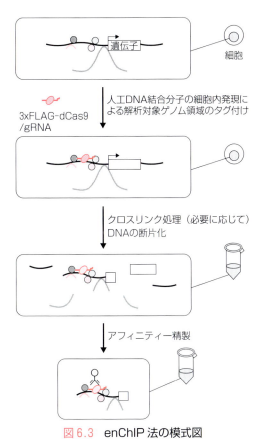

図 6.3 enChIP 法の模式図

enChIP 法では，TAL タンパク質や CRISPR などの人工 DNA 結合分子を利用し，細胞内で解析対象ゲノム領域をタグ付けする．その後，タグ付けしたゲノム領域を細胞から単離する．この図では CRISPR を用いた例を示す．

タンパク質や TAL タンパク質，Cas9 タンパク質などのゲノム編集で利用されている人工 DNA 結合分子を解析対象ゲノム領域のタグ付けに利用している（図 6.3）．これら DNA 結合分子を利用して解析対象ゲノム領域をタグ付けした後，当該ゲノム領域を単離する．

　遺伝子座特異的 ChIP 法の開発当初は，上述のような人工 DNA 結合分子が普及しておらず，外来性 DNA 結合分子およびその結合塩基配列を利用した iChIP 法を開発した．iChIP 法はゲノム機能解析に有用な技術であると自負しており，アリル特異的なゲノム領域単離が可能であるなど，enChIP 法にはない特徴をもっているが，解析対象ゲノム領域に外来性 DNA 結合分子の結合塩基配列を挿入する操作が律速であった．そこで，TALEN や CRISPR などのゲノム編集技術が登場した際，これら人工 DNA 結合分子自身がゲノム領域のタグ付け分子として利用できることに着目し，enChIP 法の開発を進めた．

　本章では，TAL タンパク質や Cas9 タンパク質などの人工 DNA 結合分子を利用した enChIP 法の原理や実用例について紹介するとともに，本技術の医薬品開発などへの応用についても紹介する．

6.2　enChIP 法の原理

　ZF タンパク質は人工 DNA 結合分子の草分け的存在であり，ヌクレアーゼとの融合タンパク質（ZF nuclease：ZFN）としてゲノム編集に利用されてきた．しかし，その利便性については TAL タンパク質や CRISPR のほうが優れており，現在では TALEN や CRISPR によるゲノム編集が主流となっている．筆者らのグループも，その利便性から，TAL タンパク質や CRISPR を enChIP 法の開発に利用してきた[8,9]．CRISPR については，*Streptococcus pyogenes*（*S. pyogenes*）由来の CRISPR がゲノム編集や他の応用技術に利用されており，また生化学解析も進んでいる．そのため，enChIP 法でも *S. pyogenes* 由来の CRISPR をおもに利用しているが，他種由来の CRISPR 系も利用可能である．

　enChIP 法は，① 解析対象ゲノム領域のタグ付け，② ゲノム DNA の断片化，③ アフィニティー精製による解析対象ゲノム領域の単離，の工程で行う（図 6.3）．

① 解析対象ゲノム領域のタグ付け

　a）TAL タンパク質を利用する場合：解析対象とするゲノム領域に特異的に存在する塩基配列を認識するように，TAL タンパク質の DNA 結

合ドメインを設計する．エピトープタグを融合した TAL タンパク質を解析したい細胞内で発現させる．

　b）CRISPR を利用する場合：解析対象とするゲノム領域に特異的に存在する塩基配列を標的としてガイド RNA（gRNA）を設計し，（必要であれば）エピトープタグを融合した DNA 切断活性欠損型の Cas9（dCas9）とともに細胞内で発現させる．なお gRNA としては一分子系のシングル gRNA（sgRNA）を使用している．また，エピトープタグとしては 3xFLAG タグを利用しているが，Active Motif 社の AM タグなども利用可能である．enChIP 操作に dCas9 に対する抗体を用いる場合には，エピトープタグの融合は必要ない．

② ゲノム DNA の断片化

　一般的に，解析対象ゲノム領域は数百〜数キロ bp の領域が想定されるため，染色体を目的の長さに断片化する必要がある．そこで工程①の後，超音波処理や酵素処理などによってゲノム DNA を断片化する．なお，断片化処理の際にゲノム結合分子が外れる可能性があるため，必要であれば，ゲノム DNA の断片化に先立ち，ホルムアルデヒドなどの架橋剤で細胞をクロスリンク処理しておく．

③ 解析対象ゲノム領域の単離

　人工 DNA 結合分子に融合したエピトープタグを認識する抗エピトープタグ抗体，もしくは人工 DNA 結合分子自体を認識する抗体を用いた免疫沈降法により，人工 DNA 結合分子が結合した解析対象ゲノム領域を単離する．なお，以降の生化学的解析を考慮すると，ゲノム領域の単離操作後に，ゲノム領域/人工 DNA 結合分子複合体を抗体から特異的に溶出・回収できる系を使用することが望ましい．

　筆者らの経験では，インプットに対して数％から数十％の単離効率で，サンプル中に存在する解析対象ゲノム領域を単離できている．もし解析対象ゲノム領域の単離効率が著しく低い場合には，標的配列を変更することをお勧めする．単離効率や単離特異性については標的ゲノム部位によって左右されるため，1 カ所の解析対象ゲノム領域に対して数種類の人工 DNA 結合分子を用意しておくことが望ましい．複数箇所を標的として enChIP 法を行うことを想定した場合，TAL タンパク質発現ベクターの構築よりも，sgRNA 発現ベクターの構築のほうが簡便であるため，CRISPR の利用が便利である．なお enChIP 法では，解析対象ゲノム領域への人工 DNA 結合分子の結合によって，クロマチン構造やゲノム機能発現に影響の出る可能性が否定できない．人工 DNA 結合分子の結合による影響が出た場合には，標的ゲノム部位を変更することが望ましい．ほかにも enChIP 法を円滑に行うためのガイドラインを筆者らのグループでは作成しており，他の成書で紹介しているので参照されたい[12-15]．また，iChIP 法などの他の生化学的手法との比較やオフターゲット効果への配慮についても紹介しているので[12]，興味のある読者は参照されたい．

6.3　enChIP 法による解析対象ゲノム領域結合タンパク質の同定

　次に，enChIP 法の実用例を紹介する．筆者らのグループは，enChIP 法に従来の質量分析法や，定量的な質量分析法である SILAC（stable isotope labeling using amino acids）法を組み合わせること〔enChIP-MS（mass spectrometry）および enChIP-SILAC〕で，細胞内で解析対象とするゲノム領域に結合しているタンパク質の同定に成功してきた．

　CRISPR を利用した enChIP 法を用いて，炎症性サイトカインであるインターフェロン γ（IFNγ）刺激後に *IRF-1*（*IFN regulatory factor-1*）遺伝

■ 6.5 enChIP 法による解析対象ゲノム領域結合 DNA の同定（ゲノム領域間相互作用の同定）■

子プロモーター領域へリクルートされるタンパク質の同定を行った[10]．ヒト線維肉腫細胞株 HT1080 に 3xFLAG-dCas9 と解析対象ゲノム領域に対する sgRNA を発現させ，enChIP 解析用の細胞株を樹立した．IFNγ 刺激後に *IRF-1* 遺伝子プロモーター領域にリクルートされるタンパク質を enChIP-SILAC 法で同定したところ，ヒストン修飾因子などを同定することができた．さらに同定タンパク質については，IFNγ 刺激に伴って *IRF-1* 遺伝子プロモーター領域へリクルートされることも ChIP 法で確認できた．

ほかにも，マウス血球系細胞株 Ba/F3 のテロメア領域を標的として，TAL タンパク質を利用した enChIP-MS を行うことで，テロメア領域に結合しているタンパク質を同定した[9]．その結果，これまでに結合が報告されているテロメア関連タンパク質に加えて，新規のテロメア領域結合タンパク質も同定することができた．同定タンパク質については，免疫染色法によってテロメア領域に局在することも確認できた．

以上の結果は，解析対象ゲノム領域に細胞内で結合しているタンパク質を同定するのに enChIP 法が有用な手法であることを示している．同定タンパク質の機能について，RNA 干渉（RNAi）による遺伝子ノックダウンや CRISPR 系を用いた遺伝子ノックアウトなどの loss-of-function 実験で解析することで，解析対象ゲノム領域におけるゲノム機能発現の分子機構の解明に迫ることができる．

6.4 enChIP 法による解析対象ゲノム領域結合 RNA の同定

RNA は，mRNA などの遺伝子情報をコードするもの以外にも，ノンコーディング RNA などの機能性 RNA が知られている[16,17]．筆者らのグループは，enChIP 法と RT-PCR や NGS 解析を組み合わせることで，細胞内で解析対象とするゲノム領域に結合している機能性 RNA の同定を試みた．

まず，マウス血球系細胞株 Ba/F3 のテロメア領域を標的として，TAL タンパク質を利用した enChIP 法を行うことでテロメア領域を特異的に単離した．単離したゲノム複合体から RNA を精製し，RT-PCR を行うこと（enChIP-RT-PCR）で，テロメラーゼ RNA を検出することができた[9]．次に，RNA シーケンシング（RNA-Seq）解析を組み合わせること（enChIP-RNA-Seq）で，テロメア領域に結合している RNA の網羅的同定を進めた．RNA-Seq 解析の結果，snoRNA や scaRNA といったノンコーディング RNA 群に加え，*Neat1* などの長鎖ノンコーディング RNA も同定することができた[18]．同定した RNA のテロメア領域への局在は RNA-FISH 法によって確認することができた．

enChIP-RNA-Seq 法は他の研究グループにも利用されている．Y. Zhang らのグループは，CRISPR を利用した enChIP-RNA-Seq によって，ヒトがん細胞株で *IGF-2*（*insulin-like growth factor-2*）遺伝子プロモーター領域に結合している RNA を解析し，*miR483* を同定することに成功した[19]．*miR483* の機能解析を進めたところ，がん細胞では *miR483* が *IGF-2* 遺伝子プロモーター領域のヒストン修飾を制御し，*IGF-2* 遺伝子の発現を活性化させることで，がん細胞の増殖促進に関与する可能性が示唆された．

以上の結果は，enChIP 法が解析対象ゲノム領域に結合している RNA を同定するのに有用な方法であることを示している．

6.5 enChIP 法による解析対象ゲノム領域結合 DNA の同定（ゲノム領域間相互作用の同定）

核内染色体構造はダイナミックに変動しており，

それに伴うゲノム領域間相互作用は時空間的に制御されている．ゲノム領域間相互作用は，核内染色体構造の形成や，転写制御などのゲノム機能発現と密接に関連している（例：プロモーターとエンハンサーの相互作用）．そのためゲノム領域間相互作用の解析は，核内染色体構造の解明ならびにゲノム機能発現の分子機構の解明にとって重要である．

ゲノム領域間相互作用の解析には従来，FISH法が利用されてきたが，近年では3C（chromosome conformation capture）法やその派生法が広く利用されている[20-23]．3C法では，ゲノム領域間相互作用をクロスリンクで維持した後，制限酵素でゲノムDNAを切断し，切断ゲノム間（相互作用ゲノム間）をライゲーション反応で結合する．その後，結合サイトをはさむようにPCRを行い，PCR増幅の有無によってゲノム領域間相互作用の有無を判断する．また，ゲノム全体にわたるゲノム領域間相互作用を同定する方法として，3C法の派生法であるHi-C法も利用されている[22,23]．一方，筆者らは，遺伝子座特異的ChIP法を応用することで，解析対象ゲノム領域と相互作用しているゲノム領域を同定することが可能であると考えた（図6.1）．そこで，enChIP法とNGS解析を組み合わせること（enChIP-Seq）で，解析対象ゲノム領域と相互作用しているゲノム領域の同定を試みた．

グロビン遺伝子発現制御領域として5'HS5領域が知られている．enChIP-Seq法を利用して，ヒト血球系細胞株K562が酪酸ナトリウム（NaB）処理で赤芽球様細胞へ分化する際に5'HS5領域と相互作用するゲノム領域の同定を試みた[24]．5'HS5領域近傍にsgRNA標的部位を2カ所設定し，それぞれのsgRNA（sgRNA#6およびsgRNA#17）を用いてenChIP法で5'HS5領域を単離した後，相互作用しているゲノム領域をNGS解析で同定した．今回の実験では，2種類のsgRNA

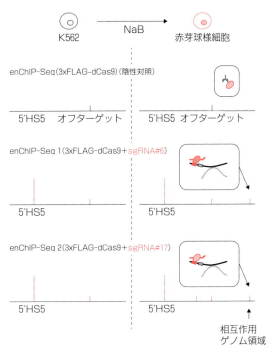

図6.4　enChIP-Seq法によるゲノム領域間相互作用の同定

5'HS5領域を標的とした2種類のsgRNAを利用してenChIP-Seqを行い，赤芽球様細胞への分化に伴い5'HS5領域と相互作用しているゲノム領域を同定した．両sgRNAを用いたenChIP-Seqで共通して検出されるゲノム領域が，5'HS5領域と相互作用しているゲノム領域と判断することができる．この図はNGS解析のイメージである．

を利用して個別の反応系で5'HS5領域を単離しているため，相互作用ゲノム領域は両sgRNAを用いたenChIP-Seqで共通して検出されるはずである（図6.4）．つまり，一方のsgRNAを用いたenChIP-Seqでのみ検出されるゲノム領域は，sgRNAに由来する非特異的結合領域（オフターゲットサイト）の可能性が否定できない．また，sgRNAなしのenChIP-Seqも陰性対照実験として行っており，この場合に検出されるゲノム領域もオフターゲットサイトと判断できる．これらの実験結果を総合的に判断することで（図6.4），赤芽球様細胞へ分化する際に5'HS5領域と相互作用するゲノム領域を同定することに成功した．同定した相互作用ゲノム領域の周辺に存在する遺伝

■ 6.6 細胞内での人工DNA結合分子の発現を必要としない *in vitro* enChIP 法 ■

子のなかには，赤芽球様細胞への分化とともに発現が上昇しているものがあった．5′HS5領域の相互作用が，これらの遺伝子発現上昇に関与している可能性が示唆された．以上の結果は，enChIP-Seq法がゲノム領域間相互作用の解析に有用な方法であることを示している．

近年，アメリカ国立衛生研究所（NIH）主導のもと，染色体三次元構造と時間軸を合わせて核内染色体構造のダイナミクスを研究する4Dヌクレオームプロジェクト（https://commonfund.nih.gov/4Dnucleome）が進んでおり，3C法やHi-C法などが利用されている．enChIP-Seq法〔および *in vitro* enChIP-Seq法（6.6-6.8節参照）〕もそういった解析に利用できると考える．

6.6 細胞内での人工DNA結合分子の発現を必要としない *in vitro* enChIP 法

これまで述べてきたように，enChIP法はゲノム機能の生化学的解析に有用な技術である．一方，従来のenChIP法は，人工DNA結合分子の細胞内発現が必要であるため，外来性分子の発現が難しい細胞株や，マウスなどの個体から単離した細胞を使用する場合には，人工DNA結合分子の細胞内発現が律速となる場合がある．また，人工DNA結合分子の発現によって細胞の恒常性やゲノム構造に影響が出る場合もある．適切な陰性対照を置くことで生理的なゲノム機能・構造を反映した解析を行うことができるが，もし，人工DNA結合分子の細胞内発現を必要とせずに解析対象とするゲノム領域を特異的に単離することができれば，その有用性は大きい．そこで筆者らのグループは，人工DNA結合分子の細胞内発現を必要としないenChIP法として，*in vitro* enChIP法を開発した[25, 26]．*in vitro* enChIP法は，人工DNA結合分子を組換えあるいは合成分子として準備し，試験管内で断片化ゲノムDNAと反応さ

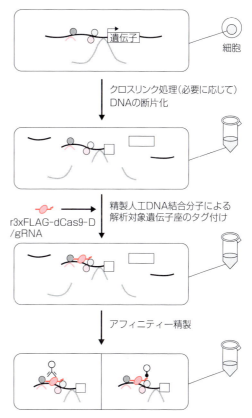

図 6.5 *in vitro* enChIP 法の模式図

in vitro enChIP法では，TALタンパク質やCRISPRなどの組換えあるいは合成人工DNA結合分子を利用し，試験管内で解析対象ゲノム領域をタグ付けする．その後，タグ付けしたゲノム領域をアフィニティー精製する．この図ではCRISPRの例を示す．アフィニティー精製は，組換え3xFLAG-dCas9（r3xFLAG-dCas9-D）を認識する抗体（下図左）や標識gRNAを認識する分子（例：ビオチン-アビジン系，下図右）を利用して行う．

せることで解析対象ゲノム領域のタグ付けを行った後，当該ゲノム領域を単離する技術である（図6.5）．以下にその工程を紹介する．

① 精製人工DNA結合分子の調製

a）TALタンパク質を利用する場合：解析対象とするゲノム領域に特異的に存在する塩基配列を認識するようにTALタンパク質のDNA結合ドメインを設計し，エピトープタグを融合した組換えタンパク質として作製する．

b）CRISPRを利用する場合：エピトープタグ

を融合した組換えタンパク質としてdCas9を作製する．また，解析対象とするゲノム領域に特異的に存在する塩基配列を標的としたgRNAを化学合成などで準備する．筆者らのグループは，シスメックス社のカイコ-バキュロウイルス発現系を用いた組換えタンパク質受託生産サービスを利用して，TALタンパク質やdCas9タンパク質を調製している．

② ゲノム DNA の断片化

細胞からenChIP法と同様の操作で断片化ゲノムDNAを調製する．

③ 解析対象ゲノム領域のタグ付けおよび単離

①で用意した組換えあるいは合成人工DNA結合分子と②で用意した断片化ゲノムDNAを試験管内で反応させることで，人工DNA結合分子を解析対象ゲノム領域に結合させる．引き続き，タグ付けしたゲノム領域を，抗エピトープタグ抗体などを利用したアフィニティー精製によって単離する．

6.7　*in vitro* enChIP 法の開発

次に，*in vitro* enChIP法の実際について紹介する．これまでに筆者らのグループは，TALタンパク質およびCRISPRを利用した *in vitro* enChIP法を開発してきた[25, 26]．まず先に紹介したように，組換え3xFLAG-TALタンパク質を用意し，*in vitro* enChIP法の実用性を検証した[25]．解析対象ゲノム領域の単離効率を評価したところ，無関係なゲノム領域と比較して解析対象ゲノム領域のエンリッチが見られたことから，TALタンパク質を利用した *in vitro* enChIP法が実現可能な手法であることが示された．一方，① 組換えTALタンパク質は完全長タンパク質の割合が低かった点，② 解析対象ゲノム領域の単離効率は従来のenChIP法に比べて著しく低かった点，③ クロスリンク処理した断片化ゲノムDNAを用いた際に

は解析対象ゲノム領域のエンリッチが見られなかった点などの欠点も見受けられたため，応用研究への利用には実験系の改善が必要と考えられる．

次に筆者らのグループは，CRISPRを利用した *in vitro* enChIP法の開発に着手した[26]．3xFLAG-dCas9タンパク質を作製したところ，TALタンパク質と異なり，完全長タンパク質を高い割合で調製することができた．次に *in vitro* enChIP法の実用性を検証したところ，解析対象ゲノム領域をインプットサンプルの数％程度の効率で特異的に単離することができた．gRNAについては，sgRNAのみならず，crRNA（CRISPR RNA）およびtracrRNA（trans-activating crRNA）の2分子系も利用できる[26]．crRNA/tracrRNAの2分子系の場合，crRNAは40塩基程度であり，低コストで合成できる．tracrRNAは70塩基程度であるが，一度準備すれば，どのcrRNAに対しても共通して利用することができる．一方sgRNAは，1分子ではあるが，100塩基程度と長鎖のため合成コストがかかってしまう．そのため，2分子系のほうがコストパフォーマンスは高いといえる．なお，gRNAの末端をビオチン標識しておくことで，ビオチン-アビジン系によるアフィニティー精製を利用することもできる（図6.5）[26]．

6.8　*in vitro* enChIP 法による解析対象ゲノム領域結合 DNA の同定（ゲノム領域間相互作用の同定）

CRISPRを利用した *in vitro* enChIP法は，従来のenChIP法と同様に，解析対象とするゲノム領域に結合している分子を同定するのに有用な技術である．実際，筆者らのグループは，*in vitro* enChIP法とNGS解析を組み合わせること（*in vitro* enChIP-Seq）でゲノム領域間相互作用の検出に成功した．

B細胞系列の分化は，転写因子であるPax5によって厳密に制御されている．*Pax5* 遺伝子の発

■ 6.8 *in vitro* enChIP 法による解析対象ゲノム領域結合 DNA の同定（ゲノム領域間相互作用の同定）■

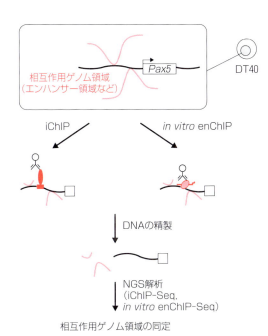

図 6.6 *in vitro* enChIP-Seq 法および iChIP-Seq 法によるゲノム領域間相互作用の同定
両技術で共通して検出されるゲノム領域を Pax5 プロモーター領域と相互作用しているゲノム領域として同定した.

現制御機構を理解することは, B 細胞分化制御機構の解明に重要である. そこで, *Pax5* 遺伝子発現制御機構の解明を目的として, ニワトリ B 細胞株 DT40 において *Pax5* 遺伝子プロモーター領域と相互作用しているエンハンサー領域などのゲノム領域の同定を進めた[27]. まず, 遺伝子座特異的 ChIP 法の一つである iChIP 法（図 6.2）を用いて, *Pax5* 遺伝子プロモーター領域を DT40 細胞から単離した. 次に, 単離したゲノム複合体を NGS 解析に供すること (iChIP-Seq) で, *Pax5* 遺伝子プロモーター領域と相互作用しているゲノム領域を網羅的に同定した（図 6.6）. 次に, iChIP-Seq 法で同定したゲノム領域間相互作用の確認のため, *in vitro* enChIP-Seq を行った（図 6.6）. *in vitro* enChIP-Seq 法では野生型の DT40 細胞を使用するため, 得られた結果は生理的なゲノム領域間相互作用を反映していると判断することができる. iChIP-Seq 法で同定した相互作用ゲノム領域のう

ち, シグナル・ノイズ比が高いゲノム領域については, その約半数を *in vitro* enChIP-Seq 法でも検出することができた. さらに, 同定した B 細胞特異的な相互作用ゲノム領域の一つについては, 当該領域を欠損させることで *Pax5* 遺伝子の発現減少が見られた. また, エンハンサー特異的ヒストン修飾も認められたことから, 当該領域が *Pax5* 遺伝子の発現制御領域として機能することが示唆された.

以上の結果は, *in vitro* enChIP 法がゲノム領域間相互作用の同定に有用な方法であることを示すとともに, 遺伝子発現制御領域の探索を介したゲノム機能発現制御機構の解明に有用であることを示している. なお, 上記の実験では iChIP-Seq 法と *in vitro* enChIP-Seq 法を組み合わせて利用したが, enChIP-Seq 法（図 6.4）と同様に複数の gRNA を使用することで, *in vitro* enChIP-Seq 法単独での解析も可能と考える.

近年, ゲノム全体にわたるゲノム領域間相互作用に利用されている Hi-C 法は, サンプル調製や NGS 解析, バイオインフォマティクス解析にノウハウを必要とする. また, ゲノム全体にわたるゲノム領域間相互作用の解析よりも, 特定の遺伝子座と相互作用するゲノム領域の同定に興味のある研究者も多く, そうした研究には Hi-C 法は大掛かり過ぎる場合がある. 一方, enChIP-Seq 法/*in vitro* enChIP-Seq 法は, 特定の遺伝子座と相互作用するゲノム領域の解析法 (one-to-all) であり, 実験技術も従来の ChIP 法と類似しているため操作しやすい. また大枠として, NGS 解析で検出されたゲノム領域は, 相互作用ゲノム領域あるいは用いた人工 DNA 結合分子の標的ゲノム領域と見なせるため, 相互作用ゲノム領域の同定に特別なバイオインフォマティクス解析を必要としない. そういった点では, enChIP-Seq 法/*in vitro* enChIP-Seq 法は一般の研究者にとって利用しやすいと考えられる.

6.9 enChIP 法の創薬などへの応用

これまでに，enChIP 法の原理ならびに応用例について紹介してきた．最後に，enChIP 法を利用した医薬品開発や検査薬開発などの応用について紹介する．

6.9.1 タンパク質同定による創薬

ある種の疾患では，疾患原因遺伝子がすでに同定されており，疾患との因果関係の解析が進んでいる．そうした場合，疾患原因遺伝子の遺伝子発現制御領域（プロモーター領域，エンハンサー領域など）で遺伝子発現を制御している転写因子などのタンパク質を同定することで，それを標的とした分子標的薬の開発につながる．疾患原因遺伝子の発現を制御するタンパク質の同定には，enChIP-MS/enChIP-SILAC 法を利用することができる（図 6.7）．

また，難治性疾患とエピジェネティック制御機構の関連性が注目されており，たとえば，がん抑制遺伝子のプロモーター領域 DNA が高度にメチル化されることで，その遺伝子発現が抑制され，発がんや悪性化につながることが知られている[28]．現在，5-アザシチジン（5-azacytidine）などのDNA メチル化阻害剤が，がん治療薬として利用されているが，これら薬剤は DNA の脱メチル化をゲノム全体にわたって誘導することから，使用量に関しては注意が必要である．もし，エピジェネティック制御を受けている疾患原因遺伝子特異的に機能するタンパク質を同定できれば，それを標的とした副作用の少ない低分子化合物の開発が期待できる．エピジェネティック制御因子には酵素も多く，そういった分子はよい創薬標的分子である．enChIP-MS/enChIP-SILAC 法を利用して，疾患原因遺伝子座で発現制御を担うエピジェネティック制御因子を同定できれば，それを標的とした分子標的薬の開発につながる．

6.9.2 RNA 同定による創薬

RNA は，mRNA などの遺伝子情報をコードするもの以外にも，ノンコーディング RNA などの機能性 RNA が知られている．これらノンコーディング RNA については，クロマチン構造の維持や転写制御に関係することが理解されつつある[15, 16]．たとえば，ノンコーディング RNA がポリコーム複合体と結合し，特定の遺伝子座への局在をサポートすることで，当該遺伝子座のエピジェネティック制御に関与することが知られている．そのため，enChIP-RNA-Seq 法を利用して疾患原因遺伝子特異的に結合する RNA を同定することは，疾患発症の分子機構の解明に迫るとともに，同定 RNA を標的とした医薬品開発にも有用である．

先に述べたように，筆者らのグループは，enChIP-RNA-Seq 法を利用することでテロメア領域結合 RNA を同定した[18]．enChIP-RNA-Seq 法で同定した RNA の機能阻害には，RNA 阻害薬を利用できる．RNA 阻害薬としては，アンチセンスオリゴや siRNA などの核酸を利用した核

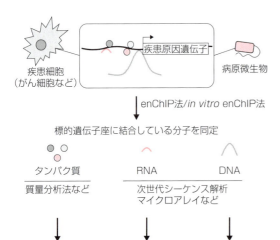

図 6.7 enChIP 法/*in vitro* enChIP 法の創薬などへの応用

酸医薬が注目されている[29]．低分子化合物と比較して，核酸医薬は体内での輸送手段（ドラッグデリバリーシステム，DDS）の問題があるが[30]，DDS 技術の向上とともに核酸医薬の効果が高まることが期待される．そのため，enChIP-RNA-Seq 法を利用した疾患原因遺伝子結合 RNA の同定は，疾患治療における核酸医薬の開発に有用と考えられる（図 6.7）．

6.9.3 遺伝子発現調節 DNA 領域の同定による創薬

遺伝子発現は，エンハンサーやサイレンサーなどの発現調節 DNA 領域によって制御されていることがよく知られている．近年，エンハンサー領域がクラスター状につながり，多種類の転写因子や転写メディエーターが結合するスーパーエンハンサー領域も報告されている[31]．また，遺伝子特異的なエンハンサー領域を同定し，そこに結合している分子を標的とした分子標的薬を開発するエンハンサー創薬という概念も知られ始めている．enChIP-Seq 法/*in vitro* enChIP-Seq 法は，エンハンサー創薬を進めるため，疾患原因遺伝子特異的なエンハンサーなどの調節ゲノム領域を同定することに利用できる（図 6.7）．さらに，エンハンサーなどの調節ゲノム領域の同定後，その領域に結合する分子の同定に enChIP 法を利用することも考えられる．

6.9.4 *in vitro* enChIP 法の創薬や検査薬開発への応用

近年，抗生物質の乱用に伴う多剤耐性菌の出現が問題となっており，多剤耐性菌に対する新たな抗菌薬の開発が必要となってきている．筆者らのグループも，新規医薬品の開発を目的として，病原微生物の病態発現遺伝子の転写を制御する分子の同定を進めている．enChIP 法を病原微生物に用いる場合，人工 DNA 結合分子の発現のための組換え DNA 実験は危険が伴うため，*in vitro* enChIP を用いて研究を進めている（図 6.7）．なお，病原微生物の生存に必須の遺伝子の発現を制御する分子を同定し，それに対する分子標的薬を開発した場合には，多剤耐性菌の出現と同様に，開発医薬品の効果を回避するような病原微生物の進化が危惧される．そのため，病原微生物の生存に必須の遺伝子ではなく，病態発現に関する遺伝子（毒素をコードする遺伝子や宿主細胞感染に関する遺伝子などのいわゆるエフェクター遺伝子）を標的として，ゲノム結合分子を同定するほうが，耐性菌が出にくい分子標的薬の開発につながると考えられる．

in vitro enChIP 法は，細胞から解析対象とするゲノム領域を単離する目的以外に，特定の塩基配列をもつ DNA の濃縮・除去に利用することができる．実際，筆者らのグループは，*in vitro* enChIP 法を用いることで，精製 DNA の混合物から特定の塩基配列をもつ DNA の単離・濃縮に成功している（図 6.8）[26]．*in vitro* enChIP 法の応用として，トランスポゾンなどの特定 DNA 配列が挿入されているゲノム DNA を濃縮することで，NGS 解析による挿入箇所同定の際のリード数を減少させる（解析費用を抑える）ことができると考えられる．また，トランスクリプトーム解析やメタゲノム解析における不要 DNA の除去にも利用できる．さらに，血液などの臨床検体からウイルス DNA や病原菌由来 DNA を濃縮することで，これら病原微生物の高感度検出薬の開発にも応用できると考えられる（図 6.8）．

6.9.5 遺伝子座特異的 ChIP 法を基盤技術としたバイオベンチャー企業

遺伝子座特異的 ChIP 法を利用した創薬標的の探索を主目的として，筆者らは大学発バイオベンチャー企業として株式会社 Epigeneron 社（http://epigeneron.com/）を設立した．Epigeneron 社で

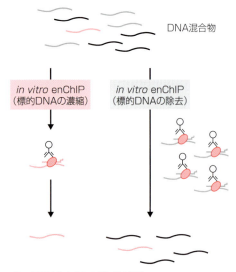

図 6.8 *in vitro* enChIP 法を利用した特定 DNA の濃縮・除去およびその応用

は受託サービスなどを行っているほか，がんや中枢神経系疾患などの難治性疾患の治療法の開発を目的として研究開発を行っている[32]．難治性疾患に苦しむ患者さんのお役に立てるよう，日々研究開発を進めている．

6.10 おわりに

筆者らのグループは，ゲノム機能発現の分子機構の解明を目的として，enChIP 法を含む遺伝子座特異的 ChIP 法を開発してきた．enChIP 法の詳細なプロトコールなどは，筆者らの研究室ホームページ（http://www.med.hirosaki-u.ac.jp/~bgb/）にも紹介しているので参照されたい．また，enChIP 法を行うためのキットが Active Motif 社から販売されている．ほかにも，enChIP 法で利用するプラスミドが Addgene（https://www.addgene.org/Hodaka_Fujii/および https://www.addgene.org/crispr/purify/）でアカデミア向けに配布されている．そのほか，遺伝子座特異的 ChIP 法に興味をもたれた方は，遠慮なく問い合わせていただきたい．

（藤田敏次・藤井穂高）

文　献

1) T. Fujita, H. Fujii, *Gene Regul. Syst. Bio.*, **10**（Suppl. 1）, 1 (2016).
2) A. Hoshino, H. Fujii, *J. Biosci. Bioeng.*, **108**, 446 (2009).
3) T. Fujita, H. Fujii, *PLoS ONE*, **6**, e26109 (2011).
4) T. Fujita, H. Fujii, *Adv. Biosci. Biotechnol.*, **3**, 626 (2012).
5) T. Fujita, H. Fujii, *ISRN Biochem.*, **2013**, Article ID 913273.
6) 藤田敏次，藤井穂高，「実験医学」，**31**, 2629 (2013).
7) 藤井穂高，『遺伝子医学 Mook エピジェネティクスと病気』，メディカルドゥ（2013），**25**, p.254.
8) T. Fujita, H. Fujii, *Biochem. Biophys. Res. Commun.*, **439**, 132 (2013).
9) T. Fujita et al., *Sci. Rep.*, **3**, 3171 (2013).
10) T. Fujita, H. Fujii, *PLOS ONE*, **9**, e103084 (2014).
11) 藤田敏次，藤井穂高，「実験医学」，**32**, 1732 (2014).
12) 藤田敏次，藤井穂高，『進化するゲノム編集技術』，エヌ・ティー・エス（2015），p.81.
13) T. Fujita, H. Fujii, *Methods Mol. Biol.*, **1288**, 43 (2015).
14) H. Fujii, T. Fujita, *Int. J. Mol. Sci.*, **16**, 21802 (2015).
15) T. Fujita, H. Fujii, *J. Vis. Exp.*, **107**, e53478 (2016).
16) J. T. Lee, *Science*, **33**, 1435 (2012).
17) J. Cao, *Biol. Proced. Online*, **16**, 11 (2014).
18) T. Fujita et al., *PLOS ONE*, **10**, e0123387 (2015).
19) Y. Zhang et al., *Oncotarget*, **8**, 34177 (2017).
20) J. Dekker et al., *Science*, **295**, 1306 (2002).
21) M. Simonis et al., *Nat. Genet.*, **38**, 1348 (2006).
22) E. Lieberman-Aiden et al., *Science*, **326**, 289 (2009).
23) E. d. Wit, W. d. Laat, *Genes Dev.*, **26**, 11 (2012).
24) T. Fujita et al., *Genes Cells*, **22**, 506 (2017).
25) T. Fujita, H. Fujii, *BMC Mol. Biol.*, **15**, 26 (2014).
26) T. Fujita et al., *Genes Cells*, **21**, 370 (2016).
27) T. Fujita et al., *DNA Res.*, **24**, 537 (2017).
28) M. Esteller, *Oncogene*, **21**, 5427 (2002).
29) 和田猛 編，『核酸医薬の最前線』，シーエムシー出版（2009）.
30) C. Godfrey et al., *EMBO Mol. Med.*, **9**, 545 (2017).
31) J. D. Lieb, S. Pott, *Nat. Genet.*, **47**, 8 (2015).
32) 藤井穂高，『実験医学増刊 All About ゲノム編集』，羊土社（2016），**34**, p.3437.

Part I　ゲノム編集技術の利用

生細胞内の特定ゲノム領域のライブイメージング技術

Summary

　細胞核は長大なゲノム DNA を格納する細胞小器官であるとともに，ゲノム情報を正確に複製し，かつ読み取る場であり，あらゆる生命現象ならびに疾患と密接な関係があるといえる．そのため，核内現象の理解は疾患の原因解明や治療法確立へとつながる可能性があり，きわめて重要である．長い間，細胞核内の特定ゲノム領域の局在や転写の有無などは蛍光 in situ ハイブリダイゼーション（FISH）法に頼ってきた経緯がある．FISH 法では基本的に細胞を固定する必要があるため，生細胞核内での動的現象の理解が立ち遅れていた．一方で，CRISPR–Cas システムのゲノム編集への応用とともに，DNA 切断活性を欠いた Cas9（dCas9）の登場によって，エピゲノム編集や特定ゲノム領域の可視化などが可能となり，核内現象の理解が飛躍的に進むことが期待されている．本章では，生細胞核内における特定ゲノム領域の可視化技術について概説するとともに，その応用例について紹介する．

7.1　間期細胞核内における遺伝子局在の可視化

　ヒトにおいて，ゲノム DNA はすべてをつなぎ合わせれば 2 m 近くになるが，それがわずか直径 10 μm ほどの細胞核に折りたたまれて収められている．発現しない遺伝子領域などにはゲノム DNA が高度に折りたたまれて凝集しており，ヘテロクロマチンと呼ばれる．一方で，発現が活発な遺伝子領域や転写活性化に関連する領域は比較的ゆるく折りたたまれた状態とされ，ユークロマチンと呼ばれる．ヘテロクロマチンは真核生物では基本的に核膜や核小体に接しており，ユークロマチンはそれ以外の領域を埋めている（図 7.1a）．遺伝子の発現活性が低い遺伝子は核膜付近に局在し，発現活性が高い遺伝子は核の中央に局在しやすい傾向があることが知られている[1]．また，細胞周期に応じてゲノム DNA は劇的に構造を変化させる（図 7.1a）．生命活動の維持のためには，構成的に，あるいは核外からの刺激に応じて遺伝子を発現させ，mRNA に転写させる必要がある（図 7.1b）．また，紫外線や活性酸素などの影響で絶えずゲノム DNA に与えられる損傷を修復する必要がある（図 7.1c）．損傷がうまく修復されなかった場合，細胞の形質を著しく変化させてしまう変異の原因となったり，がん化の原因となったりする．このため，核内現象を理解することは生命現象の解明のみならず，疾患の原因を探るうえできわめて重要であるといえる．

　これまで，特定のゲノム領域を可視化する技術は蛍光 in situ ハイブリダイゼーション（FISH）法に頼ってきた経緯がある．FISH 法ではまず細胞を固定し，ゲノム DNA の二本鎖を解いたうえで，蛍光標識した一本鎖 DNA をハイブリダイズさせることで，特定の領域を蛍光標識する[2]．このため，FISH 法では基本的に生きた細胞内での

7章 生細胞内の特定ゲノム領域のライブイメージング技術

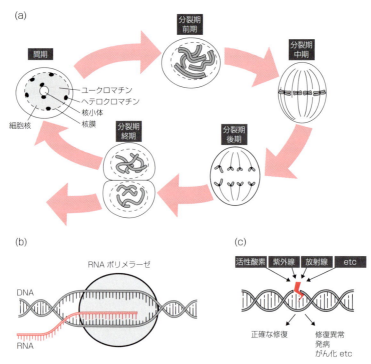

図 7.1 細胞核内でのゲノム DNA の構造と種々の反応
(a) 細胞周期を通したゲノム DNA 構造の劇的な変遷．細胞周期の間期では，個々の染色体は解けた状態で核内に収まっている．細胞周期の分裂期においては，ゲノム DNA が高度に凝集し，劇的に構造が変化する．また間期核の構造は，細胞種によって異なり，細胞分化を通して変化していく．(b) 遺伝子発現と転写．ヒトであれば 3 万種類の遺伝子があるといわれ，非コード領域であればもっと多くの領域が RNA ポリメラーゼによって RNA に転写されるといわれている．(c) DNA 損傷と修復．ゲノム DNA は日々さまざまな要因によって損傷を受けている．それを常に DNA 修復関連タンパク質が修復し続けているが，損傷が見過ごされたり，異常な形で修復されたりした場合，それががんやその他の疾患の原因となったりする．

動態を知ることはできない．一方で，生細胞内で特定 DNA 領域を染色する技術（後述）から，間期のゲノム DNA は動的に振る舞い，その振舞いは転写や DNA 修復と深く関係していることが明らかとなっている．また，近年の 3C (chromosome conformation capture) 法およびその派生法から，ゲノム DNA は塩基配列上遠方の領域と多数相互作用していることが明らかとなり，その相互作用の異常が疾患の原因となることもわかってきている[3]．そのため，特定のゲノム領域を生体内で経時的に捉え，その局在や動態が特定の生命現象とどのような関係があるのかを調べることで，これまでわかっていなかった多くの現象が解明されると期待されている．

本章では，生細胞内での特定ゲノム DNA 領域の可視化技術について概説するとともに，その応用例を紹介する．

7.1.1 生細胞内での非特異的なゲノム DNA 領域の可視化法

生細胞内における特定ゲノム DNA 領域の染色法には多くの種類が存在するが，染色の手軽さや特異性には大きな多様性がある（表 7.1）．最も容易な染色法は Hoechst33342 などの核膜透過型の DNA 染色試薬を用いる方法である（表 7.1）．マウスなどの細胞では，セントロメア付近が構成的なヘテロクロマチン構造となり，著しく凝縮しているため，DNA 染色試薬によってとくに強く染

表7.1 生細胞における特定ゲノム領域可視化技術

染色法	染色部位
細胞膜透過型DNA染色試薬（Hoechst33342など）	DNA全体．染色の濃淡で部位を分けることが可能な場合がある
蛍光ラベルしたヌクレオチドの取込み	取り込んだ際にDNA複製した場所
特定のゲノム領域に特異的に結合するタンパク質（CENPBやTRF1など）を利用した方法	CENPB→セントロメア，TRF1→テロメアなど
FROS	TetOやLacOリピートが挿入されたゲノム領域
ParB-INT	INT配列が挿入されたゲノム領域
ZF	任意のゲノム領域．ただし，非繰返し配列の可視化は報告されていない
TALE	任意のゲノム領域．ただし，非繰返し配列の可視化は報告されていない
dCas9	任意のゲノム領域

まる．このため，その他の核質と容易に判別が可能で，クロモセンターと呼ばれている．一方で，ヒトの細胞などではクロモセンターが見られない．また，核小体は逆に染色度合いが低いため，比較的容易に判別できる．

また，蛍光ラベルされたヌクレオチドを細胞に一過的に導入する方法がある．細胞が細胞周期のS期であれば，細胞内に一過的に導入された蛍光ヌクレオチドはゲノムDNAに取り込まれる．このためゲノムの一部が蛍光ラベルされ，それを蛍光顕微鏡で経時的に観察することができる[4]．この方法では任意のゲノム領域を染めることはできないが，あるゲノム領域が経時的にどのように構造を変化させていくのか，ゲノムDNAがいかに動的に振る舞うかを知ることができる[4]．しかし，蛍光ラベルされたヌクレオチドは細胞膜を透過しないため，ビーズローディング法などやや煩雑な操作が必要となる[4]．

7.1.2 生細胞内での特定ゲノムDNA領域の可視化法

セントロメアやテロメアなどには特異的に結合するタンパク質（CENPBやTRF1など）が知られているため，それらタンパク質と蛍光タンパク質を融合させることで，特定のゲノム領域の可視化が可能となる[5,6]．融合タンパク質を発現するベクターを導入することが必要とはなるが，さまざまな細胞種で応用可能で汎用性が高く，特異性も高い．しかし，テロメアやセントロメアなどの特殊な領域しか応用することができないのが欠点である．

特定のゲノム領域を可視化するためには，上記のように目的のゲノム領域に結合するタンパク質を利用することが最も理に適っている．古くから研究されていたLacオペレーターやTetオペレーターに結合するLacリプレッサー（LacR）やTetリプレッサー（TetR）タンパク質は，結合配列が既知で，結合力が非常に強いこともわかっていた．そのため，LacRやTetR結合配列の繰返し（一般的には96-256のリピート数が用いられる）配列を任意のゲノム領域に挿入することにより，その領域をLacR-またはTetR-蛍光タンパク質の融合タンパク質で染色することが可能である[7,8]（図7.2a）．このシステムは，FROS（fluorescent repressor operator system）と呼ばれている（表7.1）．酵母などでは，任意のゲノム配列に相同組換えで比較的容易に外来DNA配列を挿入することが可能なため，この技術が広く利用されてきた．一方で哺乳類細胞では，ゲノム編集技術が発達する以前は特定のゲノム領域にこれら繰返し配列を導入することはきわめて困難であり，多くの場合はランダムに導入された配列を観察することが一

■ 7章　生細胞内の特定ゲノム領域のライブイメージング技術 ■

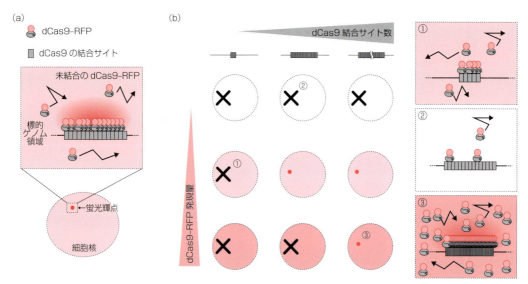

図7.2　生細胞内での特定ゲノム領域の可視化の原理
（a）dCas9-RFPを利用した特定ゲノム領域の可視化．通常，dCas9には核内移行シグナルを付加しているため，核内に集積する．未結合のdCas9-RFPは核内で自由拡散しているが，一度標的配列に結合すると，きわめて安定に標的配列に結合して留まる．それによって標的ゲノム領域に局所的に高濃度の蛍光タンパク質が集積することになり，バックグラウンド（背景光）よりも強い蛍光輝点として局在を認識できる．（b）dCas9結合サイト数，dCas9-RFP発現量と視認性の関係．dCas9-RFPで目的のゲノム領域を認識するためには，適度なdCas9-RFP発現量と一定以上の結合サイト数が必要になる．結合サイト数が非常に少ない場合，SN比が十分に大きくならないため，検出が難しくなる（①）．また，dCas9結合サイト数が十分であっても，dCas9-RFP発現量がきわめて少ない場合も十分な蛍光が得られず，検出が困難になる（②）．逆にdCas9-RFP発現量が過剰である場合，バックグラウンドの蛍光輝度が上がるため，dCas9結合サイト数が多くても検出が難しくなる場合がある（③）．

般的であった[9-11]．これらシステムでは，目的ゲノム領域を明確な蛍光輝点として認識するためには96-256という比較的長い（約10 kbp）繰返し配列が必要とされていた．しかし，これら繰返し配列が存在すると周囲の遺伝子の転写などに影響を与えてしまうことがわかっている[12,13]．また，一般的に繰返し配列はゲノム配列の不安定性を招くことと，比較的長い配列（約10 kbp）を挿入することによって転写などだけでなく，そのゲノム領域の挙動に影響を与えてしまう可能性が懸念される．近年，これらシステムの代替と期待されているのがParB-INTシステムである[14]．このシステムでは，細菌 *Burkholderia cenocepacia* 由来の染色体分配に関係する parS 配列（この筆者らはINT配列と呼んでいる）を目的ゲノム領域に挿入し，そこに特異的に結合するタンパク質ParB

と蛍光タンパク質を融合させたものを発現させることで，ParBがINT配列に結合するとともに多量体化し，その領域を可視化できるようになる．INT配列は1 kbp以下と短く，繰返し配列ではなく，クロマチン構造を破壊しないことが確認されており，FROSと比べて大きな優位性がある[14]．また最近，ヒト培養細胞において転写とその遺伝子領域の同時ライブイメージングが報告されている[15]．しかし，FROSやParB-INTシステムでは，特定の配列を目的ゲノム領域に事前に挿入する必要があることから，汎用性が高いとはいえない．

1996年以降，第一世代のゲノム編集ツールとして利用されてきたのはC2H2型のZF（zinc-finger）タンパク質であった[16]．C2H2型のZFタンパク質は真核生物ゲノムで最も多く存在するDNA結合タンパク質の一種であり，さまざまな

DNA 塩基配列を認識できる潜在能力をもつと考えられていた．そのため，任意の配列に結合できるようにアミノ酸配列を改変して塩基認識特異性を変化させ，制限酵素 FokI のヌクレアーゼドメインと融合させた ZFN（zinc-finger nuclease）や，転写活性化因子などと融合させた人工転写因子などが開発されてきた[16,17]．この技術を応用して，マウスやシロイヌナズナのセントロメアに存在する繰返し配列を認識する ZF を作成し，緑色蛍光タンパク質（GFP）と融合させることで，セントロメア領域のライブイメージングが報告された[18,19]．しかし，ZF は任意の配列に結合するように改変することが比較的難しく，セントロメア以外の配列を可視化する ZF-GFP はこれら以外に報告されていない．

その後，第二世代のゲノム編集ツールとして登場したのが TALE（transcription activator-like effector）である．ZF と比べて塩基認識機構が明快であり，積み木のようにペプチドモジュールを組み合わせることで直感的に任意の配列に結合する TALE を作製できる[20]．任意の配列に結合する TALE と FokI のヌクレアーゼドメインを融合させることで TALEN（TALE nuclease）を作製でき，ゲノム編集ツールとして広く利用されてきた．また，任意の配列に結合する TALE と蛍光タンパク質を融合させることで，特定のゲノム領域のライブイメージングが可能となる[21,22]．特筆すべきなのは，宮成悠介らの報告である．彼らは異なる系統のマウスをかけ合わせて得られる初期胚およびマウス ES 細胞において，セントロメア領域の繰返し配列中にそれぞれの系統特異的な多型があることを利用して，その領域にそれぞれの多型に結合する TALE を作製し，異なる色の蛍光タンパク質と融合させて，これらの細胞に発現させた．その結果，一つの細胞内で，それぞれの親系統由来のセントロメア領域を区別してイメージングすることが可能となった[21]．TALE は

ZF と比べればはるかに作製が容易ではあるが，大量に作製することは依然として骨の折れる作業であること，また TALE-蛍光タンパク質（FP）が核小体に局在しやすい性質があることなどから[21]，繰返し配列以外の領域を標的としたイメージングは報告されていない．

それから，CRISPR-Cas システムがゲノム編集技術の有用なツールとして利用され始めてから間もなく，ヌクレアーゼ活性を欠いた Cas9（dCas9）と蛍光タンパク質を融合させることで，特定のゲノム領域を生きた細胞内で観察することが可能となった[23]．dCas9 を利用したイメージングでは，多数の sgRNA を同時に導入することによって，ゲノム中に 1 コピーしか存在しない（二倍体であれば 2 コピー）非繰返し領域も可視化できる[23]．特定の配列に結合させるために sgRNA の配列を変更するだけでよいため，多種類の sgRNA を用意することは TALE と比べてはるかに容易である．近年，この技術を利用して生細胞内で特定ゲノム領域の可視化が多数報告されている．dCas9 を利用したイメージングは容易で汎用性が高いため，今後の核内イメージングの中心的な役割を担うことが期待されている．

7.2 生細胞における特定ゲノム領域の可視化技術の原理

ここでは dCas9-FP を例にして，特定のゲノム領域の可視化技術の原理について説明する（図 7.2）．上でも説明したように，基本的には，特定の DNA 塩基配列に結合するタンパク質に蛍光タンパク質を融合させたものを目的の細胞内（細胞核内）で発現させる．これらタンパク質は核内を自由に拡散し，標的となる DNA 塩基配列に触れた場合にそこに長く留まり，ある一定時間後に離れて再び自由拡散するというプロセスを繰り返す（図 7.2a）．この場合，この融合タンパク質は標的

配列への結合の有無にかかわらず，常に蛍光が検出される．しかし，標的となるゲノム領域に多数の標的配列が密集している場合は，その領域に融合タンパク質が局所的に多数集まることになる．これによって，目的のゲノム領域の蛍光輝度がそれ以外の核内領域の蛍光輝度（バックグラウンド）よりも高くなり，輝点として認識できるようになる（図7.2a）．このため，標的ゲノム領域における融合タンパク質の結合サイト数（図7.2b），融合タンパク質のDNA結合特性（結合特異性，結合力，結合時間など），バックグラウンドの蛍光輝度の高さ（融合タンパク質の細胞内発現量，図7.2b）が輝点の認識に強く影響する．

7.2.1　dCas9-FPの標的結合サイト数と輝点の視認性

B. Huangらのグループは，結合サイト数について詳細に報告している[23]．特定ゲノムDNA領域の可視化に利用するDNA結合タンパク質（ParB-INTシステムは除く）では，標的ゲノム領域にその結合サイトが多数存在することが大前提である．dCas9-FPでは，多数のsgRNAを同時に導入することで非繰返し配列も輝点として認識できる．彼らは，ヒト網膜色素上皮細胞中の*MUC4*遺伝子の領域に73種のsgRNAを作製し，レンチウィルスを利用して種類数を振って導入し，認識できたスポット数をカウントしている．彼らの報告によれば，最低でも26 sgRNAを導入すれば，非繰返し領域であっても目的のゲノム領域を蛍光輝点として認識できるようである．もちろん，より多くのsgRNAを導入することでSN比〔信号（signal）と雑音（noise）の比率〕はよくなるため，多くのsgRNAを導入することが推奨される（図7.2b）．

7.2.2　dCas9-FPの結合特性と輝点の視認性

dCas9は認識特異性を容易に変更できるだけではなく，そのDNA結合特性がライブイメージングへの応用に重要な役割を果たしていることが考えられる．一般的に，転写因子などの特定の配列を認識するDNA結合タンパク質は，DNA二本鎖の主溝（あるいは副溝）から塩基配列を認識して結合する．非常に結合が安定なものであっても数分程度でほとんどのタンパク質がDNAから乖離する．一方で，dCas9はご存じの通り，DNA二本鎖を解いたうえで，sgRNAとハイブリダイズしてそれを包み込むようにdCas9が結合する，非常に特殊な結合形態を示す．そのため標的配列への滞留時間はきわめて長く，3時間程度は離れないと見積もられている[24]．一方で，sgRNAと結合配列にミスマッチがある場合は滞留時間が数分程度に著しく減少する[24]．こういった特性が，dCas9-FPを利用した特定ゲノム領域の可視化を容易にしている一つの要因であると考えられる．

7.2.3　dCas9-FPの結合特異性と輝点の視認性

結合特異性に関しては，PAM配列から近傍の配列（シード領域）は比較的認識特異性が高いとされているが，それ以外の配列に関してはやや特異性が低くなることがわかっている[25]．そこで，特定のゲノム領域を可視化するために30以上のほぼ非特異的結合のないsgRNAを用意することが難しい場合があるかもしれない．しかし上述したように，標的ゲノム領域の輝点認識には多数の結合配列が必要なため，多少の非特異的な結合があったとしても大きな問題にはならないと考えられる．ただし，選んだsgRNAの標的配列にきわめて似た配列が，ある一部のゲノム領域に極端に密集している場合は，大きな問題となりうる．そのため，このようなことがないように，sgRNAの選別にはゲノム編集の際と同様に細心の注意が求められる．

7.2.4 特定ゲノム領域の可視化に利用できるdCas9との融合タンパク質の組合せ

dCas9と蛍光タンパク質の1：1の組合せが最もシンプルであるが，この手法では複数の領域を同時に観察できないという欠点がある．もしdCas9-GFPを利用して2カ所のゲノム領域の動態を見たい場合，二つのsgRNA群を用意したとしても，両方ともGFPの輝点となるため，ゲノム領域を判別できない（ただし，輝点の大きさに極端な差が出る場合は判別可能である[26]）．dCas9-赤色蛍光タンパク質（RFP）など別の色の融合タンパク質を導入したとしても，dCas9-GFPと-RFPで結合場所を分けることは不可能なため，両方ともGFP，RFPポジティブな輝点となってしまう．この問題を解決する一つの方法は，異なる種由来のdCas9タンパク質を利用することである[27]（図7.3a）．異種のdCas9は，それぞれ異なるPAM配列認識特異性と異なるsgRNA構造をもつため，互いの種のsgRNA/dCas9の結合に干渉しない．H. Maらは，*Streptococcus pyogenes*（Sp），*Neisseria meningitidis*（Nm），*Streptococcus thermophilus*（St1）の3種由来のdCas9を利用して，それぞれにRFP，GFP，青色蛍光タンパク質（BFP）を融合させ，3カ所の特定ゲノム領域の同時可視化に成功している[27]．もう一つの方法は，sgRNAの改造とRNA結合タンパク質を利用する方法である（図7.3b）．MS2，PP7，boxBと呼ばれるバクテリオファージ由来のRNA配列は，特殊なステムループ構造をとる．MS2コートタンパク質（MCP），PP7コートタンパク質（PP7），

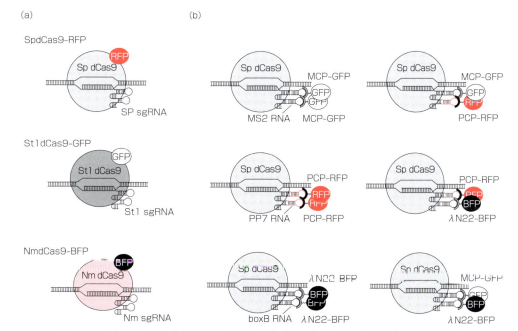

図7.3 多色蛍光タンパク質を利用した複数ゲノム領域の同時ライブイメージング
（a）異種由来のdCas9を利用した複数ゲノム領域の同時イメージング．異なるPAM認識配列，異なるsgRNA構造をもつ*Streptococcus pyogenes*（Sp），*Neisseria meningitidis*（Nm），*Streptococcus thermophilus*（St1）の3種由来のdCas9にRFP，GFP，BFPをつなげることで，3カ所のゲノム領域を同時にイメージングできる．（b）RNA結合タンパク質を利用した複数ゲノム領域の同時イメージングCRISPrainbow．MS2，PP7またはboxB配列のいずれか二つをsgRNAに付加しておく．それぞれの組合せごとに，特定のゲノム領域に特異的な標的配列を設定しておく．目的の細胞にdCas9，sgRNA，MCP-GFP，PCP-RFP，λN22-BFPを発現させることで，最大で6カ所の同時可視化が可能となる．

λN22 ペプチドは，それぞれのステムループ構造へ特異的に結合する．Ma らは，sgRNA の 3′ 末端にこれら RNA 配列を二つずつ，可能な 6 通りの組合せでつなげたものを利用して，それぞれの組合せが一つのゲノム領域を認識できるように sgRNA を設計した．また RNA 結合タンパク質にそれぞれ BFP，GFP，RFP を融合させることによって，青，緑，赤，青/緑，青/赤，緑/赤の組合せを判別することで 6 カ所の同時観察が可能であることを示し，この方法を CRISPRainbow と名付けた[28]（図 7.3b）．これによって，より多数の領域を同時に観察することが可能となった．

一方で，1 色の蛍光タンパク質のみで，さらに多数の領域を識別する方法も報告されている[29,30]．まず dCas9-GFP を利用して，細胞核中の複数の領域を染色した状態でライブイメージングを実施する．ライブイメージング終了直後に細胞を固定し，sequential-FISH を実施する．sequential-FISH 法では，一度に 3-4 色程度で一部のゲノム領域の局在を決定した後に，いったんプローブをはがし，さらに別のプローブで異なるゲノム領域の局在を決定する方法である．この方法では 20 回ほどハイブリダイゼーション-解離の繰返しが可能である．これにより各輝点がどのゲノム領域であったかを決定できる．しかし，この方法ではライブイメージング時に各輝点が明確に離れている場合でしか利用できない．これはライブイメージング実施中にはすべてが同じ色で染められているためで，きわめて近傍にあった場合，各輝点の識別が困難となってしまうという欠点がある．

dCas9 を利用した特定ゲノム領域の可視化には，局所的に蛍光タンパク質の濃度が高くなることが重要である．一つの dCas9 に複数の蛍光タンパク質を縦列してつなげることで，より SN 比が高くなることがわかっている[27]．また，より多数の蛍光タンパク質を集めるために，SUNtag システムと呼ばれる系が利用されている[31]．このシステムではまず，dCas9 に特定のアミノ酸配列（GCN4 タンパク質の一部）が 12 個縦列したペプチドを付加しておく．これに加えて，蛍光タンパク質と上記のアミノ酸配列を認識して結合できる scFv（抗体軽鎖のエピトープ結合領域と重鎖を一つのペプチドにつなげたもの）の融合タンパク質，そして目的の sgRNA を細胞に同時に発現させることによって，目的のゲノム領域に多数の蛍光タンパク質を呼び込むことができ，非常に SN 比の高いイメージングが可能となる[31]．SUNtag システムは非常に強力なシステムではあるが，複合体が巨大となり，それが標的ゲノム領域の動態自体に影響を与える可能性があるため，注意が必要かもしれない．

蛍光タンパク質は自律的に蛍光基を形成するため使いやすいが，化学蛍光基と比較すると輝度や安定性で劣る．dCas9 と HaloTag®（Promega 社）を利用することで，より輝度の強い蛍光基でイメージングが可能になる[32]．HaloTag 自体は蛍光基をもたないが，外部から細胞膜透過性の任意の蛍光色素を培地に添加することで，HaloTag に蛍光基が共有結合でつながるため，目的のタンパク質を蛍光ラベルすることができる．近年，高輝度で安定性の高い HaloTag 基質が開発されている[33]．この手法を利用すれば，dCas9 の 1 分子レベルでの細胞内挙動を追うことも可能となる[32]．

7.3 特定ゲノム領域可視化技術の応用例

本節では，dCas9-FP に限らず，特定ゲノム領域の可視化技術の応用例について紹介する．

7.3.1 X 染色体不活化における染色体のペアリング

哺乳類においては，雄は性染色体として Y 染色体と X 染色体を 1 本ずつもち，雌は X 染色体を 2 本もっている．雌個体の体細胞では X 染色

体由来の遺伝子発現量を補償するために，一つのX染色体全体がヘテロクロマチン化して不活化されており，この現象をX染色体不活化と呼ぶ．不活化されるX染色体はランダムに決定され，その選択は発生初期に起こると考えられている．FISH法を利用した解析から，不活化の過程でX染色体同士が一時的に接触するペアリングが起こっていることが示唆されていたが，その反応自体が動的かつ一時的であると考えられ，直接的な証拠が提示されていなかった．

E. Heardらのグループは，TetOリピートを両方のX染色体に挿入したマウスES細胞を樹立した[10]．マウスES細胞ではX染色体の不活化がまだ起こっておらず，分化誘導とともにX染色体不活化が誘導されることが知られている．彼女らはこの細胞株にTetR-RFPを発現させることで，X染色体領域を可視化し，分化誘導過程での挙動を観察した．その結果，分化誘導過程においてX染色体領域を含むゲノム全体でその流動性が高まることが明らかとなった．しかし，ペアリングの最中はその流動性が顕著に減少することがわかった．ペアリング直後，X染色体の不活化を阻害する*Tsix*が片対立遺伝子のみで発現することがわかった．この研究では，ライブイメージングでしか知りえない情報を多く提供しており，特定ゲノム領域の可視化技術がうまく利用された代表例である．

7.3.2 染色体の転座のライブイメージング

染色体転座は，がん細胞の特徴の一つである．多くの研究で転座が起こった結果は検出されているが，いかにして転座が生じるのか，それを経時的に観察した例は報告されていなかった．その過程を捉えるために，T. Misteliらのグループはまず，LacOリピートまたはTetOリピートの近傍にメガヌクレアーゼISceI（18塩基認識の制限酵素）配列をもつカセットが，異なる染色体領域に挿入されたマウス由来の細胞株を樹立した[11]．さらにその細胞にGFP-LacRおよびRFP-TetRを安定的に発現させることで，それぞれの領域が経時的に可視化可能となった．そこにISceIを一過的に発現させてDNA二本鎖切断を誘導したところ，1/300程度の割合でLacOとTetOリピートの領域がつながった転座が認められた．独自の超高処理イメージングシステムで多数の細胞を同時にタイムラプスイメージングすることにより，最終的に転座が起こった細胞においては，DSB導入時に転座が起こる二つの遺伝子領域が2.5 μm以内にあることが示された．すなわち，DNA二本鎖切断導入時における切断末端間の距離が，転座の発生に重要な要素であることが初めて明らかにされた．

7.3.3 転写と特定ゲノム領域の同時ライブイメージング

上でも述べたMS2/MCPシステムやPP7/PCPシステムを利用することで，転写のライブイメージングが可能である．まず，目的遺伝子領域にMS2またはPP7リピートを導入しておく．一般的に遺伝子が活性化すると，複数のRNAポリメラーゼが縦列かつ連続して転写を行うため，MS2/PP7導入領域に転写過程の複数の未成熟RNA（転写過程のRNA）がその場に留まることになる．MCP-またはPCP-FPが発現している場合，そのRNAに蛍光タンパク質が集積し，転写を蛍光輝点として認識できるようになる．これまでに，TetOリピート，外来プロモーター，MS2リピートを含む人工遺伝子カセットをヒト培養細胞に導入した実験から，転写活性化とそのカセットの核内流動性には正の相関があることが示されている[9,34]．これは，一般的に考えられている，転写活性化とクロマチン状態のゆるみ具合に正の相関があることと類似していることから，大きく間違っていないと考えられていた．しかし，

■ 7章 生細胞内の特定ゲノム領域のライブイメージング技術 ■

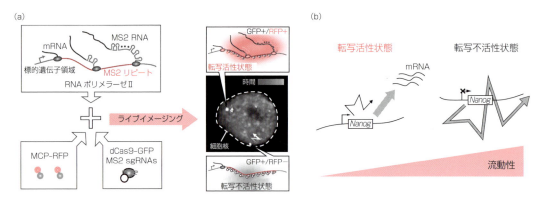

図7.4 特定の内在遺伝子の核内挙動と転写の同時ライブイメージングシステムであるROLEXシステム
(a) ROLEXシステムの模式図. 事前にMS2リピートを目的のゲノム領域に挿入しておく. MS2配列はRNAに転写されると特殊なステムループ構造を形成し, MCPタンパク質が特異的に二量体として結合する. そのため, MCP-RFPとともに, dCas9-GFPとMS2リピート領域を認識するsgRNAを同時に発現させることで, 目的のゲノム領域を常にGFPで可視化しつつ, その遺伝子領域の転写活性を同時に可視化できる. (b) ROLEXシステムを利用したNanog遺伝子の転写と核内流動性の関係. ROLEXシステムを利用して, マウスES細胞におけるNanog遺伝子の核内動態と転写活性の関係を調べた結果, 転写が不活性な状態において著しく流動性が高まることがわかった. これにはゲノムの高次構造が関係していると考えられる. 詳しくは本文を参照. 図は文献37より転載.

内在遺伝子領域では同様な実験が報告されていなかった.

筆者らは, MS2/MCPシステムとdCas9-FPシステムを組み合わせることで, 特定の内在遺伝子の核内挙動と転写の同時ライブイメージングシステムであるROLEX (real-time observation of localization and expression) システムを確立した[26]. このシステムではまず, ゲノム編集技術で目的遺伝子領域にMS2繰返し配列を導入しておく. この細胞にMCP-RFP, dCas9-GFPとMS2リピート内の配列を標的としたsgRNAを発現させることで, 常にこの領域の核内動態をモニターしながら, 同時にその遺伝子の転写活性状態を知ることができる (図7.4a). 細菌ではdCas9が遺伝子領域に結合することによって転写が阻害されることが報告されているが, 少なくともマウスES細胞では転写に負の影響は見られなかった.

筆者らはこのシステムを, マウスES細胞において多能性維持に重要な転写因子をコードする遺伝子であるNanogとOct4に導入し, 転写とその遺伝子領域の核内動態を定量した. その結果, Oct4では転写によって流動性に大きな違いは見られなかったものの, Nanogにおいては転写がない場合に著しく流動性が上昇することがわかった (図7.4b). この観察は上記の報告とは著しく異なるものであり, 非常に驚きであった. しかし近年, MS2/MCPシステムとParB-INTシステムを利用した研究から, 転写依存的に流動性が低下するという同様の現象が報告されている[15]. 冒頭でも述べたように, 近年, 3C関連技術からゲノムワイドにゲノム領域間相互作用が明らかになってきた. それらのデータから, ゲノムは数メガ塩基対程度の範囲で高頻度に相互作用することが知られており, 個々の単位はTAD (topologically associating domain) と呼ばれている. マウスES細胞におけるこれらのデータを見てみると, Oct4では明確なTADが存在するものの, NanogではTADが明確に見られなかった. TADの存在の有無は, その領域の高次構造の安定性を反映していることが示唆される. このため, 流動性が転写によって劇的に変化したのは, このゲノム領域の構造安定性が関係している可能性が示唆された.

また，*Nanog* 領域は明確な TAD は認められないものの，上下 30 Mb に及ぶ広範囲に相互作用する領域が散在していることがわかっている[35]．*Nanog* はこれらの相互作用が不安定で，かつ転写が相互作用に依存しているために，相互作用している間は流動性が低下するとともに転写活性化が起こり，非相互作用時には流動性が高まり，転写の活性化も起こらないというモデルが考えられる．*Oct4* では転写依存的に流動性の変化は見られなかったことから，転写と流動性の関係は遺伝子ごとに異なり，一貫性はないと考えられる．これについては今後の研究結果が待たれる．

7.3.4 染色体まるごとイメージング

dCas9-GFP を利用した染色体全体のライブイメージングが報告されている[36]．X.-S. Xie らのグループは，ヒトゲノムの 9 番染色体上に sgRNA を 1124 個設計し，レンチウイルスで 3 回に分けて，dCas9-EGFP を発現する HeLa 細胞に導入した．それにより，9 番染色体全体を細胞周期を通じてイメージングすることができた．このイメージング技術を利用することで，細胞周期を通して各染色体がどの程度動的に振る舞うのか明らかにできる可能性がある．

7.4 今後この技術で期待されること

本章では特定ゲノム領域の可視化技術について紹介するとともに，その詳細な原理や応用例について概説した．この技術の汎用性の拡大は，ゲノム編集技術と関連して，より容易に特定の DNA 配列に結合するタンパク質を用意できるか，この技術進歩に依存してきた．一方で，その特定ゲノム領域の検出技術は，蛍光標識技術や蛍光タンパク質の進化，そして何よりも顕微鏡技術の発展によるところが大きい．ここで詳細は述べないが，生きた細胞内で特定分子の三次元空間上の正確な位置を決定するためには，（共焦点）蛍光顕微鏡を用いるのが最も適切である．また一般的に，強い光を細胞に当てることによって細胞はダメージを受けるため，長時間ライブイメージングするときには，できるだけ弱い強度で励起する必要がある．そのためには，弱い励起でより強い蛍光を発する蛍光タンパク質や蛍光基を用いることが重要であるとともに，より感度の高い検出器を利用する必要がある．これら技術の発展は日進月歩であり，今後もより容易で，高解像度，低毒性なライブイメージングが可能となっていくだろう．

この技術自体は医療応用とは直結しないが，応用例で示したように，これまで固定サンプルだけでは理解できなかった核内現象がライブイメージングを通して初めて理解できることが多々あるはずである．とくに染色体の転座はがん化にかかわることがわかっており，その発生機序を理解することは，その抑制や対処法の解明につながる可能性がある．dCas9 の登場によって特定ゲノム領域の可視化がより容易になることから，今後も疾患に関連する現象が多く解明されることが期待される．

〈落合　博〉

文　献

1) A. Akhtar, S. M. Gasser, *Nat. Rev. Genet.*, **8**, 507 (2007).
2) J. M. Levsky, R. H. Singer, *J. Cell Sci.*, **116**, 2833 (2003).
3) P. H. L. Krijger, W. d. Laat, *Nat. Rev. Mol. Cell Biol.*, **17**, 771 (2016).
4) E. M. Manders, H. Kimura, P. R. Cook, *J. Cell Biol.*, **144**, 813 (1999).
5) T. Okada et al., *Cell*, **131**, 1287 (2007).
6) K. A. Mattern et al., *Mol. Cell Biol.*, **24**, 5587 (2004).
7) A. F. Straight, A. S. Belmont, C. C. Robinett, A. W. Murray, *Curr. Biol.*, **6**, 1599 (1996).
8) P. H. Viollier et al., *Proceedings of the National Academy of Sciences*, **101**, 9257 (2004).
9) T. Tsukamoto et al., *Nat. Cell Biol.*, **2**, 871 (2000).
10) O. Masui et al., *Cell*, **145**, 447 (2011).
11) V. Roukos et al., *Science*, **341**, 660 (2013).

12) A. Jacome, O. Fernandez-Capetillo, *EMBO Rep.*, **12**, 1032 (2011).
13) M. Dubarry, I. Loïodice, C. L. Chen, C. Thermes, A. Taddei, *Genes Dev.*, **25**, 1365 (2011).
14) H. Saad et al., *PLOS Genet.*, **10**, e1004187 (2014).
15) T. Germier et al., *Biophys. J.*, **113**, 1383 (2017).
16) A. Klug, *Annu. Rev. Biochem.*, **79**, 213 (2010).
17) F. D. Urnov, E. J. Rebar, M. C. Holmes, H. S. Zhang, P. D. Gregory, *Nat. Rev. Genet.*, **11**, 636 (2010).
18) B. I. Lindhout et al., *Nucleic Acids Res.*, **35**, e107 (2007).
19) C. S. Casas-Delucchi et al., *Nucleic Acids Res.*, **40**, 159 (2012).
20) J. K. Joung, J. D. Sander, *Nat. Rev. Mol. Cell Biol.*, **14**, 49 (2013).
21) Y. Miyanari, C. Ziegler-Birling, M.-E. Torres-Padilla, *Nat. Struct. Biol.*, **20**, 1321 (2013).
22) H. Ma, P. Reyes-Gutierrez, T. Pederson, *Proc. Natl. Acad. Sci. USA*, **110**, 21048 (2013).
23) B. Chen et al., *Cell*, **155**, 1479 (2013).
24) H. Ma et al., *J. Cell Biol.*, **214**, jcb.201604115 (2016).
25) S. Q. Tsai, J. K. Joung, *Nat. Rev. Genet.*, **17**, 300 (2016).
26) H. Ochiai, T. Sugawara, T. Yamamoto, *Nucleic Acids Res.*, **43**, e127 (2015).
27) H. Ma et al., *Proc. Natl. Acad. Sci. USA*, **112**, 3002 (2015).
28) H. Ma et al., *Nat. Biotechnol.*, **34**, 528 (2016).
29) Y. Takei, S. Shah, S. Harvey, L. S. Qi, L. Cai, *Biophys. J.*, **112**, 1773 (2017).
30) J. Guan, H. Liu, X. Shi, S. Feng, B. Huang, *Biophys. J.*, **112**, 1077 (2017).
31) M. E. Tanenbaum, L. A. Gilbert, L. S. Qi, J. S. Weissman, R. D. Vale, *Cell*, **159**, 635 (2014).
32) S. C. Knight et al., *Science*, **350**, 823 (2015).
33) J. B. Grimm et al., *Nat. Methods*, **12**, 244 (2015).
34) D. K. Sinha, B. Banerjee, S. Maharana, G. V. Shivashankar, *Biophys. J.*, **95**, 5432 (2008).
35) E. d. Wit et al., *Nature*, **501**, 227 (2013).
36) Y. Zhou et al., *Cell Res.*, **27**, 298 (2017).
37) 広島大学ニュースリリース (html://www.hiroshima-u.ac.jp/news/show/id/23223).

Part I ゲノム編集技術の利用

生体内におけるゲノム編集

Summary

近年，CRISPR-Cas9をはじめとするさまざまな人工ヌクレアーゼの登場により，ゲノムの標的遺伝子を操作する「ゲノム編集」技術が急速に進歩し，生命科学研究に革命がもたらされた．この技術を用いて生体内で直接ゲノム配列を操作することができれば，疾患患者の病変組織内でのみ疾患遺伝子を改変することが可能となり，とくに難治性遺伝病患者を対象とした新規治療的介入方法の開発といった医療への応用が期待されている．しかしながら，標的配列を任意の配列に改変できる「相同組換え法」を用いたゲノム編集技術は，分裂の盛んな細胞にしか用いることができない欠点があった．このため，多くの細胞が分裂を止めた非分裂細胞からなる生体内では，直接ゲノム上の狙った部位に任意の遺伝子を挿入（ノックイン）・改変することが非常に困難であった．近年，この課題の解決策として相同組換え法を用いない新しい方法が考案され，従来の相同組換え法では不可能であった生体内の非分裂細胞に対する遺伝子ノックインの成功例が報告された．本章では，マウスやラットといった動物モデルを用いた最新の生体内ゲノム編集技術について紹介する．

8.1 はじめに

「生命の設計図」と呼ばれる遺伝子をコードするゲノム情報を操作することにより，遺伝子機能を解析する試みが，古くは1970年代から行われてきた．近年では，ゲノムの標的配列のみを特異的に切断する活性をもつ人工ヌクレアーゼが開発され，これを用いてゲノム情報を自在に改変する手法は「ゲノム編集」と呼ばれるようになった．1996年，人工ヌクレアーゼの一種であるジンクフィンガーヌクレアーゼ（ZFN）が開発され[1]，標的とする遺伝子の破壊（遺伝子ノックアウト）や，遺伝子の改変・挿入（遺伝子ノックイン）など，自由自在にゲノム配列をデザイン・改変することが可能となった．しかしながら，ZFNは技術的に作製が難しいことや，Sigma-Aldrich社の保有する特許によって利用が制限されたことなど

から，広く一般には普及しなかった．2010年になると，より作製が簡便な人工ヌクレアーゼとしてTALEN（TAL effector nuclease）が開発され，多くの研究者に利用される技術となった[2]．さらに2012年には，J. A. DoudnaとE. Charpentierらにより，化膿レンサ球菌（*Streptococcus pyogenes*）由来のCas9タンパク質がRNA依存的にゲノムの標的部位に二本鎖DNA切断を導入でき，ゲノム編集に有効なツールとなることが示され[3]，続いて別の複数のグループより，このツールはヒトの培養細胞にも応用可能であることが報告された[4,5]．この技術はCRISPR-Cas9と呼ばれ，特別な技術や設備がなくても容易に作製可能なことから，またたく間に世界中の研究者に利用されるゲノム編集ツールとなった．

人工ヌクレアーゼが開発された当初は，おもにヒト培養細胞を用いて遺伝子ノックアウト・ノッ

■ 8章　生体内におけるゲノム編集 ■

クイン技術が確立されてきた．これら培養皿上で培養した細胞は in vitro と呼ばれ，とくに扱いやすいヒト由来のがん細胞株（HEK293 細胞や K562 細胞など）が頻繁に用いられてきた（図 8.1a）．ゲノム編集技術は創薬や治療など医療応用に対しても有効な技術として期待されているが，in vitro でのゲノム編集技術を用いた一例として，ここでは多能性幹細胞への応用例を挙げる．体細胞に複数の遺伝子（山中 4 因子）を導入することにより誘導される人工多能性幹（iPS）細胞や受精卵から樹立される胚性幹（ES）細胞は，体内のあらゆる細胞に分化できる多能性を保ちつつ，無限に増殖させることができる細胞であり，多能性幹細胞と総称される．疾患患者由来の体細胞から iPS 細胞，もしくは受精卵から ES 細胞を樹立することで，患者由来の病変細胞を大量に分化誘導できるようになり，疾患メカニズムの解明や創薬スクリーニングへの応用が期待されていた．しかし，遺伝的背景の違いによる影響が大きいことが明らかとなり[6]，たとえ親子由来の細胞であっても別個体間での比較が難しいなどの理由から，厳密な比較対照ができず，研究が遅れているのが現状であった．実際に，遺伝的背景の違いにより約 5% の発現遺伝子が異なることも報告されている[7,8]．また，疾患 iPS 細胞において遺伝子変異のみを修復することで，遺伝的背景が同一で免疫拒絶を起こさない遺伝子修復 iPS 細胞が作製可能となり，これを病変細胞に分化誘導することで，患

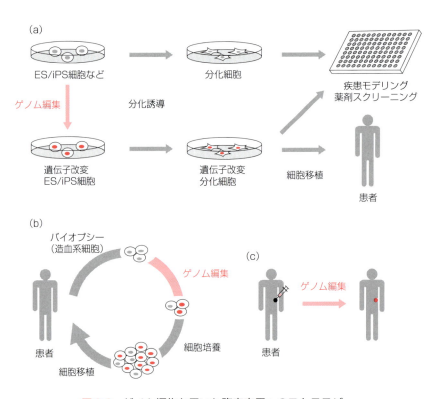

図 8.1　ゲノム編集を用いた臨床応用へのストラテジー
（a）ヒト ES/iPS 細胞などを用いて培養皿上（in vitro）でゲノム編集を行い，疾患モデル細胞や創薬スクリーニングに有用な細胞を創製できる．また遺伝子修復細胞を病変細胞に分化誘導することで細胞移植治療が可能になる．in vitro ゲノム編集法は，ゲノム編集した細胞（赤）が培養皿上で純化できる利点がある．（b）患者から標的細胞を単離し，生体外（ex vivo）でゲノム編集し（赤），短時間の培養後に患者に自家移植する治療法．（c）生体内（in vivo）で直接にゲノム編集を行うことで，病変組織の疾患遺伝子変異を修復できる．

者に自家移植する細胞移植治療への応用も期待されていた．これらを実現化するため，後述する染色体上の特定の標的遺伝子のみを自由に改変する「相同組換え」技術が必須であったが，ヒトES/iPS細胞を含む多くのヒト細胞では，この効率が非常に低いことが大きな問題であった．ここ数年のゲノム編集技術の急速な進展により，現在ではヒトiPS細胞でも遺伝子ノックアウト・遺伝子ノックインが比較的容易となり，これら in vitro でゲノム改変を受けた細胞を用いた医療への応用が期待されるようになった[9]．

一方で，実際にゲノム編集技術を利用した研究のなかで，臨床段階へと進んでいる症例がすでに複数存在している．ヒトにゲノム編集技術を応用した最初の臨床例は，Sangamo Biosciences社により2014年に報告された[10]．これは治療標的細胞を患者から一時的に取り出し，体外培養時に遺伝子操作を行い，その後患者の体内に戻して治療効果を期待する，生体外（ex vivo）ゲノム編集と呼ばれる方法である（図8.1b）．この研究グループは，HIV感染者12名から血液を採取し，その中からT細胞を単離した．単離したT細胞に人工ヌクレアーゼの一種であるZFNを発現させ，HIVが結合するT細胞表面受容体をコードするCCR5遺伝子を破壊した．CCR5遺伝子が破壊され，HIVが感染できなくなったT細胞を患者に自家移植することで，被験者の半数は症状が消え，抗レトロウイルス剤の服用が不要になった．さらに1名では血中でのHIVゲノム量が検出限界以下まで回復した．これら ex vivo ゲノム編集法は第2相試験まで進んでおり，ゲノム編集技術を用いた新規治療法「ゲノム編集治療」のさきがけとして成果が期待されている．

しかしながら ex vivo 法は，生体外で細胞培養が可能な細胞組織や細胞の入れ換えが可能な組織にしか適応できないため，現在では造血系細胞のみが標的となっている．このほかの組織に対しては，生体内（in vivo）で直接に標的細胞を処置したほうが合理的であると考えられてきたが，後述するさまざまな理由から，最近までは技術的に困難であった（図8.1c）．2017年末にようやく第1例目の臨床試験が開始され，今後注目を集める治療法となるだろう[11]．本章では，この生体内（in vivo）ゲノム編集技術に関して最新の研究成果を報告する．

8.2 ゲノム編集の基本原理

最新の生体内ゲノム編集技術を紹介するにあたって，まずはゲノム編集の基本原理を理解することが重要となるため，以下に解説する．

ゲノムDNAの二本鎖切断（double-strand break：DSB）は細胞にとって重篤な損傷であり，これを修復する機構として生物は先天的にDSB修復機構を備えている．この修復機構にはおもに二つの経路が存在する[12]．無傷な相同配列を鋳型として組換えを起こす相同組換え修復（homology-directed repair：HDR）と，相同配列に依存せず切断末端を直接に結合する非相同末端結合（non-homologous end joining：NHEJ）である．細胞がもつこれら二つのDSB修復機構をうまく利用することで，狙ったゲノム上の塩基配列を書き換える「ゲノム編集」が可能となる（図8.2）．具体的には，切断されたDNA末端を直接つなぎ合わせる際に数塩基の欠失や挿入などのエラーが起こりやすいNHEJ経路による修復を利用することで，切断部位にランダムな変異を導入することができる．この現象を利用し，標的遺伝子の破壊「遺伝子ノックアウト」が可能となる．一方で，切断部位の両側の配列に相同性をもつ外来DNA（ドナーDNA）を人為的に細胞核内に導入しておくと，HDR経路により誤ってゲノムに取り込まれるが，これを利用して標的配列を自由自在に改変する「遺伝子ノックイン」が可能となる．こ

■ 8章　生体内におけるゲノム編集 ■

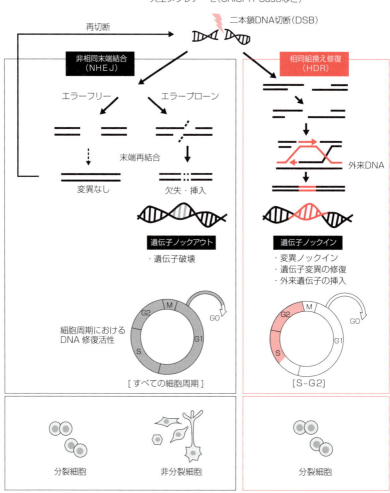

図 8.2　ゲノム編集技術の原理

染色体に二本鎖切断（DSB）が生じると，細胞はこれを修復する機構としておもに二つの DSB 修復経路，すなわち① 相同配列を必要とする相同組換え修復（HDR）と② 相同配列を必要としない非相同末端結合（NHEJ）をもつ．ゲノム編集技術はこれら DSB 修復機構を利用し，遺伝子ノックアウトや遺伝子ノックインといった標的配列の改変が可能となる．具体的には，すべての細胞周期で活性のある NHEJ がかかわることで，標的配列にランダムな欠失・挿入変異を導入し，遺伝子破壊が可能となる．一方，標的部位に相同配列をもつ外来 DNA を導入し，HDR がかかわることで，S-G2 期でのみ標的配列を任意の配列に自由に改変できる．このため，遺伝子ノックアウトは分裂細胞，非分裂細胞ともに可能であるが，遺伝子ノックインは分裂細胞のみで可能である．

れらの遺伝子改変を効率よく行うために，ゲノムの標的配列のみを特異的に切断し，DSB 修復を人為的に引き起こすタンパク質「人工ヌクレアーゼ」が開発されてきた．とくに CRISPR-Cas9 が開発された 2013 年以降は，さまざまな細胞種・生物種で容易にゲノムを編集することが可能となってきた[13]．

しかしながら，DSB 修復機構は細胞周期により厳密に制御されているため，細胞分裂をし続ける分裂細胞と分裂を止めた非分裂細胞では，ゲノム編集に用いられる DSB 修復機構が異なる．とくに，標的配列を任意の配列に改変できる HDR は細胞の分裂に伴って起こる DNA 修復機構であるため，自由度の高い遺伝子ノックインは分裂細

胞にしか用いることができない欠点があった．また ヒトなど高等真核生物では，NHEJに比べて HDR の活性が弱いため，ほとんどの細胞で遺伝子ノックイン効率が低いことも問題点であった．

8.3 動物モデルを用いた生体内ゲノム編集法による遺伝子修復治療

生体内の病変組織で直接にゲノム配列を操作できれば，病因変異を修復して疾病の原因を根本から取り除くことができるゲノム編集治療が可能となる．この生体内ゲノム編集技術を疾患モデルマウスに用いて治療効果を検討した最初の研究症例は，2011 年に K. A. High と M. C. Holmes のグループから報告された[14]．彼らは，肝臓に対して遺伝子導入効率の高い血清型（セロタイプ）8 をもつアデノ随伴ウイルス（AAV）ベクターに，相同配列をもつ遺伝子修復用のドナー DNA と ZFN を搭載した．作製した AAV を血友病モデルマウスに尾静脈注射することで，効率よく肝臓にドナー DNA と ZFN が運搬され，肝臓で HDR が起こり，病因変異が修復されて野生型のタンパク質の発現が回復したことが確認された．以後，同様に HDR を用いた生体内の遺伝子修復が複数のグループから報告されてきたが，標的となる組織・器官は肝臓など分裂が盛んな組織のみであった（表 8.1）[15-22]．

一方，神経や筋肉など身体を構成する多くの細胞は細胞分裂を止めた非分裂細胞であり，HDR 法による遺伝子変異の修復が困難であった．しかしながら F. Zhang のグループから，生体内の非分裂細胞でも NHEJ による遺伝子ノックアウト法が有効であることが報告された[23]．そこで，ある特定の遺伝子変異に限定的ではあるが，NHEJ を介した遺伝子ノックアウト法により変異を除去することで，非分裂細胞でも有効な遺伝子修復治療法となりうる例が報告された（表 8.1）[24-34]．遺伝子ノックアウトによる生体内遺伝子修復治療法

表8.1 生体内ゲノム編集技術を用いた遺伝子修復

疾患モデル	動物	遺伝子修復法	人工制限酵素	遺伝子導入法	おもな標的組織・器官	文献
血友病 B	マウス	HDR	ZFN	AAV	肝臓	14
高チロシン血症 I 型	マウス	HDR	CRISPR-Cas9	ハイドロダイナミック法	肝臓	15
SP-B	マウス	HDR	ZFN, TALEN	mRNA + AAV	肺	16
血友病 A, B	マウス	HDR	ZFN	AAV	肝臓	17
高チロシン血症 I 型	マウス	HDR	CRISPR-Cas9	ナノパーティクル + AAV	肝臓	18
オルニチントランスカルバミラーゼ欠損症	マウス	HDR	CRISPR-Cas9	AAV	肝臓	19
Ia 型グリコーゲン蓄積症	マウス	HDR	ZFN	AAV	肝臓	20
血友病 B	マウス	HDR	CRISPR-Cas9	アデノウイルスベクター	肝臓	21
血友病 B	マウス	HDR	CRISPR-Cas9	AAV	肝臓	22
デュシェンヌ型筋ジストロフィー	マウス	NHEJ による欠失	CRISPR-Cas9	AAV	筋肉，心筋	24
デュシェンヌ型筋ジストロフィー	マウス	NHEJ による欠失	CRISPR-Cas9	AAV	筋肉，心筋	25
デュシェンヌ型筋ジストロフィー	マウス	NHEJ による欠失	CRISPR-Cas9	AAV	筋肉，心筋	26
網膜色素変性症	ラット	NHEJ による遺伝子破壊	CRISPR-Cas9	エレクトロポレーション法	網膜	28
遺伝性難聴	マウス	NHEJ による遺伝子破壊	CRISPR-Cas9	リボ核タンパク質(RNP)複合体	内耳	29
デュシェンヌ型筋ジストロフィー	マウス	NHEJ による欠失	CRISPR-Cas9	アデノウイルスベクター	筋肉	30
高チロシン血症 I 型	マウス	NHEJ による遺伝子破壊	CRISPR-Cas9	ハイドロダイナミック法	肝臓	31
デュシェンヌ型筋ジストロフィー	マウス	NHEJ による欠失	CRISPR-Cas9	AAV	筋肉，心筋	32
栄養障害性表皮水疱症	マウス	NHEJ による欠失	CRISPR-Cas9	エレクトロポレーション法	皮膚	33
1A 型先天性筋ジストロフィー	マウス	NHEJ による欠失	CRISPR-Cas9	AAV	筋肉	34
網膜色素変性症	ラット	HITI	CRISPR-Cas9	AAV	網膜	35
高チロシン血症 I 型	マウス	PITCh	CRISPR-Cas9	ハイドロダイナミック法	肝臓	40

の最初の例として，デュシェンヌ型筋ジストロフィー（Duchenne muscular dystrophy：DMD）のモデルマウスでの治療が複数のグループから同時に報告された[24-26]．DMD は X 染色体にコードされる 79 個のエキソンからなるジストロフィン遺伝子の変異により正常なタンパク質が発現しないために引き起こされる進行性の筋萎縮症であり，根本的な治療法は存在しない．ジストロフィン遺伝子はヒトでは最大の遺伝子であり，複数の同じ機能領域が同一タンパク質上に存在するため，一部のアミノ酸が欠損しても部分的に機能をもつタンパク質を生産できる特性がある．このため，人工核酸を用いて特定のエキソンの転写をスキップさせることで，正常よりもやや短いジストロフィンの発現を誘導することができるエキソンスキッピング法と呼ばれる方法により，治療効果が得られることが従来より知られていた[27]．しかしながら，骨格筋への人工核酸の効果は持続性が低いことや，心筋への人工核酸の導入が難しいことなど，さまざまな問題点が存在していた．一方，ゲノム編集技術を用いることで，理論上は永続的にゲノム配列を改変できるため，長期間の治療効果が得られることが期待される．DMD モデルマウスである *mdx* マウスには，ジストロフィン遺伝子のエキソン 23 に自然発生したナンセンス変異による終止コドンが存在する．上記の研究グループらは AAV に Cas9 と二つの gRNA を搭載し，エキソン 23 の両側を切断することで，生体内でのエキソン 23 の除去に成功した．これにより全長は少し短いが，ほとんどの機能を維持したジストロフィンタンパク質が生産されるようになり，心筋や骨格筋で治療効果が観察された[24-26]．とくに A. J. Wagers のグループは骨格筋の幹細胞ともいえる筋サテライト細胞でのゲノム編集に成功したことから[26]，このゲノム編集技術による長期間の治療効果も期待される（詳細は 12 章を参照）．

また S. Wang のグループは，*Rho* 遺伝子上にある常染色体優性変異（S334ter）をヘテロ接合体でもつ網膜色素変性症ラットモデルを用いたゲノム編集治療を試みた[28]．常染色体優性変異は常染色体上に存在する一対の遺伝子の片方に異常があれば発症する変異であり，網膜色素変性症は網膜の視細胞が変性していく進行性の難病である．このグループは疾患原因変異のみを特異的に切断する gRNA をデザインし，出生直後の疾患モデルラットの網膜内に対して，Cas9 と gRNA を発現するプラスミド DNA をエレクトロポレーション法で導入した．これにより変異をもつ *Rho* 遺伝子のみが特異的に破壊される一方で，もう片方の染色体に存在する野生型の *Rho* 遺伝子の機能は阻害されず，無処理区に比べて視覚機能障害の治療効果が見られた．ごく最近では，同様のアプローチを用いて，常染色体優性変異をもつ遺伝性難聴モデルマウスでも治療効果が見られることが報告された[29]．

このほかにも，1A 型先天性筋ジストロフィーマウスモデルにおいて，スプライシング異常を引き起こすイントロン内の変異を NHEJ で除去することでゲノム編集治療に成功したことなど，さまざまな疾患モデルマウスで同様の結果が報告されている[30-34]．以上のように，標的変異の種類によっては，NHEJ を用いた遺伝子破壊法を応用することで非分裂細胞でもゲノム編集修復が可能となり，将来的な医療応用が期待される．

8.4　NHEJ を利用した HITI 法による生体内ゲノム編集法

上述したように，分裂可能な肝細胞などでは HDR を用いて変異遺伝子の修復に成功し，非分裂細胞からなる筋組織などでは，NHEJ を用いた標的遺伝子のノックアウト法を応用した方法で治療効果が得られる例が報告されてきた．しかしながら，HDR による遺伝子ノックインが困難な非

8.4 NHEJを利用したHITI法による生体内ゲノム編集法

分裂細胞では，上述したように治療標的となる変異は限られていた．生体内のほとんどの組織は非分裂状態にある細胞のため，生体内でのゲノム編集技術を応用できる疾患モデルは非常に限定的であった．

これに対し筆者らのグループは，非分裂細胞でも活性のあるNHEJを用いたノックイン技術に着目し，生体内非分裂細胞での遺伝子ノックインに世界で初めて成功した[35]．2013年，ZFNおよびTALENを用い，挿入したい外来DNA（ドナーDNA）とゲノムの標的部位を細胞内で同時に切断することで，切断され線状化されたドナーDNAが，切断されたゲノムの標的部位にNHEJ経路で挿入されることが培養細胞を用いて示された[36,37]．しかしながら，他技術との比較などの詳細な解析はされておらず，応用できる細胞種の検討も限定的であった．また，①NHEJによるDSBの修復は，切断DNA末端を結合する際に小さな挿入・欠失変異を伴う誤りがち（error-prone）な修復経路で行われると考えられていたため，遺伝子ノックインに伴う変異が多い，②NHEJを利用した遺伝子ノックイン技術では外来遺伝子の挿入方向を制御できず，50％の確率で誤った向きで外来遺伝子が挿入されてしまう，といった問題点があった．

これに対して筆者らは，まず初めに分裂する培養細胞（HEK293細胞）を用いて，既存のNHEJを利用した遺伝子ノックイン方法を改良した．具体的には，導入する遺伝子ベクターの遺伝子配列を工夫し，さらにCRISPR-Cas9システムと組み合わせることで，①標的部位に外来DNAが挿入される際に90％程度の接合末端が変異を伴わないこと，②逆方向の挿入を抑制する遺伝子配列を組み込むことで，外来遺伝子を目的の部位に正方向に挿入できるように設計し，一定方向の遺伝子挿入が可能となることに成功した（図8.3）．また，既存のHDRを用いた遺伝子ノックイン方法と比較検討した結果，筆者らが開発した方法はHDR法と比べて10倍程度の高い効率でゲノム上の標的部位へ遺伝子ノックインを行うことが可能であることを見出した．筆者らが開発した技術は，相同配列を必要としない標的部位特異的な遺伝子ノックイン技術であることから，HITI（homology-independent targeted integration）と名付けた[35]．

HITIを用いたノックイン技術のおもな特徴として，①HDR活性を必要としないこと，②ほとんどの細胞で活性の高いNHEJ経路を利用するため，高い遺伝子ノックイン効率を示すことが挙げられる．これらの利点を活かして，従来のHDR法では不可能であった非分裂細胞での遺伝子ノックインを試みたところ，非分裂細胞であるマウス胎児脳由来の神経細胞で目的の*Tubb3*遺伝子の下流に*GFP*遺伝子が挿入可能であることを確認した．さらに，当該技術を生体内に応用するため，生体内での遺伝子導入に優れたアデノ随伴ウイルス（AAV）ベクターを用いて，HITIシステムを細胞内に導入するHITI-AAVを作製し，これを成体マウスの脳へ局所注射することにより，細胞あたり3.5％の効率で*Tubb3*遺伝子下流のGFPノックインに成功した（図8.4a）．また，骨格筋でも同様に局所的な遺伝子ノックインに成功した．さらに，胎児期のマウスに静脈注射することにより，全身性の遺伝子ノックインにも成功した．とくに複数の臓器に対して感染効率の高いセロタイプ9のAAVを用いた場合には，そのなかでもとくに感染効率の高い心臓（3.4％），肝臓（4.2％），筋肉（10％）において高効率な遺伝子ノックインに成功した（図8.4b）．

次に，遺伝性疾患治療に対する有効性を示すために，遺伝性変異をもつ網膜色素変性症のラットモデルへの応用を試みた．ここで用いた網膜色素変性症モデルラット（RCSラット）は，ヒトでも疾患原因遺伝子の一つとして知られている*Mertk*遺伝子のイントロン1とエキソン2の一部が両ア

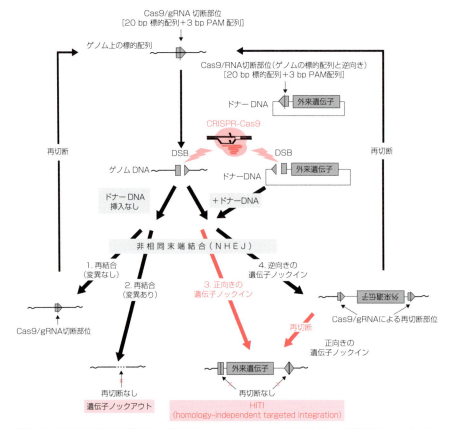

図 8.3　NHEJ 経路を利用した遺伝子ノックアウトと HITI 法による遺伝子ノックイン
挿入したい任意の遺伝子の隣に，ゲノム上の標的配列と同じ gRNA 認識配列（23 bp）を逆向きに挿入したドナー DNA を，細胞内に導入する．導入されたドナー DNA およびゲノム DNA 部位の標的部位が，CRISPR-Cas9 システム（Cas9/gRNA 複合体）によって細胞内で同時に切断されることで，ゲノム標的部位と外来 DNA がともに DNA 損傷として認識される．非相同末端結合（NHEJ）機構が切断断片を結合する際に，ドナー DNA の挿入を伴わずゲノムの切断末端同士で修復される場合，① 変異なしの再結合，② 変異ありの再結合（遺伝子ノックアウト）のいずれかが起こる．また，ドナー DNA の挿入を伴いゲノムの切断末端が修復される場合は，ドナー DNA の向きにより，③ 正向きの遺伝子ノックイン（HITI），④ 逆向きの遺伝子ノックインのいずれかが起こる．①と④は Cas9/gRNA 複合体により切断配列が再出現するため，最初のステップに戻る．結果的に②の遺伝子ノックアウトもしくは③の HITI が効率よく起こる．

リルで欠損している[38]．筆者らは，エキソン2を欠損領域の直前に挿入できる HITI-AAV を作製し，生後3週齢の RCS ラットの網膜下に直接投与して，4-5 週後に解析した．その結果，Mertk 遺伝子の発現量は正常ラットの 4.5% まで回復し，視覚障害の部分的な回復が見られた．これらの結果から，HITI 法が難治性遺伝病に対する新しい遺伝子治療法となる可能性が示唆された[35]．

8.5　その他の原理を用いた生体内ゲノム編集法

ごく最近になって，上述した HDR，HITI 法以外の遺伝子ノックイン法を用いて生体内のゲノム編集に成功した例が報告された（図 8.5）．2014 年，広島大学のグループにより HDR，NHEJ に次ぐ第三の DSB 修復経路経路である MMEJ（microhomology-mediated end joining）を利用した遺伝

■ 8.5 その他の原理を用いた生体内ゲノム編集法 ■

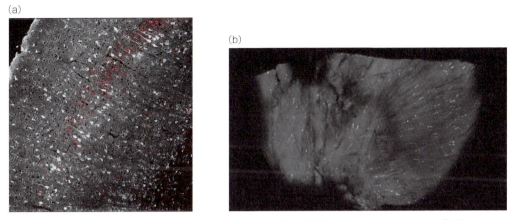

図 8.4 HITI 法によるマウスの生体内ゲノム編集（巻頭の Colored Illustration 参照）
（a）局所的にゲノム編集した成体マウスの脳の一部の染色写真．神経特異的に発現する *Tubb3* 遺伝子の下流に蛍光タンパク質 GFP（緑）を HITI-AAV でノックインした．緑がノックインに成功した神経細胞を示している．赤は HITI-AAV 感染細胞．（b）全身性ゲノム編集を行ったマウスの心臓の一部の 3D 染色写真．緑がノックインに成功した心筋細胞の核を示している．

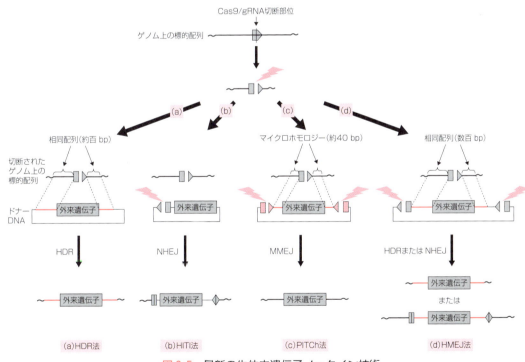

図 8.5 最新の生体内遺伝子ノックイン技術
（a）相同組換え修復（HDR）を利用した遺伝子ノックイン方法．（b）非相同末端結合（NHEJ）を用いた非分裂細胞にも有効な HITI 法．（c）40 bp 以下のマイクロホモロジーを利用した MMEJ 機構を介した遺伝子ノックイン法である PITCh 法．（d）HITI 用ドナーの両側に相同配列を付加し，HDR と NHEJ のどちらかの経路を介した遺伝子ノックイン法である HMEJ 法．

子ノックイン方法（precise integration into target chromosome：PITCh）法が開発されたが[39]，2017年に入りこの方法を用いた生体内への応用例が報告され，高チロシン血症I型モデルマウスの遺伝子修復に成功した[40]．PITCh法は，HITI用ドナーの両側に数十bp程度の短い相同配列をもたせることで，MMEJを利用した正確な遺伝子ノックインを可能とする方法であるが，この相同配列を数百bp程度の長い相同配列にすることで，HDRとNHEJのどちらの経路を使っても遺伝子ノックインされるHMEJ（homology-mediated end joining）法も開発され，この方法によるマウス生体内への応用も報告された[41]．HDR，HITI法を含むこれら四つの遺伝子ノックイン技術は，異なったDSB修復系を利用してゲノム編集を行う特性をもち，ドナーDNAの構造を一部改変するだけで目的の遺伝子ノックイン方法を選択できる．生体内の各組織はそれぞれ異なったDSB修復活性をもつと予想されており，今後それぞれの組織のDSB修復活性を明らかにすることで，各組織に対して最適な遺伝子ノックイン方法を選択することが可能となる．これにより生体内での遺伝子ノックインや遺伝子修復がより簡便かつ高効率となることが期待される．

8.6 Cas9マウスの開発

生体内ゲノム編集技術の改良や，将来的なゲノム編集治療技術を開発するうえで，現時点ではCRISPR-Cas9システムを成体マウスに応用する方法が最も一般的である．このシステムはCas9とgRNA（遺伝子ノックインのときにはさらにドナーDNA）を同時に生体内に導入する必要があるが，Cas9はサイズが大きいため，生体内への高効率な導入は非常に困難である．一方，F. Zhangのグループから Cas9遺伝子を *ROSA26* 遺伝子座にノックインし，Cre依存的もしくは恒常的にCas9を発現するCas9ノックインマウスが作製され，The Jackson Laboratoryより有償で配布されている[42]．このマウスを利用することでCas9を外部より導入する必要がなくなり，gRNAやドナーDNAのみ導入することで，マウス生体内でより簡便に遺伝子ノックアウトや遺伝子ノックインを行うことが可能となった．実際にこのグループは，gRNAのみを発現するAAVを脳内にインジェクションすることで，脳組織特異的な遺伝子ノックアウトに成功した．また，気管内注入法により肺でがん抑制遺伝子をノックアウト，もしくはがん患者に多く見られる $Kras^{G12D}$ 変異をHDR法でノックインし，腫瘍モデルマウスの作製に成功している．新規生体内ゲノム編集技術の開発など，今後マウスを用いたさまざまな研究に利用される可能性を秘めたマウスモデルである．

8.7 おわりに

このように，ゲノム編集技術の急速な発展に伴い，動物モデルを用いた生体内でのゲノム編集技術の応用例が多数報告され始めた．しかしながら，①ほとんどの生体内組織・器官に対しては，CRISPR-Cas9などゲノム編集ツールの高効率な遺伝子デリバリー方法が確立していないこと，②ゲノムの標的配列以外の配列を非特異的に切断・改変してしまう現象をオフターゲット効果と呼ぶが，生体内ゲノム編集技術に対するオフターゲット効果はあまり解析されていないことが挙げられ，安全性や効率の観点からも，実際に生体内ゲノム編集技術をヒトのゲノム編集治療へ応用するには，まだ超えなければならない関門がいくつも存在する．とくにCRISPR-Cas9はオフターゲット効果が比較的高いことが知られており，臨床に応用するためにはより特異性の高いCasタンパク質やgRNAのデザイン法が求められる．実際にそのような改変型ヌクレアーゼやgRNA

のデザイン法は複数報告されており[43-46]，このような常に更新される最新技術を取り入れながら生体内ゲノム編集技術の開発が進むことで，近い将来，ゲノム編集治療法が安全な治療法として医療応用されることを切望している．

(鈴木啓一郎)

文　献

1) Y. G. Kim, J. Cha, S. Chandrasegaran, *Proc. Natl. Acad. Sci. USA*, **93**, 1156 (1996).
2) J. C. Miller et al., *Nat. Biotechnol.*, **29**, 143 (2011).
3) M. Jinek et al., *Science*, **337**, 816 (2012).
4) L. Cong et al., *Science*, **339**, 819 (2013).
5) P. Mali et al., *Science*, **339**, 823 (2013).
6) F. Rouhani et al., *PLOS Genet.*, **10**, e1004432 (2014).
7) J. K. Pickrell et al., *Nature*, **464**, 768 (2010).
8) S. B. Montgomery et al., *Nature*, **464**, 773 (2010).
9) A. Hotta, S. Yamanaka, *Annu. Rev. Genet.*, **49**, 47 (2015).
10) P. Tebas et al., *N. Engl. J. Med.*, **370**, 901 (2014).
11) News, *Nat. Biotechnol.*, **36**(5), (2018).
12) I. Brandsma, D. C. v. Gent, *Genome Integr.*, **3**, 9 (2012).
13) T. Gaj, C. A. Gersbach, C. F. Barbas Ⅲ, *Trends Biotechnol.*, **32**, 397 (2013).
14) H. Li et al., *Nature*, **475**, 217 (2011).
15) H. Yin et al., *Nat. Biotechnol.*, **32**, 551 (2014).
16) A. J. Mahiny et al., *Nat. Biotechnol.*, **33**, 584 (2015).
17) R. Sharma et al., *Blood*, **126**, 1777 (2015).
18) H. Yin et al., *Nat. Biotechnol.*, **34**, 328 (2016).
19) Y. Yang et al., *Nat. Biotechnol.*, **34**, 334 (2016).
20) D. J. Landau et al., *Mol. Ther.*, **24**, 697 (2016).
21) Y. Guan et al., *EMBO Mol. Med.*, **8**, 477 (2016).
22) T. Ohmori et al., *Sci. Rep.*, **7**, 4159 (2017).
23) L. Swiech et al., *Nat. Biotechnol.*, **33**, 102 (2015).
24) C. Long et al., *Science*, **351**, 400 (2016).
25) C. E. Nelson et al., *Science*, **351**, 403 (2016).
26) M. Tabebordbar et al., *Science*, **351**, 407 (2016).
27) A. Nakamura, *J. Hum. Genet.*, **62**, 871 (2017).
28) B. Bakondi et al., *Mol. Ther.*, **24**, 556 (2016).
29) G. Xue et al., *Nature*, **553**, 217 (2018).
30) L. Xu et al., *Mol. Ther.*, **24**, 564 (2016).
31) F. P. Pankowicz et al., *Nat. Commun.*, **7**, 12642 (2016).
32) M. E. Refaey et al., *Circ. Res.*, **121**, 923 (2017).
33) W. Wu et al., *Proc. Natl. Acad. Sci. USA*, **114**, 1660 (2017).
34) D. U. Kemaladewi et al., *Nat. Med.*, **23**, 984 (2017).
35) K. Suzuki et al., *Nature*, **540**, 144 (2016).
36) M. Maresca et al., *Genome Res.*, **23**, 539 (2013).
37) S. Cristea et al., *Biotechnol. Bioeng.*, **110**, 871 (2013).
38) P. M. D'Cruz et al., *Hum. Mol. Genet.*, **9**, 645 (2000).
39) S. Nakade et al., *Nat. Commun.*, **5**, 5560 (2014).
40) X. Yao et al., *EBioMedicine*, **20**, 19 (2017).
41) X. Yao et al., *Cell Res.*, **27**, 801 (2017).
42) R. J. Platt et al., *Cell*, **159**, 440 (2014).
43) B. P. Kleinstiver et al., *Nature*, **529**, 490 (2016).
44) I. M. Slaymaker et al., *Science*, **351**, 84 (2016).
45) Y. Fu et al., *Nat. Biotechnol.*, **32**, 279 (2014).
46) S. W. Cho et al., *Genome Res.*, **24**, 132 (2014).

☑ Genome Editing for Clinical Application

Ⅱ

疾患モデル動物

9 章　疾患モデルマウス，ラット

10 章　ゲノム編集による単一遺伝子
　　　　疾患モデルブタの開発

11 章　ゲノム編集による疾患モデル
　　　　マーモセット

© Matthijs Kuijpers | Dreamstime.com

Part II 疾患モデル動物

疾患モデルマウス，ラット

Summary

　昨今のゲノム編集技術の発展に伴い，ヒト疾患モデルとして世界中で利用されているマウスやラットでの遺伝子改変が簡便になった．とくに，標的配列を破壊するノックアウトに加えて，任意の配列に置換するノックインが容易になったことで，新たな遺伝子機能解析モデルやヒト疾患モデルが開発されている．なかでも宿主のゲノムをヒト特異的配列に置き換えたゲノムヒト化動物は，生物種差を克服し，ヒト体内での反応やヒト疾患などをより正確に評価するための有用なツールになると期待される．本章では，マウス，ラットにおける遺伝子改変技術の変遷に加え，ゲノム編集技術を用いた遺伝子改変動物の作製法について紹介する．また，筆者らが開発してきた効率的なノックイン法を例に，ゲノム編集技術の発展と今後の展望，ヒト化動物への応用について議論する．

9.1 はじめに

　ヒトの病気について，その原因や有効な治療法，治療薬の有効性や安全性を確かめる際には，実験動物を用いて検証が行われる．ヒトでの実験は倫理的に難しく，遺伝的背景や体型，生活習慣が異なるなど，科学的にも対象になりにくい．実験動物は，遺伝的背景や環境要因などの均一な条件で薬物代謝や特定のタンパク質の機能などを解析でき，ヒトと共有する生命現象を研究することができる．適切な動物と実験方法を選択すれば，効率的かつ効果的に実験データを得ることができる．

　実験モデル動物として，たとえば，ショウジョウバエは成長が速く大量に飼育でき，突然変異体が多いなどの利点がある．ほかにも，細胞系譜が完全に解明されている線虫，卵細胞が大きく採卵が容易なアフリカツメガエル，脊椎動物として多産で世代時間が短いゼブラフィッシュなどが利用されている．マウスやラットは，約2万数千の遺伝子数で，哺乳類として体の構造や臓器の機能，発現するタンパク質など，ヒトと類似する部分が多い．そのため医学薬学領域においては，よく実験に用いられる．

　平成28年度の実験動物使用数は，3年前と比較してマウスが19.1％，ラットが26.3％減少している（公益社団法人日本実験動物協会の年間販売数調査より，http://www.nichidokyo.or.jp/index.html）．これは，W. M. S. Russell と R. L. Burch が提唱した3Rs（Replacement, Reduction, Refinement）[1]の概念に基づく効率的な試験が推奨されているためともいえる．一方で，ヒト疾患の原因遺伝子を人為的に改変した遺伝子改変マウスの使用数は8.9％増加しており，病態を模倣した疾患モデルにかかる期待は高まっているのが現状である．これまでもこれからも，疾患モデル動物は基礎研究のみならず，創薬や前臨床試験に欠かせない要素として活躍し続けるだろう．

9.2 疾患モデル

9.2.1 疾患モデル動物の開発方法

人為的な実験処置により得られる実験的病態発症モデルは，病理学，生理学，感染症や毒性評価などの研究に用いられてきた（図9.1）．1915年に山極勝三郎と市川厚一により報告されたコールタール塗布による人工発がんモデルは，その代表例である[2]．一方，飼育している実験動物コロニーの中に，突然変異体（ミュータント）として偶然発見された自然発症モデルも，これまで多数樹立されている．そのほか，特定の疾患病態を示す個体を選択的に交配して系統化された疾患モデル，たとえば高血圧発症モデルや糖尿病モデル，てんかんモデルなども開発された．マウスではこれまで1000以上の系統が樹立されている（International Mouse Strain Resource, http://www.findmice.org）．

ゲノムDNAのランダムな場所へ人為的に変異を導入する方法はミュータジェネシスという．エチルメタンスルホン酸（ethyl methane sulfonate：EMS）やエチルニトロソウレア（*N*-ethyl-*N*-nitrosourea：ENU）といった化学変異原を用いて人工的に遺伝子変異を起こすことで，病態を発現した動物が作出できる．ほかにも，X線照射によりDNA二本鎖切断（double-strand break：DSB）を起こすことで遺伝子の機能喪失，染色体転座，大規模欠失を生じさせる突然変異誘発モデルも存在する．いずれの場合も変異導入箇所を制御できない点が問題となるが，スクリーニング系として新たな疾患モデル動物を探索する場合には，非常に有効な手段となる[3, 4]．

9.2.2 トランスジェニック動物

本来その生物がもち合わせていない遺伝子を新たに導入した動物をトランスジェニック（TG）動物という．核内に導入されたトランスジーンは，ゲノム上へランダムに組み込まれる．1980年，ヘルペスウイルスのチミジンキナーゼ遺伝子をプラスミドに組み込み，マウス受精卵の前核にマイクロインジェクションすることで，世界初のTGマウスが作製された．このトランスジーンは細胞分裂に伴い全身の細胞に分布し，メンデルの法則に従って次世代へ受け継がれることが確かめられている[5]．また，1982年に報告されたラット成長ホルモン遺伝子を導入したTGマウスは，成長ホルモンを通常の800倍産生し，2倍の速度で成長することから，スーパーマウスと名付けられた[6]．

このように特定の遺伝子をトランスジーンとして組み込めば，その影響を個体レベルで調べることができる．これらTG技術は，マウスだけでなく，ラット，ウサギ，ブタ，ウシ，サルなどの実験動物にも利用されている．ただ，解析したい遺伝子をランダムに組み込むことはできるが，ゲノムに内在する遺伝子の機能を喪失させることはできない．遺伝子がmRNAを経てタンパク質に翻訳される原理を利用して，mRNAと相補鎖を形成するようなトランスジーンを設計することで，狙った遺伝子の発現量を減らす方法も考案されている[7]．

9.2.3 胚性幹細胞

1980年代から90年代にかけてマウスの胚性幹

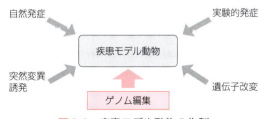

図9.1 疾患モデル動物の作製

疾患モデル動物には自然発症モデル，人為的処置を施して得られる実験的発症モデル，突然変異誘発モデル，そしてES細胞などにより作製される遺伝子改変モデルが存在する．ゲノム編集技術が登場したことで，より短期間で効率的に疾患モデル動物を作製することが可能になった．

細胞（embryonic stem cell：ESC）株が樹立され，ミュータントやTGではできなかったマウス個体の遺伝子機能を直接破壊（ノックアウト）することが可能となった．

1981年，M. Evansらはマウス胚盤胞期胚の内部細胞塊からESCを樹立した[8]．さらにO. SmithiesとM. R. Capecchiらは，目的の相同組換えが起こったESCだけを選抜し，効率よく遺伝子組換えマウスを作出する技術を開発した[9]．同じ原理で，特定の場所に外来遺伝子を組み込むノックインも可能である．このようにES細胞を用いることでマウスのゲノムDNAを自由自在に書き換えることが可能となり，Evans, Smithies, Capecchiは2007年にノーベル生理学・医学賞を受賞している．

世界18研究機関が参加する国際マウス表現型解析コンソーシアム（IMPC, http://www.mousephenotype.org/）では，2021年までに2万数千あるマウス全遺伝子の網羅的ノックアウトと表現型解析の完了を目指している．IMPCはESCを用いた方法で，さらにCRISPR登場後はCRISPR技術を利用して，たくさんのノックアウトマウスを作製しており[10,11]，世界中の研究者は目的に合った遺伝子改変マウスを使うことができる．

これまで述べたように，順遺伝学的な方法として，自然発症モデルや突然変異誘発モデルなどの疾患病態解析，原因遺伝子の同定が行われてきた．逆遺伝学的な方法としては，トランスジーンを組み込んだTG動物，さらにはノックアウトマウスやノックインマウスから病態解析研究が行われている．また，ある時期だけ，ある組織だけでノックアウトするコンディショナルノックアウトマウスも登場し，病因遺伝子の機能を個体レベルで解析するための不可欠なツールになっている．一方で，マウス以外の実験動物においてはESCの確立が進まなかったため，遺伝子改変技術を適用するのは困難であった．そのような状況のなかでゲノム編集技術が登場してきた．

9.3 ゲノム編集技術による遺伝子改変

9.3.1 ZFN

人工ヌクレアーゼであるジンクフィンガーヌクレアーゼ（zink-finger nuclease：ZFN）は1996年に発表された[12]．二本鎖DNAに結合する，発現制御タンパク質の一部として知られていたジンクフィンガードメインと，そのC末端側に海洋性細菌由来の制限酵素である*Fok*Iのヌクレアーゼドメインを連結してつくられた．ジンクフィンガードメインは，約30アミノ酸残基の指のようなループ状構造をとること，その基底部に亜鉛イオンを保有することから命名されている．ジンクフィンガードメイン一つが特定の3塩基を認識するため，64種類のジンクフィンガードメインを組み合わせれば，理論的にはゲノム上のあらゆる配列を特異的に認識できる．

通常，DSBが起こると損傷DNA修復酵素が元通りに修復するが，これを非相同末端結合修復（non-homologous end joining：NHEJ）という．そのNHEJ過程で数〜数百塩基の欠失あるいは挿入変異が導入されることがある．このようにして導入された挿入-欠失変異（インデル変異）はフレームシフトやスプライシング異常を導き，遺伝子の発現あるいは構造を完全に破壊，つまりノックアウトすることになる．あるいは切断が生じたとき，切断点の近傍に相同な配列をもったDNA鎖が共存すれば，相同組換え（homologous recombination：HR）が生じるため，これを利用したノックインも可能である．この原理はZFNに限らず，後に述べるTALENやCRISPR-Cas9でも同様である．

ここで，ZFNを利用して標的遺伝子のノックアウトマウスを作製する方法を示す（図9.2）．初

9.3 ゲノム編集技術による遺伝子改変

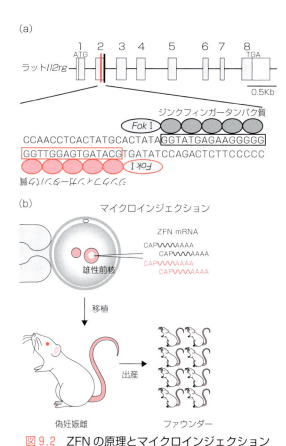

図 9.2 ZFN の原理とマイクロインジェクション
（a）1 ユニットあたり 3 塩基を特異的に認識するジンクフィンガードメインは，数珠状に連結した一連の機能タンパク質として設計される．ターゲットごとに，この部分を再設計する．*Fok* I ヌクレアーゼドメインは一本鎖を切断するので，ジンクフィンガー-*Fok* I 融合タンパク質をセンス鎖，アンチセンス鎖の両側に設計する．（b）ZFN mRNA を顕微鏡下で受精卵の雄性前核に注入（マイクロインジェクション）する．注入後の受精卵は偽妊娠雌の卵管に移植される．TALEN や CRISPR-Cas9 を用いたゲノム編集動物も同じ方法で作製できる．エレクトロポレーションを用いる方法，mRNA の代わりにタンパク質を注入する方法などもある．

めに，標的遺伝子の DNA 配列を認識するよう設計した ZFN を準備する．ZFN はヘテロダイマーとして機能するため，DNA 切断領域をはさむ二つの ZFN をコードするプラスミドが必要となる．プラスミドから mRNA を精製し，あらかじめ準備した前核期受精卵の雄性前核へ顕微注入（マイクロインジェクション）する．この胚を翌日，偽妊娠誘起した雌の卵管内に移植して出産させる．

この実験手技は，mRNA を利用する以外は従来の TG 動物を作製する方法と同じため，疾患モデル動物の作製に簡単に利用できた．

X 連鎖重症複合免疫不全症（X-SCID）は免疫不全症の約半数を占める疾患で，およそ 10 万人に 1 人，男児にのみ発症する．原因遺伝子は複数のインターロイキンシグナル伝達に不可欠な *Il2rg* で，この遺伝子をノックアウトした X-SCID マウスは創薬研究や異種移植実験に広く用いられている．筆者らは 2010 年，ZFN によりラットで初めての X-SCID モデルを作製した．このラットは生まれながらほとんど胸腺がなく，T 細胞や NK 細胞をもたず，ヒトがん細胞株は移植後に生着し，*Il2rg* 遺伝子ノックアウトが成功していることが示された[13]．さらに重症複合免疫不全症（SCID）の原因遺伝子である *Prkdc* ノックアウトラット，*Prkdc* と *Il2rg* のダブルノックアウトラットの作製にも成功しており[14]，これらも異種移植レシピエントとして機能することを確かめた．

これまでの筆者らの結果，および他グループのマウスやラットでの結果から，ZFN を注入して得た第 1 世代（ファウンダー）産仔のうち約 20-30% の個体でインデル変異によるノックアウトが確認された．さらに効率はノックアウトよりも低いものの，標的とする一塩基を改変した一塩基多型（SNP）モデルや，GFP 遺伝子カセットを DNA 配列特異的に挿入したノックインマウス，ラットも相次いで報告されている[15]．これは ES 細胞での相同組換え率が 10 万分の 1 程度であることを考えれば，驚異的な効率である．

しかしながら，ZFN プラスミドを研究者自身で作製することが難しく，標的 DNA 配列によっては ZF ドメインが干渉するなどの制限もあった．また，特定の企業が ZFN の重要な特許権を保有していたことから，必ずしも簡便なツールとはいえない面もあった．

9.3.2 TALEN

ZFNは，ゲノム上の任意の場所にアクセスする方法があれば，効率よく受精卵でゲノム編集ができることを示した．2009年に新規のDNA結合ドメインとして植物病原菌キサントモナス属がもつTALEs（transcription activator-like effectors）が発見されると，翌2010年にこれと先述のFok Iヌクレアーゼを組み合わせたTALEN（transcription activator-like effector nuclease）が報告された[16]．ZFNはジンクフィンガードメイン一つあたり3塩基を認識したのに対し，TALEsは1：1で塩基を認識し，また前後のTALEsによる影響を受けない．つまりA，T，G，Cの4種類の塩基に対応したTALEsを自由に組み合わせることで比較的簡単に作製できる．2013年からTALENによりつくられたノックアウトマウス，ラットが次々と報告された[17]．

筆者らは，広島大学山本卓教授らとの共同研究により，TALENを用いてチロシナーゼ（*Tyr*）遺伝子ノックアウトラットを作製した．*Tyr*遺伝子はメラニン色素の合成にかかわる遺伝子で，動物ではその遺伝子が変異あるいは欠損すると体毛や皮膚が白くなる色素欠乏症，いわゆるアルビノになる．ZFNと同様に二つのプラスミドから作製したTALEN mRNAをラット受精卵にマイクロインジェクションし，*Tyr*遺伝子ノックアウトラットを効率よく作製することに成功した．さらに作製効率を上げるため，筆者らはエキソヌクレアーゼ*Exo1*を受精卵に共導入した．エキソヌクレアーゼは，DNA配列の外側から，すなわち核酸の5′末端または3′末端から分解する酵素である．ラット受精卵にTALENと*Exo1*のmRNAをマイクロインジェクションすると，TALEN単独の場合（5.6％）と比べ変異導入率が大幅に上昇（28.6％）し，この方法によって効率的に*Tyr*遺伝子ノックアウトラット（アルビノラット）を作出することに成功した[18]．一方，山本らが開発したPlatinum TALENを用いることで，単独でも高効率なノックアウトマウス，ラットの作製が可能になるなど[19]，比較的簡便で高効率なTALENが広く普及した．

9.3.3 CRISPR-Cas9

CRISPR（clustered regularly interspaced short palindromic repeats）は，原核生物で見られるリピート配列とスペーサー配列の繰返しによって構成されたゲノム領域のことである．石野良純らによって大腸菌から発見された規則正しい繰返し配列が，現在CRISPRと呼ばれる配列の最初の報告であった[20]．Cas（CRISPR-associated gene）はCRISPR配列の近傍にコードされていて，翻訳されたタンパク質にはヌクレアーゼ活性があり，Cas9はそのうちの一種である．Casは外来のDNAを見つけると，切断してCRISPR配列へ組み込む．後年，これらは原核生物のウイルスに対する獲得免疫機構として働くことが示された[21]．

2012年にE. Charpentierらは，標的DNA配列と相補的なRNAと化膿レンサ球菌（*Streptococcus pyogene*）由来のCas9（SpCas9）とを使って，標的の配列にDSBを起こせることを報告した[22]．人工的に合成された一本鎖のガイドRNA（gRNA）が標的配列を認識し，Cas9を誘導してDSBを導入する．ZFNやTALENはDNA結合ドメインとヌクレアーゼドメインが別々になっており，標的ごとに作製する必要があったが，CRISPRではCas9を標的ごとに設計する必要はなく，標的DNA配列に相補的なgRNAさえ合成すれば，すぐに実験ができる非常に簡便なツールである．異なる標的を認識する複数のgRNAとCas9を同時に導入することで，多重遺伝子をノックアウトすることもできる．特定の配列を認識するgRNA発現プラスミドは，短期間で低コストかつ簡単に作製できるうえ，RNA合成サービスなどを活用すればgRNA発現プラスミドから転写する必要

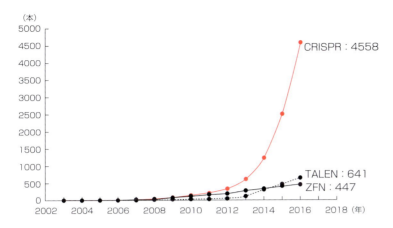

図9.3 累計論文数の比較
生物医学文献データベース PubMed で，文献数を 2003 年から 2016 年まで累計比較した．Charpentier, Doudna らが CRISPR–Cas9 による DNA 二本鎖切断を報告して以降，急激に研究報告が進んでいる．CRISPR–Cas9 を使った真核生物でのゲノム編集が報告された 2013 年以降，TALEN に関する報告も漸増している．

もない．同様に Cas9 タンパク質も購入できる．CRISPR–Cas9 の特筆すべき長所は，まさにこの簡便さと高い切断効率である．

疾患モデル動物の作製に ES 細胞を使うと 1 年以上の期間が必要だったが，CRISPR-Cas9 を使えば 1-2 カ月で作製できるようになった．たとえば創薬分野では，薬剤開発段階で継続するかどうかを判断するタイミングが非常に重要であるが，疾患モデル動物の作製が早まれば新薬開発のサイクルが円滑となる[23]．CRISPR-Cas9 が哺乳類の細胞でゲノム編集できると報告された 2013 年には，すぐに多重ノックアウトマウス[24]，コンディショナルノックアウトマウス[25]の作製が相次いで報告され，疾患モデル作製への期待が高いことが示された（図9.3）．

筆者らも CRISPR-Cas9 を用いてノックアウトラットを作製するために，毛色遺伝子である *Tyr* 遺伝子を標的として gRNA を設計し，Cas9 mRNA とともに受精卵へ導入した．その結果，*Tyr* 遺伝子がノックアウトされたアルビノラットの作製に成功した（図9.4）．ここで得られた変異は，すべて子孫へ安定的に伝達されることも確認できた[26]．ノックインを行う準備も簡単で，gRNA と Cas9 mRNA に加えて，標的領域と相同配列をもつドナー DNA を同時にマイクロインジェクションすればよい．ドナー DNA としては，一本鎖オリゴ DNA（single strand oligoDNA：ssODN）やプラスミド DNA が用いられる．

アルビノラット F344 系統は，*Tyr* 遺伝子に一塩基変異があることがわかっている．この変異を修復する目的で，変異のない野生型配列を両側 40 塩基程度の相同配列ではさんだ ssODN を設計し，gRNA，Cas9 mRNA とともに F344 受精卵へマイクロインジェクションした．その結果，標的配列の切断，修復の過程で相同組換えが起こり，野生型配列をノックインすることに成功した[26]．次に，より長い配列のノックインを実現するために，長鎖一本鎖 DNA（long single-stranded DNA：lssDNA）の精製法を開発した．実際，この lssDNA を修復ドナーとして使うことで，10％以上の高効率でラット *Thy1* 遺伝子座へ GFP 配列をノックインすることができた[27]．

ゲノムにヒト遺伝子を保持したヒト化動物は，これまでヒト遺伝子をランダムに組み込んだトランスジェニックで作製されている．この場合，組み込まれたコピー数が個体ごとに異なり，生理的な遺伝子発現が観察できないことがある．筆者らはラットの *Sirpa* 遺伝子をノックアウトしつつ，ヒト *SIRPA* 遺伝子をノックインすることで，完全な *Sirpa* 遺伝子のヒト化を試みた．ここで用いたノックインドナーは，200 kbp のヒトゲノムを搭載した細菌人工染色体（BAC）である．2 ヒ

■ 9章　疾患モデルマウス，ラット ■

(a)

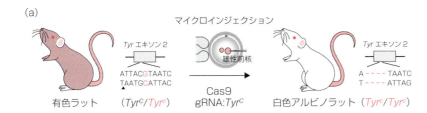

(b)

図9.4　CRISPR-Cas9によるノックアウト作製
（巻頭のColored Illustration参照）

（a）チロシナーゼ（*Tyr*）遺伝子のノックアウト（KO）は，産仔の毛色からゲノム編集の成否を判断できる．有色ラット（*Tyr^c/Tyr^c*）と白色アルビノラット（*Tyr^c/Tyr^c*）を交配して得た受精卵（*Tyr^c/Tyr^c*）は，*Tyr^c* が優性形質であるため有色の仔になるが，KOが成功すればアルビノの仔が生まれる．（b）（*Tyr^c/Tyr^c*）の受精卵に *Tyr^c* を標的としたgRNAとCas9 mRNAをマイクロインジェクションした結果，*Tyr* がKOされたアルビノラットが生まれた．有色毛と白色毛が斑になっているのはモザイク動物（後述）である．K. Yoshimi et al., *Nat. Commun.*, **5**, 4240 (2014) より．

ト2オリゴ法（2H2OP）と呼ばれる方法は，ラット受精卵に，Cas9 mRNA，ゲノム上のラット *Sirpa* 遺伝子を切断するためのgRNA，BAC上の1カ所を切断するためのgRNA，そしてゲノム配列とBACをつなぐために二つのssODNをインジェクションする．この受精卵を移植し得られた15匹の産仔のうち，1匹で200 kbpのBACノックインを確認できた[27]．これほど大きな

DNA配列を特定の場所へノックインできたのは，世界でも初めてのことである（図9.5）．

9.4 ゲノム編集動物作製の課題

9.4.1 オフターゲット

ゲノム編集を利用するうえで最も懸念されることの一つが，標的配列以外の領域に変異を導入し

図9.5　大きなサイズのゲノムDNAのノックインを可能にする2H2OP法

ラット *Sirpa* をノックアウトしつつ，ヒト *SIRPA* をノックインすることで，遺伝子ヒト化を試みた．ラットゲノム上の *Sirpa* エキソン2を標的としたgRNA，ヒト *SIRPA* を含むBACベクターのPIScel配列を標的としたgRNA，ラット *Sirpa* 配列とBACベクター配列をまたぐ形に設計された一本鎖オリゴDNA（ssODN），Cas9 mRNA，BACベクターをすべて受精卵にインジェクションする．この際gRNAはハサミとして，2本のssODNは糊として機能し，ラット *Sirpa* 座位へヒト *SIRPA* を含むBACベクター（200 kbp）がノックインされた．

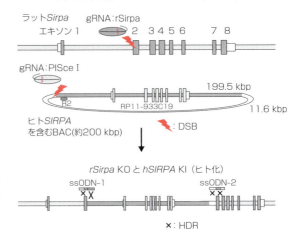

96

■ 9.4 ゲノム編集動物作製の課題 ■

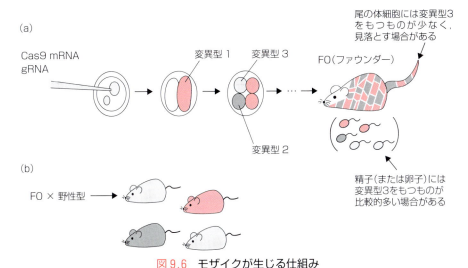

図 9.6　モザイクが生じる仕組み
（a）受精卵の雄性前核にCas9 mRNAやCas9タンパク質, gRNAを注入する. 1細胞期にゲノム編集が完了すればモザイクは生じないが, 図のように2細胞期胚に変異型1が生じ, 4細胞期胚にそれぞれの割球で変異型2, 3が生じたとすると, F0動物では全身で各変異型の細胞がモザイク状に混在することになる.（b）得られたF0を野生型と交配して得た産仔では, F0の遺伝子型解析を行ったときに見逃していた変異型（ここでは変異型3）をもつF1動物が生まれることがある. このため, ゲノム編集動物を作製した後にF1動物の遺伝子型の解析が必要である.

てしまう, いわゆるオフターゲット変異である. 実際, Cas9が認識する3塩基のPAM配列に加え, 3′末端側12塩基が一致しているオフターゲット配列は, 非特異的切断を受けやすいと報告されている[28]. また, 非翻訳領域などに多く存在するGCリッチ, ATリッチ配列などもオフターゲットの影響を受けやすいといわれている[29]. 一方で, CRISPR design tool, CRISPOR, CRISPRdirectなどのさまざまな生物種に対応したオフターゲット検索ツールが存在している[30-32]. これらを利用することで, オフターゲットへの影響を十分に予測したうえで標的配列を決定することができる.

また, オフターゲットへの影響は使用する細胞の種類によっても左右される. 株化された腫瘍細胞などは遺伝子修復機能が低下しているためオフターゲットの影響を受けやすいが, 受精卵やiPS細胞, ES細胞はオフターゲット変異率が低いと考えられている. しかし, マウス受精卵にCas9発現プラスミドを導入した際, 1%未満ではあるが, オフターゲット変異が観察されたという報告もされている[33]. 原因としては, プラスミド導入によるCas9タンパク質の継続的発現が考えられる. そのため, Cas9 mRNAもしくはCas9タンパク質を導入してCas9の発現期間を短くすることで, オフターゲットの影響を減らすことができると考えられている. また, Cas9ニッカーゼと二つのgRNAを組み合わせることで, 標的配列の認識領域を倍にして特異性を上げる方法も報告されている[34]. しかし変異導入効率も同時に下がることが多く, 目的に応じた使い分けが必要である. 実験動物の場合は, 野生型系統との交配により標的近傍以外のオフターゲット変異を取り除くことができる. いずれにせよ, これまでの知見やデータベースを利用して, なるべくオフターゲットリスクのない標的配列を選抜する必要がある.

9.4.2　モザイク

もう一つの課題はモザイク性である. ゲノム編集を行ったファウンダー個体（F0個体）は, 異なる変異をもつ細胞が混在したモザイク個体にな

ることがある．これは2細胞期胚以降で変異が導入されることで生じると考えられている．Cas9発現プラスミドに比べてCas9 mRNA，Cas9タンパク質のほうがよりモザイク個体が少ないと想定されるが，実際にはどちらの場合もモザイク個体は生まれてくる．つまり，尾などのDNAで確認した遺伝子変異とは異なる変異が次世代で得られる場合が稀に起こる（図9.6）．現状，こうしたモザイク性を制御する解決方法はない．単純KOの場合，gRNAを三つ同時に導入することで90％以上のF0個体で遺伝子変異の表現型を得られるとの報告がある[35]．マウス，ラットの場合はF0個体を直接機能解析には用いず，交配により目的の変異をもつ次世代以降の個体を作出して利用するべきである．

9.4.3 ヒト化動物

ヒト生体を模倣した疾患モデル動物として，ヒト化動物が挙げられる．ヒト化動物は二つに大別できる．①ゲノム編集によってヒトのゲノム領域，遺伝子，ヒト疾患の原因となる遺伝子変異などを実験動物に組み込むことで，ヒト遺伝子を部分的にもった"遺伝子ヒト化動物"ができる．②ヒト細胞や組織，臓器そのものを実験動物，とくに拒絶反応のない免疫不全動物に移植することで，ヒト細胞，組織を保有する"細胞ヒト化動物"を作製することができる．

①では，ヒト疾患の原因遺伝子を従来よりも正確に解析することができる．また，ヒト特有の遺伝子やパスウェイをヒト化動物で調べることも可能になる．たとえば，新薬候補物質の薬理学的解析をする場合，ヒトと実験動物の間で異なる薬物動態，代謝生理が問題になることがある．投与された薬剤が体内でいかに振る舞うかはADME（吸収，分布，代謝，排泄）に左右されるが，ヒトと動物ではその動態が異なる．筆者らはラットで*Cyp2D*クラスター（58 kbp）とヒト*CYP2D6*遺伝子（6.2 kbp）を置換することに成功した[27]．このような代謝関連遺伝子を網羅的にヒト化できれば，創薬研究に欠かせないモデル動物になるだろう．

②の代表的なものは，免疫不全動物にヒトがん細胞を移植する担がんモデルや，ヒト血液幹細胞を移植する血液ヒト化モデルなどである．シャーレの中では増殖できないヒト肝臓細胞を，免疫不全マウスの肝臓に移植することでヒト肝細胞を生着・増殖させたヒト肝細胞キメラマウス[36]は，肝炎ウイルス感染モデルや薬物代謝モデルとして利用されている．

9.5　おわりに

本章ではマウス，ラットにおける遺伝子改変の変遷と現状，とくにゲノム編集技術を利用した作製法と課題について紹介してきた．ゲノム編集技術の特筆すべき点は，簡便で効率がよいこと，さまざまな生物種でゲノムを書き換えられることである．一方で，オフターゲットやモザイク性といったゲノム編集技術の課題も依然として存在する．こうした問題を克服する新しいゲノム編集ツールの開発や，ゲノム編集の効率化を目指した研究は世界中で加速しており，近い将来まさに自由自在にさまざまな生物種でゲノム編集できる時代になるだろう．実験動物学の観点からは，疾患ゲノミクスが急速に身近になっている今，よりスピーディーで正確な疾患モデル作製が求められている．ゲノム編集技術を利用することで，ヒトGWASで同定されたヒト特異的変異や疾患関連バリアントを忠実に再現した遺伝子ヒト化動物の作製はシームレスになっている．今後もますますヒト疾患モデル動物が作出され，新規生体機能の発見，医学創薬研究，再生医療研究に貢献していくと期待される．

〔宮坂佳樹・吉見一人・真下知士〕

文　献

1) W. M. S. Russell, R. L. Burch, "The Principles of Humane Experimental Technique," Methuen (1959).
2) K. Yamagiwa, K. Ichikawa, *J. Cancer Res.*, **3**, 1 (1918).
3) P. Anderson, *Methods Cell Biol.*, **48**, 31 (1995).
4) E. H. Benjamin et al., *Nat. Rev. Genetics*, **18**, 24 (2017).
5) J. W. Gordon et al., *Proc. Natl. Acad. Sci. USA*, **77**, 7380 (1980).
6) R. D. Palmiter et al., *Nature*, **300**, 611 (1982).
7) M. Katsuki et al., *Science*, **241**, 593 (1988).
8) M. J. Evans, M. H. Kaufman, *Nature*, **292**, 154 (1981).
9) S. L. Mansour et al., *Nature*, **336**, 348 (1988).
10) A. Bradley et al., *Mamm. Genome*, **23**, 580 (2012).
11) S. D. M. Brown, M. W. Moore, *Mamm. Genome*, **23**, 632 (2012).
12) Y-G. Kim et al., *Proc. Natl. Acad. Sci. USA*, **93**, 1156 (1996).
13) T. Mashimo et al., *PLoS ONE*, **25**, e8870 (2010).
14) T. Mashimo et al., *Cell Rep.*, **27**, 685 (2012).
15) X. Cui et al., *Nat. Biotech.*, **29**, 64 (2011).
16) M. Christian et al., *Genetics*, **186**, 757 (2010).
17) S. Daniel et al., *Chromosome Res.*, **23**, 43 (2015).
18) T. Mashimo et al., *Sci. Rep.*, **3**, 1253 (2013).
19) T. Sakuma et al., *Sci. Rep.*, **3**, 3379 (2013).
20) Y. Ishino et al., *J. Bacteriol.*, **169**, 5429 (1987).
21) P. Horvath, R. Barrangou, *Science*, **327**, 167 (2010).
22) M. Jinek et al., *Science*, **337**, 816 (2012).
23) F. Christof et al., *Nat. Rev. Drug Discovery*, **16**, 89 (2017).
24) H. Wang et al., *Cell*, **153**, 910 (2013).
25) H. Yang et al., *Cell*, **154**, 1370 (2013).
26) K. Yoshimi et al., *Nat. Commun.*, **5**, 4240 (2014).
27) K. Yoshimi et al., *Nat. Commun.*, **7**, 10431 (2016).
28) L. Cong et al., *Science*, **339**, 819 (2013).
29) X. H. Zhang et al., *Mol. Ther. Nucleic Acids*, **4**, e264 (2015).
30) P. D. Hsu et al., *Nat. Biotechnol.*, **31**, 827 (2013).
31) M. Haeussler et al., *Genome Biol.*, **17**, 148 (2016).
32) Y. Naito et al., *Bioinformatics*, **31**, 1120 (2015).
33) D. Mashiko et al., *Dev. Growth Differ.*, **56**, 122 (2014).
34) R. L. Frock et al., *Nat. Biotechnol.*, **33**, 179 (2015).
35) G. A. Sunagawa et al., *Cell Rep.*, **14**, 662 (2016).
36) C. Tateno et al., *Am. J. Pathol.*, **165**, 901 (2004).

Part II 疾患モデル動物

ゲノム編集による単一遺伝子疾患モデルブタの開発

Summary

中大型実験動物としてブタが医学研究に多用されるようになって久しい．ブタはヒトに類似した解剖・生理学的特徴をもつので，それらを用いた研究によって，ヒトへの外挿性に優れた知見が得られると考えられている[1]．このようなブタの有用性が認知されるに伴い，疾患モデルブタの開発が求められるようになった[2-4]．近年のブタの発生工学ならびにゲノム編集技術の発達によって，遺伝子改変ブタの作出は約10年前に比べて格段に容易になった．筆者らはこれまでにゲノム編集による疾患モデルブタを数種類作製し，その前臨床研究への利用を進めている[5,6]．

本章では，ゲノム編集による疾患モデルブタの開発の現状，課題，展望について概説する．

10.1 ブタにおける単一遺伝子疾患の再現

単一遺伝子疾患は，染色体上の1個の遺伝子の変異により発症する．疾患の原因となる遺伝子変異の親から子への伝達，あるいは生殖細胞，配偶子，受精卵（胚），胎児などに遺伝子変異が新たに生じることによって（図10.1），患者が誕生することになる．

単一遺伝子疾患をブタで再現するためには，体

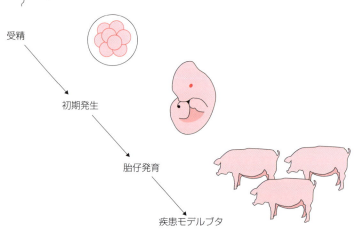

図10.1　有性生殖過程～胎仔発達期への介入による疾患モデルの作出

親のもつ遺伝子変異が生殖細胞や配偶子（精子，卵子）を通じて子孫に伝達されることで，遺伝性疾患は発生する．一方，生殖細胞，配偶子，胚，胎児に新たに生じた変異（de novo変異）が遺伝性疾患の原因となることもある．疾患モデルブタの人為的作出の目的には，生殖細胞～初期胚への介入（遺伝子改変の誘導）を行う場合が多い．

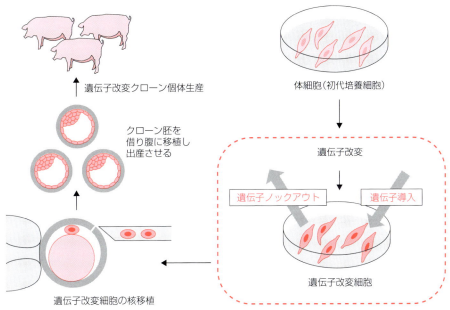

図 10.2 体細胞クローニングを利用した遺伝子改変ブタの生産
体細胞クローニングとは，培養細胞から核移植を経て個体を作出する無性生殖的な動物生産プロセスである．個体生産のためのゲノムを提供する培養体細胞を核ドナー細胞と呼ぶ．核ドナー細胞に遺伝子導入や遺伝子ノックアウトなどの改変を施し，それらを核移植に用いることで，遺伝子改変クローン個体を生産することができる．理論上，培養細胞が継代される限り，クローン個体をつくり続けることができる．また核ドナー細胞は，生産されたクローン個体から再樹立することもできる．したがって，体細胞クローニングによる遺伝子改変ブタの生産システムでは，ほぼ無制限な個体再生産が可能である．

細胞クローニング技術とゲノム編集の併用が有効である（図 10.2）[7,8]．体細胞クローニングは，培養体細胞（初代培養）の核を未受精卵細胞質に移植（核移植）して，クローン胚さらにはクローン個体を無性生殖的に生産する技術である（核移植胚からのクローン個体の作出には借り腹雌を用いる）．体細胞クローニングシステムの特徴は，培養体細胞から直接的に個体を生産する点にある．そこで疾患モデルブタの開発に体細胞クローニングを用いる際には，疾患の原因となる遺伝子変異をもつ細胞の獲得が第一歩となる（図 10.2）．具体的には，疾患原因遺伝子内の標的配列を切断するゲノム編集システムを用いて，疾患責任変異をもった細胞を作製する（図 10.2）．培養細胞を対象とするゲノム編集技術の詳細については，筆者らの既報[7]を参照されたい．得られた変異細胞コロニーから，標的遺伝子に機能喪失変異（loss-of-function mutation）をもつラインを選別し，体細胞クローニングに用いる．疾患によっては，優性阻害変異（dominant-negative mutation）をもつ細胞を用いてもよい．

10.2 X連鎖性遺伝病モデル

X連鎖性遺伝病は，性染色体のX染色体上にある遺伝子の変異に起因する．X連鎖性劣性遺伝病の場合，一方のX染色体上の遺伝子のみに変異がある女性は保因者となる（図 10.3）．

X連鎖性遺伝病モデルの開発では，雄細胞のX染色体上の標的遺伝子に変異を誘導し，その細胞からクローン個体を作出することで，きわめて直接的に POC（proof-of-concept）を獲得すること

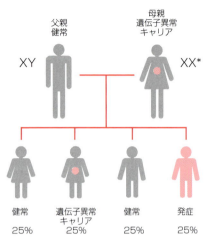

図 10.3　X連鎖性遺伝病原因変異の遺伝様式

X連鎖性遺伝病では，X染色体上遺伝子に異常をもつ母親から異常染色体を受け継いだ男児が発症する．一方，女児は健常なX染色体を1本もつことから，通常は発症を免れて遺伝子異常のキャリア（保因者）となる．しかし，キャリアの女性が何らかの原因（X染色体不活性化など）で発症する場合もあり，臨床上重要な課題となっている．

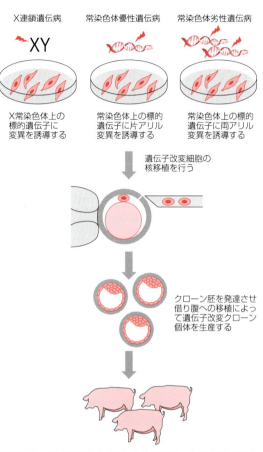

図 10.4　遺伝子改変細胞の核移植による疾患モデルブタの作出

ができる（図10.4）．

　筆者らはこれまでに，ZFN（zinc-finger nuclease）によってインターロイキン2受容体γ鎖（IL2Rγ）遺伝子をノックアウト（KO）した雄ブタ細胞や，TALEN（transcription activator-like effector）を用いてオルニチントランスカルバミラーゼ（OTC）遺伝子をKOした雄ブタ細胞を樹立し，それらの細胞からのクローン個体の作出に成功している．

　図10.5と図10.6に*IL2Rγ*遺伝子 KOブタの表現型の一部を示す．*IL2Rγ*遺伝子 KOブタには胸腺が発達せず（図10.5），血中にはT細胞およびNK細胞を欠いている（図10.6）．そのため重症複合免疫不全症（SCID）を呈し，通常環境下の飼育では生後3週間程度で重度の感染症に陥る．

　ヒトにおける重症複合免疫不全症は約75,000人に1人の頻度で発症するとされ，治療には造血幹細胞移植が用いられる．今後，iPS細胞を用いた治療や遺伝子治療の前臨床モデルとして，*IL2Rγ*遺伝子 KOブタが利用されるであろう．

　OTC欠損症は，40,000-80,000人に1人の発症頻度で知られる先天性代謝異常症（尿素サイクル異常）の一つである．高アンモニア血症に起因する哺乳不良，嘔吐，けいれん，意識障害などを主徴とし，重症型では致死や精神運動発達遅滞を招く[9]．

　筆者らは*OTC*遺伝子エキソン2をKOしたクローンブタ（雄）を作出した．*OTC*-KOブタは新生仔期から高アンモニア血症やけいれんなど，OTC欠損症に典型的な症状を示した．ブタの新生仔の体重は約1 kgであるので，ヒト新生児に用いるさまざまな医療器具を使って治療介入を行うことができる．したがって，幹細胞移植治療や遺伝子治療などの次世代医療の効果の評価モデル

■ 10.3 常染色体優性遺伝病モデル ■

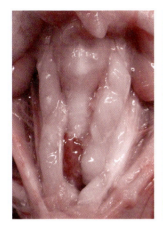
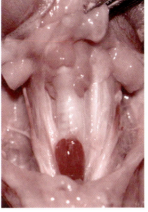

図 10.5 *IL2Rγ*遺伝子 KO ブタに見られた胸腺形成不全の表現型

正常ブタ（新生仔，左）に見られる胸腺が，T細胞を欠損する *IL2Rγ*遺伝子 KO ブタ（右）には発達していない．

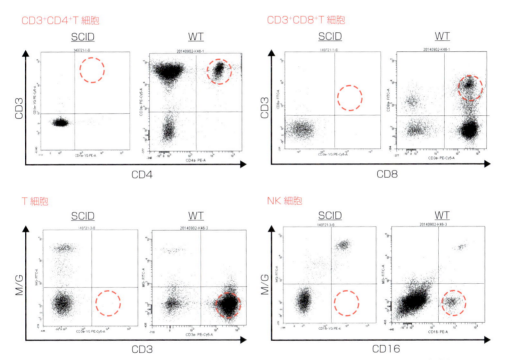

図 10.6 *IL2Rγ*遺伝子 KO ブタ末梢血中リンパ球のフローサイトメトリー解析

*IL2Rγ*遺伝子 KO ブタは T 細胞および NK 細胞を欠損し，重症複合免疫不全症を示す．点線サークルがそれぞれ，*IL2Rγ*遺伝子 KO ブタおよび野生型ブタの T 細胞および NK 細胞画分を示す．

として有用であろう．

10.3 常染色体優性遺伝病モデル

10.3.1 マルファン症候群モデル

常染色体優性遺伝病は，常染色体上の遺伝子の片アリルの変異によって発症する．両親のいずれか一方が常染色体性の変異遺伝子をもつ場合，その変異が子孫へ伝達される確率は 1/2 である（図 10.7）．

常染色体優性遺伝病をブタで再現する場合，常染色体上の標的遺伝子に片アリル変異をもつ細胞

10章 ゲノム編集による単一遺伝子疾患モデルブタの開発

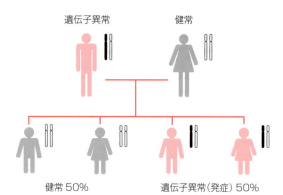

図 10.7 常染色体優性遺伝病原因遺伝子の伝達様式
両親のいずれか一方が常染色体優性遺伝病の原因変異をもつ場合，子供の半数がその変異を受け継ぐ．変異を受け継いだ子は発症する可能性があるが，ハプロ不全優性遺伝病の場合は，その発症動態は単純ではない．ハプロ不全病の発症機構の解明と発症の制御は，疾患モデルブタの開発における新たな課題である．

を樹立し，その細胞を用いて個体を作成する（図10.4）．用いる細胞は雌雄どちらでもよい．

本章では筆者らが開発したマルファン症候群モデルブタを紹介する．マルファン症候群は *FBN1* 遺伝子の変異によって発症し，その発症頻度は約5000人に1人とされている．また *FBN1* 遺伝子の片アリル変異からマルファン症候群の発症に至る機構には，ハプロ不全，つまり健常アリルからの遺伝子発現量が影響すると考えられている．

筆者らは ZFN を用いて *FBN1* 遺伝子のエキソン10に機能喪失変異（+/Glu433AsnfsX98）[6]を導入した．この細胞の核移植により作出されたクローン個体は，新生仔期から漏斗胸，脊椎側弯，硬口蓋の異常，骨端の石灰化不全，大動脈中膜弾性板の形成異常など，マルファン症候群の症状に共通する表現型を呈した[6]．なかでも興味深い表現型は，大動脈中膜弾性板の形成異常であろう．大動脈乖離は，マルファン症候群患者の死因となるリスク要因である（図10.8）．

マルファン症候群は，ハプロ不全によってその発症（浸透度や表現度）が左右されることが知ら

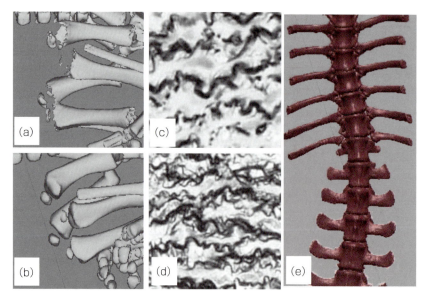

図 10.8 *FBN1* 遺伝子ヘテロ KO ブタに現れたマルファン症候群の表現型（巻頭の Colored Illustration 参照）
FBN1 ヘテロ KO ブタ新生仔の大腿骨と脛骨には，骨端の石灰化遅延が見られた（a）．（b）は健常個体．*FBN1* ヘテロ KO ブタの大動脈中膜組織には弾性板層の形成異常が見られた（c）．健常個体（d）の弾性板層に比べて，コラーゲン繊維の形成が不連続で断裂が見られる．（e）*FBN1* ヘテロ KO ブタに見られた脊椎側弯．*FBN1* 変異ブタには，以上の表現型のほかに口蓋異常，水晶体脱臼などの症状が見られた．

れている.筆者らが作出した*FBN1*ヘテロ KO ク
ローンブタでは,まったく同一の変異をもつ二つ
の集団(同一の *FBN1* ヘテロ KO 細胞に由来す
る)が,それぞれ高発症頻度・早期重症型の特徴
と,低発症頻度・発症緩徐型の特徴を示した.両
集団の作製過程における相違点は,クローン胚の
体外培養期間の長短である.胚の *in vitro* 培養が
遺伝子発現のエピジェネティック修飾の誘導要因
になると考えられていることから[10],筆者らは健
常アリルの発現量の変動が *FBN1* ヘテロ KO ク
ローンブタの病態発現動態を左右したと考えてい
る[11].マルファン症候群モデルブタは,ハプロ不
全の分子機構として *FBN1* 遺伝子のエピジェネ
ティックな発現抑制にアプローチするための,格
好の研究材料となりうるであろう.

10.3.2 常染色体優性多囊胞腎症モデル

　常染色体優性多囊胞腎症(ADPKD)は,500-
1000 人に 1 人の頻度で見られる遺伝性腎疾患で
ある[12].両側腎臓に多数の囊胞が進行性に形成さ
れ,多くの患者が腎機能低下から末期臓器不全に
陥る.ADPKD の原因遺伝子として *PKD1* 遺伝
子と *PKD2* 遺伝子が知られているが,*PKD1* 遺
伝子の変異をもつ患者が圧倒的に多い(約 85％).
筆者らは CRISPR-Cas9 を用いて *PKD1* 遺伝子
ヘテロ KO クローンブタ(雄)を作出した.得ら
れたクローンブタは全個体が早期の腎囊胞形成を
示した(図 10.9).さらに新生仔期の囊胞形成も
確認され,これはヒト患者と同じ特徴である.
PKD1 ヘテロ KO ブタは性成熟後に正常な繁殖能
を示し,野生型雌との交配によって次世代を生産
した.次世代個体には,雌雄を問わず腎囊胞形成
の病態が伝達された.

　このように ADPKD モデルにおいては,ファ
ウンダークローン個体の作出により責任変異の表
現型の確認が可能であるばかりでなく,病態の進
行が比較的ゆるやかなために繁殖も可能である.

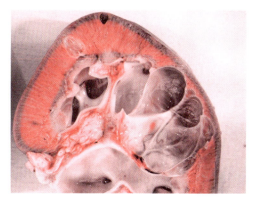

図 10.9 *PKD* 遺伝子ヘテロ KO ブタに見られた多囊
胞腎の表現型(巻頭の Colored Illustration
参照)

PKD ヘテロ KO ファウンダークローン(5 カ月齢)に見られた腎
臓の囊胞形成.ファウンダー個体の繁殖で得られた次世代個体
においても同様の腎囊胞が発症した.*PKD* ヘテロ KO ブタは,常
染色体優性遺伝病の発症動態を忠実に再現しているといえる.

　常染色体優性遺伝病の特徴として,F1 世代での
病態再現が高効率に期待できる.したがって
ADPKD のような常染色体優性病は,モデルブタ
の開発に適した研究対象といえるであろう.

　ADPKD 患者がもつ遺伝子変異は非常に多様
であり,これまでに検出された変異の 70％以上
が新規のものであることが報告されている[13].今
後,さまざまな変異型の遺伝子改変ブタが作出さ
れることで,遺伝子変異のタイプと病態との相関
に関する知見が蓄積され,より完成度の高いモデ
ルが供給されることが期待される.ADPKD の根
治療法はいまだ存在しないが,進行抑制効果のあ
る新薬(トルバプタン)が上市されている.この
ような薬剤の効果の評価とともに,再生医療など
の試行モデルとして ADPKD ブタの利用が期待
される.

10.4　常染色体劣性遺伝病モデル

　常染色体劣性遺伝病(図 10.10)モデルブタの
作製のためには,標的遺伝子のホモ KO(図 10.4)
が必要である.CRISPR-Cas9 や TALEN などの

■ 10章　ゲノム編集による単一遺伝子疾患モデルブタの開発 ■

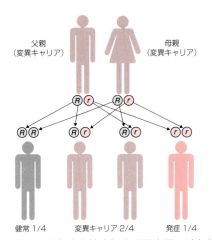

図 10.10　常染色体劣性遺伝病原因変異の遺伝様式
両親がいずれも常染色体劣性遺伝病の原因変異をヘテロにもつ場合（保因者），子供の半数がその変異を受け継ぎ，1/4 がホモ変異の個体となる．変異をホモに受け継いだ子は発症することになる．標的遺伝子の両アリルに変異を誘導した核ドナー細胞からクローン個体を生産することで，その変異と発症との関係を明確に実証することができる．病態が重症となる常染色体劣性遺伝病モデルの開発においては，ヘテロ変異個体（発症しない）をまず作製し，その交配によって次世代でホモ変異個体を作出する戦術もありうる．

ゲノム編集ツールによる，ブタ初代培養細胞（体細胞クローニングの核ドナー細胞）の常染色体上遺伝子の変異誘導効率は非常に高く，ホモ KO 細胞の樹立は十分に現実的なレベルの作業である[7]．しかし，ゲノム編集ツールによる変異誘導効率は標的遺伝子の種類や配列に左右される[7]．さらに，標的遺伝子の両アリルに機能喪失変異が生じる確率は，全体的な変異誘導効率よりかなり低いのが一般的な傾向なので，そのことがある程度の制限要素となりうる．したがって常染色体劣性遺伝病モデルの作製においては，ホモ KO 細胞の獲得の成否が鍵となる．ただし，時間をかけることを厭わなければ，ヘテロ KO 細胞から個体をつくり，その後は交配によってホモ KO 個体を得る戦術はありうる．

筆者らは常染色体劣性遺伝病モデルとして拡張型心筋症モデルを作製した（論文作成中）．標的遺伝子をホモに KO した細胞から作出したクロー

ン個体は，全例がほぼ同様な小児拡張型心筋症を呈し，心不全により早期に死亡した．拡張型心筋症は，ヒトの患者においても原因変異は非常に多様である[14]．原因変異の種類によって症状の重症度や発症時期は異なるので，モデル動物の作製においては再現する変異の選択が重要となる．ホモ KO 細胞からの個体作製により，選択した変異に起因する表現型に関する情報を短期間に獲得することが可能である．筆者らの拡張型心筋症モデルブタの開発においても，着目した責任遺伝子の変異がもたらす結果を明確に実証することができた．ただし，筆者らが得たような重症型のモデルは繁殖に供することができないので，その後ヘテロ KO の個体を作製し，系統の維持・増殖を図っている．ヘテロ KO 細胞はホモ KO 細胞の樹立の過程で生じるので，POC 獲得からモデルブタ樹立への移行はスムーズである．

10.5　まとめ

以上，ゲノム編集技術と体細胞クローニング技術を組み合わせた疾患モデルブタの作出について，技術内容，応用範囲，さらに課題などを概説した．ゲノム編集ツールを受精卵の前核や細胞質に直接導入して変異個体を獲得することもできるが，その場合は，どのような変異をもった個体が得られるか，出産を待たなくてはならない．さまざまな変異個体のなかから機能喪失変異や病態発現につながる変異をもつ個体を選別し，必要に応じて繁殖する作業は，ブタのような大動物においては大きな制約要素となりうる．

筆者らもブタ受精卵細胞質へのゲノム編集ツール（TALEN および CRISPR-Cas9）の導入による遺伝子 KO ブタの作出を行った経験があるが，非機能喪失型変異をもつ個体や複数の変異と野生型遺伝子をモザイク状にもつ個体などが多数生じた．このような経験からも，疾患モデルブタの開

発には体細胞クローニングを用いるアプローチが最も効果的であると考えている.

疾患モデルブタ開発には，ゲノム編集と体細胞クローニング以外の技術も有効であり，それらを効率よく活用することが重要である．本章を終えるにあたり，疾患モデルブタ開発の要点を参考までに示す.

① proof-of-concept（POC）の獲得：特定疾患の原因遺伝子あるいは原因変異のブタへの導入によって，その疾患が再現されるかを効率よく確認することが開発初期段階の課題である．
② 遺伝子改変ブタの作出技術：目的とする疾患の種類や発症機構に応じた変異個体の作出技術を選択できる（外来遺伝子の導入，遺伝子KOなど）．
③ 適切な発生工学技術の利用：受精卵前核への外来遺伝子の注入，顕微授精法など，実績のある方法が存在する．体細胞核移植を経由する方法はPOC獲得に適している一方，産仔の表現型（症状）がエピジェネティック修飾の影響を受ける場合がある．
④ 系統維持：症状の重篤な疾患モデルブタの系統維持には困難を伴うが，キメラ技術，体外受精，初期胚凍結保存，人工授精などの人工生殖技術の利用によって克服可能である．

（長嶋比呂志）

文　献

1) P. McAnulty et al. eds., "The Minipig in Biomedical Research," CRC Press (2012).
2) C. Rogers, *Transgenic Res.*, **25**, 345 (2016).
3) C. Whitelaw et al., *J. Pathol.*, **238**, 247 (2016).
4) H. Matsunari, H. Nagashima, *J. Reprod. Dev.*, **55**, 225 (2009).
5) M. Watanabe et al., *PLOS ONE*, **8**, e76478 (2013).
6) K. Umeyama et al., *Scientific Reports*, **6**, 24413 (2016).
7) M. Watanabe, H. Nagashima, "Genome Editing of Pig" (I. Hatada ed.), Humana Press (2017), pp.121-139.
8) M. Kurome, B. Kessler, A. Wuensch, H. Nagashima, E. Wolf, "Nuclear Reprogramming" (N. Beaujean, H. Jammes, A. Jouneau eds.), Humana Press (2015), pp.37-59.
9) 日本先天代謝異常委員会 編,『引いて調べる先天代謝異常』, 診断と治療社 (2014).
10) B. K. Bauer et al., *Biol. Reprod.*, **83**, 791 (2010).
11) 竹内健太, 牧野智宏, 新井良和, 大鐘潤, 明治大学農学部研究報告, **65**(4), 96 (2016).
12) V. Torres et al., *Lancet*, **369**, 1287 (2007).
13) E. Gall et al., *Human Mutation*, **35**, 1393 (2014).
14) V. Michels et al., *N. Engl. J. Med.*, **326**, 77 (1992).

Part II 疾患モデル動物

ゲノム編集による疾患モデルマーモセット

Summary

実験動物は in vitro の研究を臨床へ橋渡しするための重要なものであり,ヒトの健康に多大な貢献をしてきている.最も一般的な実験動物であるマウスでは,これまでにさまざまな疾患モデルが作製されているが,ヒトとの間の解剖生理学的な違いは大きく,実験で得られた結果のすべてをヒトに外挿することは難しい.この違いを埋めるための有用な実験動物としては,ヒトと同じく霊長類に属するサル類(非ヒト霊長類,以下霊長類と記載)が挙げられる.本章では,霊長類での遺伝子改変技術の変遷を概説するとともに,近年の革新的な技術であるゲノム編集に焦点を当て,霊長類ならではの課題や,同技術を用いた筆者らの研究紹介および今後の展望を述べる.

11.1 遺伝子改変霊長類作製の変遷

11.1.1 トランスジェニック霊長類

解剖生理学的にヒトと高い相同性をもつ霊長類の実験動物は,古くから医学研究に欠かせない存在として,その発展に貢献してきた.とくに霊長類のみがもち合わせている高次脳機能,霊長類でのみ病原性を示す感染症の研究などでは,他の生物種での代替ができないという点で貴重であり,また新薬開発や再生医療分野での利用においては,薬物代謝機構や生理機能がヒトに近いという点で高い予測性をもつ.霊長類のモデル動物作製の歴史は,薬剤誘導,外科的処置,自然発症型モデルの使用といった手法に始まり,その後,分子生物学の発展に伴い遺伝子改変動物作製の試みが行われてきた.

霊長類での遺伝子改変動物の作製は,2001年のアカゲザルへの緑色蛍光タンパク質遺伝子(green fluorescent protein:GFP)の導入が初の報告となる[1].この研究では,アカゲザル卵母細胞の囲卵腔にGFP遺伝子を搭載したシュードタイプの複製欠損型レトロウイルスベクターが高力価で注入され,顕微授精後に仮親の子宮に移植された.この結果,獲得された産仔では体細胞へのGFP遺伝子の挿入が確認されたものの,非侵襲的に採取可能な組織ではGFPの発現は観察されなかった.また同年には,別の研究グループからもアカゲザルでの遺伝子改変動物の作製が報告された[2].この研究では,GFP遺伝子を搭載した複製欠損型レンチウイルスベクターにより2匹の個体が作製された.この結果,両個体ともに胎盤および臍帯血でのGFPの発現が確認されたが,体細胞でのGFPの発現は観察されなかった.

これらの研究によって,霊長類においてもトランスジェニック動物の作製が可能であることが実験的に証明されたわけである.

実験動物を用いた研究では,特定の疾患や生理機能に関連する特定の遺伝子を改変することで得られる「モデル動物」が非常に有用である.霊長類を対象とした実験としては,2008年に報告さ

— 108 —

11.1 遺伝子改変霊長類作製の変遷

れたアカゲザルでのハンチントン病（Huntington's disease: HD）モデルの作製が初の例として挙げられる[3]．HD の発症にはハンチンチン（Huntingtin: HTT）と呼ばれるタンパクが関連しており，ヒト HD 患者では *HTT* 遺伝子内に CAG の繰返し配列が複数存在している．そこでこの研究グループは，84 個の CAG 繰返し配列を含むヒト *HTT* 遺伝子と *GFP* 遺伝子を搭載した高力価のレンチウイルスをアカゲザル卵母細胞の囲卵腔に注入し，トランスジェニック動物の作製を行った．この結果，*HTT* および *GFP* が導入された 5 匹の動物が獲得され，このうち 4 匹で表現型の出現（すなわち HD に特徴的な病態）が確認された．

これらの研究は，医学研究に大きく貢献する霊長類のモデル動物が作製可能であることを実験的に証明したものであったが，これらのトランスジェニック動物に共通した課題は，導入遺伝子が次世代に伝達されないということであった．

筆者らの研究グループは，この問題を解決するための新たな方法を考案し，高感度緑色蛍光タンパク質（enhanced green fluorescent protein）を搭載した複製欠損型レンチウイルスベクターを用いたトランスジェニック霊長類の作製，および導入遺伝子の次世代への伝達を世界で初めて報告した[4]．この研究では霊長類の実験動物であるコモンマーモセットが用いられ，トランスジェニック動物を効率よく獲得するための二つの技術が新たに用いられた．まず一つは，ウイルスの注入量を増やすための方法である．卵細胞へウイルス液を注入するためには，受精卵の外膜である透明帯と細胞質との間の「囲卵腔」と呼ばれるわずかな隙間を狙う必要がある．そこで筆者らは，あらかじめ受精卵を 0.25 M のスクロースを含有する胚培養培地に懸濁し，人工的に脱水させることで囲卵腔を拡張する技術を開発した（図 11.1）．これにより，拡大した囲卵腔へ大量のウイルス液を注入することを可能とし，ウイルスの感染効率すなわち遺伝子導入効率を飛躍的に上昇させたわけである．もう一つは，正確性を上げるための方法である．前述の方法によりウイルス液を注入した受精卵を，培地中で数日間培養すると，発生に伴い，EGFP の発現が蛍光顕微鏡下で観察可能となる．これにより蛍光を発する胚だけを選択的に代理母の子宮に移植することによって，トランスジェニック動物の作製効率を向上させた．実際の筆者らの研究結果では，先述の方法によって 5 匹のファウンダー動物を獲得し，すべての個体で体細胞および胎盤への *EGFP* 遺伝子の導入とその発現を確認した．さらに，これらの個体の精子を野生型個体の未受精卵と体外授精させることで，*EGFP* 遺伝子の伝達とその発現を次世代個体で確認することに成功した．これにより，これまで霊長類で成しえなかったトランスジェニック動物のライン化が実験的に証明されたわけである．

この新たなトランスジェニック霊長類作製技術は，特殊な技術や設備を必要としないという点で非常に汎用性が高く，近年では，同様の手法を用いた *EGFP* 遺伝子のトランスジェニックカニク

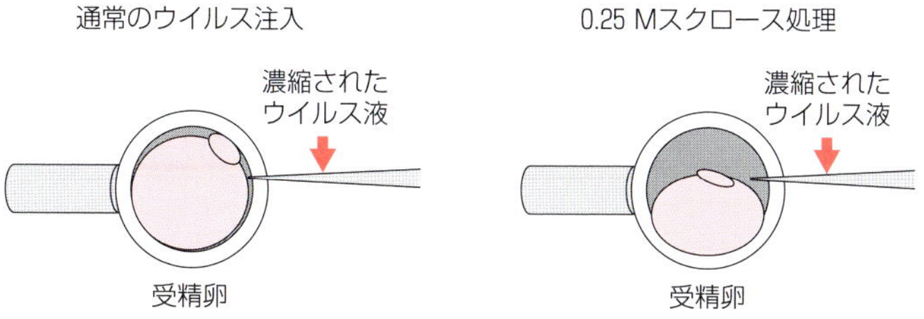

図 11.1　トランスジェニックマーモセット作製における新技術

ウイルスインジェクションでは，受精卵の外膜である透明帯と細胞質との間の囲卵腔と呼ばれるわずかな隙間にウイルス液を注入する必要がある（左図）．0.25 M のスクロースを含有する胚培養培地に受精卵を懸濁し，受精卵内を人工的に脱水すると囲卵腔が拡張し，大量のウイルス液を注入することができる（右図）．

イザルの作製が報告されている[5]．また，近年注目されている脳神経科学分野においても，神経細胞活性の評価に有用な蛍光カルシウムセンサーである*GCaMP*遺伝子を搭載した複製欠損型レンチウイルスベクターを用いたトランスジェニックマーモセットの作製例が報告されている[6]．この研究では，獲得された個体でのGCaMPの安定かつ機能的な発現が確認されており，成体となった個体の配偶子でも導入遺伝子の伝達が確認されている．さらに疾患モデル動物の作製例としては，加齢に伴う神経変性疾患の一つであるポリグルタミン（polyQ）疾患モデルマーモセットの作製が報告されている[7]．この研究では7匹のトランスジェニック動物が作製され，このうち3匹で，polyQ疾患患者に特異的な加齢性神経症状が観察され，また，これらの動物から得られた次世代個体では導入遺伝子の伝達が確認されている．

このように，トランスジェニック法を用いた遺伝子改変霊長類の作製は普遍的な技術となってきており，今後もさらなるモデル動物の開発が期待される．

11.1.2 霊長類の標的遺伝子改変における問題点

ある疾患とその関連遺伝子の関係性を詳細に解析するためには，主として標的とする遺伝子配列を人工的に違う遺伝子と置換するノックイン（knock in：KI），または破壊するノックアウト（knock out：KO）のいずれかの方法を用いる．実験動物として最も一般的なマウスにおいては，任意の遺伝子配列を内因性の遺伝子と置換する「相同組換え」が1980年代に考案されており，現在もなおKI/KO動物を作製するための最も信頼できる遺伝子改変法として用いられている[8]．マウスの相同組換えでは，まず任意の改変型遺伝子を含むドナーをマウス胚性幹細胞（embryonic stem cell，ES細胞）に導入後，改変型遺伝子が正確に置換されたES細胞を選抜し，これを体毛色の異なる別系統のマウス胚に注入することで動物を作製する（図11.2）．これにより得られる個体は，遺伝子が改変されたES細胞（ホスト）と別系統のマウス胚（レシピエント）の遺伝形質が混ざり合ったキメラマウスであり，その後に交配を行うことで，体細胞のすべてが改変型遺伝子で均質化されたマウスを得ることができる（図11.2）．この技術において重要なのは，遺伝子改変を施したES細胞がレシピエントとなる胚の生殖系列細胞に寄与し，キメラ動物が形成される点であるが，一方で，マウス，ラット以外の動物種から作製されたES細胞はキメラ動物を作製する能力をもたないことが広く知られている．このES細胞の形質の違いについては長らく種差によるものと考えられていたが，2007年に着床後のマウスの胚からエピブラスト幹細胞（epiblast stem cell：EpiSC）と呼ばれる新しい幹細胞が樹立されたことで，マウスと霊長類のES細胞の性質の違いが解明されつつある[9,10]．EpiSCはマウスのES細胞と同様に三つの胚葉（外胚葉，中胚葉，内胚葉）に分化する能力をもつが，キメラ動物の形成能力をもたない．また，コロニーの形態は霊長類のES細胞と同じく扁平で，未分化の状態を維持するために線維芽細胞増殖因子が必要であり，さらにX染色体が不活性化されている．このような特徴はヒトを含む霊長類のES細胞に非常によく似ており，現在では，ES細胞にはナイーブ（マウス）型とプライム（ヒト）型の二つがあると認識されている[11]．筆者らが研究対象としているマーモセットについては，ES細胞，人工多能性幹細胞（iPS細胞）の樹立およびES細胞内での相同組換えの成功をすでに報告している[12-14]．しかしながら，マーモセットのES細胞は先述の分類においてプライム型に属することから，キメラ形成能力はもたないと推測されている[11,15]．

今後の幹細胞研究の進歩により，近い将来には

■ 11.1 遺伝子改変霊長類作製の変遷 ■

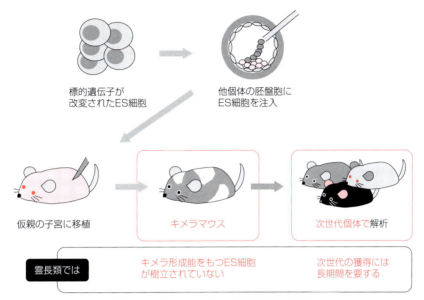

図 11.2 マウスにおける標的遺伝子改変
マウスのES細胞は未分化な状態にあることから，これを他個体の胚に注入することで，それぞれの細胞が混ざり合ったキメラマウスを作製できる．一方で，マウス・ラット以外の動物種由来のES細胞ではキメラ動物を作製できない．

キメラ形成能力をもつ霊長類の幹細胞が新たに開発される可能性は非常に高いと予測されるが，キメラ動物を経由する遺伝子改変手法を用いる場合には，霊長類特有の長い世代時間という壁を克服するための世代間短縮技術といった新たな技術の開発も期待される．

11.1.3 霊長類のゲノム編集

先述の通り，マウス・ラット以外の動物種でのKI/KO動物の作製は困難であったが，その状況を一変させたのが「ゲノム編集技術」である．ZFN (zinc-finger nuclease)，TALEN (transcription activator-like effector nuclease)，CRISPR-Cas9 (clustered regularly interspaced short palindromic repeats/CRISPR-associated protein 9) に代表されるゲノム編集技術は，細胞や受精卵内で任意の遺伝子を直接改変することを可能とするものであり，あらゆる生物種でのKO/KIを現実化した革新的な技術である．

霊長類でのゲノム編集による標的遺伝子改変個体の作製は，CRISPR-Cas9を用いたカニクイザルでの標的遺伝子改変動物の作製が第一報であった[16]．この研究では三つの標的遺伝子（*Nr0b1*, *Ppar-γ*, *Rag1*）の同時KOが計画され，それぞれの遺伝子を認識するsgRNA (single-guide RNA) とCas9タンパク質をコードするmRNAがカニクイザルの受精卵に注入された．得られた19匹の個体のうち2匹では二つの標的遺伝子（*Ppar-γ*, *Rag1*）の改変が確認されたが，さらなる解析によって，これらの改変は「モザイク改変」（体内に改変型と野生型の標的遺伝子が混在した状態）であることが示され，標的遺伝子のKOに由来する表現型は確認されていなかった．また同年には，TALENを用いたアカゲザルおよびカニクイザルの標的遺伝子改変個体の作製が報告された[17]．この研究では自閉症スペクトル障害（Rett syndrome: RTT）に関連する*MeCP2* (methyl-CpG binding protein 2) 遺伝子が標的とされ，こ

111

の遺伝子を認識する TALEN がアカゲザルおよびカニクイザルの受精卵に注入された．この結果，X 連鎖性優性遺伝病である RTT では，男児が胎生致死となるヒトでの病態がアカゲザルおよびカニクイザルでも再現された．また，この研究では末梢組織中に豊富に変異型 MeCP2 遺伝子を保有する雌のカニクイザルを 1 匹得られたが，表現型である自閉症様症状は認められていなかった．その後，同研究グループは長期間にわたって遺伝子改変個体の作製および解析を継続することで，MeCP2 遺伝子改変個体を対象としたアイトラッキング（視線計測）テストや磁気共鳴画像法（magnetic resonance imaging：MRI）より得られたデータがヒト RTT 患者と類似していたことを報告している[18]．さらに，同じくカニクイザルを対象とした別の研究グループからは，小頭症の発症に関連する MCPH1 遺伝子を TALEN で完全に遺伝子改変した小頭症モデルカニクイザルが報告されている[19]．この研究では，獲得された遺伝子改変個体が 1 匹と少ないものの，ヒト小頭症患者において観察される臨床的な特徴の大部分を再現することに成功している．

上記の通り，霊長類でのゲノム編集技術を用いた標的遺伝子改変による疾患モデルの報告は徐々に増加してきており，今後もさらにモデル作製の報告がされていくと予測される．

11.2 霊長類でのゲノム編集における問題点とその解決

11.2.1 モザイク

ゲノム編集技術は，今後も霊長類でのヒト疾患モデル作製を強力に後押しすると考えられるが，個体の作製に際しては，霊長類ならではの問題に目を向ける必要がある．ゲノム編集技術は，マウスでの ES 細胞を用いた KO/KI とは異なり，遺伝子改変に成功する効率や，その結果得られる遺伝子改変のパターンが実験ごとに変化するなど，やや不安定な側面をもつ．この際に霊長類で大きな問題となるのがモザイクである．標的遺伝子が胚内でモザイク改変された場合，目的の表現型が劣性遺伝子の場合は表現型の出現が見られない（図 11.3）．また，優性遺伝子であってもモザイク改変の場合は，表現型の出現および次世代への伝

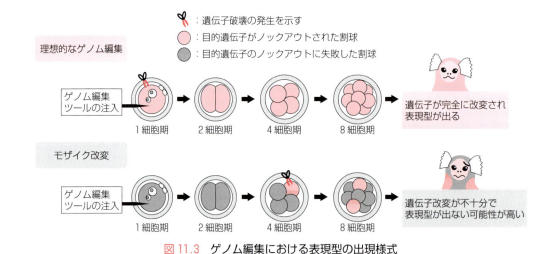

図 11.3 ゲノム編集における表現型の出現様式

標的遺伝子の数が最も少ない 1 細胞期に標的遺伝子のゲノム編集が完全に起こると，野生型遺伝子配列は残らず，ファウンダー動物は標的とした遺伝子の改変に伴う表現型を示す（上図）．一方，発生が進んだ胚で部分的にゲノム編集が起こると，野生型と改変型の標的遺伝子が混在し，表現型の出現の確率は下がる（下図）．

達が困難になることが予測される．マウスをはじめとする多くの実験動物では，標的遺伝子がモザイク改変となった場合は，交配によって短期間のうちに均質な標的遺伝子改変個体を獲得することができるが，霊長類は他の生物種と比較して圧倒的に長い世代時間をもつことから，交配を見込んだ実験計画を立てることは困難である．したがって霊長類でのゲノム編集においては，ファウンダー世代で表現型を示す個体を高効率に作製することが重要となる．

11.2.2 ゲノム編集ツールの事前評価

ファウンダー世代において標的遺伝子の完全改変を目指すためには，ゲノム編集に用いる候補となる複数のツールから，最も遺伝子改変効率の高いものを事前に選抜することが重要である．筆者らはこれまでのさまざまな検討結果をもとに，ゲノム編集ツールの評価系を構築し，個体作製効率の向上を実践している．この項ではその手法について紹介する．

ゲノム編集技術では一般的に，一つの標的遺伝子に対して複数のツールが作製可能である．そこでまず，そのなかから，遺伝子切断活性をもたないものを除外することを目的としたスクリーニングを行う．具体的には，ゲノム編集ツールをそれぞれ組織培養細胞に導入し，30℃の炭酸ガス培養器の中で3日間反応させる．低温培養環境を用いる目的は，ゲノム編集を受けなかった培養細胞の増殖を抑えるためである[20]．反応終了後は培養細胞からゲノムを回収し，標的遺伝子の改変の有無を解析することで，遺伝子改変活性をもつツールを選抜できる（図11.4a）．これにより，選択されたゲノム編集ツールは受精卵での検討へと進める．具体的には，ゲノム編集ツールを注入した受精卵を1週間程度培養することで，毒性の有無を確認し，後期胚まで発生が達したものについては，ゲノムを抽出した後に標的遺伝子の改変の有無を確認する（図11.4b）．この評価では，遺伝子改変胚と野生型胚の比をとることで，遺伝子改変個体の作製効率を暫定的に割り出すことも可能である．上記の方法により選抜されたゲノム編集ツールについては，モザイク改変の確認を目的とした最終的な評価を行う．具体的には，ゲノム編集ツールを注入した受精卵を8細胞期まで発生させた後，透明帯を除去して割球（single cell）を分離し，割球ごとの標的遺伝子の改変の有無を確認する．これにより，同一胚内での標的遺伝子の正常型と改変型の混在比，すなわちモザイクの推定が可能

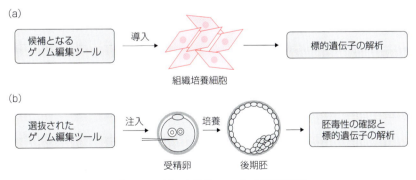

図 11.4 ゲノム編集ツールの事前評価
標的遺伝子に対して複数設計したゲノム編集ツールから，最も活性が高いものを選抜するための評価法．(a) 組織培養細胞を用いたゲノム編集ツールの選抜．標的遺伝子配列が一致する場合は他の生物種由来の細胞株を用いることも可能である．(b) 前法により選抜されたゲノム編集ツールを対象とした受精卵でのスクリーニング．これにより胚発生への影響と遺伝子改変個体の作製効率の概数が判明する．

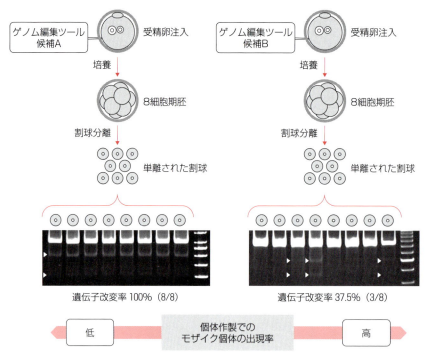

図11.5 ゲノム編集ツールを対象としたモザイクの評価
ゲノム編集で問題となるモザイク改変の傾向を予測するための方法．ゲノム編集ツールを受精卵に注入後，8細胞期まで発生させた胚の割球を単離し，それぞれの標的遺伝子の改変の有無を解析する．すべての割球で均質に改変型の標的遺伝子が検出される場合は，作製された動物での表現型の出現が見込まれる（左図）．一方，野生型の標的遺伝子が部分的に残存する場合は「モザイク」と判定され，表現型の出現の可能性が低いと判定される（右図）．写真は，遺伝子改変の有無を複数のバンドの出現（白色矢頭）によって可視化することができるサーベイヤー解析の結果である．

となり，個体作製時のモザイク個体の発生率をあらかじめ予測することが可能となる（図11.5）．

11.3 ゲノム編集による疾患モデルマーモセットの作製

11.3.1 マーモセットについて

新世界ザルに属するコモンマーモセット（*Callithrix jacchus*，以下マーモセット）は，ブラジル北東部を原産とする小型の霊長類である．大きさは成体で350g程度であり，性格も温厚であることから取扱いは容易である．また，マーモセットは雄と雌のペアとその子供でファミリーを形成し，雄や兄弟も育児に参加するヒトとよく似た社会性をもつ．このなかでも特筆すべきは繁殖効率であり，雄雌ともに性成熟が早く（1-1.5歳），一度の出産で多仔（2-4匹）を妊娠可能であることから，霊長類でしばしば困難となる個体数の確保という点で有用性が高い[21]．このような特性により，マーモセットは近年，ヒトの疾患や生理学の解明だけではなく，脳科学研究や再生医療といった最先端の研究においても注目を集めている．

11.3.2 免疫不全マーモセットの開発

筆者らがマーモセットを対象としたゲノム編集で標的としたのは，免疫不全関連遺伝子の *Il2rg*（interleukin 2 receptor common γ-chain）である[22]．ヒトの免疫不全症の一つであるX連鎖性重症免

11.3 ゲノム編集による疾患モデルマーモセットの作製

表11.1 ゲノム編集によるマーモセット IL2RG-KO 個体の作製結果

ゲノム編集ツール	受精卵への注入数	仮親に移植した胚の数 (%)	レシピエント個体数	妊娠個体数 (%)	産仔数	免疫不全マーモセット数 (%)
HiFi-ZFN	131	95 (72.5)	46	10 (21.7)	♂11, ♀1	♂1 (8.3)
eHiFi-ZFN	58	42 (72.4)	38	5 (13.2)	♂2, ♀3	♂1, ♀3 (80.0)
Platinum TALEN	61	42 (68.9)	29	4 (13.8)	♂4	♂4 (100)

疫不全症（X-linked severe combined immunodeficiency：X-SCID）は，$Il2rg$ 遺伝子の失活が原因であることが明らかとなっている．そこで，筆者らはこの疾患モデル動物の確立を目指し，マーモセットの $Il2rg$ をゲノム編集によって完全に KO した免疫不全マーモセット（IL2RG-KO）の作製を試みた．モデル動物作製の根拠としては，ヒト免疫不全症研究への貢献はもとより，免疫機能が欠如する点から再生医療，がん研究などでも利用可能と考えたためである．また，免疫不全関連遺伝子を標的とすることで，表現型の有無が個体の血液で容易に確認できる点や，$Il2rg$ が X 染色体上の遺伝子であり，雄性胚でゲノム編集の成功率が高まる点も選定の理由であった．

実験に用いたゲノム編集ツールは，初期型の ZFN である「HiFi-ZFN」と，標的遺伝子切断活性が改良された ZFN である「eHiFi-ZFN」[23]，さらに高活性型の TALEN である「Platinum TALEN」[24, 25] の 3 種類であった．

筆者らが研究を開始した当初は，HiFi-ZFN のみが利用可能であったことから，これを用いて，先述の遺伝子改変効率の評価および個体作製を行った．マーモセット受精卵を用いた HiFi-ZFN の遺伝子改変活性の評価では，後期胚に到達したもののうち 33.3%（1/3）で $Il2rg$ が改変されることが確認された．また，HiFi-ZFN 注入後の 8 細胞期のマーモセット胚を対象とした割球分離評価では，8 個中 3 個（37.5%）の割球で変異型の $Il2rg$ が検出された．これらの結果の解釈としては，個体作製を行った場合，3 匹中 1 匹は遺伝子改変個体となるが，その個体はモザイクである可能性が高いということになる．しかしながら，当時は HiFi-ZFN が唯一保有していたゲノム編集ツールであり，8 細胞期のマーモセット胚で変異型の $Il2rg$ が認められていたことから，次世代個体の作製も可能であるとの判断に至り，個体作製実験を行った．この結果，12 匹の個体が得られ，このうち 1 匹の雄が遺伝子改変個体であることが確認された（表11.1）．この個体は出生 6 日後に死亡したため，全身の組織を対象とした遺伝子解析を行った．この結果，事前に予測していた割合でのモザイク改変は認められず，すべての組織で変異型の $Il2rg$ が確認された．また，血球成分が豊富に存在する脾臓，胸腺，血液では野生型の $Il2rg$ がわずかに確認され，X-SCID の特徴的な病態である胸腺の委縮は見られなかった．このような遺伝子型と表現型の不一致の原因については，マーモセット特有の妊娠様式の影響が挙げられる．マーモセットでは，複数仔を妊娠すると互いの胎盤が融合して血液キメラとなる．今回得られた遺伝子改変個体は，野生型個体との同腹仔であったことから，胎内での野生型個体との血液交換が表現型に影響を及ぼした可能性が高い．これにより，筆者らは以降の個体作製実験を 1 匹の仮親に一つのゲノム編集ツール注入胚を移植するかたちで進めることにした．

その後，eHiFi-ZFN や Platinum TALEN といった高い遺伝子改変活性をもつゲノム編集ツールが開発されたことで，筆者らはこれらのツールの導入および事前検討を行った．マーモセット受精卵への注入評価では，eHiFi-ZFN と Platinum TALEN はそれぞれ 40%（2/5），78%（7/9）の

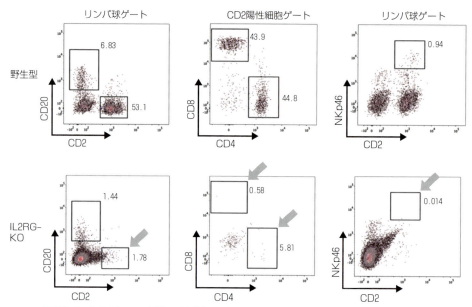

図 11.6 IL2RG-KO 個体の幼若期の表現型（巻頭の Colored Illustration 参照）
血液を対象とした FACS 解析結果．上段は仮親の末梢血，下段は IL2RG-KO 個体の臍帯血の解析結果を示す．
IL2RG-KO では B 細胞は野生型と同程度に存在するが，矢印で示された T 細胞と NK 細胞は著しく減少している
（CD20 陽性：B 細胞．CD2, 4, 8 陽性：T 細胞．NKp46 陽性：NK 細胞）．

割合で Il2rg を改変することが確認され，また割球を対象とした評価においては，いずれのツールともすべての割球で均質に Il2rg が改変されることが確認された．これにより，eHiFi-ZFN および Platinum TALEN を用いた個体作製ではモザイクのない IL2RG-KO 個体が高効率で作製可能と判断した．個体作製の結果として，eHiFi-ZFN を用いた実験群では獲得された 5 匹の産仔のうち 4 匹が，Platinum TALEN を用いた実験群では獲得された 4 匹の産仔のすべてが IL2RG-KO 個体となり，ゲノム編集ツールの事前検討の結果とほぼ一致する成績を得られた．

11.3.3 幼若期の表現型解析

IL2RG-KO の候補個体は，免疫不全という表現型を見込み，仮親の出産予定日の直前に帝王切開することで獲得した．帝王切開術では仔由来の組織である胎盤が獲得できることから，筆者らは胎盤から臍帯血を採取し，これを FACS 解析することで産仔の免疫機能の状態，すなわち表現型を評価した．この結果，eHiFi-ZFN によって作製された雌のヘテロ接合体以外のすべての個体で，T 細胞と NK 細胞の著しい減少を認め，B 細胞は野生型と同程度存在することを確認した（図 11.6）．なお，このリンパ球の分布はヒトの X-SCID 幼齢期患者と非常に類似しており，飼育初期に死亡した個体の剖検では，リンパ球の形成に関与する胸腺が肉眼では確認できないほど委縮していることも確認された[26]（図 11.7）．

11.3.4 若年から成体期での表現型解析

作製に成功した IL2RG-KO 個体のうち 3 匹は，微生物学的統御がなされたクリーン環境での飼育によって 1 年以上の維持に成功し，このうち 2 匹については定期的な採血および FACS 解析を行うことで血液成分の動態を詳細に確認した．この結果，NK 細胞は出生以来著しく減少したままであるが，T 細胞は加齢に伴って増加し，逆に B 細

11.3 ゲノム編集による疾患モデルマーモセットの作製

野生型 　　　　　　　　　IL2RG-KO

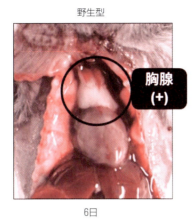 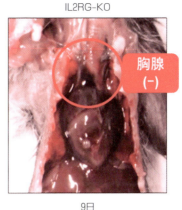

胸腺(+) 　　　　　　　　　胸腺(−)

6日 　　　　　　　　　9日

図11.7　IL2RG-KO個体の解剖写真（巻頭のColored Illustration参照）
飼育初期に死亡した個体の剖検結果．IL2RG-KO個体では胸腺が著しく委縮している．

胞は減少するという新たな知見を得た（図11.8a）．後天的に増加するT細胞については，まず胎盤を介した母体からの流入を疑い親子鑑定を実施したが，この可能性は否定された．これにより，このT細胞はIL2RG-KO個体に由来すると推定されたことから，次なる評価としてT細胞の機能解析に焦点を当てた．*Il2rg*はT細胞表面のインターロイキン（interleukin：IL）受容体を形成するための鍵となる遺伝子である．IL受容体は細胞外のILとの結合により細胞内へシグナルを伝達することから，この際に活性化する分子の量を評価することで，リンパ球としての機能性を評価することができる．そこで筆者らは，IL2RG-KO個体の末梢血からリンパ球を選択的に回収後，IL受容体の刺激物質であるIL-7を作用させ，細胞内シグナルであるリン酸化STAT5を測定した．この結果，IL2RG-KO個体由来のリンパ球では，野生型と比較してSTAT5のリン酸化がほぼ認められず，後天性のT細胞はIL2RG-KO個体自身に由来する機能不全型であることが示された（図11.8b）．また，若齢期に実施したIL2RG-KO個体の採血およびFACS解析の結果では，少なくとも生後3カ月の時点でT細胞の増加が見られることも判明した．B細胞については，血清中のイムノグロブリン（Ig）量をウエスタンブロッティングにより評価した．この結果，成体となったIL2RG-KO個体ではIgGが検出感度以下となることが確認された（図11.8c）．さらに，末梢血中の血球細胞数測定とFACS解析の結果をもとに細胞絶対数の算定を行った結果，IL2RG-KO個体では野生型に比べてリンパ球数が半数以下に減少していることが明らかになった（図11.8d）．

11.3.5　免疫不全マーモセットの展望

作製に成功したIL2RG-KO個体の解析では，出生直後はヒトX-SCIDの幼齢期患者と同様のリンパ球動態を示し，出生後約3カ月を目途に機能不全なT細胞が増殖することが判明したが，このような後天的なT細胞の増加は一部のヒトのX-SCID患者でも報告されている[26-29]．これによりIL2RG-KO個体は，いまだ解明されていないヒトX-SCIDの病態を知るための有用なモデルと考えられる．さらに免疫不全という表現型からは，再生医療やがん研究の分野における異種細胞移植モデルとして貢献する可能性も見込まれる．また飼育環境からは，この研究に際して構築したクリーン飼育環境下で，野生型およびIL2RG-KO個体のいずれにおいても腸内細菌をほぼ変動

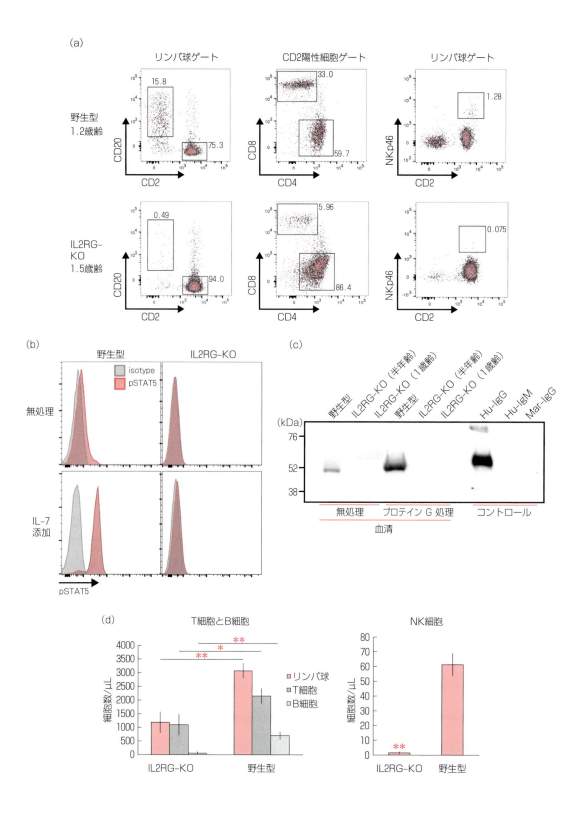

図11.8 IL2RG-KO 個体の成体期の表現型（前頁）

長期飼育に成功した個体の末梢血を対象とした表現型の解析結果．（a）末梢血のFACS解析．3カ月齢以降のIL2RG-KO個体では，幼若期には見られないB細胞の減少とT細胞の増加が見られる．（b）T細胞の機能解析を目的とした細胞内シグナルの解析結果．IL2RG-KO個体由来のリンパ球ではIL-7の刺激によるSTAT5のリン酸化が認められず，正常なシグナル伝達機能をもたない．（c）B細胞の解析を目的としたウエスタンブロッティングによる血清IgGの解析結果．IL2RG-KO個体の末梢血では，血清中のIgGを濃縮することが可能なプロテインG処理を行ってもIgG濃度が検出感度以下となる．Hu-IgG：精製ヒトIgG 0.05 μg，Hu-IgM：精製ヒトIgM 0.05 μg，Mar-IgM：マーモセット血清からアルブミンとIgGを除去したサンプル．（d）末梢血を用いた細胞絶対数の算定結果．血球数計算とFACS解析によって末梢血中のリンパ球数を算出した結果，IL2RG-KO個体では野生型の半数以下となる．＊$p < 0.05$，＊＊$p < 0.01$．

のない状態で維持できることがわかっていることから，将来的には腸内細菌叢を対象とした研究にも応用が可能であると考えられる．

11.4 おわりに

長い世代時間をもつ霊長類でのゲノム編集では，目的とする遺伝子改変個体の作製効率を上げるための工夫が重要である．本章で紹介したようなゲノム編集ツールの事前検討は遺伝子改変が起こらない（いわゆるハズレ）個体の削減につながる技術であり，動物実験の理念である3R〔Replacement（代替），Reduction（削減），Refinement（改善）〕に貢献するものである．霊長類を対象としたゲノム編集は世界的な広がりを見せており，本章で述べたような特定遺伝子のKOに関する報告は徐々に増加してきているが，その一方でKIについては，成功率という点で実用可能な段階には達しておらず，さらなる技術革新が待たれる．

霊長類でのゲノム編集に関する報告は，時としてヒト胚におけるゲノム編集の是非にも議論が発展するが，筆者らの目的は疾患モデル動物を創り出し，新たな医療法開発への貢献を目指すもので，ヒト胚でのゲノム編集に見られるような病気を発症しない生体を生み出すためのものとはまったく異なる．また今後は，胚でのゲノム編集によって遺伝子の多様性を放棄することについても，生物の進化学的な側面から十分に議論する必要がある

と思われる．

（佐藤賢哉・佐々木えりか）

文　献

1) A. W. Chan et al., *Science*, **291**, 309 (2001).
2) M. J. Wolfgang et al., *Proc. Natl. Acad. Sci. USA*, **98**, 10728 (2001).
3) S. H. Yang et al., *Nature*, **453**, 921 (2008).
4) E. Sasaki et al., *Nature*, **459**, 523 (2009).
5) Y. Seita et al., *Sci. Rep.*, **6**, 24868 (2016).
6) J. E. Park et al., *Sci. Rep.*, **6**, 34931 (2016).
7) I. Tomioka et al., *eNeuro*, **4**, 0250-16 (2017).
8) S. L. Mansour et al., *Nature*, **336**, 348 (1988).
9) I. G. Brons et al., *Nature*, **448**, 191 (2007).
10) P. J. Tesar et al., *Nature*, **448**, 196 (2007).
11) J. Nichols, A. Smith, *Cell Stem Cell*, **4**, 487 (2009).
12) E. Sasaki et al., *Stem Cells*, **23**, 1304 (2005).
13) S. Shiozawa et al., *Stem Cells Dev.*, **20**, 1587 (2011).
14) I. Tomioka et al., *Genes Cells*, **15**, 959 (2010).
15) D. L. Angeles et al., *Curr. Opin. Genet. Dev.*, **22**, 272 (2012).
16) Y. Niu et al., *Cell*, **156**, 836 (2014).
17) H. Liu et al., *Cell Stem Cell*, **14**, 323 (2014).
18) Y. Chen et al., *Cell*, **169**, 945 (2017).
19) Q. Ke et al., *Cell Res.*, **26**, 1048 (2016).
20) Y. Doyon et al., *Nat. Methods*, **7**, 459 (2010).
21) K. Mansfield, *Comp. Med.*, **53**, 383 (2003).
22) K. Sato et al., *Cell Stem Cell*, **19**, 127 (2016).
23) Y. Doyon et al., *Nat. Methods*, **8**, 74 (2011).
24) T. Sakuma et al., *Genes Cells*, **18**, 315 (2013).
25) T. Sakuma et al., *Sci. Rep.*, **3**, 3379 (2013).
26) M. Noguchi et al., *Cell*, **73**, 147 (1993).
27) G. d. Saint-Basile et al., *J. Clin. Invest.*, **89**, 861 (1992).
28) J. P. DiSanto et al., *Proc. Natl. Acad. Sci. USA*, **91**, 9466 (1994).
29) P. E. Gray et al., *Int. J. Immunogenet.*, **42**, 11 (2015).

☑ Genome Editing for Clinical Application

疾患治療

- 12章　ゲノム編集によるデュシェンヌ型
　　　　筋ジストロフィーの治療戦略

- 13章　CRISPR-Cas技術を用いた
　　　　B型肝炎根治を目指す新規治療法

- 14章　ゲノム編集と疾患特異的iPS細胞を
　　　　用いたダウン症候群の病態解明

- 15章　神経変性疾患における
　　　　ゲノム編集技術とその医療応用

- 16章　拡張型心筋症におけるゲノム編集治療

- 17章　CAR-T遺伝子治療への
　　　　ゲノム編集技術の応用

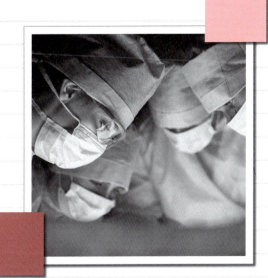

© Sellen | Dreamstime.com

ゲノム編集によるデュシェンヌ型筋ジストロフィーの治療戦略

Part III 疾患治療

Summary

デュシェンヌ型筋ジストロフィーは，ジストロフィンタンパク質の消失に起因し，全身の筋肉の萎縮をおもな症状とする遺伝性疾患である．患者のジストロフィン遺伝子座には欠失や重複，フレームシフトなどの異常が見つかっているが，ジストロフィン遺伝子そのものが非常に長いこともあり，古典的な全長 cDNA の導入による遺伝子補完法は困難である．また，ジストロフィン転写産物に対してスキッピング療法などの分子生物学的手法を応用した技術は治験段階にあるが，長期投与による患者への身体的・経済的負担を考慮すると，より永続性の高いゲノム配列をターゲットとした修復医療技術の開発が望まれる．近年，ゲノム編集技術の発達によってジストロフィン遺伝子座の変異に対して改変や修復を施すアプローチが理論的に可能になり，実際に細胞レベルではゲノム修復の事例が報告されている．現在では，モデル動物を用いたゲノム編集治療開発の可能性に向けた研究が盛んに進められている．本章では，これらジストロフィン遺伝子変異を修復するためのゲノム編集研究の最新知見と今後の課題について紹介する．

12.1 デュシェンヌ型筋ジストロフィーの病態

筋ジストロフィーは骨格筋の機能的・器質的減退と崩壊をおもな症状とする疾患の総称であり，30 を超える相互に類似した遺伝子疾患を含む．発症時期は新生児期から成年期まで類型によって幅広く，症状が見られる部位，発症時期，程度，進行スピード，遺伝性も型によりさまざまである．デュシェンヌ型筋ジストロフィー（Duchenne muscular dystrophy：DMD）はすべての類型のうち最も多く，出生男児での発生率は 1/3500 を占め，X 染色体劣性遺伝であり，とくに男児に多い．幼児期に進行性の運動機能低下，もしくは高 CK 血症で見つかることが多い[1,2]．確定診断は，MLPA 法によるジストロフィン遺伝子のエキソンの有無の解析，もしくは筋生検組織での組織免疫染色，またはウェスタンブロット法によるジストロフィンタンパク質の解析による[3]．筋力低下の進行は早く，患者の多くは 12 歳頃までに歩行起立障害をきたす．また，30％程度の患者は精神遅滞もきたす．20 代になると呼吸筋の機能低下が進み，人工呼吸器 NPPV（noninvasive positive-pressure ventilation）による補助が必要になる．また，患者は 10 代から慢性心不全の経緯をたどることが多い．生命予後は対症療法が導入された以降に改善したが，それでもおおむね 30 歳程度といわれている．

12.2 原因遺伝子ジストロフィンの構造と機能

DMD は，ジストロフィン（dystryophin）と呼ばれる骨格筋の統合性を司る構造遺伝子の異常に

よって引き起こされる．DMD遺伝子はヒトではX染色体短腕21（Xp21）に位置し，ゲノム領域が2.2 Mbpを占める巨大な遺伝子である．その中に，おもに骨格筋と心筋で発現するDp427mアイソフォームや，神経細胞で発現するDp427cアイソフォームのほか，Dp260, Dp140, Dp116, Dp70などタンパク質の分子量に基づいて命名されたさまざまなアイソフォームが知られている[4]．筋組織で発現するDp427mが最も長く，79個のエキソンで構成され，タンパク質コード領域だけでも14 kbを超える．一般的にDMD患者で変異が最も多いホットスポット領域としては，45番エキソンから55番エキソンの間に欠失をもつ場合が多く，単一または複数エキソンの欠失による場合がDMD患者の約60%を占める[5,6]．ついで配列中に終止コドンが生成されるナンセンス変異が19%，重複が8%，微小欠失や微小挿入が8%と続き，ほとんどがアウトオブフレーム変異であることが特徴である．ジストロフィン遺伝子構造と一般的なゲノム変異類型を図12.1（a）に示す．

一方，ベッカー型筋ジストロフィー（Becker muscular dystrophy：BMD）はDMDと同じくジストロフィン遺伝子の変異が原因となるが，発症率はDMDの半分程度であり，DMDと比較して症状が軽度である[7]．BMDでもDMDと同様にゲノム欠失異常が60%以上を占めるが，タンパク質翻訳レベルで見るとインフレーム変異が85.7%を占め[8]，結果として部分的ドメイン欠損であっても機能的なジストロフィンタンパク質の発現量がある程度維持されているために，ジストロフィンタンパク質の後半が欠落するDMDよりも症状が比較的軽いものになる[8,9]．ジストロフィンタンパク質の変異類型を図12.1（b）に示す．後述するジストロフィンタンパク質配列中のスペクトリン様反復ドメインの一部（16番から17番）が欠損してnNOSとの結合活性を失った場合，インフレーム変異のベッカー型でも重症化するという報告もある[10-12]．

ジストロフィンは，細胞骨格のアクチンと筋細胞膜直下の筋線維鞘（sarcolemma membrane）

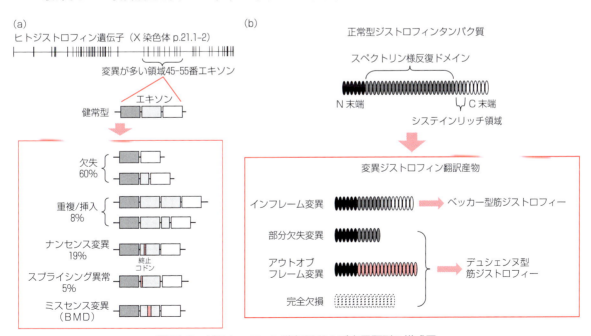

図12.1 ジストロフィン遺伝子および変異類型の模式図
（a）ゲノム変異類型，（b）変異タンパク質類型．

■ 12章　ゲノム編集によるデュシェンヌ型筋ジストロフィーの治療戦略 ■

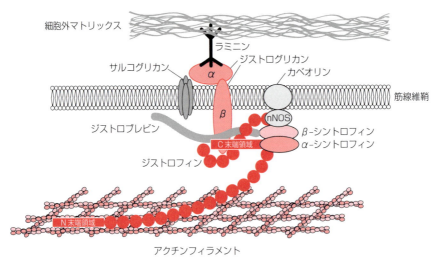

図 12.2　ジストロフィンタンパク分子のインタラクション

をつなぐ複合体の一部である（図12.2）．ジストロフィンはN末端ドメイン，スペクトリン様24回反復ドメイン，システインリッチ領域，C末端ドメインからなる[13]．N末端ドメインは細胞骨格をなすアクチンと結合し，スペクトリン様反復ドメイン，システインリッチ領域，C末端ドメインは筋線維鞘領域に局在するジストロフィン糖タンパク質複合体（dystrophin-glycoprotein complex：DGC）と結合する．DGCの細胞外ドメインはラミニンを介して細胞外マトリックスに結合している[14,15]．ジストロフィンに変異が生じたり欠損が起こったりした場合はDGCが消失もしくは局在の異常を呈し，これにより筋膜は収縮から生じる物理的ストレスに対して脆弱になると考えられている[16]．DGCの構成因子の変異によっても類似の筋ジストロフィー症状が引き起こされる[15]ほか，破壊された筋細胞がトリガーとなって慢性的な炎症反応を示すようになる[17]．通常，筋線維は筋膜辺縁に存在する筋衛星細胞が再分化することにより修復されるが，DMDの病変組織ではDGCの異常や欠損のために筋組織の崩壊速度が組織の再生速度を上回り，結果として筋衛星細胞の枯渇を招く[18,19]．再生が行われなくなった筋線維領域は，次第に脂肪組織と線維組織で置換される[18,19]．DMDでの筋組織崩壊における病的な脂肪組織の置換が起こった結果，しばしばふくらはぎなどに仮性肥大が認められる．

12.3　既存の治療法と開発中の治療法

DMDに対する薬剤治療としては，炎症反応を抑えて筋萎縮を抑制するステロイド剤療法が国内で唯一，保険適応可能な選択となる[20]．早期から適切な投与を行うことにより，半年から2年ほどは運動機能および筋力の低下抑制効果が持続する．一方で，ステロイド剤は肥満や行動異常，骨折リスク増加などの副作用も少なくないため，長期にわたる投与には注意が必要である．そのほか，呼吸障害に対してはNPPVが，心不全に対してはACE阻害剤やβブロッカーが使用される．

一方，新規の治療法としては，メッセンジャーRNAを対象としたものでアンチセンスオリゴを用いたエキソンスキッピング療法が注目を集めている．変異が入ったエキソン内にあるスプライシングエンハンサーに対して設計したDNAアンチセンスオリゴでスプライシング時にスキップさせ

ることにより，ジストロフィンタンパク質の読み枠を回復させる方法であり，ジストロフィン51番エキソンを標的にしたエテプリルセン（Eteplirsen）がアメリカで最近上市された．また，変異DMDメッセンジャーRNA上の異常な終止コドンを読み飛ばして全長を翻訳させるリードスルー薬などが上市されている．そのほかミオスタチン阻害剤，非ステロイド抗炎症製剤，カルシウムチャネル拮抗剤など多数が開発段階にある．さらに，間葉系幹細胞や骨髄系細胞を用いた細胞移植療法が海外で臨床試験として行われている[21]．

しかし，いずれも原因となっているゲノム配列変異を修正できる根治療法ではなく，長期にわたる反復投与が必要であり，患者への身体的・経済的負担は莫大なものになる．遺伝子治療の業界ではAAVベクターが臨床研究で大きな成果を上げているが，搭載可能限界サイズが4.5 kbほどと小さく，長大なジストロフィン遺伝子を搭載するためには中央部分のRodドメインを切り詰めた（ベッカー型の）ミニジストロフィンやマイクロジストロフィンにする必要があり，技術的にも困難である．

近年，さまざまなDNA結合分子の発見と作用機序の解明，知識の蓄積と技術の発達により，各種の人工DNA切断酵素を利用することで，目的のゲノム配列部位限定的に配列を改変するゲノム編集が可能になってきた．この方法では，ジストロフィン遺伝子の変異配列に応じた改変を加えることでタンパク質の発現を回復させることが可能であり，ゲノム編集を受けた細胞が生存する限り，その効果が持続すると期待される．これらゲノム編集のDMDに対する応用例について次節で紹介する．

12.4 DMDにおけるゲノム編集研究の進展

12.4.1 ゲノム編集による変異修復方法

ジストロフィン遺伝子に生じた変異を修復するために，以下のような方法がこれまでに報告されている（図12.3）．

(1) エキソンスキッピングによる修復

前述のアンチセンスオリゴを用いた場合と似ているが，ゲノム配列中のスプライシングアクセプターまたはスプライシングエンハンサーを破壊することで[84]，ゲノム編集でもエキソンスキッピングを行うことができる．mRNAに作用するアンチセンスオリゴと違い，ゲノム編集の場合にはゲノム配列を改変するため，ゲノム編集酵素が消失した後もその効果が持続する．

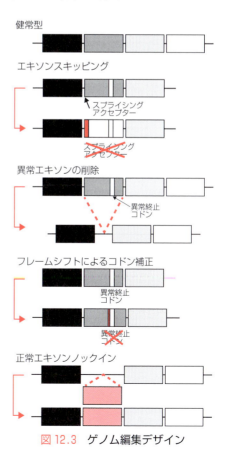

図12.3 ゲノム編集デザイン

(2) 変異エキソン除去修復

エキソンの両端に二本鎖切断 (double-strand break: DSB) を起こさせることで，読み枠を合わせるために単一もしくは複数の変異エキソンを削除する[22]．ターゲットのエキソンによっては，読み枠を合わせるために周囲のエキソンも含めて複数のターゲットエキソンを除去する方法がとられる．

(3) フレームシフトによる修復

フレームシフトでは，塩基欠失を導入し，フレームシフトによりアウトオブフレームとなっていたコドンフレームを回復させる[23]．NHEJ (non-homologous end joining) による塩基欠失長はランダムであるため，正常な読み枠にもどる確率はおおむね三分の一程度である．

(4) ドナーカセットを併用した相同組換えによる修復

上記3種の方法では全長のジストロフィンの発現を回復することは難しい．しかし，相同組換え (homology-directed repair: HDR) DNA修復機構と組み合わせれば，正常なジストロフィン遺伝子配列の欠失部位配列をもつドナーDNAカセットを欠失部位またはその前後へと導入することが可能となり，全長型のジストロフィンを回復させることもできる[24]．将来的にはこの方法で完全長のジストロフィンを回復させることができれば理想的ではあるが，HDRは増殖細胞のG2後期からS期にかけてしか起こらないため，G1期の細胞が多くを占める生体内で実施することは困難である．またNHEJを介した欠失導入に比べると，かなり誘導効率が低いという問題点もある．HDRを用いた変異修復法については，さらなる技術革新を待たなければならない．

12.4.2 編集に使われる技術

ゲノム編集においては20塩基以上の長いDNA配列を認識して特異的に切断するヌクレアーゼが用いられる．ヌクレアーゼによりDNA二本鎖切断を誘導することで，NHEJによってDNA配列の挿入・欠失を誘導しフレームシフトを起こさせるか[22,23]，あるいは相補的な配列をもつドナーDNAを導入するのと同時にDNA切断を引き起こすことで，HDRを起こさせて目的の配列を挿入することが可能である[24,25]．いずれの技術についても詳細は他章を参照してもらうこととし，本章ではDMDの治療応用に向けて，それぞれのゲノム編集技術がどのように使われてきているかを紹介する．表12.1にゲノム編集技術によるDMD修復例をまとめる．

(1) MN

メガヌクレアーゼ (meganuclease: MN) は12-40 bp塩基のDNA配列をターゲットとする制限酵素の一種であり[26-28]，MNの認識配列を変えることで変異修復ターゲットの近傍へDNA切断を誘導することが可能である[29-32]．ただし，どのようにMNを改変すればどのDNA配列を認識して切断するか，手探りでスクリーニングを行う必要があり，任意の配列に結合切断するMNの作製は非常に困難であった．

MNによるDMD変異領域改変の事例は，J. P. TremblayらおよびDicksonらのグループから2010年と2013年に報告されている．P. Chapedelaineらの報告では，まず2種類のMN (RAG1およびI-SceI) のターゲット配列を挿入して人為的にリーディングフレームをずらしたイヌマイクロジストロフィン cDNAを作製した[33]．この変異cDNAのC末端にEGFPタグをつないだものをCMVプロモーター下に組み込んだプラスミドベースの遺伝子修復アッセイ系を構築した．これを用いて，MNによる切断とNHEJで起こる新規変異がリーディングフレームを回復させられるかを検証した．変異マイクロジストロフィン発現ベクターとRAG1またはI-SceIの発現ベクターを293FT細胞に共発現させたところ，5.5%

12.4 DMDにおけるゲノム編集研究の進展

表 12.1 ゲノム編集技術による DMD 修復例

	ターゲット	デリバリー方法	編集方法	ゲノム改変タイプ	挿入・欠失のサイズ	文献
ex vivo	ヒト筋芽細胞	レンチウイルス	MN	ノックイン	約 1.2 kbp 挿入	34
		エレクトロポレーション	TALEN	フレームシフト	数 bp 挿入・欠失	42
			ZFN	スプライシングアクセプター欠失	約 2.7 kbp 欠失	23
				フレームシフト	数〜十数 bp 欠失	39
			SpCas9	エキソン欠失	約 300 kbp 欠失	22
		アデノウイルス	TALEN + SpCas9	エキソン欠失	数 bp 挿入・欠失	43
				スプライシングアクセプター欠失	0.5-1.5 kbp 欠失	
				フレームシフト	数 bp 挿入・欠失	
	ヒト iPS 細胞	エレクトロポレーション	TALEN	スプライシングアクセプター欠失	十数 bp 欠失	42
				フレームシフト	数 bp 挿入・欠失	
				ノックイン	約 0.15 kbp 挿入	
			SpCas9	スプライシングアクセプター欠失	十数 bp 欠失	
				フレームシフト	数 bp 挿入・欠失	
				ノックイン	約 0.15 kbp 挿入	
				エキソン欠失	530-725 kbp 欠失	82
				スプライシングアクセプター欠失	1 塩	83
				エキソン欠失	約 150 kbp 欠失	
			Cpf1	フレームシフト	数百 bp 欠失	53
				スプライシングアクセプター欠失	約 0.2 kbp 欠失	
				ノックイン	0.18 kbp 挿入	
	マウス受精卵	マイクロインジェクション	SpCas9	終止コドン欠失	数 bp 欠失	49
				ノックイン	数 bp 置換	
			Cpf1	ノックイン	数 bp 置換	53
in vivo	mdx マウス	AAV9	SaCas9	エキソン欠失	約 0.5 kbp 欠失	50
		AAV8			約 1.2 kbp 欠失	51
		AAV9	SpCas9		約 0.3 kbp 欠失	52
		アデノウイルス			約 23 kbp 欠失	81
		AAV rh74	SaCas9		約 23 kbp 欠失	85
	mdx4cv マウス	AAV6	SpCas9		約 5.2 kbp 欠失	62
			SaCas9	HDR	一塩基置換	
	ヒト DMD/mdx マウス	エレクトロポレーション	SpCas9	エキソン欠失	約 708 kbp 欠失	67
	ΔEx50 マウス	AAV9		スプライシングエンハンサー欠失	約数十 bp 欠失	84

の細胞でジストロフィンのリーディングフレームが回復し，それによるマイクロジストロフィンのタンパク質の発現が確認された．この方法では，トランスフェクションされたベクターのうち正常なフレームに回復したベクターの割合が不明で，発現させたMNタンパク質の毒性に由来すると思われる細胞死も観察された．Rag/mdxマウスの筋組織に同じプラスミドをエレクトロポレーションで導入して検証したところ，若干のマイクロジストロフィン陽性の筋線維が認められた．ついでL. Popplewellらは，ヒトDMD遺伝子の44番イントロン中の配列に結合するMNを設計し，レンチウイルスベクターを用いて45-52番エキソンを欠失したヒト筋芽細胞に導入した[34]．この方法ではMNの導入と同時に，テンプレートとして相同領域と正常なDMDの45-52番エキソンをコードしたcDNA配列をもつDNA断片を導入して相同組換えによる変異領域の修復を試みた．この事例ではmRNAレベルでの発現は確認できているものの，タンパク質レベルでのDMDの発現回復は検出できなかった．また，MNによるターゲット領域における挿入または欠失の確率は3.52-9.12%程度と低く，それに加えてHRが起こる確率がきわめて限定的であったと考えられる．

MNの実際の応用を想定した場合には，ヒトジストロフィン遺伝子配列に特異的なMNを作製する必要性があるが，MNの設計や改変は容易ではなく[12]，また，上記の通り細胞内での活性も限定的であったため，実用化にはさらなる改善・改良が必要である．

(2) ZFN

ジンクフィンガーヌクレアーゼ（zinc-finger nuclease：ZFN）は特定の3塩基を認識する．ZFドメインを3-4個組み合わせて特定の領域に結合できるように設計する[35-38]．しかし，単純にZFドメインを連結しただけでは結合切断活性が出ないことが多く，さらなる改良が必要であった．

ZFNによるDMD遺伝子改変についてはTremblayとC. A. Gersbachの各グループから2011年と2015年に報告がある[23,39]．Tremblayのグループの報告では，ヒトジストロフィン50番エキソンに対して設計したZFNを用いて筋芽細胞に導入しているが，挿入・欠失率は1%に満たず，またこの報告ではジストロフィンmRNAやタンパク質の発現回復は確認されていない[39]．

一方で，GersbachのグループはZFNをDMD患者由来の筋芽細胞に導入し，異常な配列をもつ51番エキソンのスプライシングアクセプターを除去し，正常な読み枠をもつ転写産物の回復を試みた[23]．その結果，最大で13%の細胞で読み枠を回復させることができ，ジストロフィンタンパク質の発現も見られた．さらに読み枠を回復させた細胞を免疫不全マウスに移植したところ，筋鞘に局在するジストロフィンタンパク質が確認された．ただしこの事例では，ZFNによりターゲット以外の部位でも結合切断を誘導してしまうことに起因するオフターゲット変異が，最大で0.1%程度発生したことも報告されている．

(3) TALEN

ZFNよりさらに柔軟に設計できるのがTALEN（transcription activator-like effector nuclease）で，これは一つのRVDドメインが一つの塩基に対応している[40]．そのため，四つのRVDドメインを順番に連結することで，ほぼ任意のDNA配列を認識切断することが可能となった．しかし，RVDドメインを20個近くも連結する作業は難易度が高い．

TALENを応用した例は筆者らの研究室を含めて3例ある．Gersbachらのグループでは，TALENを用いて48番から50番のエキソンを欠失したDMD患者由来の不死化筋芽細胞の51番エキソンにフレームシフトを起こさせ，細胞レベルでジストロフィンタンパク質の発現を回復させている[41]．フレームシフトの発生率はおおむね

5％程度であった．ついで筆者らの事例では，DMD患者由来のiPS細胞にTALENを導入してフレームシフト，エキソンスキッピングまたは正常なエキソンをもつドナーカセットのHDRという3通りの手法でジストロフィン回復を試みた[42]．インフレーム回復の発生率は184クローン中10クローン（約5.4％）であり，エキソンスキッピングは184クローン中4クローン（約2.2％）に認められた．さらに，ドナーカセットを用いた44番エキソンのHDRでは約44-87％のクローンでノックインが確認された．これらの修復iPS細胞を*MYOD1*遺伝子の強制発現により骨格筋へと分化させたところ，フレームシフト，エキソンスキッピング，ノックインのいずれにおいてもジストロフィンタンパク質の発現回復が確認された．この事例ではオフターゲットは見られなかった．最近の事例はM. Gonçalvesのグループによるもので，患者由来の筋芽細胞にCRISPR-Cas9/gRNAと複合でTALENを導入し，NHEJによる44-54番エキソン領域の大規模な削除を試みた[43]．この結果，短いが正常なフレームをもつBMD様のジストロフィンタンパク質発現が見られた．

（4）CRISPR-Cas9

最近になって最も注目を浴びているのはCRISPR-Cas9と呼ばれるゲノム編集システムであり[44,45]，2012年の登場以降，研究報告は爆発的に増加してゲノム編集に最も広く使われている．元々は細菌の適応免疫を司るシステムとして発見された[46,47]．20塩基前後のターゲット配列に相補的な短いガイドRNAを設計し，これとヌクレアーゼ活性をもつCas9が複合体を形成することでターゲット領域を切断する．また，Cas9タンパク質に改変を加えることで機能に変化をもたせたさまざまなバリエーションが存在する．

MN，ZFN，TALENがタンパク質ドメインによって核酸配列を認識するのに対し，CRISPR-Cas9は複合体中にある相補的なRNA（single-guide RNA：sgRNA）によって核酸配列を認識する．したがって，PAM配列を含む（2章参照）標的領域に対して20 bp程度のガイドRNAの設計を必要とするのみで，基本的にはベース骨格となるヘアピンRNAモジュールと複合体のヌクレアーゼ部分は一定である．さらに，ZFNやTALENが二量体で機能するのに対し，Cas9タンパク質は単量体で機能する．したがって，設計はきわめてシンプルである．また，他の編集手法とは異なり，ガイドRNAを複数導入することで同時に複数箇所にDNA切断を誘導することが可能である[48]．

初期の報告では，おもに受精卵，筋芽細胞，DMD患者由来iPS細胞，患者由来筋芽細胞などが編集のターゲットとして用いられてきた．E. N. Olsonらによる2014年の報告では，23番エキソンにナンセンス変異をもつmdxマウスの受精卵へ，Cas9とsgRNAをコードするmRNAおよびHDRテンプレートとなる正常配列を含む短いDNA断片（ssODN）を導入し，HDRもしくはNHEJによる遺伝子修復を図った[49]．その結果，ばらつきはあるものの（2-100％），目的の変異部分にHDRによる修復が確認され，オフターゲットは検出されなかった．この事例ではNHEJをもつマウスも得られているが，そのうちインフレームNHEJが起こったものでは生体における組織像，CK値，グリップテストのいずれでもWTと遜色がなかった．ついで筆者らのグループでは，前項（3）の44番エキソンを欠失した患者由来のiPS細胞を用いたTALENの研究と並行して，Cas9によるエキソンスキッピング，フレームシフト，HDRによる編集を比較した[42]．ドナーカセットがない場合のエキソンスキッピングとフレームシフトの効率はいずれも4.4％であった．ドナーカセットを用いたHDRでは，薬剤選択後で50％のクローンにカセットのノックインが認められた．HDRで修復したクローンは

in vitro 分化後に全長のジストロフィンタンパク質の発現を回復した．このケースではオフターゲットは認められなかった．また，筆者らの報告とほぼ同時期に Gersbach らのグループから，単一の sgRNA を用いたフレームシフト修復および二つの sgRNA を用いた単一または大規模エキソン除去によるヒトジストロフィン遺伝子座の編集例が報告されている[22]．ここでは Cas9 と GFP を 2A ペプチドで連結して同時に発現させ，Cas9 を発現したヒト筋芽細胞を GFP を指標にソーティングして濃縮し，編集が起こっている可能性のある細胞集団を回収した．51 番エキソンにフレームシフトを起こさせる sgRNA を導入して GFP 陽性集団を解析したところ，0.8-6.5％ のインデルが見られ，ジストロフィンタンパク質の発現の回復が確認された．また，二つの sgRNA の組合せを用いた場合では，単一エキソンの欠失を狙ったときに最大で 13％ を超える除去効率が見られるとともにジストロフィンの発現も回復した．45 番から 55 番エキソンを大規模に除去する試みでも同様にジストロフィンの発現は回復した．さらに，フレームシフトで修正した筋芽細胞を免疫不全マウスに移植したところ，4 週間後には一部でジストロフィンを発現する筋線維が確認できた．ここでは一部オフターゲットが検出されたほか，オンターゲットサイトとオフターゲットサイト間での転座も，シグナルが弱いながら検出されている．

2016 年には Cas9 を発現するアデノ随伴ウイルス（AAV）ベクターを用い，マウス生体内でもゲノム編集が可能であることが相次いで示された[50-52]．いずれもマウスジストロフィンの 23 番エキソンに異常をもつ mdx マウスを用いて行われ，23 番エキソンの除去[51]もしくはフレームシフトによる読み枠の修正[50,52]の戦略がとられている．これらの試みでは比較的高い効率で編集が起こり，ジストロフィンの発現回復が見られただけでなく，CK 値が正常値近くまで低下したほか，運動機能試験でも一部回復を確認できている[52]．このうち A. Wagers らのグループは，アデノ随伴ウイルスによる編集が筋衛星細胞に及び，長期にわたってゲノム編集の効果が保たれうることを示した．最近では，Cas9 のアナログである Cpf1 を用いてヒト 51 番エキソンをスキッピングまたはナンセンス変異を修復した例が報告された[53]．Cpf1 は Cas9 と同じく RNA をガイドとするエンドヌクレアーゼであるものの，Cas9 で要求される長い構造 RNA を必要とせず，短いガイド RNA のみでターゲットに誘導されるほか[53]，切断後に粘着末端を生成する[55]などの特徴をもっている．Olson らは Cpf1 を用いて 51 番エキソンにナンセンス変異をもつ DMD 患者由来の iPS をフレームシフトで修復し，心筋に誘導後にジストロフィンタンパク質の発現回復を確認したほか，マウス受精卵に導入して生体でのフレームシフトまたは ssODN を併用した HDR によるジストロフィンタンパク質の発現回復に成功している．

より前臨床試験を意識して，ヒトジストロフィン遺伝子を組み込んで部分的にヒト化したマウスを用いた例も報告されている．M. J. Spencer らのチームはマウスの 5 番染色体にヒト DMD 遺伝子を組み込んだ部分ヒト化マウスを用いて，ヒト DMD 遺伝子部分の 45 番エキソンにアウトオブフレーム変異を導入し，さらに mdx マウスもしくは mdxD2 マウスと掛け合わせたヒト化疾患モデルを作製した[56]．このマウスの短肢屈筋に 44 番イントロンと 55 番イントロンに設計した sgRNA と Cas9 を導入して，大規模な欠失によるフレームシフト修復を試みた．エレクトロポレーションから 22-33 日後には，短肢屈筋に加えて虫様筋や骨間筋で 45-55 番エキソンの除去が確認され，修復されたヒトジストロフィン遺伝子座に由来するタンパク質の発現も確認された．最近では，患者末梢血由来 iPS 細胞にゲノム編集を施し，こ

れを筋分化誘導した後に三次元培養して，その収縮機能を評価した報告もある．E. Olson らのグループでは，大規模欠失・偽エキソン変異・重複などの DMD 遺伝子変異をもつ患者由来の iPS 細胞を用いて，エキソンスキッピングによる編集を施した後に，心筋へと分化させてタンパク質発現・収縮機能の回復を調べた[83]．DMD タンパク質の総発現レベルは健常型と比較して 50-100% 回復しており，また心筋細胞集団中の 30-50% の細胞で適切なゲノム編集が起こることで，ほぼ正常に近い機能が得られるとしている．

CRISPR システムはその設計の容易さから，DMD だけでなく各種遺伝子疾患への応用が他の編集技術と比べて最も多い．一方で Cas9 を用いた場合の懸案事項として，ターゲット認識に用いる sgRNA によるターゲット DNA の認識が完全でないために，オフターゲット配列にまで結合して切断誘導してしまう可能性が挙げられる．現時点では，DMD に関するゲノム編集の事例において，筋細胞系や筋組織での機能に深刻な影響を与えるような事例はほとんど報告されていない．しかし，長期にわたって発現させ続けた場合にはオフターゲットの発生率が高まると考えられ，Cas9/sgRNA を導入する場合には一過性の発現系が望ましいと考えられる．

12.5 ゲノム編集治療開発へ向けた課題と展望

12.5.1 編集のターゲットとなる組織，細胞

DMD の治療戦略としてターゲットになるのはおもに骨格筋，心筋，神経系細胞である．ゲノム編集を行う「場」に応じて，① ゲノム編集を施した自家由来の細胞を患者に移植する，② 生体にゲノム編集酵素を導入して in vivo のターゲット組織で DMD 遺伝子を修復する，という方法が想定される．図 12.4 にゲノム編集による DMD 治療スキームを示す．以下にそれぞれの方法論について，とくに筋組織であることに鑑みて送達技術および治療の観点から紹介する．

(1) 細胞を用いた生体外 (ex vivo) 遺伝子治療

患者由来の間葉系幹細胞，筋芽細胞，iPS 細胞

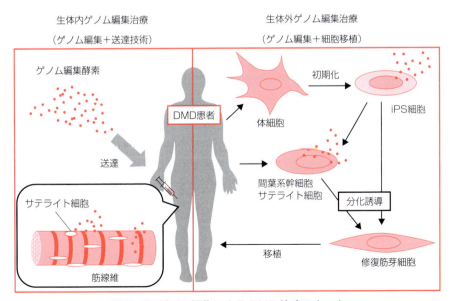

図 12.4　ゲノム編集による DMD 治療スキーム

などに対してゲノム編集を施した後に，適切な細胞種へと分化させて移植する手法である[50]．iPS細胞からの筋線維や筋衛星細胞への in vitro 分化誘導法もすでに開発が進められて[57,58]，また，ゲノムオフターゲットや目的外の危険性を移植前に検査可能であることを考えると，細胞を加工して安全性を確認した後に移植することにはアドバンテージがある．

一方で，健常人由来でジストロフィンタンパク質の発現が正常な間葉系幹細胞や筋芽細胞であっても，大量の細胞を筋組織に移植生着させること，そして機能的回復を誘導することが非常に難しく，数多くの筋芽細胞移植の臨床試験が行われていながら芳しい治療効果が得られなかった．これらのことを鑑みると，仮にゲノム編集技術を用いてジストロフィン遺伝子を回復したとしても，治療方法として確立しうるかどうかはさらなる検討が必要である．

（2）生体内（in vivo）遺伝子治療

患者にゲノム編集酵素を直接投与して必要な組織でゲノムを修復できるのは，最も理想的なかたちといえる．実際にモデル動物では，すでに in vivo での投与による編集で成功している例がいくつかある[51,52,62]．筋組織にゲノム編集を施すことの利点としては，まず1本の筋線維は数千の筋芽細胞の融合体であり，数個の核でジストロフィン遺伝子を修復できれば，筋線維全体へとタンパク質の発現が広がると期待される．また，筋線維は通常，運動負荷に伴って崩壊した部分が筋幹細胞である衛星細胞により再生されるため，衛星細胞での修復ができれば治療効果も長期に持続すると見込まれる．

生体内ゲノム編集治療の課題としては，生体内の目的の組織以外における Cas9 の発現によるオフターゲット編集が懸念される．2017年には J. S. Chamberlain らのグループが，AAV の in vivo 導入時の他の組織への感染によるオフターゲット編集の危険性を減らすために，筋組織特異的に Cas9 を発現する AAV ベクターの例を報告している[62]．生体への直接投与は，細胞と比較すると細胞内への導入や細胞種選択性の確保が困難なため，今後のゲノム編集酵素の送達技術開発が鍵となる．

12.5.2　ゲノム編集治療を行う時期

末期 DMD 患者ではすでに筋細胞および衛星細胞が枯渇しているため，この場合は細胞移植療法のほうがより有効であろう．DMD に in vivo 遺伝子治療を行う場合には，症状が進行する前の早期に開始する必要がある．理論的にもなるべく早期であればあるほど，ゲノム編集の治療効果は大きくなる．では，どこまで早い時期での治療が想定できるであろうか．DMD の確定診断は幼児期につくことが多く，診断直後にゲノム編集治療を実施できれば，病態が進行する前に発症を予防できるため，患者の QOL の向上も期待できて理想的である．

12.5.3　生体内へのデリバリー方法
（1）ベクターによる導入

AAV ベクターは生体への遺伝子導入で最も広く使われている方法の一つである．セロタイプにより組織指向性は異なるが，骨格筋には AAV1, 2, 6, 7, 8, 9 が指向性をもつ．また，心筋に対しては AAV rh74 を用いた例がある[85]．非病原性ウイルス由来であり，ベクターとして核内に入り込むが，エピソームとして存在し，宿主細胞のゲノムには挿入されないため，安全性は高いと考えられている．ただし，血友病などに対する遺伝子治療臨床試験において，骨格筋へ導入した AAV ベクターが投与から数年後であっても検出されるという報告があり[63]，AAV ベクターに Cas9/gRNA を搭載し長期間にわたって発現させ続けることは，標的外類似配列（オフターゲット）にさらなる変

異をもたらす危険性がある．また，AAV はヒト集団の中でごくありふれたウイルスであり，10 代以上の全人口の約 8 割が，いずれかの AAV セロタイプに感染履歴があることが報告されている[64]．特定のセロタイプに対する中和抗体が存在する場合は免疫クリアランスを受けてしまい，AAV ベクターを投与しても細胞への遺伝子導入ができない．したがって，AAV に対する抗体をもつ患者は効果的な治療を受けることができない．また，AAV ベクターを繰り返し投与することも困難である．さらに，ウイルスの搭載可能サイズ限界は 4.5 kb ほどであり，最も広く用いられている CRISPR の化膿性レンサ球菌由来 SpCas9（4.2 kb）では搭載限界に近い．したがって，黄色ブドウ球菌由来 SaCas9（3.2 kb）などの，よりサイズが小さい Cas9 を用いるケースもある[65]．レンチウイルスによる導入[66]は細胞への導入においても生体への導入においても効率が非常に高いが，染色体へとインテグレーションされてしまい Cas9/gRNA が持続発現することになるため，臨床応用には安全性の評価においてとくに慎重な姿勢が求められる．ほかにも一般的なプラスミドベクターを用いて導入することも可能ではあるが，細胞に対してはエレクトロポレーション法やリポソーム担体を用いることが比較的容易であり，生体にも応用はされている[57, 67]ものの，生体には侵襲性や免疫原性が高い[68]．したがって生体でも安全に使える担体や複合体の開発が望まれている．

ジストロフィン mRNA は 14 Mb と非常に長く，かつては全長 cDNA を増幅・導入するクローニングそのものですら技術的に困難であった．最近ではクローニング技術の改良により，アデノウイルスベクターやプラスミドを用いたジストロフィン全長 cDNA の細胞や筋組織への導入なども可能になっている[18]．しかし，アデノウイルスは細胞毒性や免疫抗原性が高く，プラスミドベクターを細胞に導入して長期選択を行うとゲノムへランダムに挿入されることから，安全性に問題があり，この点では後述の mRNA かタンパク質による一過的なゲノム編集酵素の発現に利点がある．

(2) mRNA による導入

mRNA は一般的に内在性のリボヌクレアーゼや肝臓などでの分解の影響を受けやすい[69, 70]ため，一過性発現には適している．一方で，自然免疫系のターゲットとなることが知られており[71]，これを回避するために RNA に修飾を施して安定性を上昇させている[80, 81]．サイズの小さい領域であれば，浸透圧[74]や超音波を利用したキャリアフリーデリバリーも可能ではある．実際に生体に応用した研究例としては，Cas9 をコードする mRNA を脂質や PEG などの高分子から構成されるキャリアで内封し，sgRNA をコードする AAV と一緒に肝臓へ導入することで，6% を超えるゲノム編集効率を確認できた例もある．

(3) タンパク質による導入

編集酵素をタンパク質のかたちで導入する試みも行われている．一般的なトランスフェクション試薬と負電荷に改変した TALEN や Cas タンパク質とで複合体形成して導入した例において，培養細胞では最大で 80%，生体（毛包細胞）では 20% の編集効率が見られている．生分解性脂質キャリアを用いた事例では[75]，培養細胞へ Cas9 を導入することで 70% 以上のターゲットゲノム変異導入効率を得ている．タンパク質導入の問題点としては，とくに液性免疫システムの標的となる可能性が挙げられる．核酸による導入と異なる点は，その調整の難しさにある．酵素活性を保持した状態で大量に精製する必要があり，コストがかかる．しかし，導入直後から活性をもち，分解や排出後には速やかに活性が消失するため，一過性の発現を実現するためには最も有望な導入方法の一つであるといえる．

12.6 今後の課題

編集とデリバリーの技術開発は進んできたものの，全身で最大の臓器である骨格筋すべての機能を補完するためには，いまだに課題が多い．骨格筋についていえば，到達目的である核が局在する筋鞘の外側は複雑な結合組織で被覆されているため，局所投与にしても静脈経由の投与にしても，いかに高い効率で浸透させられるかが課題である．また，DMDでは神経組織の病変もしばしば見られるが，脳へのデリバリーではAAVを用いてマウス脳でMecp2を含むいくつかの遺伝子の編集を試みた例がある[76]ものの，複雑なシグナル系を擁する高次脳機能を回復させられるかについてはさらなる検討が必要である．

ゲノム編集の治験は，DMD以外の疾患では，海外でSangamo Therapeutics社などが主導となってHIV治療や腫瘍免疫などの分野で臨床試験が開始されている[77,78]が，残念ながら本邦ではゲノム編集技術の臨床応用が遅れをとっているといわざるをえない．十数年前の遺伝子治療臨床研究では，アデノウイルスに対する全身性の炎症が引き起こされたケース[79]や，レトロウイルスが原がん遺伝子を活性化し白血病が起こったケース[81]があった結果，遺伝子治療業界全体が停滞したという苦い経験をもつ．これら過去の教訓から，ゲノム編集技術を臨床応用する場合においてどのようにして予防策をとるべきであろうか．オフターゲットにおける予期せぬ変異導入がないかは，ゲノムシーケンスで読むことができるかもしれないが，一方でヒトのゲノム配列は多様であり，どの配列が正常でどの配列が異常であるかを判定するのは並大抵ではない．また免疫原性についても，患者由来の末梢血を用いて反応を見たり，免疫系ヒト化マウスなどの開発も進められており[56]，ある程度ゲノム編集酵素などに対する免疫反応を見ることができるが，それでもなお実験動物とヒトとの差異に留意する必要がある．ゲノム編集およびその周辺技術の開発とともに，安全性の評価を並行して進めていくことが求められている．

（堀田秋津・岩渕久美子）

文献

1) M. Koenig, E. P. Hoffman, C. J. Bertelson, A. P. Monaco, C. Feener, L. M. Kunkel, *Cell*, **50**(3), 509 (1987).
2) デュシェンヌ型筋ジストロフィー診療ガイドライン 1. 総論．
3) デュシェンヌ型筋ジストロフィー診療ガイドライン 2. 診断・告知・遺伝．
4) P. A. 't Hoen, E. J. d. Meijer, J. M. Boer, R. H. Vossen, R. Turk, R. G. Maatman et al., *J. Biol. Chem.*, **283**(9), 5899 (2008).
5) C. L. Bladen, D. Salgado, S. Monges, M. E. Foncuberta, K. Kekou, K. Kosma et al., *Human Mutation*, **36**(4), 395 (2015).
6) Y. Takeshima, M. Yagi, Y. Okizuka, H. Awano, Z. Zhang, Y. Yamauchi et al., *Journal of Human Genetics*, **55**(6), 379 (2010).
7) F. Muntoni, S. Torelli, A. Ferlini, *Lancet Neurol.*, **2**(12), 731 (2003).
8) M. Koenig, A. H. Beggs, M. Moyer, S. Scherpf, K. Heindrich, T. Bettecken et al., *Am. J. Hum. Genet.*, **45**(4), 498 (1989).
9) A. H. Beggs, E. P. Hoffman, J. R. Snyder, K. Arahata, L. Specht, F. Shapiro et al., *Am. J. Hum. Genet.*, **49**(1), 54 (1991).
10) T. L. v. Westering, C. A. Betts, M. J. Wood, *Molecules*, **20**(5), 8823 (2015).
11) J. P. Tremblay, J. P. Iyombe-Engembe, B. Duchêne, D. L. Ouellet, *Mol. Ther.*, **24**(11), 1888 (2016).
12) A. Nicolas, C. Raguénès-Nicol, R. B. Yaou, S. A. -L. Hir, A. Chéron, V. Vié et al., *Hum. Mol. Genet.*, **24**(5), 1267 (2015).
13) K. P. Campbell, *Cell*, **80**(5), 675 (1995).
14) A. Nakamura, S. Takeda, *J. Biomed. Biotechnol.*, **2011**, 184393 (2011).
15) C. Whitmore, J. Morgan, *Int. J. Exp. Pathol.*, **95**(6), 365 (2014).
16) K. A. Lapidos, R. Kakkar, E. M. McNally, *Circ. Res.*, **94**(8), 1023 (2004).
17) A. S. Rosenberg, M. Puig, K. Nagaraju, E. P. Hoffman, S. A. Villalta, V. A. Rao et al., *Sci. Transl. Med.*, **7**(299), 299rv4 (2015).
18) G. Q. Wallace, E. M. McNally, *Annu. Rev. Physiol.*, **71**, 37 (2009).

19) F. Rahimov, L. M. Kunkel, *J. Cell Biol.*, **201**(4), 499 (2013).
20) デュシェンヌ型筋ジストロフィー診療ガイドライン 5. ステロイド治療.
21) ClinicalTrials.gov Identifier: NCT02285673.
22) D. G. Ousterout, A. M. Kabadi, P. I. Thakore, W. H. Majoros, T. E. Reddy, C. A. Gersbach, *Nat. Commun.*, **6**, 6244 (2015).
23) D. G. Ousterout, A. M. Kabadi, P. I. Thakore, P. Perez-Pinera, M. T. Brown, W. H. Majoros et al., *Mol. Ther.*, **23**(3), 523 (2015).
24) E. A. Moehle, J. M. Rock, Y. L. Lee, Y. Jouvenot, R. C. DeKelver et al., *Proc. Natl. Acad. Sci. USA*, **104**(9), 3055 (2007).
25) A. Lombardo, P. Genovese, C. M. Beausejour, S. Colleoni, Y. L. Lee, K. A. Kim et al., *Nat. Biotechnol.*, **25**(11), 1298 (2007).
26) G. Silva, L. Poirot, R. Galetto, J. Smith, G. Montoya, P. Duchateau et al., *Curr. Gene Ther.*, **11**(1), 11 (2011).
27) B. L. Stoddard, *Structure*, **19**(1), 7 (2011).
28) L. Colleaux, L. d'Auriol, M. Betermier, G. Cottarel, A. Jacquier, F. Galibert et al., *Cell*, **44**(4), 521 (1986).
29) S. Arnould, P. Chames, C. Perez, E. Lacroix, A. Duclert, J. C. Epinat et al., *J. Mol. Biol.* **355**(3), 443 (2006).
30) J. B. Doyon, V. Pattanayak, C. B. Meyer, D. R. Liu, *J. Am. Chem. Soc.*, **128**(7), 2477 (2006).
31) J. Ashworth, J. J. Havranek, C. M. Duarte, D. Sussman, R. J. Monnat, B. L. Stoddard et al., *Nature*, **441**(7093), 656 (2006).
32) L. E. Rosen, H. A. Morrison, S. Masri, M. J. Brown, B. Springstubb, D. Sussman et al., *Nucleic Acids Res.*, **34**(17), 4791 (2006).
33) P. Chapdelaine, C. Pichavant, J. Rousseau, F. Pâques, J. P. Tremblay, *Gene Therapy*, **17**(7), 846 (2010).
34) L. Popplewell, T. Koo, X. Leclerc, A. Duclert, K. Mamchaoui, A. Gouble et al., *Human Gene Therapy*, **24**(July), 692 (2013).
35) C. A. Gersbach, T. Gaj, C. F. Barbas, *Acc. Chem. Res.*, **47**(8), 2309 (2014).
36) Q. Liu, D. J. Segal, J. B. Ghiara, C. F. Barbas, *Proc. Natl. Acad. Sci. USA*, **94**(11), 5525 (1997).
37) S. A. Wolfe, L. Nekludova, C. O. Pabo, *Annu. Rev. Biophys. Biomol. Struct.*, **29**, 183 (2000).
38) Y. G. Kim, J. Cha, S. Chandrasegaran, *Proc. Natl. Acad. Sci. USA*, **93**(3), 1156 (1996).
39) J. Rousseau, P. Chapdelaine, S. Boisvert, L. P. Almeida, J. Corbeil, A. Montpetit et al., *J. Gene Med.*, **13**(10), 522 (2011).
40) J. C. Miller, S. Tan, G. Qiao, K. A. Barlow, J. Wang, D. F. Xia et al., *Nat. Biotechnol.*, **29**(2), 143 (2011).
41) D. G. Ousterout, P. Perez-Pinera, P. I. Thakore, A. M. Kabadi, M. T. Brown, X. Qin et al., *Mol. Ther.*, **21**(9), 1718 (2013).
42) H. L. Li, N. Fujimoto, N. Sasakawa, S. Shirai, T. Ohkame, T. Sakuma et al., *Stem Cell Reports*, **4**(1), 143 (2015).
43) I. Maggio, L. Stefanucci, J. M. Janssen, J. Liu, X. Chen, V. Mouly et al., *Nucleic Acids Research*, **44**(3), 1449 (2015).
44) P. D. Hsu, E. S. Lander, F. Zhang, *Cell*, **157**(6), 1262 (2014).
45) J. A. Doudna, E. Charpentier, *Science*, **346**(6213), 1258096 (2014).
46) R. Barrangou, C. Fremaux, H. Deveau, M. Richards, P. Boyaval, S. Moineau et al., *Science*, **315**(5819), 1709 (2007).
47) S. J. Brouns, M. M. Jore, M. Lundgren, E. R. Westra, R. J. Slijkhuis, A. P. Snijders et al., *Science*, **321**(5891), 960 (2008).
48) H. Wang, H. Yang, C. S. Shivalila, M. M. Dawlaty, A. W. Cheng, F. Zhang et al., *Cell*, **153**(4), 910 (2013).
49) C. Long, J. R. McAnally, J. M. Shelton, A. A. Mireault, R. Bassel-Duby, E. N. Olson, *Science*, **345**(6201), 1184 (2014).
50) M. Tabebordbar, K. Zhu, J. K. W. Cheng, W. L. Chew, J. J. Widrick, W. X. Yan et al., *Science*, **351**(6271), 407 (2016).
51) C. E. Nelson, C. H. Hakim, D. G. Ousterout, P. I. Thakore, E. A. Moreb, R. M. C. Rivera et al., *Science*, **351**(6271), 403 (2016).
52) C. Long, L. Amoasii, A. A. Mireault, J. R. McAnally, H. Li, E. Sanchez-Ortiz et al., *Science*, **351**(6271), 400 (2016).
53) Y. Zhang, C. Long, H. Li, J. R. McAnally, K. K. Baskin, J. M. Shelton et al., *Science Advances*, **2017**(April), 1.
54) M. Jinek, K. Chylinski, I. Fonfara, M. Hauer, J. A. Doudna, E. Charpentier, *Science*, **337**(6096), 816 (2012).
55) B. Zetsche, J. S. Gootenberg, O. O. Abudayyeh, I. M. Slaymaker, K. S. Makarova, P. Essletzbichler et al., *Cell*, **163**(3), 759 (2015).
56) C. S. Young, E. Mokhonova, M. Quinonez, A. D. Pyle, M. J. Spencer, *Journal of Neuromuscular Diseases*, **2017**, 1.
57) J. Chal, M. Oginuma, Z. A. Tanoury, B. Gobert, O. Sumara, A. Hick et al., *Nat. Biotechnol.*, **33**(9), 962 (2015).
58) J. Chal, Z. A. Tanoury, M. Hestin, B. Gobert, S.

Aivio, A. Hick et al., *Nat. Protoc.*, **11**(10), 1833 (2016).

59) C. Huai, C. Jia, R. Sun, P. Xu, T. Min, Q. Wang et al., *Hum. Genet.*, **136**(7), 875 (2017).

60) K. Kim, S.-M. Ryu, S.-T. Kim, G. Baek, D. Kim, K. Lim et al., *Nat. Biotechnol*, **35**(5), 435 (2017).

61) E. Lanphier, F. Urnov, S. E. Haecker, M. Werner, J. Smolenski, *Nature*, **519**(7544), 410 (2015).

62) N. E. Bengtsson, J. K. Hall, G. L. Odom, M. P. Phelps, C. R. Andrus, R. D. Hawkins et al., *Nature Communications*, **8**, 14454 (2017).

63) G. Buchlis, G. M. Podsakoff, A. Radu, S. M. Hawk, A. W. Flake, F. Mingozzi et al., *Blood*, **119**(13), 3038 (2012).

64) V. L. Jeune, J. A. Joergensen, R. J. Hajjar, T. Weber, *Hum. Gene Ther. Methods*, **24**(2), 59 (2013).

65) F. A. Ran, L. Cong, W. X. Yan, D. A. Scott, J. S. Gootenberg, A. J. Kriz et al., *Nature*, **520**(7546), 186 (2015).

66) A. Lattanzi, S. Duguez, A. Moiani, A. Izmiryan, E. Barbon, S. Martin et al., *Mol. Ther. Nucleic Acids*, **7**, 11 (2017).

67) J. P. Iyombe-Engembe, D. L. Ouellet, X. Barbeau, J. Rousseau, P. Chapdelaine, P. Lagüe et al., *Mol. Ther. Nucleic Acids*, **5**, e283 (2016).

68) H. Hemmi, O. Takeuchi, T. Kawai, T. Kaisho, S. Sato, H. Sanjo et al., *Nature*, **408**(6813), 740 (2000).

69) M. A. Behlke, *Oligonucleotides*, **18**(4), 305 (2008).

70) K. Kawabata, Y. Takakura, M. Hashida, *Pharm. Res.*, **12**(6), 825 (1995).

71) F. Heil, H. Hemmi, H. Hochrein, F. Ampenberger, C. Kirschning, S. Akira et al., *Science*, **303**(5663), 1526 (2004).

72) M. S. Kormann, G. Hasenpusch, M. K. Aneja, G. Nica, A. W. Flemmer, S. Herber-Jonat et al., *Nat. Biotechnol.*, **29**(2), 154 (2011).

73) L. Zangi, K. O. Lui, A. v. Gise, Q. Ma, W. Ebina, L. M. Ptaszek et al., *Nat. Biotechnol.*, **31**(10), 898 (2013).

74) T. Suda, D. Liu, *Mol. Ther.*, **15**(12), 2063 (2007).

75) M. Wang, J. A. Zuris, F. Meng, H. Rees, S. Sun, P. Deng et al., *Proc. Natl. Acad. Sci. USA*, **113**(11), 2868 (2016).

76) L. Swiech, M. Heidenreich, A. Banerjee, N. Habib, Y. Li, J. Trombetta et al., *Nat. Biotechnol.*, **33**(1), 102 (2015).

77) Ascending Dose Study of Genome Editing by Zinc Finger Nuclease Therapeutic SB-FIX in Subjects With Severe Hemophilia B.

78) Ascending Dose Study of Genome Editing by the Zinc Finger Nuclease (ZFN) Therapeutic SB-318 in Subjects With MPS I.

79) S. Lehrman, *Nature*, **401**(6753), 517 (1999).

80) S. Hacein-Bey-Abina, S. Y. Pai, H. B. Gaspar, M. Armant, C. C. Berry, S. Blanche et al., *N. Engl. J. Med.*, **371**(15), 1407 (2014).

81) L. Xu, K. H. Park, L. Zhao, J. Xu, M. E. Rafaey, Y. Gao et al., *Mol. Ther.*, **24**(3), 564 (2016).

82) C. S. Young, M. R. Hicks, N. V. Ermolova, H. Nakano, M. Jan, S. Younesi et al., *Cell Stem Cell*, **18**(4), 533 (2016).

83) C. Long, H. Li, M. Tiburcy, C. Rodriguez-Caycedo, V. Kyrychenko, H. Zhou et al., *Sci. Adv.*, **4**(1), eaap9004 (2018).

84) L. Amoasii, C. Long, H. Li, A. A. Mireault, J. M. Shelton, E. Sanchez-Ortiz et al., *Sci. Transl. Med.*, **9**, eaan8081 (2017).

85) M. E. Refaey, L. Xu, Y. Gao, B. D. Canan, T. M. A. Adesanya, S. C. Warner et al., *Circ. Res.*, **21**(8), (2017).

Part III 疾患治療

CRISPR-Cas 技術を用いたB型肝炎根治を目指す新規治療法

Summary

B型肝炎ウイルス（HBV）の慢性感染者は世界に約3.6億人存在し，それに起因する肝硬変や肝がんなどによる死亡者数は年間約88万人に上る．環状不完全二本鎖DNAであるHBVは，細胞内へ侵入した後に核内で二本鎖閉鎖環状DNA（cccDNA）となり，そこから各種ウイルスRNAが転写される．ヌクレオキャプシド内においてプレゲノムRNAを鋳型にDNAゲノムが逆転写され，エンベロープをまとい，ウイルス粒子として細胞外に放出される．現在，B型慢性肝炎に対する抗ウイルス治療として，逆転写酵素阻害剤である核酸アナログが広く使用されている．しかし核酸アナログは，ウイルス複製は抑制できるもののcccDNAに対する作用をもっておらず，感染細胞からのHBVの完全排除は期待できない．このため，治療中止後の再燃や長期服用による耐性変異の出現など，いまだ多くの問題を抱えている．近年，HBVゲノムを標的としたCRISPR-Casが，HBV感染細胞内においてcccDNAの切断を誘導しHBV DNAを減少させることが多数報告されている．しかし，*in vitro* の実験系においてはこの方法により強力な抗ウイルス効果が発揮されることが示されているが，*in vivo* におけるこの治療の有効性はいまだ明らかではない．CRISPR-Casを用いた治療は，オフターゲットによる安全性の問題や投与方法の問題など乗り越えるべき課題は多いが，cccDNAに対する直接的な作用をもっていることからHBVの排除を目指せる治療として非常に注目されており，今後の発展が期待される．

13.1 はじめに

B型肝炎ウイルス（HBV）は3.2 kbの環状不完全二本鎖DNAであり，1965年にB. Blumbergらによって発見された．現在HBVに持続感染しているHBVキャリアは，世界で約3.6億人存在すると考えられており，国内においても約130万人が存在する[1]．国内でのHBVのおもな感染経路は，HBVキャリアの母からの母子感染（垂直感染）であり，その多くがHBVキャリアとなり，成人になって肝炎を発症する．なかでも慢性肝炎が遷延する症例においては，肝硬変，ひいては肝不全，肝細胞がんへと進展するため，抗ウイルス療法が必要となる．抗ウイルス療法にはインターフェロン治療と核酸アナログ治療があり，抗ウイルス効果の作用機序や特性が大きく異なる．インターフェロン治療はウイルス増殖抑制作用と免疫賦活作用を併せもつが，副作用が多い．核酸アナログはウイルス増殖抑制作用がきわめて高いが，治療中止後の肝炎再燃率が高く，長期継続投与が必要であり，また薬剤耐性変異ウイルスが出現する可能性がある．しかし，いずれの治療においても体内からHBVを完全には排除できない．そこで近年，ゲノム編集技術を用いてB型肝炎の根治を目指す治療法の開発が精力的に行われている．なかでもCRISPR（clustered regularly interspaced short palindromic repeats）-Casシステムを用いてHBVゲノムを切断・破壊し，ウイルスを排除

する試みが多数報告され，その有用性が示されている．そこで本章では，CRISPR-Cas 技術を用いた B 型肝炎根治を目指す新しい治療法について，これまでの報告をまとめるとともに乗り越えるべき課題と今後の展望について解説したい．

13.2　HBV ゲノムと HBV 遺伝子

HBV はヘパドナウイルス科オルソヘパドナウイルス属に属するウイルスであり，約 3200 塩基の環状不完全二本鎖 DNA をゲノムとする[2]．ウイルスの複製過程において逆転写過程をもっているため，DNA ウイルスにしては例外的に変異を生じやすい．ウイルスの塩基配列の違いによって遺伝子型（genotype）に分類されており，全塩基の 8% 以上が異なっている A–H，J の九つの遺伝子型がこれまでに知られている．HBV の遺伝子型には地域差があることが知られており，ヨーロッパでは遺伝子型 A，D が多いが，日本を含む東アジアでは B や C の遺伝子型症例が多く存在する．HBV は径約 42 nm のデーン（Dane）粒子と呼ばれる感染性 HBV 粒子を形成するが，その内部は二層構造であり，表面はエンベロープ，内部はヌクレオキャプシド（コア粒子）からなっている（図 13.1）．このコア粒子は 120 対のコアタンパク質の二量体から形成されており，その内部には HBV ゲノム 1 コピーとポリメラーゼタンパク質が存在している．また，エンベロープは脂質二重膜と 3 種類の表面タンパク質（large S, middle S, small S）から構成されている．ウイルス粒子中に含まれるウイルスゲノムのマイナス鎖 DNA は完全長だが，プラス鎖 DNA は約 2/3 の長さであり，不完全な二本鎖 DNA となっている[2]．このゲノム内には pre-C/C 遺伝子，P 遺伝子，pre-S1/S2/S 遺伝子，X 遺伝子という四つの ORF（open reading frame）が存在し，それらはいずれも同じ方向を向き，部分的あるいは完全に重複している（図 13.2）．それに加えて HBV ゲノムは，複製過程にかかわるダイレクトリピート 1 および 2（DR1，DR2）とプロモーター，さらに二つのエンハンサー（EnI，EnII）をもっている．HBV ゲノムからは，転写産物としてゲノム全長をカバーする 3.5 kb に加えて，2.4 kb，2.2 kb，2.1 kb，0.7 kb の各種 mRNA がつくられる．pre-C/C 遺伝子は，3.5 kb の mRNA のプレコア翻訳開始コドン（ATG）を含む全長から，HBe 抗原タンパク質などのプレコア/コア遺伝子産物を産生する．また P 遺伝子も，同様の mRNA から，HBV 複製に重要なポリメラーゼタンパク質を産生する．さらに，この mRNA のうちプレコア ATG を除いた領域が，プレゲノム RNA（pgRNA）として逆転写の鋳型として機能すると同時に，そこから

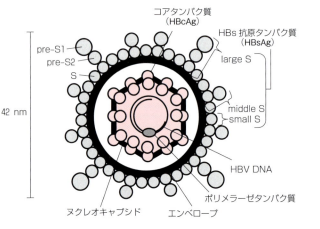

図 13.1　HBV 粒子構造
感染性粒子（デーン粒子）の構造の模式図．コアタンパク質の二量体から形成されるコア粒子内に HBV ゲノムとポリメラーゼタンパク質が存在する．外側のエンベロープは HBs 抗原タンパク質と脂質二重膜からなる．

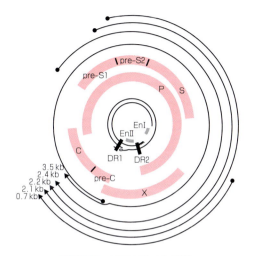

図 13.2 HBV ゲノム構造
HBV のゲノム構造と転写産物ならびに各遺伝子．3.2 kb の HBV ゲノムのマイナス鎖 DNA は一部オーバーラップし，プラス鎖は不完全長となっている．En：エンハンサー，DR：ダイレクトリピート．

HBc 抗原タンパク質も産生される．さらに S 遺伝子は三つの膜タンパク質を発現し，2.4 kb の LS mRNA からは pre-S1/S2 を含む HBs 抗原タンパク質（large S）が産生され，2.2 kb の MS mRNA からは Pre-S2 を含む HBs 抗原タンパク質（middle S），そして 2.1 kb の SS mRNA からは HBs 抗原タンパク質（small S）が産生される．また X 遺伝子については，固有の 0.7 kb の mRNA から 154 アミノ酸の HBx タンパク質を産生する．

13.3 HBV の生活環

図 13.3 に HBV の生活環を示す．感染性 HBV 粒子であるデーン粒子が肝実質細胞表面の受容体に結合して，肝細胞内へ取り込まれることで

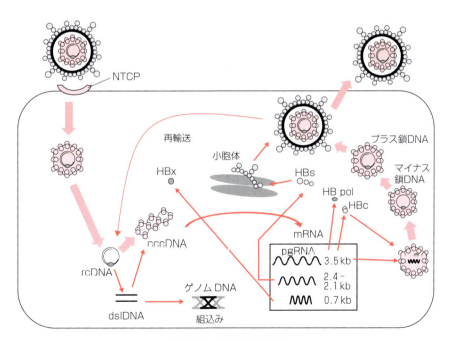

図 13.3 HBV の生活環
感染性粒子が NTCP などの受容体に結合して細胞内に侵入し，核内において rcDNA から cccDNA が形成される．cccDNA からは mRNA が転写され，各種ウイルスタンパク質が翻訳される．また pgRNA はポリメラーゼタンパク質とともにヌクレオキャプシド内にパッケージされる．pgRNA からは逆転写反応により DNA ゲノムが形成され，エンベロープをまとい細胞外へ分泌されるが，一部は核内へと再輸送される．

HBVの感染過程は開始される．この受容体は近年まで未知であったが，2012年 H. Yan らにより，胆汁酸のトランスポーターである NTCP（sodium taurocholate cotransporting polypeptide）タンパク質がその受容体の一つであることが報告された[3]．HBV は受容体を介して細胞内に侵入した後，末端タンパク質を外して核内に移行し，その不完全二本鎖 DNA（relaxed circular DNA：rcDNA）が修復されることで二本鎖閉鎖環状 DNA（covalently closed circular DNA：cccDNA）となる．そしてこの cccDNA から，ウイルスがもつプロモーターやエンハンサーの制御下に前述の各種ウイルス RNA が転写され，これらのウイルス RNA はスプライシングされることなく細胞質へと核外輸送される．これらの RNA は 5' 末端にキャップ構造が，3' 末端にポリ A が付加されており，キャップ依存性のタンパク質翻訳が行われる．ウイルス RNA の一つである pgRNA の 5' 末端近傍には，パッケージングシグナル配列であるイプシロン（ε）が存在し，同部位にポリメラーゼタンパク質が結合することで，pgRNA のヌクレオキャプシド内へのパッケージングが開始される．このコア粒子内では，ポリメラーゼタンパク質のもつ逆転写酵素活性により pgRNA を鋳型として HBV のマイナス鎖 DNA が合成される．また，このポリメラーゼタンパク質は RNaseH 活性をもっており，逆転写過程が終了した pgRNA の分解を行う．その後，マイナス鎖 DNA は環状構造を呈し，さらにポリメラーゼタンパク質の DNA ポリメラーゼ活性によりプラス鎖 DNA の合成が行われる．これにより rcDNA が合成され，エンベロープをまとい細胞外に放出されていく．一部のコア粒子は核内へと再輸送され，その rcDNA から cccDNA がつくられることで，細胞内でのウイルスゲノムのコピー数の増加に寄与している．また，rcDNA の一部は二本鎖直鎖 DNA（double-strand linear DNA：dslDNA）となることで，宿主のゲノム DNA 内に組み込まれる．

13.4　B型肝炎の疫学

　現在 HBV に持続感染している HBV キャリアは世界で約 3.6 億人存在すると考えられており，それに起因する肝硬変や肝がんなどによる死亡者数は年間約 88 万人に上る[1,4]．国内においてもキャリアは約 130 万人存在し，そのキャリア率は日本の人口全体の約 1% に達している．HBV のおもな感染経路としては，垂直感染によるものと HBV キャリアからの血液や性交渉を介しての感染（水平感染）の二つの経路が存在する．成人において HBV に感染した場合，70% 以上は不顕性感染となり，20-30% において急性肝炎を発症する．しかし肝炎発症例においては，ウイルス抗原に対する免疫応答が非常に強く生じる結果，ウイルス排除が達成されることが多く，その後持続感染となる症例は少ない．一方，出産時ないし乳幼児期に感染した場合には，免疫によるウイルス排除が起こらず，90% 以上が HBV キャリアとなる．日本では HBV キャリアの大部分は母子感染によるものであるが，1986 年から HBV キャリア母から出生した児に対する HB 免疫グロブリンとワクチンによる母子感染防止事業が開始されたため，若年者での HBV キャリア例は著しく減少している．一方，欧米に存在した遺伝子型Aの HBV 感染症例が，近年急速に広がっている．遺伝子型Aの HBV 感染は成人でも約 10% が持続感染となることが知られており，大きな問題となっている[5]．

13.5　B型肝炎の臨床経過

　成人期に HBV に感染した際には，通常，一過性感染の経過を呈する．血中での HBV DNA の上昇に続いて，HBV 感染肝細胞を認識した免疫担当細胞による肝細胞破壊が生じ，トランスアミ

ナーゼ値の上昇に反映される急性肝炎が発症する．その後，血中から HBV DNA は消失し，HBs 抗原に対する中和抗体とされる HBs 抗体が出現して治癒状態となる．しかし，これら治癒と考えられていた症例においても，HBV DNA は cccDNA として感染細胞内に残存しており，化学療法や免疫抑制療法の際に血中の HBV DNA が再上昇（ウイルス再活性化）する例があることが明らかとなった．こういった症例の一部において実際に肝炎（de novo B 型肝炎）を発症することも報告され，劇症化する頻度が高いことから，その予防ガイドラインが策定されている[1]．

一方，母子感染症例の多くや一部の急性肝炎症例では，HBV が持続感染してキャリアとなる．この HBV キャリアの自然経過には，さまざまな病期が存在する[6]．母子感染例の多くは，幼少期から若年成人までの間，HBV に対する免疫応答が生じず，免疫寛容状態となっている（免疫寛容期）．この間は無症候性キャリア期として，ウイルス増殖は非常に活発に行われているが，肝障害は伴わない．その後成人に達すると，HBV に対する免疫応答が生じ，肝炎が発症する（免疫応答期）．しかし，成人の初感染ほどの免疫応答は生じないことが多く，ウイルスが完全に排除されずに慢性肝炎の状態を呈する．この状態が長期に持続すると，肝線維化が進行し肝硬変へと進展するが，1 年に 5% 程度の割合で HBe 抗原の消失と HBe 抗体の出現（セロコンバージョン，seroconversion）が生じ，肝炎が沈静化する．セロコンバージョンを呈し，その後 HBV DNA が減少した症例は非活動性キャリアとなり，ALT の正常化が持続する（低増殖期）．母子感染による HBV キャリアのうち，最終的に約 90% の症例が非活動性キャリアとなる．さらにこれらの症例は，1 年に約 1% の割合で HBs 抗原の消失や HBs 抗体の出現を認め，寛解期（回復期）となり，その予後が良好である．しかし約 10-15% のキャリア症例は，HBV DNA が減少せず慢性肝炎から肝硬変へと進行し，年率 5-8% の割合で肝細胞がんを発症する．また，セロコンバージョンを達成した症例の一部において，HBV DNA が減少せず慢性肝炎が持続する場合があり，寛解期の症例においても，前述の HBV 再活性化からの de novo 肝炎を発症する場合がある．

13.6 B 型慢性肝炎の治療

B 型急性肝炎は劇症化しなければ生命予後は良好であり，自然治癒しやすい疾患であることから，安静加療を基本として薬物治療を必要とすることは少ない．一方，B 型慢性肝炎においてはウイルス学的因子や患者因子，病期の進行度などを考慮して，その治療方針が決定される．B 型慢性肝炎に対する治療ガイドラインが日本肝臓学会から発表されており，これまでに何度か改正が行われてきた[1]．2017 年に発表された最新のガイドラインでは，その治療開始基準は，慢性肝炎では HBV DNA 量が 2000 IU/mL 以上かつ ALT > 31 IU/L 以上の症例であり，肝硬変では ALT 値は問わず HBV DNA 陽性症例である．その治療目標は，短期的には HBV DNA の陰性化ならびに ALT の持続正常化，HBe 抗原の陰性化であるが，長期的には HBs 抗原の消失である．現在，HBV 持続感染者に対する抗ウイルス治療として用いられる薬剤には，Peg-IFN と核酸アナログ製剤がある．Peg-IFN は，通常のインターフェロンにポリエチレングリコールを付加して，血中半減期を大幅に延長させた薬剤である．HBV DNA 増殖抑制作用とともに免疫賦活作用をもっているため，宿主免疫による抗ウイルス効果も期待できるが，その治療効果は限定的である．一方，核酸アナログ製剤は経口治療薬という利便性に加えて，約 90% と高い確率で HBV DNA 陰性化が得られる．またインターフェロンに比べると副作用が少なく，

肝硬変患者にも安全に投与することができる．我が国ではラミブジン，アデホビル，エンテカビルの 3 剤に加えて，近年テノホビルが新たに B 型肝炎に対して使用可能となっている．核酸アナログの作用機序はウイルス複製過程における逆転写酵素活性を阻害することにあり，ウイルス複製を抑制することで治療開始後速やかに血中 HBV DNA を低下させ，肝炎を鎮静化させることが可能となる．しかし，B 型慢性肝炎における抗ウイルス治療の最終目標が HBs 抗原の消失であるのに対して，核酸アナログはその作用機序のもつ性質上，HBs 抗原に与える効果はきわめて限定的である．また cccDNA に対する作用をもっていないため，投与を中止すると肝細胞核内に残存する cccDNA を鋳型とした HBV DNA 複製が再開し，高率に肝炎が再燃する．このため核酸アナログ製剤は長期継続投与が基本とされているが，一方で長期投与により薬剤耐性変異ウイルスが出現する危険性も指摘されており，核酸アナログ治療のジレンマとなっている．核酸アナログによる肝発がん抑制作用に関しては，ラミブジンについて HBs 抗原陽性の肝線維化進展例を対象に RCT（無作為化比較試験）が行われ，3 年発がん率はラミブジン投与群で 5%，プラセボ投与群で 11% と，ラミブジン投与群で低い発がん率を示している[7]．エンテカビル投与症例における後ろ向き研究においても，5 年発がん率はエンテカビル投与群で 3.7%，無治療群で 13.7% であり，とくに肝硬変症例においてエンテカビルによる発がん抑制効果が認められたことが明らかになった[8]．しかし，核酸アナログ投与症例においても年率 1% 程度の肝発がんを認めており，この致死的な合併症を完全に防ぐことはいまだ困難である．

13.7 CRISPR-Cas を用いた HBV 治療

HBV 感染を根治させるには感染細胞内に存在する cccDNA を標的とする必要があり，近年 HBV の排除を目指した新規治療法として，エンドヌクレアーゼを用いた cccDNA の切断・破壊療法が検討されている．これまでに ZFN（zinc-finger nuclease），TALEN（transcription activator-like effector nuclease），ならびに CRISPR システムを用いた治療の有用性が報告されているが，本節ではとくに CRISPR-Cas システムを用いた方法について紹介する．CRISPR-Cas は細菌や古細菌がもつ RNA 誘導型 DNA ヌクレアーゼであり，外来核酸の進入を抑制する獲得免疫機構として同定された．CRISPR-Cas9 システムでは，Cas9 タンパク質が crRNA（CRISPR RNA）および tracrRNA（trans-acivating crRNA）と複合体を形成し，crRNA 中のガイド配列と相補的な標的二本鎖 DNA を切断する．そこで HBV を標的とした gRNA を設計し，Cas9 タンパク質とともに HBV 感染細胞に導入することにより，cccDNA の二本鎖切断（double-strand break：DSB）を誘導することが可能となる．二本鎖切断された cccDNA は，修復される過程で挿入・欠失変異（インデル）を伴い，これにより cccDNA からの mRNA の転写やその後の翻訳機能が低下し，HBV 複製能が低下する．また，一部の cccDNA は DSB により不安定化し，分解されると考えられている（図 13.4）．これまで，in vitro において，CRISPR-Cas システムを用いた HBV 治療についての基礎的な研究結果が多数報告されている（表 13.1）．S. R. Lin らは，HBV 発現ベクターを導入した肝がん細胞株 Huh7 に対して，HBV ゲノムを標的とした gRNA ならびに Cas9 を導入することにより，上清中の HBs 抗原や HBc 抗原が減少することを示し，CRISPR-Cas が HBV に対する治療手段となることを初めて示した[9]．また E. M. Kennedy らは，Tet 誘導型 HBV 組込み細胞である HepAD38 細胞を用いた HBV 持続感染モデルにおいて，CRISPR-Cas9 が，細胞内の

■ 13.7 CRISPR-Cas を用いた HBV 治療 ■

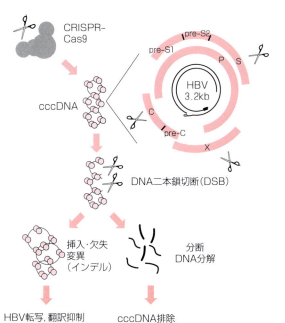

図 13.4 CRISPR-Cas による抗 HBV 療法
CRISPR-Cas により cccDNA の二本鎖切断が生じ，挿入・欠失変異や DNA 分解が誘導される．これにより cccDNA からのウイルス複製低下や核内の cccDNA の分解が生じる．

表 13.1 CRISPR-Cas 技術を用いた B 型肝炎治療に対する基礎的検討の報告

文献	モデル		標的部位	治療評価項目
Lin et al.(9)	in vitro in vivo	Huh7 細胞への HBV 発現ベクター導入 HBV 尾静脈急速静注マウスモデル	P, S, X, C	HBs 抗原
Kennedy et al.(10)	in vitro	HepAD38 組込み細胞，HepaRG 細胞への HBV 感染	P, S, C	HBV DNA，HBs 抗原，HBe 抗原，cccDNA
Seeger et al.(11)	in vitro	Hep G2+hNTCP 細胞への HBV 感染	X, C	HBc 抗原
Wang et al.(12)	in vitro	HepAD38 組込み細胞，Huh7 への HBV 発現ベクター導入	P, S, X, C	HBV DNA，HBs 抗原，HBe 抗原，cccDNA
Sakuma et al.(13)	in vitro	Hep G2 細胞への HBV 発現ベクター導入	S, X, C	HBV DNA，HBs 抗原，HBe 抗原
Liu et al.(14)	in vitro in vivo	Hep G2 細胞への HBV 発現ベクター導入 HBV 尾静脈急速静注マウスモデル	P, S, X, C	HBs 抗原，HBe 抗原，HBc 抗原
Dong et al.(15)	in vitro in vivo	Huh7 細胞への HBV 発現ベクター導入， Hep G2.2.15 組込み細胞 HBV 尾静脈急速静注マウスモデル	X	HBs 抗原，HBe 抗原，cccDNA
Ramanan et al.(16)	in vitro in vivo	Hep G2+hNTCP 細胞への HBV 感染， Hep G2.2.15 組込み細胞 HBV 尾静脈急速静注マウスモデル	P, S, X, C	HBs 抗原，HBV DNA，cccDNA
Zhen et al.(17)	in vitro in vivo	Hep G2.2.15 組込み細胞 HBV 尾静脈急速静注マウスモデル	P, S, X, C	HBs 抗原，cccDNA
Li et al.(19, 21)	in vitro in vivo	Hep G2.A64 組込み細胞 HBV 尾静脈急速静注マウスモデル， HBV-Tg マウス	P, S, X, C	HBs 抗原，HBV DNA
Karimova et al.(23)	in vitro	Hep G2.2.15 & Hep G2-H1.3 組込み細胞， Hep G2+hNTCP 細胞への HBV 感染	S, X	HBs 抗原

HBV DNA 量に加えて上清中の HBs 抗原や HBe 抗原を減少させることを示した[10]．この際，変異解析を行い，残存する HBV DNA の gRNA 標的配列近傍に多数のインデル挿入が生じていることを示している．さらに，HBV の感染が成立する HepaRG 細胞株と，HBV 組込み細胞 HepG2.2.15 より産生された HBV 粒子を用いた HBV *de novo* 感染モデルにおいて，CRISPR-Cas が細胞内 cccDNA を減少させること，またエンテカビルとの併用により細胞内 HBV DNA を相加的に減少させることを報告した．C. Seeger らは，近年同定された HBV の受容体の一つである NTCP を強制発現させることで HBV 感染が成立する HepG2 + hNTCP 細胞株を用いて，CRISPR-Cas による抗 HBV 効果を示している[11]．また J. Wang や佐久間哲史らは，複数の gRNA を用いることで HBV ゲノムに 1 kb 以上の大きな欠失を生じさせることが可能であり，これにより強力な HBV DNA 抑制効果が得られることを示している[12,13]．*in vitro* においてはこれら多数の CRISPR-Cas の有用性についての報告があるが，*in vivo* においての報告はいまだ少ない．Lin らは，HBV 発現ベクターの尾静脈急速静注によるマウス B 型肝炎モデルを用いた検討において，CRISPR-Cas9 システムの導入によりマウス肝細胞内での HBV DNA 量が減少することを示している[9]．同様のモデルを用いた検討は複数の研究室から報告されている[14-17]．しかしマウス肝では HBV 再感染が生じないため，このモデルは一過性の急性感染を呈するものの，持続感染やそれに伴う慢性肝炎は生じない．筆者らは，マウス肝臓の大部分をヒト肝細胞に置換したヒト肝細胞キメラマウスでは，HBV 感染患者の血清により HBV 持続感染が誘導できることを報告している[18]．今後，こういったヒトでの B 型慢性肝炎の病態をより模倣したモデルにおける CRISPR-Cas9 の治療効果の検討が必要になると考えられる．

13.8 CRISPR-Cas を用いた HBV 治療の問題点

非常に強力な HBV DNA 抑制作用や cccDNA 減少作用をもつ CRISPR-Cas システムであるが，その治療応用を考えた際にはいくつかの克服すべき問題点が考えられる．まず第一に，デリバリーシステムの問題が挙げられる．*in vitro* においては非常に強力な抗 HBV 効果を発揮するが，実際に生体内から HBV を排除するためには，HBV 感染肝全体への CRISPR-Cas の導入が必要になると考えられる．H. Li らは，1.3 倍長の HBV ゲノムがマウスゲノム上に組み込まれた HBV-Tg マウスを作製し，尾静脈急速静注法により CRISPR-Cas9 を導入した際の生体内での治療効果を検討している．この方法では，HBV ゲノムへのインデル挿入が生じたのはわずか 1.3％ の肝細胞においてであり，抗ウイルス効果を発揮しなかった[19]．このことからも，HBV 感染肝全体へ高率に CRISPR-Cas を導入できるシステムが必要であると考えられる．これまでに考えられたデリバリーシステムのなかで実現可能な手段としては，組換え型アデノ随伴ウイルス（rAAV）を用いる方法が挙げられる．rAAV は低い免疫原性に加えて感染効率が非常に高く，ゲノムへのインテグレーションも生じにくいため，最も安全な方法と考えられる．さらに rAAV は，分裂細胞のみならず静止期の細胞にも感染できる能力があることもその特徴である．AAV にはさまざまなセロタイプが存在しており，肝臓への指向性が高いセロタイプとして AAV8 が知られている[20]．しかし，AAV をウイルスベクターとして使用する際の大きな欠点はそのゲノムサイズが小さいことであり，このため挿入できる外来遺伝子のサイズは 4.5 kb に制限されている[20]．現在まで HBV 治療において検討されてきた Cas9 は *Streptococcus pyogenes* 由来であるが，その遺伝子長が 4.2 kb

と大きいため，gRNAを含めてすべてAAVベクターに挿入することは不可能である．近年，1 kbサイズの小さい *Staphylococcus aureus* 由来のCas9が同定されており，このCas9を用いることで，CRISPR-CasシステムをAAVベクターに組み込むことが可能となっている[20]．今後は，こういったデリバリーシステムを用いたHBV治療の有効性についての検討が必要になると考えられる．

次の問題点として，CRISPR-Casがもつオフターゲット効果が考えられる．これまで，HBVを標的としてCRISPR-Casを用いた際の宿主ゲノムへの影響を詳細に検討した報告は少ない．Liらは，HBV組込み細胞に対するCRISPR-Cas治療前後のヒトゲノム内でのインデル形成について全ゲノムシーケンスを行い，オフターゲット効果がほとんど認められなかったことを報告している[21]．しかしこれまでに，CRISPR-Casのオフターゲット効果はgRNAとの相同性が高くない領域においても高率に生じる可能性があることも報告されており[22]，十分な検討が必要と考えられる．このオフターゲット効果を減弱させる一つの手法として，DSB（double-strand break）を引き起こすCas9の代わりに，ニック（single-strand DNA break）を導入する変異型Cas9であるCas9n（Cas9ニッカーゼ）を用いる方法が考えられる．これまでにM. Karimovaらは，このCas9nとSならびにX領域を標的とした二つのgRNAを導入することにより，HepG2.2.15細胞を用いたHBV持続感染モデルやHepG2+hNTCP細胞株を用いたHBV *de novo* 感染モデルにおいて抗HBV効果を発揮できることを報告しており，より安全なCRISPR-Cas9治療の選択肢となる可能性が考えられる[23]．

最後に，CRISPR-Casの標的部位についての問題点が挙げられる．核酸アナログ製剤によるHBV治療において，これまで問題となってきた点が耐性変異ウイルスの出現である．HBVはDNAウイルスであるが，複製効率が高く，逆転写の際の校正機能が欠如していることから変異の入りやすいウイルスであり，クワシスピーシーズとして存在する[24]．このことから，CRISPR-Cas治療の標的部位にすでに変異をもつHBVが一部存在し，CRISPR-Cas治療後，耐性株として増殖する可能性も考えられる．HBVの各遺伝子型間で保存されている領域は変異が入りにくいと考えられるため，こういった領域を複数同時に標的とした治療を行うことが，これらの問題の解決となる可能性が考えられる．また，CRISPR-Casを用いたこれまでの検討から，強い抗ウイルス効果を発揮したHBVゲノム上の切断領域が複数同定されている[25]．これらはHBVのもつ遺伝子の翻訳領域が重複した部位であり，ポリメラーゼとHBs抗原の重複翻訳領域や，Xタンパク質とプレコアの重複翻訳領域などが挙げられる．これらの領域では，CRISPR-Cas9により二つの翻訳領域にインデル挿入が生じてフレームシフトを誘導するため，強いHBV DNA抑制効果が発揮されたと考えられる．

13.9　おわりに

母子感染防止事業が開始され，若年者におけるHBVキャリア率は低くなっているものの，水平感染の増加などにより，依然としてB型肝炎は我が国の肝炎の原因において大きな割合を占めている．また，核酸アナログを基軸とした現在の抗ウイルス治療は，完全なウイルス排除を期待できないため，治療中止後の再燃や長期服用による耐性変異の出現に加えて，発がんなどいまだ多くの問題を抱えている．CRISPR-Casを用いた治療は，cccDNAの切断による感染細胞からのHBVの完全排除の可能性を秘めた非常に魅力的な治療手段である．まだPOC（proof-of-concept）を取得す

る段階の治療ではあるが，安全性や投与方法の問題などを克服していくことにより，将来的にCRISPR-Cas を用いた治療が B 型肝炎の根治を目指した治療になる可能性があり，今後の研究の発展が大いに期待される．

(小玉尚宏・竹原徹郎)

文　献

1) 肝炎診療ガイドライン作成委員会 編,『B型肝炎治療ガイドライン(第3版)』, 日本肝臓学会 (2017).
2) C. Seeger, W. S. Mason, *Microbiol. Mol. Biol. Rev.*, **64**, 51 (2000).
3) H. Yan et al., *Elife*, **1**, e00049 (2012).
4) WHO, "Hepatitis B Fact Sheet," (August 2017).
5) K. Matsuura et al., *J. Clin. Microbiol.*, **47**, 1476 (2009).
6) J. H. Hoofnagle, E. Doo, T. J. Liang, R. Fleischer, A. S. Lok, *Hepatology*, **45**, 1056 (2007).
7) Y. F. Liaw et al., *N. Engl. J. Med.*, **351**, 1521 (2004).
8) T. Hosaka et al., *Hepatology*, **58**(1), 98 (2013).
9) S. R. Lin et al., *Mol. Ther. Nucleic Acids*, **3**, e186 (2014).
10) E. M. Kennedy et al., *Virology*, **476**, 196 (2015).
11) C. Seeger, J. A. Sohn, *Mol. Ther. Nucleic Acids*, **3**, e216 (2014).
12) J. Wang et al., *World J. Gastroenterol.*, **21**, 9554 (2015).
13) T. Sakuma et al., *Genes Cells*, **21**, 1253 (2016).
14) X. Liu, R. Hao, S. Chen, D. Guo, Y. Chen, *J. Gen. Virol.*, **96**, 2252 (2015).
15) C. Dong et al., *Antiviral Res.*, **118**, 110 (2015).
16) V. Ramanan et al., *Sci. Rep.*, **5**, 10833 (2015).
17) S. Zhen et al., *Gene Ther.*, **22**, 404 (2015).
18) T. Nakabori et al., *Sci. Rep.*, **6**, 27782 (2016).
19) H. Li et al., *Int. J. Biol. Sci.*, **12**, 1104 (2016).
20) F. A. Ran et al., *Nature*, **520**, 186 (2015).
21) H. Li et al., *Front. Cell Infect. Microbiol.*, **7**, 91 (2017).
22) Y. Fu et al., *Nat. Biotechnol.*, **31**, 822 (2013).
23) M. Karimova et al., *Sci. Rep.*, **5**, 13734 (2015).
24) E. Domingo, J. Gomez, *Virus Res.*, **127**, 131 (2007).
25) E. M. Kennedy, A. V. Kornepati, B. R. Cullen, *Antiviral Res.*, **123**, 188 (2015).

Part III 疾患治療

ゲノム編集と疾患特異的 iPS 細胞を用いたダウン症候群の病態解明

Summary

ヒト iPS 細胞の発明により，多くの難治性疾患へのアプローチが可能となった．患者と同一のゲノム構造をもち，さまざまな分化系列へと誘導可能な幹細胞を生み出すこの技術は，動物モデルでは得られなかった知見を与えてくれると期待されている．そして近年，目覚ましい勢いで開発が進むゲノム編集技術との組合せによって，より深く，一歩踏み込んだ研究が進むのではないかと期待されている．筆者らはこれまで，小児難治性疾患として最もよく知られていながら，ほとんど研究が進んでいなかったダウン症候群に注目し，その多様な病態の発症メカニズムを明らかにすることを目標として研究を行ってきた．とくに血球増殖異常を呈した 21 トリソミー患児の臍帯血からヒト iPS 細胞を樹立し，ゲノム編集技術と染色体工学を駆使することで，遺伝子ノックアウト，塩基欠失，染色体除去など多様な改変を導入し，詳細な疾患モデル系を構築することに成功した[1]．この正確な細胞系を用いることで，染色体異常と単一遺伝子変異によって引き起こされる複雑な相互作用が明らかになり，さらに発症に深く関与する重要遺伝子の同定にも至っている．本章ではこれらの興味深い知見について概説するとともに，iPS 細胞技術とゲノム編集がもたらす疾患研究の新しいかたちを提示したい．

14.1　ダウン症候群の実験モデル系

ダウン症候群は 700 人に 1 人という非常に高い頻度で発症し，精神発達障害，心臓・消化管奇形，血液系・内分泌系の異常など多彩な合併症を呈する．約 330 個の遺伝子がコードされる 21 番染色体のトリソミーが原因であるが，染色体の過剰によりなぜそのような合併症が起こるのか，どの遺伝子がどのように関与して発症に至るのかなど，重要なメカニズムについてはほとんどわかっていない．一般的にもこれほどよく知られた症候群の病態研究が十分に進まなかったことの最も大きな原因は，正確で使いやすい実験モデル細胞/動物が存在しなかったことにある．ダウン症患者から得られた皮膚線維芽細胞，神経細胞，心筋細胞などの培養細胞系では，目的とする細胞そのものが得にくいうえに遺伝子操作が容易ではない．一方で，ヒト 21 番染色体の遺伝子ホモログはマウスの 10，16，17 番染色体上に分かれてコードされており，そのトリソミー動物の作製は多大な労力を要するうえに，新たな遺伝子改変を加えることは現実的に困難である．そのようななか，ヒト人工多能性幹細胞（induced pluripotent stem cell：iPS 細胞）の発明により，染色体異常のような複雑な遺伝子背景を正確に再現し，かつこれまで採取困難であった神経，心臓，膵臓など各臓器の生細胞をいつでも，ほぼ半永久的に得ることが可能となった[2]．これにより染色体トリソミーという複雑なゲノム変化も正確に再現でき，しかも各種分化誘導を行うことで神経系，造血系，心筋細胞系などさまざまな組織細胞における病態を解析することが可能となった．

14.2 ダウン症候群における造血異常と一過性骨髄異常増殖症（TAM）

ダウン症候群では固形がんの発症が有意に低い一方で，血液腫瘍のリスクが高いという興味深い特徴が見られる．とくに急性骨髄性白血病と急性リンパ性白血病は，ともに発症率が非ダウン症候群児に比べて約20倍と著しく高い[3]．重要なことは，ダウン症候群新生児の約10％が一過性骨髄異常増殖症（transient abnormal myelopoiesis：TAM）と呼ばれる類白血病状態を呈する点である．TAMを発症した症例の約8割は自然寛解するものの，残りの2割は芽球の過剰な増殖によって肝線維症から肝不全を呈し重篤な転帰をたどる．さらに自然寛解した症例のうちの約3割は，数年以内にダウン症候群関連骨髄性白血病（myeloid leukemia of Down syndrome：ML-DS）に発展する[4,5]．

これまでの研究により，このTAMおよびML-DSの発症にはX染色体上にコードされる転写因子 *GATA1* の突然変異が強く関与していることがわかってきた[6,7]．すなわち，両疾患で出現する芽球を調べると，ほぼ全症例で *GATA1* のN末端を失った短縮型変異が認められる[8]．芽球中に *GATA1* の欠失型変異は見られないこと，非ダウン症候群児では TAM は発症しないこと，さらに TAM では *GATA1* 以外の遺伝子変異はきわめて稀であることなどから，TAM の発症には 21 トリソミーと *GATA1* 短縮型変異の二つの因子が必要十分条件であることがわかった[9]．そして現在，「21 トリソミー→（*GATA1* 短縮型変異）→ TAM →（他の何らかの遺伝子変異）→ ML-DS」という一連の病態は，白血病の多段階発症機構を解明するうえで最適の研究モデルになると考えられている．しかしながら，21番染色体上のどの，いくつの遺伝子が *GATA1* とどのような相互作用によって TAM を引き起こすのかについては，これまでトリソミーの状態を正確に表す実験モデル系がなかったために未解明のままである．

14.3 疾患特異的 iPS 細胞とゲノム編集技術による TAM の実験モデルの確立

GATA1 はX染色体短腕（p11.23）に座位し，赤血球，巨核球および好酸球分化の制御にかかわる重要な転写因子である．六つのエキソンからなり，開始コドンは第2エキソンに存在する．TAM および ML-DS に見られる *GATA1* 変異はほとんどが第2エキソンに存在し，この変異により第3エキソン内の代替開始コドンが利用されることで，N末端側の83アミノ酸を欠いた短縮型 GATA1（GATA1 short form，GATA1s）が産生される．N末端部分は転写活性化ドメインとして機能するため，N末端部分を欠く GATA1s は標的遺伝子への結合能はもつものの転写活性化能に乏しいタンパク質と考えられる[10]．TAM では GATA1 タンパク質の完全欠失につながる変異をもつ症例が見つかっていないことから[11]，「21トリソミーの存在下」で「完全長 GATA1（GATA1 full-length）が存在せず，かつ GATA1s が存在すること」が重要と考えられている．

TAM の発症における 21 トリソミーと *GATA1* 短縮型変異の作用を詳細に知るためには，21番染色体の核型と *GATA1* の遺伝子型の組合せによる多様な細胞株を樹立することが必要であろう．そこで筆者らは，疾患特異的ヒト iPS 細胞にゲノム編集技術を加えることによって，21番染色体の核型（ダイソミー/トリソミー）と *GATA1* の遺伝子型（正常型/短縮型/欠失型）の各組合せによる疾患モデル細胞の樹立を目指した（図14.1）．

しかしながら，体重が小さくストレスに弱い新生児において，iPS 細胞樹立のもととなる皮膚生検や採血は過剰な侵襲を加えることとなり，できる限り避けたい．そこで分娩時に採取され，（母

■ 14.3 疾患特異的 iPS 細胞とゲノム編集技術による TAM の実験モデルの確立 ■

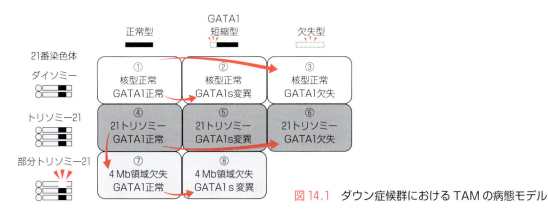

図 14.1 ダウン症候群における TAM の病態モデル

体ではなく) 胎児と同一のゲノム構造をもつ臍帯血に注目し，これに山中4因子を搭載した持続発現型センダイウイルスを感染させることで，ヒト iPS 細胞を樹立する技術を確立した[12]．臍帯血中の血液細胞はセンダイウイルスとの相性がたいへんよく，著しく良好な樹立効率が得られることがわかった．通常廃棄されることになるこの臍帯血を利用することで，児に侵襲を加えることなく高効率の疾患特異的 iPS 細胞樹立が可能となる．

まず健常児の出産時に得られる臍帯血を用いて，① 核型・*GATA1* とも正常な iPS 細胞を得た．次に出生前検査（後頸部浮腫や四肢短縮などの超音波検査所見や羊水検査）によってダウン症候群と診断され，さらに肝腫大などの存在により TAM の発症が強く疑われる症例について，慎重かつ厳重なインフォームドコンセントを行ったうえで，分娩時に臍帯血を採取した（図 14.2）．TAM を発症したダウン症患者の臍帯血には，(*GATA1* 変異をもたない）正常単核球と（変異をもつ）腫瘍性芽球の両者が混在する．したがって，この臍帯血にセンダイウイルスを感染させることにより，遺伝子背景が同一の ④ 21 トリソミー・*GATA1* 正常，⑤ 21 トリソミー・*GATA1* 短縮型変異という2種類のヒト iPS 細胞が同時に得られる．さらに，残る3種類の細胞株を作製するには，ヒト iPS 細胞における遺伝子改変が必要となる．そこ

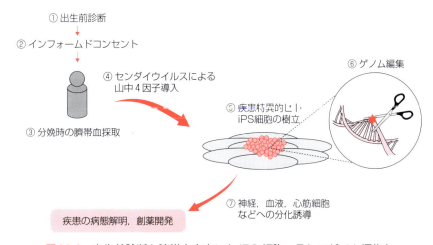

図 14.2 出生前診断と臍帯血由来ヒト iPS 細胞，そしてゲノム編集を組み合わせた疾患解析

でCRISPR-Cas9によるゲノム編集を行い，②核型正常・*GATA1*短縮型変異，③核型正常・*GATA1*欠失型変異，⑥21トリソミー・*GATA1*欠失型変異というヒトiPS細胞の作製を行った．⑦と⑧については後述する．

ヒトiPS細胞におけるゲノム編集導入の方法については，以下に詳細を述べる．

14.4 ヒトiPS細胞におけるゲノム編集の実際

14.4.1 ドナーベクターの作製

ヒトiPS細胞で用いるCRISPR-Cas9は，他の細胞/動物種の場合と大きく変わるものではないため，基本的な作製法については他章に譲る．相同組換え修復を介した遺伝子改変では，薬剤選択マーカーを搭載したドナーベクターを作製する必要がある．典型的なドナーDNAは，左右の相同配列（各700-800 bp程度）の間にプロモーター，薬剤耐性遺伝子，ポリA配列を並べ，必要であればこれらをloxP配列ではさみ，後ほどCreリコンビナーゼの作用により除去できるようにしておく．プロモーターについては，ヒトPGK，ヒトEF1α，CAGプロモーターを用いることで，高い発現量が期待できる．また薬剤選択遺伝子についてはピューロマイシン（puromycin），ネオマイシン（neomycin），ハイグロマイシン（hygromycin）のいずれも使用可能である．さらに後ほどネガティブセレクションも行いたい場合は，puroΔtk配列を用いることでピューロマイシンによるポジティブセレクションとFIAU〔1-(2-deoxy-2-fluoro-β-D-arabinofuranosyl)-5-iodouracil〕によるネガティブセレクションの両方が可能となる[13]．たとえばヒトPGKプロモーターの後ろにpuroΔtk配列-ポリA配列をつなげてその両端をloxPではさんでおけば，まずピューロマイシンによるポジティブセレクションによってカセットが挿入されたクローンを選択することができる．その後CreリコンビナーゼによるCre組換えを誘導してからFIAUを添加すると，チミジンキナーゼ（Δtk）配列が残存した細胞は死滅するため，loxP内の配列を消失したコロニーを高効率で得ることができる（ただしFIAUによるセレクション効率はピューロマイシンやネオマイシンほどよくはないため，多めにコロニーを調べる必要がある）．

14.4.2 ターゲッティングの実際

ヒトiPS細胞へのトランスフェクションは通常の試薬では十分な効率を得られないため，筆者らはNeon Transfection System（Thermo Fisher Scientific社）を用いている．あらかじめROCK阻害剤存在下で数日間単一細胞培養を行ったヒトiPS細胞（1.5×10^6個）に，sgRNA（2 μg）およびドナーDNA（6 μg）とともにトランスフェクションを行い（設定は1200 V，20 msec，2 pulses），DR4 MEF IRR（GlobalStem社）などの薬剤耐性フィーダー細胞上に播種する．トランスフェクションの4日目から薬剤選択（ピューロマイシンは0.5-1 μg/mL，ネオマイシンは100-200 μg/mL，ハイグロマイシンは37.5-75 μg/mL）が可能となる．

得られたコロニーを二つに分け，片方を12ウェルプレート上で培養するともに，残った半分のコロニーを用いてPCRを行い，目的の配列が挿入されているかどうかを確認する．このとき目的の配列が1アレルだけに入っているのか，2アレルともに挿入されたのかを確認しておく．また1アレルだけに入っている場合も，他方のアレルには非相同末端結合（non-homologous end joining）が起こっている可能性があるため，シーケンシングを行って確認する．経験上，適切に行われた薬剤選択後に生き残ったコロニーを確認すると，ほぼ80％以上の確率で目的の遺伝子ターゲッティングが起こっており，しかもそのうちの

三分の一近くで両アレルに挿入されたコロニーを得ることが可能である．したがってヘテロ変異導入を目的とする場合は注意が必要である．

ゲノム編集によって得られたこれら多彩な iPS 細胞は，遺伝子背景が均一（isogenic）であるという大きな利点をもっており，GATA1 変異と 21 トリソミーの役割をより明確に解析することが可能となる．これらを血球分化誘導することによって，以下のようなメカニズムが明らかとなった．

14.5 ダウン症候群における病態メカニズム

作成した 6 種類のヒト iPS 細胞をもとに造血分化誘導を行い，21 トリソミーと GATA1 変異がもたらす影響について解析を行った．

14.5.1 21 トリソミーによる造血亢進作用

そもそも 21 トリソミーそのものには，どのような造血作用があるのだろうか．GATA1 正常・21 番染色体正常/21 トリソミーをもつヒト iPS 細胞を造血分化誘導したところ，21 トリソミー群で造血幹細胞の増加と，赤芽球，骨髄芽球，巨核芽球といった多系統の細胞表面マーカー陽性細胞の産生亢進が認められた．とくに重要なことに，KDR^+CD31^+ 細胞数は両群で同等であるにもかかわらず，21 トリソミーでは $CD43^+$ 細胞の割合が有意に増加していた．つまり 21 トリソミーは血球分化の初期，とくに造血性血管内皮細胞から造血幹細胞がつくられるステップ（内皮–造血転換）を刺激することによって造血を亢進していることが明らかとなった（図 14.3 左側）．このことは，ダウン症候群患者では（TAM や白血病以外に）好中球増加，多血症といった造血異常が見られるという臨床報告と合致しており，21 トリソミーそのものの造血への寄与が明らかになったといえる[14, 15]．

14.5.2 GATA1 変異がもたらす造血分化異常と 21 トリソミーとの間に見られる相互作用

続いて GATA1 変異の作用を知るために，6 種類の疾患 iPS 細胞を用いて解析を行った．GATA1 の欠失は，（骨髄球の産生に影響を及ぼさない一方で）赤芽球や巨核芽球の産生を著しく低下させることがわかった．さらに 21 トリソミー＋GATA1s iPS 細胞では，正常遺伝子型細胞と比較して，赤血球系マーカーである $CD235a^+$ 細

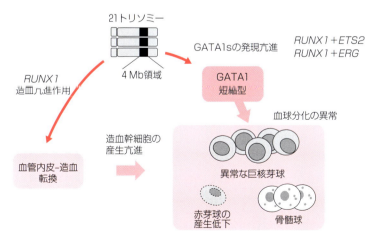

図 14.3　TAM 発症における 21 トリソミーと GATA1 変異の相互作用

■ 14章　ゲノム編集と疾患特異的iPS細胞を用いたダウン症候群の病態解明 ■

胞の減少と，正常な巨核球系分化では見られない異常な CD34⁺CD41⁺ 細胞が出現するという結果を得た．とくに CD34⁺CD41⁺ 細胞の出現数はGATA1sの量に依存していた．これらのことから，完全長GATAの喪失は赤血球系および巨核球系の分化阻害をもたらすのに対し，GATA1sは胎児肝造血においては異常巨核芽球を増殖させる作用をもつことが明らかとなった．このCD34⁺CD41⁺異常巨核球の数はGATA1s発現量に依存していること，21トリソミーではGATA1sの発現量が増加していることがわかり，これらの結果から「21トリソミーはGATA1sの発現を亢進させることにより，その異常な巨核芽球分化をさらに活性化する」という亢進作用をもつことが明らかとなったのである（図14.3右側）．

14.5.3　染色体除去による病態のレスキュー

ダウン症候群では，3本ある21番染色体上にコードされる遺伝子の量が増加することによって病態が発現する（遺伝子量効果）．この染色体を除去することで病態は改善するだろうか．筆者らはゲノム編集技術を用いて，目的の染色体上に遺伝子除去カセットを挿入し，任意に染色体を除去することに成功した（図14.4）[16]．この技術は，すでにマウスES細胞において報告されていた方法をヒトiPS細胞に応用したものである[17]．

21番染色体上のある配列を標的としてCRISPR-Cas9を作製する．同時にヒトPGKプロモーター・puroΔtk配列をはさみ込むように二つのloxP配列を逆向きに配置し，さらにその両端に相同配列を挿入した染色体除去カセットを作製する．ゲノム編集によりこの染色体除去カセットを21番染色体に組み込む（ピューロマイシンによるポジティブセレクション）．標的配列におけるSNP（single nucleotide polymorphism）あるいはSTR（short tandem repeat）解析による情報をもとに，そのカセットが何本の，あるいはどの（父由来あるいは母由来）21番染色体に挿入されたのかを確認し，除去を行いたいクローンを選択する．

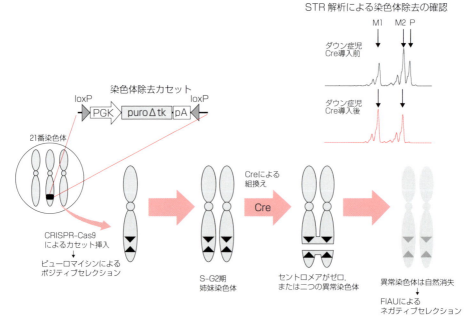

図14.4　染色体除去技術

次にCreリコンビナーゼを導入すると，ある確率で姉妹染色体間での組換えが起こるが，このような異常な染色体は自然に除去され，結果的に21番染色体の数は2本となる．ここにFIAUを加えてネガティブセレクションを行うと，染色体が除去された（puroΔtk配列を失った）細胞のみが生き残ることになる．この特異的染色体除去を行ったiPS細胞を用いて血球分化誘導を行ったところ，造血異常の表現型が消失することが確認された．

14.6 21番染色体におけるTAMの責任領域/遺伝子の同定

では21番染色体上のどの領域，どの遺伝子がダウン症候群の造血異常やTAMに影響を与えているだろうか．部分21トリソミー患者の遺伝子型・表現型解析により，21番染色体上に，病態発現に重要な"ダウン症候群重要領域"と呼ばれる領域が存在することが示唆されている[18]．しかしながら，このような重要領域が実際にその表現型形成に寄与しているかについて，実験的に証明されたことはなかった．筆者らは血球分化誘導された21トリソミー・GATA1s iPS細胞において，とくに発現量の高い遺伝子群が存在し，それらが*RUNX1*と*ETS2*にはさまれた約4 Mbの領域にクラスターを形成していることに気づいた．この病態責任候補領域を，3本ある21番染色体のうち1本からのみ欠失させることができれば，そしてこの部分トリソミー細胞が造血異常という表現型を消失していれば，この領域がまさに病態責任領域であるといえるであろう（図14.5）．この4 Mbという長い領域欠失を導入するため，まず領域の両端に位置する*RUNX1*および*ETS2*についてSNPあるいはSTR解析を行うことで，三つのアレルの由来を確定した．次にloxP配列を内在したターゲッティングベクターを同一の21番染色体上に一つずつ挿入し，最終的にCreリコンビナーゼによるloxP配列内の組換え除去を誘導することによって，目的の4 Mb領域が欠失された部分21トリソミーiPS細胞を樹立することに成功した（図14.6）．得られたクローンはダウン症候群における造血亢進作用を消失しており，この部分が重要領域であることを証明することができた．さらにこの細胞にGATA1s変異を導入したところ，GATA1s発現量ならびに異常巨核芽球の産生が著しく減少したことから，この4 Mb領域がTAMを含めて21トリソミーによる造血異常の責任領域であることがわかった．

ではこの4 Mbの領域の中で，とくに重要な遺伝子を同定することは可能だろうか．この領域には約20個の遺伝子が存在するが，そのなかでも*RUNX1*，*ETS2*，*ERG*の三つは造血分化においてとくに重要であろう．いずれも重要な造血転写因子であり，とくに*RUNX1*は造血発生初期に血管内皮細胞から造血幹細胞が生じる過程で重要な

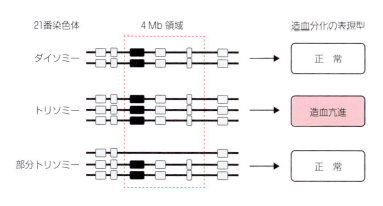

図14.5 部分トリソミー21iPS細胞を用いた造血責任領域の同定

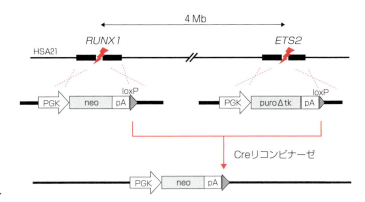

図 14.6 4Mb 領域の欠失導入

役割を果たす[19]．そこで 21 トリソミー iPS 細胞から RUNX1，ETS2，ERG をそれぞれ 2 コピーに減らした iPS 細胞を樹立した．RUNX1 のみ 2 コピーとなった 21 トリソミー iPS 細胞では CD43$^+$ 血液前駆細胞が減少したことから，21 トリソミーによる造血亢進作用は RUNX1 が重要な役割を果たしていることが示唆された．また RUNX1 + ETS2 あるいは RUNX1 + ERG が 2 コピーとなった 21 トリソミー iPS 細胞では，GATA1s 発現量の低下と異常な巨核芽球産生の低下が認められることから，これらが巨核芽球分化に強い影響を及ぼしていることが判明した（図 14.3）．

14.7 今後の展望

筆者らの研究により，TAM は 21 番染色体上にある RUNX1 のコピー数増加がもたらす造血亢進と，完全長 GATA1 の機能喪失および GATA1s によって生じる巨核球分化異常がベースに存在し，さらに ERG，ETS2，RUNX1 がもたらす相乗的効果によって GATA1s 発現量が増加し，結果的に異常な巨核芽球の増殖に至るというモデルが明らかとなってきた．一方で，ダウン症候群胎児において高頻度に GATA1 変異が生じる機序や，胎児肝特異的に病態が発生する理由，また 21 番染色体の他の遺伝子（BACH1，MIR125b など）の役割など明らかになっていないことは多く，今後の研究によってダウン症候群における白血病の多段階発症機構について，さらに理解が深まると思われる．

ダウン症候群をはじめ有効な治療法のない難治性疾患はまだ多く残されており，正確な疾患モデル系の樹立と病態解明，そして責任遺伝子の同定は新たな創薬開発につながると期待される．ゲノム編集技術のように誰でも迅速に用いることが可能な技術と，ヒト iPS 細胞技術とを組み合わせることにより，難治性疾患での病態解析，再生医療，創薬研究などへと広く利用されていくと期待される．

（北畠康司）

文献

1) K. Banno et al., *Cell Rep.*, **15**, 1228 (2016).
2) K. Takahashi et al., *Cell*, **131**, 861 (2007).
3) A. Roy, I. Roberts, A. Norton, P. Vyas, *Br. J. Haematol.*, **147**, 3 (2009).
4) S. R. Pine et al., *Blood*, **110**, 2128 (2007).
5) A. Zipursky, *Br. J. Haematol.*, **120**, 930 (2003).
6) G. Xu et al., *Blood*, **102**, 2960 (2003).
7) J. Wechsler et al., *Nat. Genet.*, **32**, 148 (2002).
8) J. K. Hitzler, A. Zipursky, *Nat. Rev. Cancer*, **5**, 11 (2005).
9) K. Yoshida et al., *Nat. Genet.*, **45**, 1293 (2013).
10) R. Calligaris, S. Bottardi, S. Cogoi, I. Apezteguia, C. Santoro, *Proc. Natl. Acad. Sci. USA*, **92**, 11598 (1995).
11) R. Kanezaki et al., *Blood*, **116**, 4631 (2010).

■ 文　献 ■

12) K. Nishimura et al., *J. Biol. Chem.*, **286**, 4760 (2011).
13) Y. T. Chen, A. Bradley, *Genesis*, **28**, 31 (2000).
14) J. K. Choi, *Int. J. Clin. Exp. Pathol.*, **1**, 387 (2008).
15) E. Henry, D. Walker, S. E. Wiedmeier, R. D. Christensen, *Am. J. Med. Genet. A*, **143A**, 42 (2007).
16) S. Omori et al., *Sci. Rep.*, **7**, 764 (2017).
17) H. Matsumura et al., *Nat. Methods*, **4**, 23 (2007).
18) J. O. Korbel et al., *Proc. Natl. Acad. Sci. USA*, **106**, 12031 (2009).
19) M. J. Chen, T. Yokomizo, B. M. Zeigler, E. Dzierzak, N. A. Speck, *Nature*, **457**, 887 (2009).

Part III 疾患治療

神経変性疾患におけるゲノム編集技術とその医療応用

Summary

近年，iPS 細胞を用いた病態解析研究，疾患モデリング研究が世界中で進められている．患者より作製した疾患特異的 iPS 細胞を用いることで，発症メカニズムの解明や創薬スクリーニングへの応用が期待されている．一方で，スクリーニングにおける薬効網羅性の確保においては，一疾患に対して複数原因遺伝子の患者由来 iPS 細胞を用いる必要がある．希少疾患であれば患者検体の収集自体が困難であるが，その問題の解決の糸口となったのがゲノム編集技術である．ゲノム編集は，ゲノムの特定領域に遺伝子改変を導入できる革新的な技術であり，遺伝性疾患のモデル構築には必須の技術となりつつある．iPS 細胞を用いた疾患モデリングにおいては，標的遺伝子変異以外のゲノム背景を由来患者と同一にする相同コントロールモデルの作製にも有用であり，iPS 細胞とゲノム編集技術を組み合わせた疾患研究が加速してきている．本章では筋萎縮性側索硬化症（ALS）を中心に，神経変性疾患に対する iPS 細胞技術とゲノム編集技術，またその医療応用について，筆者らの構築したモデルと世界で行われている試験を例にとり概説する．

15.1 iPS 細胞とゲノム編集技術を用いた神経変性疾患モデル構築

神経変性疾患とは，中枢神経系における特定の神経細胞が障害を受けることにより細胞死を起こし脱落してしまう疾患群であり，代表的なものにアルツハイマー病（Alzheimer's disease: AD）や筋萎縮性側索硬化症（amyotrophic lateral sclerosis: ALS），パーキンソン病（Parkinson's disease: PD）などがある．神経変性疾患の多くは不可逆的であり，かつ有効な治療法がなく対症療法にとどまっているものがほとんどである．疾患解析研究においては，動物モデルや株化細胞などが一般的に用いられる．また，それらのみでは有効な病態解析を進めることができない場合，患者自身から得た細胞を病態モデルとして用いることも有効な手段である．一方で病変組織や細胞によっては，患者自身への侵襲性の高さや採取できる細胞数の少なさなどの理由から，解析自体が困難である疾患も存在する．また剖検組織では，採取時の病態進行の程度により，病態発症の初期段階を観察することが困難であることが多い．それらの問題に対して皮膚や血液など，採取時の侵襲性の低い組織から作製することが可能である人工多能性幹細胞（iPS 細胞）の活用は，非常に有効な手段であると考えられている．

iPS 細胞は，2006 年に山中伸弥らによって報告された[1,2]．皮膚細胞や血液細胞などにリプログラミング因子をウイルスやエピソーマルベクターを用いて導入することによって作製される細胞である．ほぼ無限の増殖能と分化多能性をもっており，適切な誘導培養を施すことによって神経，筋肉，心臓，膵臓などさまざまな組織細胞へ分化することが可能である．また由来となる患者の遺伝的背

■ 15.1 iPS細胞とゲノム編集技術を用いた神経変性疾患モデル構築 ■

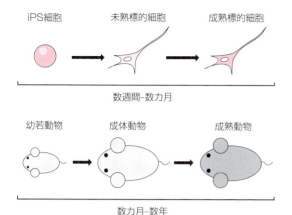

図15.1 iPS細胞と動物モデルの比較

景を保存しており，分化させることによって患者病変組織と同一の病態を呈すると考えられ，培養皿上での病態モデリングを可能とする．さらに，iPS細胞から成熟分化までの誘導過程を観察することによって病態発症機序の経時的解析が可能となり，それは動物モデルに比較してはるかに短時間で成し遂げられる（図15.1）．

本章でおもに記載するALSについては，2008年にSOD1遺伝子に変異をもつ家族性ALS患者由来iPS細胞が樹立され，iPS細胞を用いたALSの病態モデリングが初めて報告された[3]．患者由来iPS細胞を疾患モデルとして用いる際には，そのコントロールとして健常者由来iPS細胞を用いる必要がある．疾患iPS細胞と健常iPS細胞を並列で比較解析することによって病態解析を行うことが可能となるが，患者と健常者のゲノムには，注目している遺伝子変異のほかにも無数のゲノム配列上の差異が存在するため，患者 - 健常者間での比較解析のみでは完全ではないとされる．それゆえ，注目する遺伝子変異以外はゲノム背景が相同なモデル細胞のペアを作製することが有効であると考えられており，この問題を解決する最も効果的な手段がゲノム編集技術である[4,5]（図15.2）．

ゲノム編集技術では，任意の標的領域に特異的にDNA二本鎖切断を入れることで，特異な変異導入や変異修復を可能とし，それによって標的遺伝子以外は相同なモデルを作製することができる．ゲノム遺伝子への変異導入は，標的ゲノム領域に相同な配列をもつ標的相同組換えによっても実現可能であるが，とくにヒトiPS細胞は相同組換え効率が非常に低い．ゲノム編集技術は遺伝子改変を画期的な効率で可能にし，相同モデルの創出性を著しく引き上げた．詳しくは他章に任せるが，ゲノム編集技術として1996年に発表されたジン

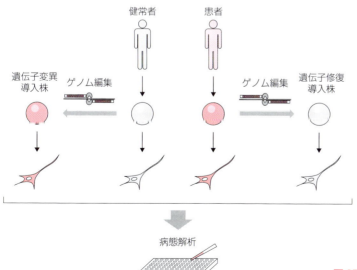

図15.2 ゲノム編集技術による病態解析

クフィンガーヌクレアーゼ（ZFN）[6]，2010年に発表されたTALエフェクターヌクレアーゼ（TALEN）[7]，2012年に発表されたCRISPR-Cas9[8]がおもな手法である．最初のZFNは，標的配列の限定性，高率に働くZFN作製に要する労力と経験値，市販品の高価格も相まって，一般的に広く利用されるには至らなかった．一方，TALENおよびCRISPR-Cas9は，それぞれにメリット・デメリットは存在するが，ZFNに比較してシンプルにデザインすることが可能であり，簡便に用いることのできる構築キットやベクターの公開によってまたたく間に広がり[9-11]，ゲノム編集技術は一般的に使用されるようになった．同時に，iPS細胞にゲノム編集技術を組み合わせて疾患モデリングを行った報告が急増し，iPS細胞を用いた疾患研究はさらに加速していった．一方で，iPS細胞にゲノム編集を施す際には注意も必要である．リポフェクションやエレクトロポレーションなどの方法でヒトiPS細胞に人工制限酵素を導入しただけでは，目的の株を得ることは難しい．K. MusunuruらはヒトES/iPS細胞に対するゲノム編集プロトコルを発表しており，そのなかではTALENやCas9発現ベクターにGFPなどの蛍光レポーター遺伝子を組み込み，導入後にFACSソーティングによって遺伝子導入株を濃縮する方法を勧めている[12]．一方で，ソーティングしたiPS細胞を増殖させ樹立するには熟練した技術を要する．そこで筆者らは薬剤選別マーカーをもつベクターを構築し，FACSソーティングに比較して古典的だがシンプルな方法で導入株を取得してきている．

筆者らもこれまでに中枢神経疾患を中心として，アルツハイマー病[13,14]，パーキンソン病[15,16]，ペリツェウス・メルツバッハー病[17]，統合失調症[18,19]，ドラベ症候群[20]，滑脳症[21]，ペンドレッド症候群[22]，レット症候群[23]など多数の疾患特異的iPS細胞を樹立し，解析してきた．2016年には家族性ALS（FALS）の患者2名からiPS細胞を樹立し，またゲノム編集技術を用いて健常者由来iPS細胞にALS患者と同様の遺伝子変異を導入し，それら複数のiPS細胞から誘導した神経細胞においてALS患者病態を再現することに成功した[24]．

15.2 ALSとFUS

ALSは上位運動ニューロンと下位運動ニューロンが選択的に侵される神経変性疾患である．数カ月から数年の単位で運動機能の廃絶へと進行する難病であり，日本では男女とも60代後半に発症年齢のピークがある．一側上肢の筋力低下，とくに手指の脱力と筋萎縮を主訴とするケースが主であるが，構音障害や嚥下障害を主訴とする球麻痺型も存在する．患者のほとんどは孤発性であるが，約10％は家族歴をもち，SOD1，TARDBP，FUSなど10種以上の原因遺伝子が同定されている[25]．これまでの動物モデルや細胞モデルによる研究から，運動ニューロンにおけるタンパク質分解不全，酸化ストレスによる神経炎症，ミトコンドリア機能不全など，さまざまな要因からの神経細胞死誘導が病態メカニズムとして提唱されている[26-28]．しかし，その詳細は完全には明らかになっておらず，臨床現場においても治療薬としてリルゾールが存在するが，病態進行を遅らせる対症療法に留まり，有効な治療法の確立には至っていない．そこで筆者らはFUS遺伝子上にヘテロ接合の点変異をもつALS家系の兄弟患者2名[29]より樹立したiPS細胞を用いて病態解析を行った．

FUSタンパク質はRNA結合タンパク質であり，細胞増殖，RNAプロセシング，転写制御など多くの細胞内イベントにかかわると考えられている．FUSタンパク質は526個のアミノ酸からなり，N末端側からグルタミン-グリシン-セリン-チロシン（QGSY）リッチドメイン，グリシンリッチドメイン，RNA認識モチーフ（RRM），アルギ

■ 15.3 iPS細胞を用いたALS病態解析 ■

図15.3 *FUS*遺伝子の構造模式図

ニン-グリシン（R/G）リッチドメイン，ジンクフィンガーモチーフ（ZNF）をもち，C末端には高度に保存された核局在シグナル（nuclear localization signal）をもつ．これまでに報告された家族性ALS患者における*FUS*遺伝子変異の多くは，核局在シグナル配列周辺に集中している[30]．筆者らが対象としたFALS患者も*FUS*遺伝子の核局在シグナル上にc.1550 C > Gという変異をもつことによって，アミノ酸としてH517D変異，つまり通常はヒスチジンである517番目のアミノ酸が，アスパラギン酸になる変異をもっている（図15.3）．

15.3 iPS細胞を用いたALS病態解析

15.3.1 iPS細胞の樹立と運動ニューロン誘導

おおよそiPS細胞を用いた疾患研究は，皮膚や血液など患者生検の採取，iPS細胞の樹立，iPS細胞から標的細胞への分化誘導，誘導細胞を用いた病態解析という流れで行われることが多い．そのなかで健常者由来iPS細胞との比較解析，ゲノム編集技術による遺伝子改変体を用いた比較解析

も行われ，新規病態やバイオマーカーの発見につながる可能性が考えられる．また創出された病態に対する薬剤スクリーニングを行うことで，iPS細胞を用いた創薬が可能となる．

筆者らは，*FUS*遺伝子変異をもつFALS患者2名から提供を受けた皮膚細胞にリプログラミング因子を導入することで，それぞれ3株ずつ計6株のFALS-iPS細胞を樹立し，対照群として健常者由来のcontrol-iPS細胞を3株用いた．また，健常者iPS細胞の*FUS*遺伝子上にゲノム編集技術によってH517D変異をホモ接合で導入することで，FUS変異以外はcontrol-iPS細胞と同質のisogenic-iPS細胞を3株作製し，合計12株での比較解析を行った．実際に遺伝子配列を解析すると，control-iPS細胞ではCとなっている遺伝子配列が，FALS群ではヘテロ変異ゆえにC/G二重リードになり，isognic-iPS細胞ではホモで変異が導入されているため，Gのみとなっている（図15.4）．先に記した通り，ALSは運動ニューロン選択的な疾患である．そこで樹立したiPS細胞をニューロスフェア法によって浮遊培養することで，OLIG2，SOX2，ISLET1といったマー

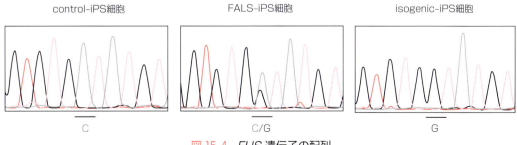

図15.4 *FUS*遺伝子の配列

■ 15章　神経変性疾患におけるゲノム編集技術とその医療応用 ■

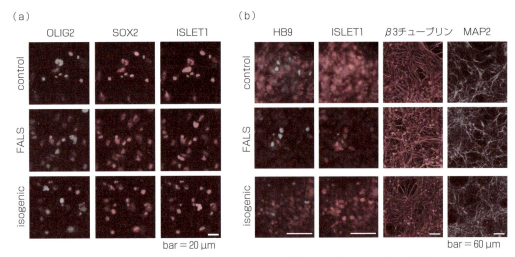

図 15.5　MPC および運動ニューロンにおけるマーカータンパク質発現
（巻頭の Colored Illustration 参照）
（a）MPC マーカー発現，（b）運動ニューロンマーカー発現．

カータンパク質を発現する運動ニューロン前駆細胞（motor precursor cell：MPC）にし，さらに MPC を接着培養することで，HB9 や ISLET1 といった特徴的なマーカーを発現する運動ニューロンを作製した（図 15.5）．

15.3.2　iPS 細胞を用いた ALS 病態解析

FUS 遺伝子における核局在シグナル上の変異は，FUS タンパク質の核局在を変化させることが報告されている[31]．そこで筆者らの細胞で FUS タンパク質を免疫染色したところ，FALS 群および isogenic 群では HB9 陽性運動ニューロンにおいて FUS タンパク質の異常局在，つまり本来おもに核内に局在する FUS タンパク質の細胞質への漏出が確認された（図 15.6）．

細胞は熱や酸化ストレスに応答して，細胞質にストレス顆粒という構造体を形成する[32]．本来 FUS タンパク質はストレス顆粒にリクルートされることはないが，既報において変異型 FUS タンパク質はストレス顆粒にリクルートされることが報告されている．そこで酸化ストレス惹起剤である亜ヒ酸ナトリウム（sodium arsenite）で運動

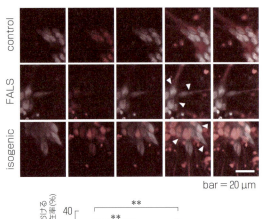

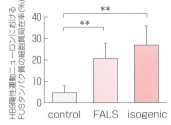

図 15.6　FUS タンパク質の細胞質への漏出
（巻頭の Colored Illustration 参照）

ニューロンを処理したところ，FALS 群および isogenic 群において，FUS タンパク質の G3BP 陽性ストレス顆粒への異常局在が確認された（図 15.7）．

15.3 iPS細胞を用いたALS病態解析

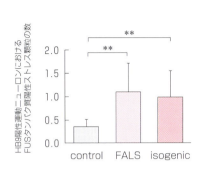

図15.7 FUSタンパク質のストレス顆粒への異常局在（巻頭のColored Illustration参照）

先に記した通り，ALSは神経細胞のなかでもとくに運動ニューロンが特異的にアポトーシスを起こす疾患である．そこで筆者らは，iPS細胞由来運動ニューロンに対してストレス負荷を行った際の，アポトーシス陽性率を解析した．ストレス惹起成分として亜ヒ酸ナトリウムおよびグルタミン酸（glutamate）を運動ニューロンに添加した結果，HB9陽性運動ニューロンにおいてアポ

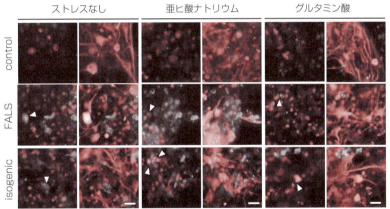

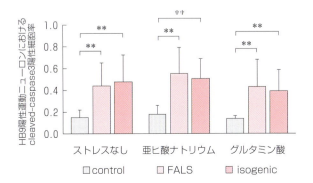

図15.8 iPS細胞由来運動ニューロンにおけるアポトーシス陽性率（巻頭のColored Illustration参照）

トーシスマーカーである cleaved-caspase 3 の陽性率が，control 群に比べて FALS 群および isogenic 群で有意に増大した（図 15.8）．これらの結果より，筆者らの作製した家族性 ALS 患者由来 iPS 細胞，またゲノム編集技術を用いて作製した isogenic-iPS 細胞が，運動ニューロン特異的な ALS 臨床像を反映した *in vitro* モデルとして有用であることが示唆された．

先に記した通り，*SOD1* 遺伝子変異 ALS 患者由来 iPS 細胞が 2008 年に，TDP-43 変異 ALS 患者 iPS 細胞については 2012 年に報告されたが[33]，FUS 変異 iPS 細胞はなかなか報告されず，2015 年になって複数報告が現れた[34-36]．いずれの報告でも筆者らが用いた H517D 変異とは異なる FUS 変異を対象としているが，変異点が C 末端の核局在シグナル近辺である点は同じである．それゆえ iPS 細胞から誘導した運動ニューロンにおける FUS タンパク質のストレス顆粒への異常局在など，特徴を同じくする報告は多い．筆者らはさらに運動ニューロンにおけるアポトーシスの亢進など，ALS における運動ニューロン特異的な細胞脱落を再現したが，これにはゲノム編集によりホモ接合に変異導入した疾患モデルの存在も大きかったと考えられる．

15.4 ALS 患者由来 iPS 細胞を用いた薬剤スクリーニングと臨床試験

患者由来 iPS 細胞を用いた病態創出により疾患モデルを構築した後，その病態をレスキューする薬剤スクリーニングに用いて初めて医療応用へと発展する．筆者らの研究室でも前節に紹介した FALS 患者由来 iPS 細胞などを用いた薬剤スクリーニングを行うことで，ALS 治療に有効だと目される薬剤の絞り込みに成功している．今後，臨床試験を行うことでヒトでの有効性を確認していく予定である．本節では，筆者らと同様に ALS 患者由来 iPS 細胞を用いて薬剤スクリーニングを行い，2018 年現在，臨床試験を実施している他のグループの例を紹介する．

ハーバード大学の K. Eggan らは，A4V ヘテロ変異が入った *SOD1* 遺伝子に起因する家族性 ALS 患者から iPS 細胞を作製し，さらにゲノム編集によって *SOD1* 変異を野生型に修復したレスキュー iPS 細胞を作製した．そこに健常者由来 iPS 細胞を加え，それぞれから誘導した運動ニューロンを用いて病態を解析した[37, 38]．その結果，ALS 患者由来株では Islet1 陽性運動ニューロンの誘導効率の減少，小胞体ストレスの誘導，ミトコンドリアなどの細胞内小器官の形態異常が生じていた．一方で，ゲノム編集したレスキュー株では，それらの病態の回復が認められた．さらに神経発火を測定すると，ALS 患者由来株は自発的な神経発火を起こしたが，健常者 iPS 細胞由来運動ニューロンでは無刺激時は神経発火を認めなかった．またイオンチャネル活性においては，ALS 患者株で発火回数の異常増大が検出された．その際に ALS 患者株で外向き遅延整流性カリウム電流の減衰が見られたことより，カリウムチャネル異常による過剰興奮を起こしていることが示唆された．そこで電位依存性カリウムチャネル Kv7 サブユニットのアゴニストであるレチガビン（retigabine）を作用させたところ，ALS 患者株で遅延整流性カリウム電流の発火回数が健常者株やレスキュー株と同程度に収まることがわかった．さらに SOD1 A4V 変異をもつ ALS 患者のみではなく，SOD1 D90A や G85S 変異，C9orf72 変異や FUS 変異をもつ患者由来の iPS 細胞といった，複数の変異由来 ALS 特異的 iPS 細胞に対してレチガビンの効果を検討した．その結果，いずれの iPS 細胞由来運動ニューロンにおいても発火回数の抑制を認め，レチガビンが ALS 患者由来 iPS 細胞の過剰興奮を抑制することを強く示唆する結果を得た．レチガビンは欧米で抗てんか

ん薬として認可されている薬であり，この例はドラッグリポジショニングのスクリーニング段階における成功例として注目されている．

次にハーバード大学の K. Eggan らは，マサチューセッツ総合病院や GlaxoSmithKline 社と共同で，ALS 患者に対するレチガビンの第 2 相介入試験を開始した（NCT02450552）．192 名での二重盲検試験であり，群設定はレチガビン低用量群，高用量群，プラセボ群の 3 群，投与期間は 10 週間と設定されている．2015 年 6 月より開始し，データ解析を含めた試験完了が 2018 年 9 月を予定している．評価項目については主要，副次含めて複数設定されているが，この試験で注目すべきは投与試験と並行して被験者由来の iPS 細胞を作製し，レチガビンの *in vitro* での運動ニューロン発火への影響を測定する点である．これによって *in vitro* の結果と臨床データとの相関性を検証する予定としており，結果によっては今後，どの患者がレチガビンに対する治療効果を受けうるかを予想することができるようになる．ドラッグリポジショニングの成功事例となりうるかも含め，新規の試みが注目を集めており，この試験の結果開示が待ち望まれる．筆者らが今後予定している ALS 治験においても，この例と同様に複数種の遺伝子変異 ALS 患者由来 iPS 細胞を用いて薬剤を評価していかなければならず，治験デザインなども含めて Eggan らの試験は参考になる点は多いと考える．

日本においても 2016 年に，京都大学の井上治久博士らが ALS 患者由来 iPS 細胞を用いて薬剤スクリーニングを実施している[39]．*SOD1* 遺伝子変異をもつ ALS 患者由来 iPS 細胞と，ゲノム編集によって遺伝子変異を修復したレスキュー株を用いて比較解析し，ALS 株においてタンパク質のミスフォールディングや細胞死を起こしやすいなどの ALS 病態を創出している．さらに薬剤スクリーニングを行うことによって，慢性骨髄性白血病の治療薬であるボスチニブ（bosutinib）に ALS 病態の強い抑制効果を見出した．ボスチニブを TDP-43 変異 ALS 患者由来および C9ORF72 変異 ALS 患者由来，また孤発性 ALS 患者由来 iPS 細胞に添加したところ，細胞死が抑制され，加えて *SOD1* 変異 ALS モデルマウスにボスチニブを投与することで，発症遅延および生存期間延長を示した．この例も iPS 細胞とゲノム編集を活用したドラッグリポジショニングの一例であり，今後の動向に注目が寄せられている．Eggan らの例のように *in vitro* 解析から動物モデルを介さず，直接ヒトでの臨床試験に臨むことについては賛否が分かれるところであり，ケースごとの動物モデルの必要性などを定義していく必要性もあるかもしれない．

15.5 おわりに

iPS 細胞など，幹細胞を用いた薬剤スクリーニングによって臨床試験までつながった例は多くはない．そこには iPS 細胞を用いるメリットに伴う難しさが関連していると考えられる．先に記した通り，遺伝性疾患の多くは複数の遺伝子変異に起因する場合が多い．それゆえ単一変異の疾患特異的 iPS 細胞のみを用いた薬剤スクリーニングでは，当該疾患に対する網羅性も特異性も担保することができないため，たとえば ALS に対しては Eggan らの例のように *SOD1*，*C9orf72*，*FUS* といった複数の遺伝子変異をそろえる必要がある．しかし，なかには希少疾患として患者検体の確保が困難な場合も存在する．病態創出も容易ではなく，そろえた複数の疾患 iPS 細胞において同様に再現可能な病態を見きわめる必要がある．そして病態を一様に抑制する薬剤を選出する必要がある．また比較とする健常者由来 iPS 細胞においては，生検採取時に臨床像として健康であっても，その後由来となった当人が孤発性疾患を起こしている

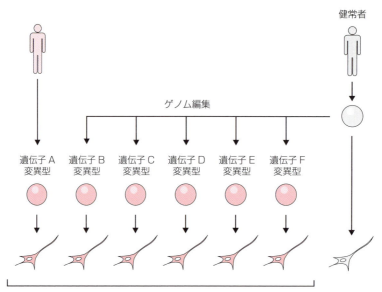

図 15.9 ゲノム編集による遺伝子変異株の創出

可能性も考えられ，真の健常者コントロールは存在しないともいえる．

　これらの問題を解決する可能性を秘めている技術がゲノム編集かもしれない．ゲノム編集を用いれば，理論上は1種類の細胞から無限に遺伝子変異株を創出することが可能であり（図15.9），希少疾患であろうとも検体入手に奔走する必要はなくなり，遺伝子変異のレスキューによってコントロールは確立できる．しかし一方で，目的以外のゲノムDNAに変異が導入されてしまうオフターゲットや，すべての遺伝子変異が同じ確率で導入可能ではないなど，ゲノム編集技術の制御は不完全である．iPS細胞を用いた疾患研究をより確度の高いものにできるゲノム編集技術はまだ成熟途中であり，今も世界中の研究者によって改善・改良のための研究が進められている．ALSをはじめとする難治性疾患患者に治療という福音をもたらすためにも，技術を進歩させ，またその技術を効果的に用いる基礎から臨床までの包括的な研究を進めていかなければならない．

（岡野栄之・一柳直希）

文　献

1) V. B. Mattis, C. N. Svendsen, *Lancet Neurol.*, **10**, 383 (2011).
2) H. Okano, S. Yamanaka, *Mol. Brain*, **7**, 22 (2014).
3) J. T. Dimos et al., *Science*, **321**, 1218 (2008).
4) Q. Ding et al., *Cell Stem Cell*, **12**, 238 (2013).
5) J. Lin, K. Musunuru, *FEBS J.*, **283**, 3222 (2016).
6) Y. G. Kim, J. Cha, S. Chandrasegaran, *Proc. Natl. Acad. Sci. USA*, **93**, 1156 (1996).
7) M. Christian et al., *Genetics*, **186**, 757 (2010).
8) M. Jinek et al., *Science (80-)*, **337**, 816 (2012).
9) T. Sakuma et al., *Sci. Rep.*, **3**, 3379 (2013).
10) L. Cong et al., *Science (80-)*, **339**, 819 (2013).
11) P. Mali et al., *Science (80-)*, **339**, 823 (2013).
12) D. T. Peters, C. A. Cowan, K. Musunuru, *StemBook* (2008). http://www.ncbi.nlm.nih.gov/pubmed/23785737.
13) T. Yagi et al., *Hum. Mol. Genet.*, **20**, 4530 (2011).
14) K. Imaizumi et al., *Stem Cell Reports*, **5**, 1 (2015).
15) Y. Imaizumi et al., *Mol. Brain*, **5**, 35 (2012).
16) E. Ohta et al., *Hum. Mol. Genet.*, **24**, 4879 (2015).
17) Y. Numasawa-Kuroiwa et al., *Stem Cell Reports*, **2**, 648 (2014).
18) M. Bundo et al., *Neuron*, **81**, 306 (2014).
19) M. Toyoshima et al., *Transl. Psychiatry*, **6**, e934 (2016).
20) N. Higurashi et al., *Mol. Brain*, **6**, 19 (2013).
21) Y. Bamba et al., *Mol. Brain*, **9**, 70 (2016).
22) M. Hosoya et al., *Cell Rep.*, **18**, 68 (2017).

文 献

23) T. Andoh-Noda et al., *Mol. Brain*, **8**, 31 (2015).
24) N. Ichiyanagi et al., *Stem Cell Reports*, **6**, 496 (2016).
25) S. Chen, P. Sayana, X. Zhang, W. Le, *Mol. Neurodegener.*, **8**, 28 (2013).
26) N. A. Lanson, Jr., U. B. Pandey, *Brain Res.*, **1462**, 44 (2012).
27) Y. Nishimoto et al., *Mol. Brain*, **6**, 31 (2013).
28) W. Robberecht, T. Philips, *Nat. Rev. Neurosci.*, **14**, 248 (2013).
29) T. Akiyama et al., *Muscle Nerve*, **54**, 398 (2016).
30) S. Lattante, G. A. Rouleau, E. Kabashi, *Hum. Mutat.*, **34**, 812 (2013).
31) C. Vance et al., *Hum. Mol. Genet.*, **22**, 2676 (2013).
32) P. Anderson, N. Kedersha, *Curr. Biol.*, **19**, R397 (2009).
33) B. Bilican et al., *Proc. Natl. Acad. Sci. USA*, **109**, 5803 (2012).
34) J. Japtok et al., *Neurobiol. Dis.*, **82**, 420 (2015).
35) J. Lenzi et al., *Dis. Model. Mech.*, **8**, 755 (2015).
36) X. Liu et al., *Neurogenetics*, **16**, 223 (2015).
37) B. J. Wainger et al., *Cell Rep.*, **7**, 1 (2014).
38) E. Kiskinis et al., *Cell Stem Cell*, **14**, 781 (2014).
39) K. Imamura et al., *Sci. Transl. Med.*, **9**, eaaf3962 (2017).

Part III 疾患治療

拡張型心筋症におけるゲノム編集治療

Summary

　心臓は，全身に血液を送り出すポンプとして絶え間なく動き続ける臓器である．その機能が低下すると，全身の臓器に必要な量の血液を送り出すことができず，全身に血液が滞る心不全をきたす．拡張型心筋症は，心臓が拡大し，収縮する力が徐々に低下して心不全に至る，難治性の重篤な疾患である．重症例は若くして発症することが多く，医療技術が進歩した現代においても，依然有効な治療法が存在せず，現時点では心臓移植が唯一の治療法である．近年のゲノム解析技術の進歩により，拡張型心筋症の発症に遺伝子変異が大きく寄与することが明らかとなりつつある．CRISPR-Cas9 ゲノム編集技術は，その発見以降爆発的な研究開発が進み，さまざまな疾患分野への医療応用が期待されている．本章では，心臓疾患に対するゲノム編集介入の現状と，心筋細胞におけるゲノム修復の試み，そして終末分化した分裂しない心筋細胞からなる心臓に対して，治療応用を現実的に進めるうえでの多くの課題と展望について概説する．

16.1　拡張型心筋症と遺伝子変異

　拡張型心筋症は厚生労働省が定める指定難病の一つであり，心臓を構成する心室が拡大し，心室筋が菲薄化し，心臓の収縮力が徐々に低下する難治性の重篤な疾患である（図 16.1）．心臓のポンプとしての機能が低下すると，血液を循環させてさまざまな臓器へ届けることができなくなり，呼吸困難や体のむくみといった心不全をきたす．平成 26 年の行政調査では，全国の患者数は 28,446 名で人口 10 万人あたり約 22 名とされるが，潜在的な患者数はより多いことが予想されている．現

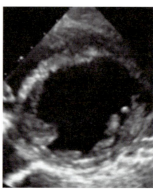

図 16.1　健常例および拡張型心筋症症例における心臓超音波画像（左心室短軸像）

健常例　　　拡張型心筋症

左心室内腔の拡大
左心室収縮力の低下
↓
進行性の重篤な心不全
心臓移植の適応

16.1 拡張型心筋症と遺伝子変異

時点で拡張型心筋症に対して特異的に奏功する治療法は存在せず，徐々に進行する心不全に対して薬物治療やペースメーカー植え込みなどの非薬物治療を対症的に行っているのが現状である．各種治療が奏功しない重症心不全に移行した場合，現時点では心臓移植しか有効な治療法が存在しない．しかし，移植医療を受けることのできる患者数は依然限られており，移植待機期間が平均3年以上と長く，待機中の重篤で致死的な合併症のため多くの症例が失われているのが現状である．

拡張型心筋症症例の心筋組織病理像では，心筋細胞の変性，脱落，および著明な間質の繊維化を認め，古くからその発症に遺伝子変異が関与することが知られている．近年の高速シーケンス技術の進歩により，拡張型心筋症の発症には，家族性の発症例だけでなく孤発例においても，従来考えられていた以上に遺伝子変異の関与が大きいことが明らかとなっている[1,2]．心筋を形成する筋原線維は，サルコメアと呼ばれる収縮単位の繰返し構造からなり，Z線で隔てられたアクチンフィラメント，ミオシンフィラメントの横滑りが筋収縮を制御する．多くの遺伝子変異が心筋細胞の収縮単位であるサルコメア構成成分において認められるが，細胞骨格，介在板，核膜，イオンチャネルなど，多くの細胞内タンパク質の変異も心筋症の病態形成に関与することが知られている（図16.2）．これら遺伝子に生じた変異はタンパク質機能に影響を与え，筋収縮に必須であるカルシウムイオンの感受性や，他の構造タンパク質との結合性に変化を生じ，サルコメアを含む細胞構造の脆弱性から重篤な心筋症に至ると考えられている．これら遺伝子変異に対する診断技術は急速に進歩しているものの，疾患の原因として診断された変異そのものを治療対象とすることは困難であった．一方，その発見以後爆発的に研究開発が進むCRISPR-Cas9システムを用いたゲノム編集技術は，ウイ

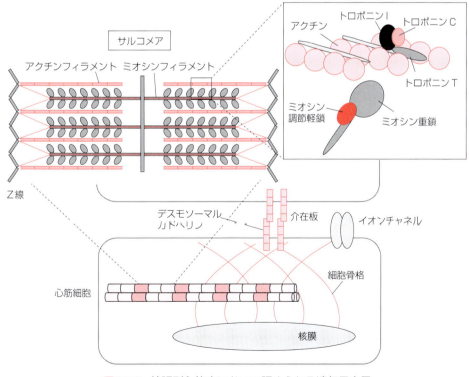

図16.2　拡張型心筋症において認められる遺伝子変異

ルス感染症，血液疾患，酵素欠損症などさまざまな分野で臨床応用を見据えた開発が進み[3-5]，デュシェンヌ型筋ジストロフィーに対する治療応用[6-9]を含め，欧米を中心に目覚ましい研究開発が進められている．終末分化した非分裂細胞である心筋細胞に対して，どこまでゲノム編集による介入が可能かはほとんど明らかでなかったが，難治性心疾患治療に対してこのような革新的技術を応用する試みが欧米を中心に進められている．

16.2 心筋細胞を対象としたゲノム編集

心臓組織を対象としたゲノム編集治療については，おもにデュシェンヌ型筋ジストロフィーを対象に研究が進められている．疾患モデルであるmdxマウスでは，X染色体に存在するジストロフィン遺伝子エキソン23にナンセンス変異が生じ，変異終止コドンのためジストロフィンタンパク質発現が完全に欠損している．変異配列を含むエキソンに対して特異的なアンチセンスオリゴを投与することで読み枠をスキップさせ，不完全ながらも全長エキソンからのタンパク質発現を回復させるエキソンスキップ法が従来より試みられてきた[10]．2016年に，Cas9とガイドRNAをそれぞれ骨格筋と心臓に高い指向性をもつアデノ随伴ウイルス（adeno-associated virus：AAV）に組み込み，疾患モデルマウスであるmdxマウスに投与することで，心臓組織におけるジストロフィンタンパク質の発現が回復することが報告された[8,9]．これらの報告では，非相同末端結合（non-homologous end joining：NHEJ）により終止コドンに変異した塩基配列を含むエキソンを切り出すことで翻訳フレームを回復させ，タンパク質発現を回復している．このようなアプローチは，ナンセンス変異やフレームシフト変異によりタンパク質発現が欠損するような遺伝子変異に対して有効と考えられる．一方で，切り出したエキソンの前後エキソンがインフレームでつながること，対象となるエキソンが切り出された後にもタンパク質としての安定性および機能が保たれることなどの条件が必要となり，心筋症の原因となるさまざまな遺伝子変異の修復に一様に適用することは困難と考えられる．DNA二本鎖切断後の修復は，上述のNHEJまたは相同組換え修復（homology-directed repair：HDR）の二つの経路により行われる[11-16]．より正確な修復を可能とするHDRは分裂細胞のS/G2期に特異的に生じるとされ[5,15,17-21]，心筋細胞を含む非分裂細胞への応用は困難とされている．

16.3 マウス培養心筋細胞におけるHDRを介したゲノム編集

筆者らは，心筋細胞においてHDRによるゲノム編集が可能かを検証した[34]．心臓に特異的に発現し，サルコメアの主要なタンパク質であるミオシン調節軽鎖タンパク質（図16.2）をコードする*Myl2*遺伝子に着目し，培養心筋細胞においてその3′末端に蛍光タンパク質をノックインすることを試みた．*Myl2*遺伝子の3′末端終止コドン近傍を特異的に認識するガイドRNA，および同部位に対する相同配列ではさんだtdTomato蛍光タンパク質配列を修復テンプレートとして設計し，3′末端の相同配列には，Cas9による切断に耐性とするためPAM配列に変異を導入した（図16.3）．分子量が大きなCas9タンパク質の心筋細胞への導入効率は低いことが予想されたため，筆者らは2014年に報告されたCas9恒常発現マウス[22]新生仔心臓組織から単離した培養心筋細胞を用いた．Cas9を恒常発現する培養心筋細胞に，心臓に対して指向性をもつAAV6を用いてガイドRNAと修復テンプレートDNAを導入し，ハイコンテントイメージサイトメーター（IN Cell Analyzer 6000）を用いて蛍光検出を試みた．イ

16.3 マウス培養心筋細胞におけるHDRを介したゲノム編集

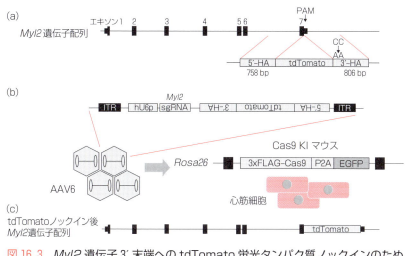

図 16.3 *Myl2* 遺伝子 3′ 末端への tdTomato 蛍光タンパク質ノックインのための sgRNA および修復テンプレート設計

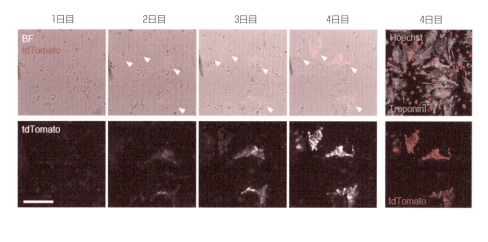

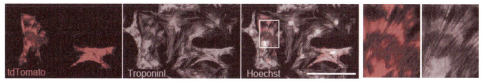

図 16.4 心筋細胞におけるHDRを介したゲノム編集の経時的観察（巻頭のColored Illustration参照）

メージサイトメーターの利点としては，96ウェルプレートにより多検体の観察が可能であること，免疫染色および専用ソフトを用いた解析により細胞特異的な定量解析が可能なことが挙げられる．また，心筋細胞には培養開始後ほとんど分裂や遊走をしないという特徴があるため，座標を定めた観察により同一の細胞を数日にわたって観察することが可能である．心筋細胞に対するAAV6による遺伝子導入2日目から，サルコメア構造に一致した蛍光シグナルが検出され，4日目にかけてそのシグナルは増強した（図16.4）．tdTomatoは比較的大きな分子量をもつ蛍光タンパク質だが，Myl2-tdTomato融合タンパク質はトロポニンI染色で検出される心筋サルコメアに正確に局在して

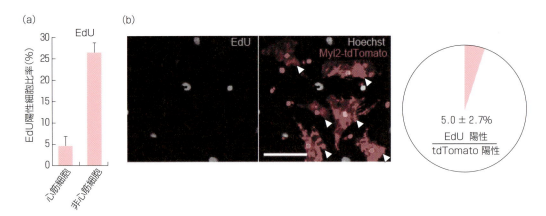

図 16.5　心筋細胞における DNA 合成と HDR（巻頭の Colored Illustration 参照）

いた．また，サンガーシーケンスおよびウェスタンブロットにより，tdTomato 配列のゲノムへの正確な挿入，および予想された分子量での融合タンパク質の発現が確認された．同一心筋細胞の経時的観察により，培養開始後分裂をしていない心筋細胞において HDR が生じており，定量的解析により，最大で 20-25% の Cas9 恒常発現心筋細胞において HDR が起こることが明らかとなった．

HDR には細胞周期 S 期への進入が必要とされ[21]，新生仔培養心筋細胞の一部は出生直後には分裂能をもっており，おもにこれらの細胞において HDR が起こった可能性が考えられた．そこで筆者らは，AAV6 による遺伝子導入の 6 時間前から EdU を添加し，以後 4 日間連続して EdU ラベルをすることで，S 期に進入した心筋細胞と HDR との相関を検証した．4 日間の培養後，一度でも S 期に進入した非心筋細胞（おもに心臓線維芽細胞）は約 25% であったのに対し，S 期に進入した心筋細胞は約 5% に留まった．定量解析の結果，HDR を起こした tdTomato 陽性の培養心筋細胞のうち，EdU 陽性心筋細胞は 5% に留まり，残り 95% の tdTomato 陽性心筋細胞では S 期に入ることなく HDR が起こったと考えられた（図 16.5）．

16.4　心筋症遺伝子変異に対するゲノム修復

これらの結果を踏まえ，筆者らは HDR による心筋症病的変異の修復を試みることにした．拡張型心筋症の遺伝子変異の多くは，心筋収縮の基本構造単位であるサルコメアの構成タンパク質に生じる[2]．トロポニンはトロポニン T，トロポニン I，トロポニン C の三つのタンパク質からなる複合体であり，カルシウム依存性に心筋収縮を制御する（図 16.2）．トロポニン T の 210 番目のリジンの欠損変異（ΔK210）は家族性拡張型心筋症において同定され[23]，この変異をホモ接合性にノックインしたマウスは進行性の心臓の拡大，心収縮能低下をきたし，拡張型心筋症モデルマウスとして報告されている[24]．筆者らは，AAV を用いた HDR により，心筋細胞において ΔK210 変異を修復することを試みた．ΔK210 変異は，トロポニン T をコードする Tnnt2 遺伝子のエキソン 13 に存在するため，この部位から 40 bp 下流のエキソン配列，および 96 bp 下流のイントロン配列を対象にガイド RNA を設計した（図 16.6）．両ガイド RNA は対象ゲノムを効率よく切断したが，エキソンに設計したガイド RNA#1 はエキソン部位のゲノム切断を経てトロポニン T タンパク質の発現を低

■ 16.5 心筋細胞におけるゲノム編集の課題 ■

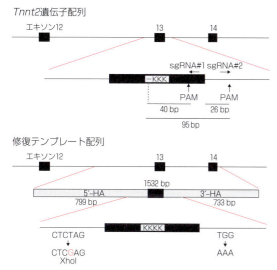

図 16.6 *Tnnt2* 遺伝子ΔK210 変異修復のための sgRNA および修復テンプレート設計

(a) ゲノム DNA 切断

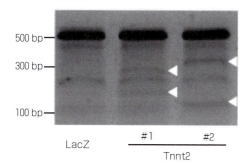

(b) トロポニン T タンパク質発現

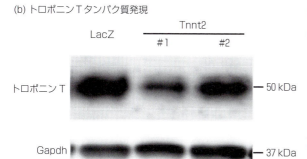

図 16.7 2 種類の sgRNA のゲノム切断活性と，トロポニン T タンパク質発現に与える影響

下させたのに対し，イントロンに設計したガイド RNA#2 では，効率的にゲノムを切断するものの，タンパク質発現には明らかな影響を及ぼさなかった（図 16.7）．そこで NHEJ によるタンパク質への影響を考慮し，イントロン特異的に設計したガイド RNA#2，およびその対象 PAM 配列に Cas9 切断耐性となる変異を組み込んだ修復テンプレートを設計し（図 16.6），AAV6 を構築した．Cas9 ノックインマウスと *Tnnt2* ΔK210 マウスを交配したダブルノックインマウスを樹立し，単離した培養心筋細胞に対して AAV6 を導入した．心筋細胞から抽出したゲノムから変異部位周辺配列をクローニングし，サンガーシーケンスにより解析したところ，解析を行った 200 クローン中 12.5% において HDR により ΔK210 変異が修復されていた（図 16.8）．42.5% において NHEJ を認めたが，エキソン 13 まで NHEJ が及んでいたものは 3.5% に留まった．*Myl2* を対象とした場合と異なり，*Tnnt2* に対するゲノム編集においては，ゲノムが切断されるガイド RNA 認識部位と修復テンプレートの距離がおよそ 100 bp と離れていた．目的遺伝子配列のノックイン効率は，ゲノム切断箇所と対象配列との距離に負に相関することが知られており[25, 26]，このことがやや低い HDR 効率につながったと考えられる．これらの結果から，DNA 合成を行っていない非分裂心筋細胞において HDR を介したゲノム修復が可能であることが示されたが，その分子メカニズムは依然不明であり，今後のさらなる検討が必要である．

16.5 心筋細胞におけるゲノム編集の課題

ゲノム編集による HDR を介した変異修復が心筋細胞において可能であることが示されたものの，実際の治療を考慮した場合，技術面および安全面で，また疾患治療の効率という点で多くの課題が

16章 拡張型心筋症におけるゲノム編集治療

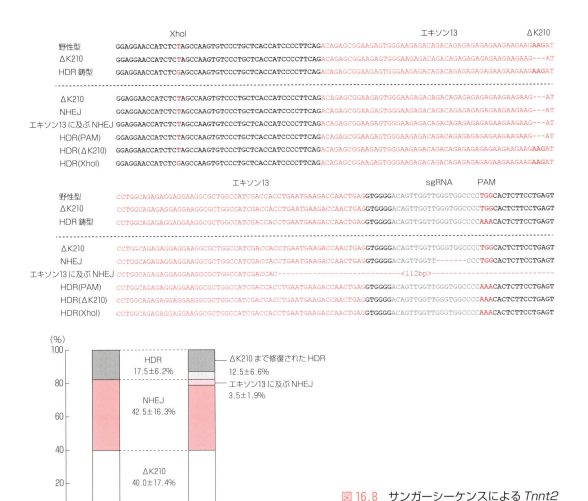

図16.8 サンガーシーケンスによる *Tnnt2* 遺伝子変異修復効率の解析

存在する.

技術面および安全面の問題としては，第一に，分子量の大きなCas9タンパク質をどのような方法で心筋細胞に届けるのかという課題が存在する．現時点ではAAVを用いて，最小プロモーターで駆動させた従来のSpCas9（*Streptococcus pyogenes* Cas9），あるいはよりサイズの小さなSaCas9（*Staphylococcus aureus* Cas9）を心臓組織で発現させる方法が最も期待される[8,9]．AAVはすでにヒト心不全症例を対象とした遺伝子治療によるフェーズ2b大規模臨床試験で用いられ，ヒト冠動脈への投与の安全性が証明されている[27]．

本臨床試験は重症心不全を対象に，カルシウム制御タンパク質であるSERCA2aをAAVにより心臓組織に投与したもので，残念ながら有意な心不全改善効果を得られなかった．一方で本臨床試験では，AAV投与群において明らかな有害事象を認めず，ヒト心臓組織において低コピー数ながらウイルスベクター由来遺伝子の発現が確認された．これらの事実は，AAVを用いたヒト心臓への遺伝子デリバリーが安全で有用であることを証明しており，ゲノム編集に必要な遺伝子群のヒト心臓への送達においても有用である可能性を示唆する．また，mRNAとして遺伝子を心臓にデリバリー

する技術も開発が進んでおり[28]，切断酵素であるCas9の発現を一過性に留めうる点で安全性に優れると考えられる．第二に，今回ゲノム編集による介入対象としたモデルマウスはホモ接合型変異であるが，臨床的に問題となる遺伝性心血管疾患の多くはヘテロ接合型であり，片アレルは正常である．このため，アレル特異的なガイドRNAの設計により変異遺伝子のみに介入する必要があり，実際に遺伝性の不整脈を呈する患者由来iPS細胞に対するアレル特異的介入アプローチが報告されている[29]．第三に，最も重要な問題として，変異遺伝子のみに介入しえたとしても，現時点では多くのNHEJを生じさせてしまうことは避けられない．病的遺伝子変異の多くはアミノ酸の非同義置換であり，タンパク質機能がある程度保持されている可能性があるため，ゲノム編集による介入後にHDRによる修復がなされなかった場合，残されたタンパク質機能を完全に欠失させてしまう危険性がある．*in vivo*において組織そのものにゲノム編集の介入を行う場合には正確な修復が必須であり，これまでに低分子化合物や遺伝子導入によりHDRの効率を改善させる試みが数多く行われている[30-32]．さらにヘテロ接合体の病的変異に対して，それが機能喪失（ハプロ不全）として働くのか，あるいは機能獲得（ドミナントネガティブ）として働くのか，病態への影響に関する詳細な解析が不可欠と考えられる．

疾患治療の効率という点では以下の問題が存在する．ゲノム編集を治療に用いた場合，実際の治療効果を得るうえで，編集により獲得された形質が集団において優性となることが望ましいとされる[5]．たとえば，遺伝子変異が細胞の分化や増殖に負に影響を及ぼす場合には，ゲノム編集により遺伝子変異が修復された細胞は，そうでない細胞に比べてより効率的に分化や増殖する能力を獲得する．このようなケースでは，初期治療における修復効率が低くても，ある程度の治療効果が期待され，デュシェンヌ型筋ジストロフィーにおける骨格筋に対するゲノム編集治療はまさにこれに該当する[8,9]．逆に，そうでない細胞や疾患変異を対象とする場合には，有効な治療効果を得るために，より多くの細胞を高い効率で修復する必要があり，治療応用としてのハードルが高くなることが予想される．心臓を構成する心筋細胞は生後分裂を停止し，以後増殖はしないため，上述の考え方を踏まえると，ゲノム編集の治療対象としては困難な対象と考えられる．一方で，心臓は全身に血液を送達するポンプであり，その機能不全は致死的である．重要なことは，このような遺伝子治療により介入せざるをえない重篤で代替療法がない症例にターゲットを絞り，分子生物学的基盤を含めた詳細な病態解析を進めていくことと考えられる．このような観点から，筆者らは現在，疾患iPS細胞を用いた個々の疾患の病態解析を進めている．

16.6 拡張型心筋症患者由来疾患iPS細胞を用いた病態解析

大阪大学医学部附属病院は我が国有数の心臓移植実施施設であり，心筋症による重症心不全症例が全国から集積するという施設の特殊性から，難治性疾患治療の研究開発に対する強いアンメットニーズが存在する．筆者らは，大阪大学医学部附属病院で診療を行っている若年の拡張型心筋症症例を対象に病態解析を行った．本症例は10代ですでに進行性の心室の拡大，心収縮能の低下を認め，最大限の薬物治療，さらにペースメーカー治療を必要とする状態であった．拡張型心筋症では通常，左心室が進行性に拡大・菲薄化するが，興味深いことに，本症例では左心室だけでなく右心室も含めた両心室の著明な拡大，収縮能の低下を認めた．本症例に対してゲノム解析を行ったところ，心筋の細胞間接着において重要な役割を担う介在板に存在するデスモソーマルカドヘリン遺伝

■ 16章 拡張型心筋症におけるゲノム編集治療 ■

コントロール　　　　　　　　デスモソーマルカドヘリンのナンセンス変異

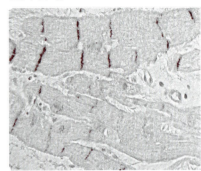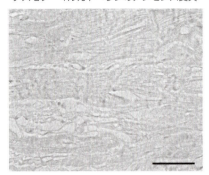

図 16.9 拡張型心筋症症例の心室組織免疫染色像（巻頭の Colored Illustration 参照）

子（図 16.2）のホモ接合型変異が同定された．本変異は稀なナンセンス変異であり，アミノ酸置換により終止コドンが出現するため，タンパク質発現が欠損することが予想された．実際に，心筋生検時に得られた本症例の心臓組織において，通常介在板において認められるカドヘリンタンパク質の発現が完全に欠損していた（図 16.9）．デスモソーマルカドヘリンを含む細胞間接着関連遺伝子は，進行性の右心室拡大，収縮能低下をきたす難病である，不整脈源性右室心筋症の原因遺伝子として古くから知られている[29]．これまでの報告で，心筋症で認められたデスモソーマルカドヘリン遺伝子変異の多くはヘテロ接合型ミスセンス変異であり[33]，本症例で認められた重篤なホモ接合型ナンセンス変異が，臨床的に観察された若年での両心室の拡大，収縮能低下という重篤な病態の原因と考えられた．また本症例では，遺伝子変異により惹起される細胞構造の脆弱性が病態の主要因と考えられ，薬剤による治療介入は困難であることが予想された．

ゲノム編集による治療介入を考慮する際に適切であると考えられる対象は，① 細胞の機能維持に必須であるタンパク質をコードする遺伝子，② フレームシフトやナンセンス変異といったタンパク質機能への影響が重篤な変異，さらに③ ホモ接合型あるいは X 連鎖性のためタンパク質機能が完全に欠失してしまうような遺伝子変異，と考えられる．このような観点から，本症例で認められたデスモソーマルカドヘリンのホモ接合型ナンセンス変異は，ゲノム編集による修復のよい適応と考えられた．そこで筆者らは患者単核球から疾患 iPS 細胞を樹立し，どのようなゲノム編集により遺伝子修復が可能かを検討すると同時に，遺伝子変異と病態との関連について詳細に解析している．また iPS 細胞を用いた疾患研究では，ゲノム編集により検出された遺伝子変異を修復したり，逆に正常配列に変異を導入した isogenic 細胞株を作成することにより，その変異がどのような過程を経て心筋の病態につながるのか詳細な解析が可能である．このように，治療の可能性という点でも詳細な疾患病態解析という点でも，CRISPR-Cas9 ゲノム編集技術は多くの可能性を提供しうると考えられる．

16.7　おわりに

指定難病である拡張型心筋症の病態，難治性の重症例に対する治療の現状，心筋細胞を対象としたゲノム編集介入の試みと今後の展望について概説した．重症の拡張型心筋症症例は若年で発症することが多く，心機能が極度に低下した状態に陥ると，既存の治療では生命を維持することが困難

となる．多くの症例が長期間移植医療を待っているのが現状であり，このような状況を打破しうる革新的治療法の開発は喫緊の課題であると考えられる．

（肥後修一朗・坂田泰史）

文　献

1) A. Kimura *J. Hum. Genet.*, **61**, 41 (2016).
2) J. Haas et al., *Eur. Heart J.*, **36**, 1123 (2015).
3) S. R. Lin et al., *Mol. Ther. Nucleic Acids*, **3**, e186 (2014).
4) H. Yin et al., *Nat. Biotechnol.*, **34**, 328 (2016).
5) D. B. Cox, R. J. Platt, F. Zhang, *Nat. Med.*, **21**, 121 (2015).
6) C. Long et al., *Science*, **345**, 1184 (2014).
7) H. L. Li et al., *Stem Cell Reports*, **4**, 143 (2015).
8) C. Long et al., *Science*, **351**, 400 (2016).
9) M. Tabebordbar et al., *Science*, **351**, 407 (2016).
10) F. Muntoni, M. J. Wood, *Nat. Rev. Drug Discov.*, **10**, 621 (2011).
11) T. Mikuni, J. Nishiyama, Y. Sun, N. Kamasawa, R. Yasuda, *Cell*, **165**, 1803 (2016).
12) J. A. Doudna, E. Charpentier, *Science*, **346**, 1258096 (2014).
13) P. D. Hsu, E. S. Lander, F. Zhang, *Cell*, **157**, 1262 (2014).
14) J. D. Sander, J. K. Joung, *Nat. Biotechnol.*, **32**, 347 (2014).
15) J. R. Chapman, M. R. Taylor, S. J. Boulton, *Mol. Cell*, **47**, 497 (2012).
16) T. Iyama, D. M. Wilson, *DNA Repair* (*Amst.*), **12**, 620 (2013).
17) K. Rothkamm, I. Kruger, L. H. Thompson, M. Lobrich, *Mol. Cell Biol.*, **23**, 5706 (2003).
18) S. Sharma, *Brain Res. Bull.*, **73**, 48 (2007).
19) A. Ciccia, S. J. Elledge, *Mol. Cell*, **40**, 179 (2010).
20) W. D. Heyer, K. T. Ehmsen, J. Liu, *Annu. Rev. Genet.*, **44**, 113 (2010).
21) S. Lin, B. T. Staahl, R. K. Alla, J. A. Doudna, *Elife*, **3**, e04766 (2014).
22) R. J. Platt et al., *Cell*, **159**, 440 (2014).
23) M. Kamisago et al., *N. Engl. J. Med.*, **343**, 1688 (2000).
24) C. K. Du et al., *Circ. Res.*, **101**, 185 (2007).
25) Y. Kan, B. Ruis, S. Lin, E. A. Hendrickson, *PLOS Genet.*, **10**, e1004251 (2014).
26) D. Paquet et al., *Nature*, **533**, 125 (2016).
27) L. Zangi et al., *Nat. Biotechnol.*, **31**, 898 (2013).
28) B. Greenberg et al., *The Lancet*, **387**, 1178 (2016).
29) M. Delmar, W. J. McKenna, *Circ. Res.*, **107**, 700 (2010).
30) V. T. Chu et al., *Nat. Biotechnol.*, **33**, 543 (2015).
31) T. Maruyama et al., *Nat. Biotechnol.*, **33**, 538 (2015).
32) C. Yu et al., *Cell Stem Cell*, **16**, 142 (2015).
33) M. M. Awad, H. Calkins, D. P. Judge, *Nat. Clin. Pract. Cardiovasc. Med.*, **5**, 258 (2008).
34) T. Ishizu, S. Higo et al., *Sci. Rep.*, **7**(1), 9363 (2017).

Part III 疾患治療

CAR-T遺伝子治療への
ゲノム編集技術の応用

Summary

　がんに対する新しい免疫遺伝子治療として，抗体分子とT細胞受容体（T cell receptor：TCR）の融合によるキメラ抗原受容体（chimeric antigen receptor：CAR）を発現させたT細胞を用いる方法（CAR-T遺伝子治療）が脚光を浴びている．腫瘍関連抗原を認識するTCRをT細胞に発現させて体外増幅し輸注するTCR-T遺伝子治療と合わせて，遺伝子改変T細胞療法（gene-modified T cell therapy）と呼ばれるが，これらはT細胞の腫瘍ターゲッティング効率を高めるために開発された方法である．たとえば，再発・難治性B細胞腫瘍に対して，CD19抗原を認識するCARを発現させた患者T細胞を体外増幅して輸注する方法（CD19-CAR-T遺伝子治療）の臨床試験が進んでおり，とくに急性リンパ性白血病（ALL）で驚くべき治療効果が得られている．その後，CD19抗原以外の新しい治療標的の探索が活発に行われるとともに，新しい方向性としてゲノム編集技術の応用が注目されている．一つは，TCR遺伝子を破壊することにより他人のT細胞（同種T細胞）を用いることを可能にしたユニバーサルCAR-T遺伝子治療の開発であり，もう一つは，PD-1遺伝子をゲノム編集技術で破壊することにより，がん細胞によるブレーキを解除させることを狙った強化CAR-T遺伝子治療の開発である．今後もさまざまなアイデアに基づく工夫が期待される．

17.1　はじめに：T細胞を用いた遺伝子治療へのゲノム編集技術の応用

　遺伝子治療が現実的な治療法として再び注目されている．対象疾患としては，遺伝性疾患に限らず，がんや難治性慢性疾患などの後天性疾患までさまざまなものが検討されている．これまで全世界で実施されてきた遺伝子治療のプロトコルのなかでは，がんに対する遺伝子治療の臨床試験が過半数を占めている．しかし有効性という点では，がんの遺伝子治療は必ずしも明瞭な成果を上げてこなかった．そのなかで，急性リンパ性白血病（acute lymphoblastic leukemia：ALL），慢性リンパ性白血病（chronic lymphocytic leukemia：CLL），悪性リンパ腫などのB細胞性腫瘍に対する新規治療法として，CD19抗原（B細胞の分化抗原）を認識するキメラ抗原受容体（chimeric antigen receptor：CAR）を発現させた患者T細胞を体外増幅して輸注するという遺伝子治療（CAR-T遺伝子治療）が，最近大きな脚光を浴びている．すなわち，養子免疫療法の有効性を高めることを狙った遺伝子改変T細胞療法（engineered T cell therapy あるいは gene-modified T cell therapy）の一つで，T細胞の腫瘍ターゲッティング効率を高めるために開発された新しい遺伝子治療法である．

　さらに，このような遺伝子改変T細胞療法にゲノム編集技術を応用する新規治療法の開発が，新しい方向性として活発になっている．これまでにゲノム編集技術の臨床応用としては，T細胞を用

いる方法の開発が進んでいる．一つはHIV（ヒト免疫不全ウイルス＝エイズウイルス）感染症において，患者T細胞を取り出してCCR5（HIVのco-receptor）の遺伝子をゲノム編集により破壊し，再び患者に戻すと，ウイルス量の減少とT細胞の増加が認められたと報告されている[1]．これは，CCR5を欠損している人はHIV感染に抵抗性であるという臨床的観察に基づいた治療法である．なお，この臨床試験では，Sangamo BioSciences社が開発したZFN（zinc-finger nuclease）を用いたゲノム編集技術が使われている．もう一つはCD19-CAR-T遺伝子治療への応用として，T細胞のT細胞受容体（T cell receptor：TCR）をゲノム編集により破壊して移植片対宿主病（graft-versus-host disease：GVHD）を防ぎ，他人のT細胞（同種T細胞）を用いることを可能にした方法（ユニバーサルCAR-T遺伝子治療と呼ばれる）[2]がとられ，その臨床試験が行われている．さらに遺伝子改変T細胞療法では，投与する遺伝子改変T細胞のPD-1遺伝子をゲノム編集技術により破壊し，免疫チェックポイント阻害薬（抗体医薬）の場合に懸念される全身性の副作用を回避する工夫が考えられている[3]．このPD-1遺伝子を破壊する方法については，すでに中国で臨床応用が始まっている．

本章では，最初にCAR-T遺伝子治療について概説したうえで，後半でそれをベースとしたゲノム編集技術の応用について紹介する．

17.2　CAR-T遺伝子治療のコンセプト

がん患者自身のT細胞を体外培養により大量に増やし，患者に戻すという養子免疫療法〔リンフォカイン活性化キラー細胞（lymphokine-activated killer cell：LAK）療法〕が以前は積極的に試みられたが，十分な治療効果は得られなかった．その後，腫瘍に浸潤しているT細胞（tumor-infiltrating lymphocyte：TIL）は腫瘍に集積する性質があり，抗腫瘍活性が強いと考えられた．実際にTILを取り出し，増幅して投与するTIL療法がメラノーマ患者に試みられたところ，LAK療法より有効性が高いと報告されている．しかし，煩雑なTIL療法は一般化するには至っていない．

そこで，遺伝子操作によりT細胞の腫瘍ターゲッティング効率を高めるストラテジーの臨床開発が進んでいる．ターゲッティングの方法としては，CAR-T遺伝子治療とTCR-T遺伝子治療（後述）の二つのアプローチが考案された．前者の場合は，標的となるがん細胞の表面抗原に対する抗体のFab部分を単鎖抗体（scFv）のかたちで利用し，それとT細胞受容体のCD3ζ（ゼータ）鎖とのキメラ分子（キメラ抗原受容体，CAR）をT細胞に発現させる方法である．この第1世代のCARを用いた場合は，*in vitro*で抗腫瘍活性が認められたものの，*in vivo*実験では効果が不十分であった．そこで次の段階として，CD28やCD137（4-1BB）などの副刺激シグナル発生ユニットをさらに組み合わせた第2世代のCARが開発された（図17.1）．その結果，*in vivo*でも抗腫瘍効果が見られるようになり，現在の臨床試験ではこの第2世代のCARが一般に用いられている．さらに，複数の副刺激シグナルが入る第3世代CARの開発も行われている（図17.2）[4-6]．

造血器腫瘍に対してはさまざまな抗体医薬が開発されてきたが，CAR-T細胞を投与する方法は抗腫瘍活性がより強力である．また，頻回投与を必要とする抗体医薬と異なり，CAR-T遺伝子治療の場合は一回の治療で長期的な効果を得られる可能性がある．投与されたCAR-T細胞は，体内で標的抗原の刺激を受けて増殖し，長期間にわたって体内に検出されることが知られている．さらに，頻回のがん化学療法で免疫能が低下した患者（抗体医薬の効果は十分発揮されないと考えら

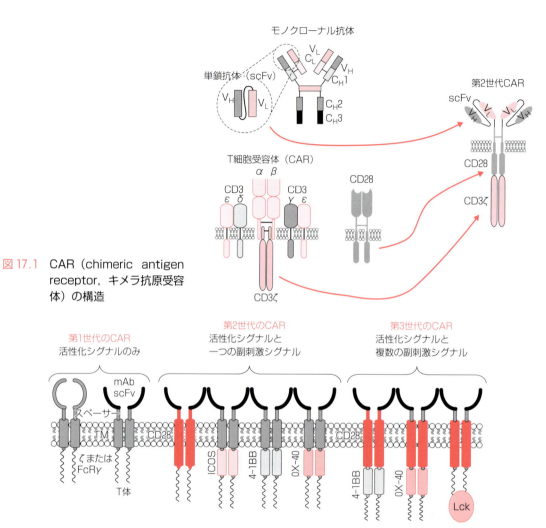

図 17.1 CAR (chimeric antigen receptor, キメラ抗原受容体) の構造

図 17.2 第1世代，第2世代，第3世代の CAR の構造[5]

れる）でも，T細胞を増幅させたうえで輸注する本法は有効と思われる．そのほか，再発・難治例では造血幹細胞移植がしばしば行われるが，高齢者や臓器障害をもつ患者には負担が大きい．その点，自己T細胞の輸注をベースとした本治療法のほうが，腫瘍量をあらかじめ抑えておけば，より安全に実施できる治療法と思われる．

17.3 CAR-T 遺伝子治療の特徴

腫瘍ターゲッティング効率を高めるための遺伝子改変T細胞療法のもう一つのストラテジーとして，腫瘍関連抗原を認識するTCRを患者T細胞に発現させ，体外増幅して輸注するという方法がある．このようなTCR-T遺伝子治療ではHLA拘束性のために特定のHLAをもつ患者に対象が限定されること，がん細胞ではHLAの発現が消失している場合があること，また遺伝子導入により発現させた外来性TCRと内在性TCRとのミスペアリングの問題（自己免疫反応が惹起されることが懸念される）を未然に防ぐために内在性TCRの発現を抑えることが望ましく，複雑な技術が必要となることなど，いくつかの課題が指摘されている．

一方，CAR-T遺伝子治療の場合は，上述のような問題点はないものの，ターゲットが細胞表面抗原に限定され，適当な標的分子を見出すことは容易ではない．それに対しTCR-T遺伝子治療の場合は，細胞内の腫瘍関連抗原（ペプチドとして抗原提示される）を標的とすることができる．そのほか，CAR-T遺伝子治療の場合は標的抗原がタンパク質である必要はなく，糖鎖構造などが標的となりうることも特徴として挙げることができる．

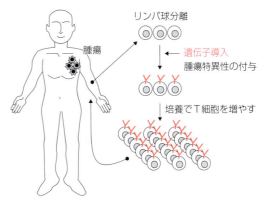

図17.4　CAR（キメラ抗原受容体）を発現させたT細胞による養子免疫遺伝子療法

17.4　B細胞性腫瘍に対するCAR-T遺伝子治療の臨床試験

CD19抗原を標的とするCAR-T遺伝子治療（図17.3，図17.4）の臨床試験は，おもにアメリカで実施されており，対象疾患としてはCLLが最初に取り上げられ，最近ではALLに対する臨床試験が中心となっている．

メモリアル・スローン・ケタリングがんセンター（MSKCC）で実施された難治性CLLを対象とした臨床試験では，制御性T細胞（Treg）の働きをあらかじめ抑えておくことを目的にシクロホスファミドの前投与が行われた結果，有望な結果が得られた[7]．またペンシルベニア大学のグループは，CLL 3症例と少数であるが，2例が完全寛解（CR），1例が部分寛解（PR）という効果を得て，脚光を浴びた[8,9]．興味深いことに，輸注したCAR発現T細胞の体内での増幅（1000倍以上）と長期間にわたる持続的検出（6カ月以上）が観察されている．これはターゲットのCLL細胞によりCAR発現T細胞が体内で刺激を受け続けていたことを示している．ペンシルベニア大学のグループはその後，14例中4例でCRが得られたことを報告している[10]．

なお，両者の手法には若干の相違があり，MSKCCでは副刺激シグナル発生ユニットとしてCD28が用いられ，遺伝子導入法としてはレトロウイルスベクター法が採用されている[11]．一方，ペンシルベニア大学ではCD137（4-1BB）[12]とレンチウイルスベクター法が用いられている．

再発・難治性のALLを対象としたCD19-CAR-T遺伝子治療の臨床試験についても，上述の両グループやアメリカの国立がん研究所（NCI），フレッド・ハッチンソンがん研究センターなどが優れた治療成績を報告している（表17.1）[13]．MSKCCでは，16例の難治性ALLにおいてCD19-CAR-T遺伝子治療を実施し，88％の症例でCRが得られたことを報告している[14]．MSKCCの研究者は，成人ALLの場合，治癒を

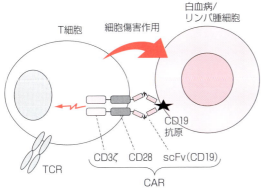

図17.3　CD19抗原に対するCARの構築と，CD19抗原を標的としたCAR発現T細胞による白血病/リンパ腫細胞の破壊

表 17.1 B細胞急性リンパ性白血病（B-ALL）に対する CD19-CAR-T 遺伝子治療の臨床試験の成績[13]

組織	CAR の構築	患者集団	完全寛解	毒性
メモリアル・スローン・ケタリングがんセンター	CD28 CD3ζ	成人 32 例 再発・難治性 B-ALL	91%	B細胞の消失 サイトカイン放出症候群
ペンシルベニア大学/フィラデルフィア小児病院	4-1BB CD3ζ	小児および若年成人 30 例 B-ALL	90%	B細胞の消失 サイトカイン放出症候群
アメリカ国立がん研究所	CD28 CD3ζ	小児および若年成人 20 例 B-ALL	70%	B細胞の消失 サイトカイン放出症候群
フレッド・ハッチンソンがん研究センター	4-1BB CD3ζ	成人 20 例 B-ALL	83%	サイトカイン放出症候群

表中のすべての試験には前処置としての化学療法が実施されている．

目指すには同種造血幹細胞移植が必要であると考えており，CAR-T 遺伝子治療を寛解状態で移植に持ち込むためのブリッジ役と位置付けている．ただし，移植の適応とならない患者で経過観察をすると，CAR-T 遺伝子治療で微小残存病変（minimal residual disease：MRD）陰性になった場合は，一部の患者では治癒に至ったことが示唆されるデータが得られつつある．ペンシルベニア大学からは，30 症例（小児 25 例，成人 5 例）の再発・難治性 ALL での CD19-CAR-T 遺伝子治療の成績が報告されているが，27 例（90%）でCR が得られている[15]．このような治療成績は，対象患者がきわめて予後不良の再発・難治例であることから，驚異的ということができる．

CD19-CAR-T 遺伝子治療で CR に入っても，その後再発するケースがあるが，そのなかには，白血病細胞の CD19 抗原陰性化が起こっているケースがしばしば見られることが知られている．このような現象は抗体医薬の場合も観察されており，がん細胞の一種のエスケープのメカニズムと考えられる．

いずれのグループでも，ALL のほうが CLL に比べて高い奏効率が得られており，当初の予想とは異なっている．CAR-T 遺伝子治療は免疫療法であることから，進行がゆっくりである CLL のほうが効果が出やすく，白血病細胞の増殖力が強い ALL を抑え込むのは難しいのではないかと当初は考えられていた．予想外の結果が出た理由は明らかではない．

再発・難治性のB細胞性非ホジキンリンパ腫を対象とした CD19-CAR-T 遺伝子治療の臨床試験も行われている．リツキシマブ（CD20 抗原を標的とした抗体医薬）耐性例についても，CD19-CAR-T 遺伝子治療ではターゲット分子が異なるため，治療効果を期待できる．アメリカでは，NCI[16]やベイラー医科大学，MSKCC で，B細胞性非ホジキンリンパ腫を対象とした臨床試験が実施されている．NCI では約半数の患者で CR が得られており，有効性は ALL と CLL の中間になるものと思われる．最近，Kite 社が行った第 1 相臨床試験の結果も報告され，60% 近い完全寛解率が得られている[17]．

17.5 CAR-T 遺伝子治療の副作用と対策

CAR-T 遺伝子治療で早期に出現する副作用としては，サイトカイン放出症候群（cytokine-release syndrome：CRS）が問題となる．これはおもに，T細胞の活性化に伴い放出されるサイトカインが引き起こす副作用であり，発熱，低血圧，種々の神経症状などが出現する．ただし，ある程度の CRS が出現しないと治療効果も期待しがたい．重症の CRS が出現した場合は，ヒト化抗

IL-6受容体抗体のトシリズマブの投与が有効である[14,18]．なお，その効果が不十分な場合はステロイド療法を試みるが，その際は投与したT細胞も破壊されてしまうため，その後のCAR-T遺伝子治療の効果が期待できなくなる．このCRSの発生については，もう一つの副作用である腫瘍崩壊症候群（tumor lysis syndrome：TLS）と同様に，腫瘍量と相関すると考えられている．これら早期の副作用を未然に防ぐ対策としては，腫瘍量をあらかじめ減らしておくほか，臨床試験ではCAR-T細胞の輸注量を慎重に漸増していく方法も試みられている．また，CAR-T細胞を分割投与することも推奨されている[19]．そのほか，CRSとは無関係の神経毒性の出現も報告されているが，その機序は不明である．この場合の神経症状は，無治療でも軽快していくといわれている．さらに最近になって，やはり原因不明であるが，脳浮腫という重症の神経毒性が一部の臨床試験で稀に出現し，死亡例が出ていることから大きな問題となっている．この場合はトシリズマブでは治療効果がないといわれている．ただし，対象となる患者は他治療では効果が期待できなくなった難治例であり，ある程度のリスクを伴う治療法を選択することはやむをえないと判断される．

　CD19抗原を標的としたCAR-T遺伝子治療の後期毒性としては，正常B細胞も破壊されてしまうため，血清免疫グロブリンが低下してくる．そこで，必要に応じて免疫グロブリンの補充療法が行われる．なお，CD19-CAR-T細胞により造血幹細胞が破壊されてしまうことはないため，いずれは正常B細胞が回復すると考えられている．

　このように，狙いのがん細胞以外に，標的抗原陽性の正常組織・細胞を攻撃してしまう現象をon-target，off-tumor反応と呼び，副作用の発現につながるため，標的抗原の選択にあたっては十分注意する必要がある．

17.6　ゲノム編集技術の応用によるユニバーサルCAR-T遺伝子治療の開発

　現在行われているCAR-T遺伝子治療のほとんどは患者自身のT細胞を用いる自家CAR-T遺伝子治療であり，患者ごとにCAR-T細胞を調製する必要があることから，多数の患者の治療を行うことは困難である．また，乳児や強力な化学療法のためにT細胞が減少している患者では十分量のT細胞の採取ができず，CAR-T遺伝子治療を実施できない場合もある．

　そこで，他人のT細胞（同種T細胞）を用いたユニバーサルCAR-T遺伝子治療の開発が行われている．この場合，移植片対宿主病（GVHD）を抑えるために，内在性TCR遺伝子をゲノム編集技術で破壊する方法が試みられている．この方法では，投与するT細胞のHLAを患者と一致させる必要がなくなるため，ユニバーサルCAR-T細胞としてあらかじめ作製しておき，多数の患者の治療に用いることを想定した魅力的な治療戦略である．また，投与するCAR-T細胞の拒絶を防ぐため，アレムツズマブによって患者の免疫系を抑える方法が検討されている．同種CAR-T細胞のほうは，CD52抗原（アレムツズマブの標的）の遺伝子をやはりゲノム編集技術により破壊しておき，アレムツズマブの影響を受けないような工夫がなされている．このユニバーサルCAR-T遺伝子治療の開発はCellectis社で行われており，同社の場合はTALEN（transcription activator-like effector nuclease）を使うゲノム編集技術が採用されている（図17.5）[2]．

　再発・難治性ALLの幼児例（それまでの移植を含む強力な治療によって，本人のT細胞を採取できないケース）において，ゲノム編集技術で作製した同種CD19-CAR-T細胞を用いる遺伝子治療がすでに2例で実施された（コンパショネート使用＝人道的配慮による例外的使用）[2]．図17.6

■ 17章　CAR-T遺伝子治療へのゲノム編集技術の応用 ■

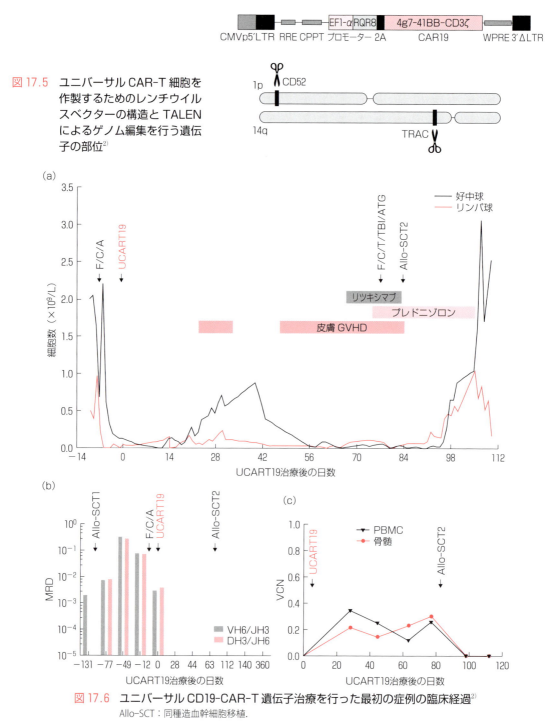

図17.5　ユニバーサルCAR-T細胞を作製するためのレンチウイルスベクターの構造とTALENによるゲノム編集を行う遺伝子の部位[2]

図17.6　ユニバーサルCD19-CAR-T遺伝子治療を行った最初の症例の臨床経過[2]
Allo-SCT：同種造血幹細胞移植．

は最初の症例の臨床経過を示したものであり，同種造血幹細胞移植後も MRD 陽性となっている．そこで CD19 抗原を標的としたユニバーサル CAR-T 遺伝子治療が行われたところ，MRD 陰性となり，再度，同種造血幹細胞移植が行われ，順調な経過をたどっていると報告されている．また，Cellectis 社による小児 ALL に対するユニバーサル CAR-T 遺伝子治療の第1相臨床試験も 2016 年に始まった．

症例ごとに CAR-T 細胞を調製することは費用がかかり，ビジネスの観点からも，このようなユニバーサル CAR-T 遺伝子治療の開発は重要である．今後の課題としては，多くの患者に投与できるだけの T 細胞を効率よく増やす培養技術が，まだ未確立な点が挙げられる．

17.7 固形がんに対する CAR-T 遺伝子治療へのゲノム編集技術の応用

CAR-T 遺伝子治療は造血器腫瘍に対して比較的良好な治療成績が得られているのに対し，固形がんではまだ明瞭な治療効果は確認されていない．その理由としては，固形がんの場合は個々のがん細胞が不均一であることが知られており（遺伝子レベルでもより複雑である），単一の標的抗原に対する CAR-T 細胞の投与では不十分であると考えられる．また，がん細胞に対する特異性の高い標的抗原を見出すことも困難である．標的抗原が接着分子の場合は，正常の臓器・組織にも微量発現されている可能性が高く，深刻な副作用を引き起こすことが懸念される．また，腫瘍塊を形成している場合は，CAR-T 細胞ががん病巣深部に到達しにくいことが考えられる．線維組織が豊富な場合や，腫瘍血管が乏しいがん病巣では，CAR-T 細胞が腫瘍塊の深部に侵入しにくいと思われる．そのほか，がん微小環境が免疫抑制状態にあることも注目されており，CAR-T 遺伝子治療の効果が出にくい一因になっていると考えられる．そこで，がん細胞が免疫学的監視機構からエスケープする機構を遮断するストラテジーの開発が重要であり，たとえば，PD-1 抗体などの免疫チェックポイント阻害薬や制御性 T 細胞（Treg）阻害薬などを CAR-T 細胞療法と組み合わせる複合療法にも関心がもたれている．ただし，このような免疫系のブレーキ機構を抗体医薬で解除する方法では，全身の免疫系が過剰に賦活化され，副作用として自己免疫反応などが惹起されることが危惧される．そこで，CAR-T 細胞などの遺伝子改変 T 細胞に限定して PD-1 の働きを抑えることにより，より安全に抗がん作用を強化するストラテジーが検討

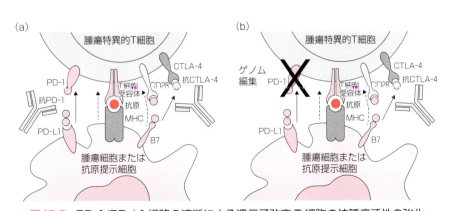

図 17.7　PD-1/PD-L1 経路の遮断による遺伝子改変 T 細胞の抗腫瘍活性の強化
（a）PD-1 抗体による方法で，全身の免疫系が賦活化され，副作用が懸念される．（b）ゲノム編集技術により遺伝子改変 T 細胞の PD-1 遺伝子を破壊する方法で，全身性の副作用を回避できると考えられる．

されている.すなわち,ゲノム編集技術で遺伝子改変T細胞のPD-1遺伝子を破壊し,PD-1/PD-L1経路を遮断することによって,遺伝子改変T細胞療法の有効性を高めることを狙った治療ストラテジーの臨床試験が計画ないし実施されている(図17.7)[3].この治療ストラテジーでは,ゲノム編集技術をより一般化させることになったCRISPR(clustered regularly interspaced short palindromic repeats)-Cas9を用いる方法が採用されている.

17.8 おわりに

CAR-T遺伝子治療はまだスタートしたばかりであり,数多くの検討課題が残されている.たとえば,副刺激シグナル発生ユニットなどのCARの構築やCAR-T細胞輸注前に行う前処置法に関するものが挙げられる.抗腫瘍性サイトカイン遺伝子などの治療遺伝子をCAR遺伝子と組み合わせる方法についても研究が行われている.このような遺伝子改変T細胞の働きを強化した場合には,安全性確保のために自殺遺伝子を搭載することも検討されている.CAR-T遺伝子治療の大きな発展に向けては,CD19抗原以外の治療標的の探索がきわめて重要な検討課題となっている.CD19抗原は非造血系正常組織における発現がないため,B細胞以外の正常組織の障害がなく,安全性が高い.現在,急性骨髄性白血病や多発性骨髄腫などの造血器腫瘍,さらにさまざまな固形がんに対するCAR-T遺伝子治療の開発が進められているが,どの抗原を治療標的にするかが鍵を握っている[13].

ゲノム編集技術のCAR-T遺伝子治療への応用も,大きな方向性としてさらなる発展が期待される.とくにユニバーサルCAR-T遺伝子治療は,このような遺伝子改変T細胞療法の実用化に向けた重要なストラテジーの一つとして位置付けられる.またPD-1遺伝子の破壊は,固形がんに対する遺伝子改変T細胞療法の有効性を高めるうえで大変興味深いアプローチであり,臨床試験の結果が待たれる.そのほか,ゲノム編集技術を使った新しい発想に基づく遺伝子改変T細胞療法の発展が期待される.

(小澤敬也)

文 献

1) P. Tebas, D. Stein, W. W. Tang et al., *N. Engl. J. Med.*, **370**, 901 (2014).
2) W. Qasim, H. Zhan, S. Samarasinghe et al., *Sci. Transl. Med.*, **9**, eaaj2013 (2017).
3) J. Ren, X. Liu, C. Fang et al., *Clin. Cancer Res.*, **23**, 2255 (2016).
4) J. H. Park, R. J. Brentjens, *Discov. Med.*, **9**, 277 (2010).
5) M. Sadelain, R. Brentjens, I. Rivière, *Cancer Discov.*, **3**, 388 (2013).
6) M. Sadelain, *J. Clin. Invest.*, **125**, 3392 (2015).
7) R. J. Brentjens, I. Rivière, J. H. Park et al., *Blood*, **118**, 4817 (2011).
8) M. Kalos, B. L. Levine, D. L. Porter et al., *Sci. Transl. Med.*, **3**, 95ra73 (2011).
9) D. L. Porter, B. L. Levine, M. Kalos et al., *N. Engl. J. Med.*, **365**, 725 (2011).
10) D. L. Porter, W. T. Hwang, N. V. Frey et al., *Sci. Transl. Med.*, **7**, 303ra139 (2015).
11) R. J. Brentjens, E. Santos, Y. Nikhamin et al., *Clin. Cancer Res.*, **13**, 5426 (2007).
12) M. C. Milone, J. D. Fish, C. Carpenito et al., *Mol. Ther.*, **17**, 1453 (2009).
13) H. J. Jackson, S. Rafiq, R. J. Brentjens, *Nat. Rev. Clin. Oncol.*, **13**, 370 (2016).
14) M. L. Davila, I. Rivière, X. Wang et al., *Sci. Transl. Med.*, **6**, 224ra25 (2014).
15) S. L. Maude, N. Frey, P. A. Shaw et al., *N. Engl. J. Med.*, **371**, 1507 (2014).
16) J. N. Kochenderfer, M. E. Dudley, S. H. Kassim et al., *J. Clin. Oncol.*, **33**, 540 (2015).
17) F. L. Locke, S. S. Neelapu, N. L. Bartlett et al., *Mol. Ther.*, **25**, 285 (2017).
18) J. N. Brudno, J. N. Kochenderfer, *Blood*, **127**, 3321 (2016).
19) H. C. Ertl, J. Zaia, S. A. Rosenberg et al., *Cancer Res.*, **71**, 3175 (2011).

☑ Genome Editing for Clinical Application

IV

産学連携

18章　CRISPRの医療応用の最前線

19章　新規ゲノム編集ツール

Part IV　産学連携

chapter 18 CRISPR の医療応用の最前線

Summary

　2012 年，細菌の獲得免疫機構に働く CRISPR-Cas タンパク質が，ガイド RNA（crRNA，tracrRNA）を用いて真核細胞や個体のゲノムを配列特異的に切断し，細胞本来の修復機構を利用して，遺伝子のノックアウトやノックインを行うゲノム編集技術が開発された．すでに欧米や中国では遺伝子治療の治験が開始されており，新しいベンチャーが毎週のように設立されている．しかしながら，日本は特許問題を懸念するあまり，国際競争に大幅な後れをとっている．基本特許は欧米に抑えられているものの，CRISPR-Cas は① 分子量が大きくウイルスベクターに載せることが困難で，細胞導入効率が低い，② 標的配列の下流にある 2–7 塩基からなる PAM 配列を厳密に認識しており，Cas をゲノム編集に用いる適用制限となっている，③ 非特異的切断によるオフターゲットの問題などがあり，現時点では医療応用に用いることは事実上不可能である．筆者らは 5 生物種由来の大小さまざまな Cas9 について，ガイド RNA，標的 DNA の四者複合体の結晶構造を 1.7–2.5 Å の高分解能で発表し，ガイド RNA 依存的な DNA 切断機構や PAM 配列の認識機構を明らかにした．また，立体構造に基づいて PAM 配列認識特異性を変えることに成功し，ゲノム編集ツールとしての適用範囲を拡張することに成功した．筆者らは 2016 年 1 月に日本初で唯一の CRISPR 創薬ベンチャー EdiGENE（社長：森田晴彦）を設立し，小型で，単純な PAM を認識し，オフターゲットのない，医療実用化可能な革新的ゲノム編集ツール「スーパー Cas9」を用いて，さらに多くの難治性疾患の遺伝子治療を試みており，応用特許を押さえ，これを用いることで，日本のゲノム編集研究に大きく貢献しようとしている．

18.1　はじめに

　原核生物は CRISPR（clustered regularly interspaced short palindromic repeats）-Cas（CRISPR-associated protein）と呼ばれる獲得免疫機構をもつ[1]（図 18.1）．細胞に侵入したウイルス（ファージ）やプラスミド由来の外来 DNA は，Cas1，Cas2 タンパク質の働きによりゲノム中に存在する CRISPR アレイ領域にインテグレーションされる．さらに別の Cas9 タンパク質が，CRISPR アレイから転写された crRNA（CRISPR RNA）とエフェクター複合体を形成し，crRNA と相補的な外来核酸を認識し，その二本鎖を切断する．これにより外来 DNA は原核生物内で働くことができなくなる．CRISPR-Cas 系はエフェクター複合体の構造に基づき，二つのクラスに分類される．クラス 1 の CRISPR-Cas 系には，複数の Cas タンパク質からなるマルチサブユニット複合体が関与する．一方，クラス 2 には単一の Cas タンパク質が関与する．クラス 1 は I 型，III 型，IV 型に分類され，クラス 2 は II 型，V 型，VI 型に分類される．

　Cas9 は 2012 年，II 型 CRISPR に属する RNA 依存性 DNA エンドヌクレアーゼとして発見された[2]．Cas9 は二つのヌクレアーゼドメイン

— 186 —

■ 18.1　はじめに ■

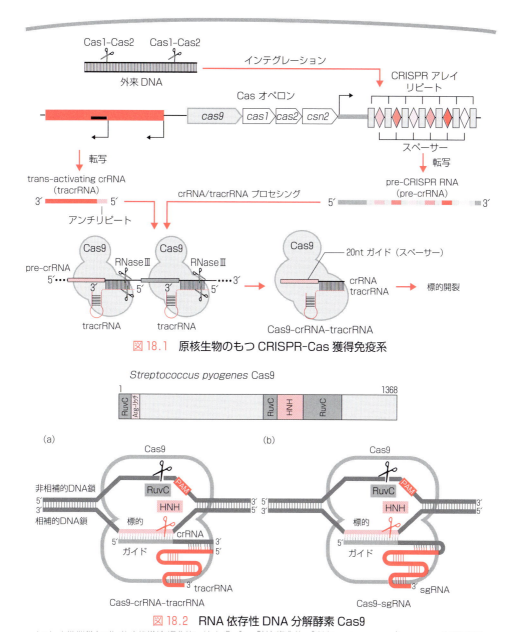

図 18.1　原核生物のもつ CRISPR-Cas 獲得免疫系

図 18.2　RNA 依存性 DNA 分解酵素 Cas9
（a）天然型の Cas9-ガイド RNA 複合体，（b）Cas9-sgRNA 複合体．PAM: protospacer adjacent motif, 5'NGG3'.
Deltcheva et al., Nature, 2011, Jinek et al., Science, 2012 を元に作成.

（RuvC と HNH）をもち，crRNA，tracrRNA（trans-activating crRNA）と呼ばれる 2 種類のノンコーディング RNA とエフェクター複合体を形成し，crRNA 中のガイド配列（約 20 塩基）と相補的な標的二本鎖 DNA を認識し切断する（図 18.2）．標的二本鎖 DNA のうち，crRNA と相補的な DNA 鎖（相補鎖 DNA）は HNH ドメインにより切断され，もう一方の DNA 鎖（非相補鎖 DNA）は RuvC ドメインにより切断される（図 18.2）．Cas9 による標的二本鎖 DNA の認識には，PAM（protospacer adjacent motif）と呼ばれる特定の数塩基が標的配列の近傍に存在することが必

■ 18章　CRISPRの医療応用の最前線 ■

要である．crRNAとtracrRNAを人工的にテトラループで連結したsgRNA (single-guide RNA) もガイド鎖RNAとして機能する[3] (図18.2b). 任意のガイド配列をもつsgRNAとCas9を細胞に共発現させることにより，ゲノムDNA中の標的配列を特異的に切断できることから，Cas9は簡便・迅速なゲノム編集ツールとしてまたたく間に普及した[3]．さらに後述のように，sgRNA依存的にゲノムの任意の場所にターゲッティングできるというCas9の性質を利用した新規技術も続々と報告されている[4]．

18.2　CRISPR-Casの特許紛争

ゲノム編集は，昨今夢の遺伝子治療として世界中で非常に注目されており，ついに人気漫画『会長 島耕作』にも連載で登場しているほどである．図18.3に2004年からのRNAi，iPS，CRISPRをキーワードとしたGoogleでの検索数を示した．RNAiはアメリカ，とくに中国で頻繁に検索されているものの，2004年から徐々に検索数は減少している．iPSの検索は日本国内で限定的であり，山中伸弥博士がノーベル生理学・医学賞を受賞した2012年には一時的に増えたものの，検索数は横ばい状態である．これらに対しCRISPRは，2012年にJ. A. DoudnaとE. Charpentierが，Cas9がRNA依存的なヌクレアーゼであることを発表して以来，欧米，オセアニア，中国，日本と世界中で検索されており，その数は指数関数的に上昇の一途をたどっている．

CRISPR発見の歴史を紐解くと，実は前述のCRISPRアレイは，1987年に九州大学の石野良純博士が大腸菌のアルカリホスファターゼ遺伝子の解析をしている過程で偶然に発見したものである[5]．しかし当時は，細菌のゲノム中になぜ外来の遺伝子が組み込まれているのか明らかにできず，

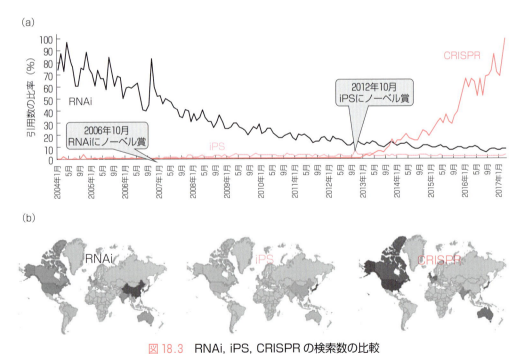

図18.3　RNAi, iPS, CRISPRの検索数の比較
（a）Googleにおける検索トレンドの時系列的推移（全世界），（b）Googleにおける検索の国別分布（2005-15年のピーク時）．Google Trendsを元にEdiGENE社で作成．

18.2 CRISPR-Cas の特許紛争

CRISPR の正体が解明されることはなかった．2007 年にアメリカの R. Barrangou らは，CRISPR が，細菌や古細菌がファージに感染したときにこれに応戦する獲得免疫システムであることを報告した[6]．そしてついに 2012 年，ウィーン大学にいた Charpentier とアメリカ UC バークレーの Doudna は，Cas9 が crRNA（crispr RNA）と tracrRNA（trans-activating crispr RNA）という 2 種類の非翻訳 RNA により特定のゲノム配列に結合し，DNA の二本鎖切断を起こすヌクレアーゼであり，細菌の獲得免疫システムに働くことを発表した[3]．この論文の中で彼女らは，crRNA と tracrRNA を人工的なテトラループでつないで 1 本の sgRNA（ガイド RNA）にしても，Cas9 は同様に RNA 依存的な DNA の切断を起こしうることを示している．これが後に大きな意味をもつことになる．そして 2013 年，MIT・ハーバード大学共同運営のブロード研究所の F. Zhang がマウスおよびヒトの細胞中で SpCas9 による遺伝子のノックアウト（NHEJ による挿入・欠失）に成功し，このゲノム編集技術が基礎研究のみならず遺伝子治療をはじめとした医療に応用できることを発表した[2]．

CRISPR-Cas が遺伝子治療に応用できる可能性を示唆した研究の流れの概略は以上のようであるが，ゲノム編集研究の複雑なところは，この技術がゲノムを編集することで実際の医療・産業に応用できるため，知財が大きくモノをいう点である．図 18.4 を見てほしい．研究論文に関していえば，リトアニアのヴィリニュス大学が一番早く 2012 年 4 月 6 日に論文を投稿している．UC バークレーの Doudna らの論文[3]は，これに 2 カ月遅れて 6 月 8 日に Science 誌に投稿されているが，わずか 20 日間で論文がスピード掲載されており，9 月 4 日のヴィリニュス大学の掲載を追い抜いている．ただし，これらの研究・発明はあくまで原核生物におけるゲノム編集に関するものであり，真核生物でゲノム編集ができることを初めて実証したのは，2013 年 2 月 15 日に掲載されたブロード研究所の Zhang らによる Science 誌の論文[2]である．知財に関しては，ヴィリニュス大学，UC バークレーの特許（原核生物）がそれぞれ 2012 年

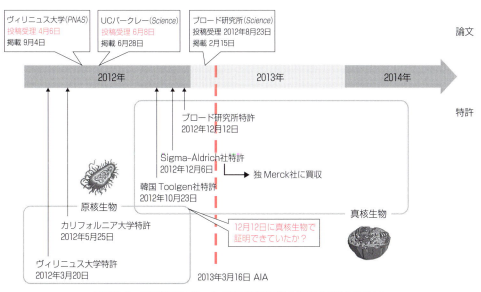

図 18.4 CRISPR-Cas9 の特許優先権主張日に関する争い
AIA: America Invent Acts．EdiGENE 社で調査・編集．

18章 CRISPRの医療応用の最前線

3月20日，5月25日に出願されており，Zhangらの特許（2012年12月12日）より先んじている．とくにゲノム編集産業が盛んなアメリカについていうなら，2013年3月16日に大きな変換点があった．先発明主義から先願主義に変わったのである．したがって，ゲノム編集という発明を最初に発表したUCバークレーの特許より，真核生物でのゲノム編集の特許を一番先に出願したZhangらの特許が先に成立してしまったのである．これに対してUCバークレーの陣営はZhangらの特許にインターフェアランスをかけた．しかし2017年2月15日に開かれた裁判では，Zhangらの特許が引き続き成立することが決まってしまった．一説によると，Doudnaがある国際会議で「我々は真核生物でCRISPRが機能するか確信がなかった」と発言したことをブロード研究所陣営に揚げ足をとられたという話もある．しかしながら，UCバークレーの特許が成立しなかったわけではなく，UCバークレー陣営はさらに控訴して，特許紛争は依然として続いているのである．ここで，DoudnaとCharpentierの2012年の論文で，crRNAとtracrRNAをつないで1本のsgRNAにしてもCas9が働きうることを示した発見[3]が効いてくる．すなわち，真核生物のゲノム編集においてもsgRNAの使用に関しては，UCバークレー陣営の特許に優先権が与えられる見方が強いのである．ちなみに韓国では，国営ベンチャーのToolgen社がブロード研究所の特許よりも早く，2012年10月23日に真核生物におけるゲノム編集の特許を出願しており，韓国内ではこの特許が優先的に成立している．

18.3 海外企業の動向

日本では，多くの（とくに製薬）企業がゲノム編集を使った創薬を展開したいと願いつつも，基本特許を欧米に押さえられ，かつ特許紛争が続くなか，どの特許が最終的に優先権をもつのか不透明であることを気にして及び腰である．しかしながら，Zhangらは彼らのベンチャーであるEditas Medicine社に基本特許を排他的にライセンスし，DoudnaらはベンチャーのIntellia Therapeutics社に，CharpentierらはCRISPR Therapeutics社に基本特許をライセンスして（図18.5），すでに

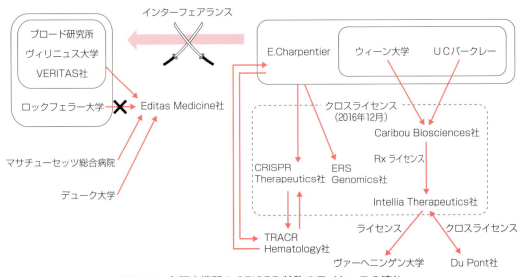

図18.5 各研究機関のCRISPR特許のライセンスの流れ

表 18.1　先行する CRISPR ベンチャー 3 社の状況

社名	創設者*	投資家/$$ raised	経営	戦略
Editas Medicine 社	**Feng Zhang** Jennifer A. Doudna George Church J. Keith Joung David R. Liu	Thirdrock Flagship Polaris Partners Innovation $163＋94＋90M（公開後）	Katrine Bosley（Avila） Alexandra Glucksmann Andrew Hack Vic Myer（NIBR） Deborah Palestrant Charlene Stern David Bumcrot（Alnylam）	・LCA10 ・アッシャー症候群 ・CAR-T（Juno 社と共同） ・βサラセミア ・デュシェンヌ型筋ジストロフィー ・嚢胞性線維症 ・α1-アンチトリプシン欠損症
Intellia Therapeutics 社	Rodolphe Barrangou Nessan Bermingham **Jennifer Doudna** **Rachel Haurwitz** Luciano Marraffini Andy May Derrick Rossi Erik Sontheimer	Atlas OrbiMed Novartis Fiderity など $85＋163M	Nessan Bermingham Tom Barnes（Gene Logic） John Leonard（Abbott） David Morrissey（NIBR） José Rivera（Abbott） Sapna Srivastava Jennifer Smote（Abbott）	・ex vivo および in vivo の治療製品 ・広範な in vivo のデリバリー ・戦略的提携
CRISPR Therapeutics 社	**Emmanuelle Charpentier** Craig Mello Chad Cowan Matthew Porteus Daniel Anderson	SR One（GSK） Celgene NEA Abingworth Versant $140＋56M	Rodger Novak（Sanofi） Samarth Kulkarni（McK） Bill Lundberg（Genzyme） Michael Bruce（Pfizer） Dylan-Hyde（MoFo）	・重病患者の遺伝子治療 ・体細胞（非生殖細胞）優先 ・ex vivo

*太字の創設者はリーダー．　（未公開時／公開時）

株式公開を経てそれぞれ 200 億円以上の資金を調達し，盛んにゲノム編集を用いた遺伝子治療開発を進めている（表 18.1）．この 3 社以外にも，RNA 合成にフォーカスした Synthego 社，抗菌医薬に特化した Caribou Biosciences 社，ヒトの移植用臓器をブタにつくらせる目的の eGenesis 社，ガイド RNA の設計に特化した Benchling 社，デュシェンヌ型筋ジストロフィーなど筋神経疾患の治療を目指す Exonics 社，CRISPR を用いた薬剤ターゲットのスクリーニングを行う Tango Therapeutics 社など数多くのベンチャーが立ち上がり，とくにボストンを中心としたアメリカ東海岸では，毎週新しいベンチャーが設立され続けているといった状況である．とくにブロード研究所陣営は盛んに特許を出し続け，他者を大きくリードしている（表 18.2）．これに対して，前述のように日本企業はゲノム編集に及び腰であり，2017 年 4 月 7 日の日本経済新聞の朝刊では，日本国際賞受賞のために来日した Doudna と Charpentier の写真を掲げつつ，「ゲノム編集，日本出遅れ」という記事が大きく掲載された．その記事の中で EdiGENE 社の森田社長が「基本特許だけで事業に終止符を打てるわけではない」と述べているが，抗体医薬などの先行事例にもあるように基本技術は創薬のごく一部であって，ターゲットの選択やデリバリーなどのパッケージをまとめ上げて総合力で勝つことが重要であろう．先に書いたように，確かに現状の CRISPR-Cas には「分子量が大きくウイルスベクターに載せることが困難で，細胞導入効率が低い」，「CRISPR-Cas が PAM 配列を厳密に認識しており，Cas をゲノム編集に用いる適用制限となっている」，「非特異的切断によるオフターゲット」といった問題があり，現時点では医療応用に用いることは事実上不可能である．だからこそ，実際に医療・産業応用できる CRISPR-Cas を開発した者が別の勝利者になりうる．そうした応用特許があれば，あるいは金銭による対価を払えば基本特許はライセ

表18.2 CRISPR関連の分野別特許数

大分野	小分野	MIT/ハーバード大学/ブロード研究所/Zhang	Doudna/Charpentier/カリフォルニア大学/ウィーン大学	Dow社/Du Pont社	総発明数
CRISPR-Cas9 構成要素	CRISPR RNA	14	4	6	139
	tracerRNA	11	0	0	63
	gRNA	38	7	3	212
	PAM	8	2	0	56
	Cas9酵素	25	0	0	121
	計	96	13	9	591
CRISPR-Cas活性	RNA-Cas複合体	6	0	4	54
	スペーサーの統合	1	0	3	10
	Casの開裂	3	1	5	31
	計	10	1	12	95
ベクター	発現ベクター	7	4	0	94
	細菌ベクター	0	0	2	12
	ウイルスベクター	28	1	2	97
	プラスミドベクター	27	2	7	132
	計	62	7	11	335
デリバリー	リポソーム	10	0	1	30
	ナノ粒子	16	0	0	33
	エキソソーム	12	0	0	16
	微小胞	11	0	1	16
	計	49	0	2	95
適用	遺伝子編集	19	2	1	78
	遺伝子療法	23	3	1	105
	創薬	4	0	0	10
	診断	11	0	0	79
	制御	6	3	3	70
	ターゲッティング	24	3	5	167
	計	87	11	10	509

Nature Biotech., **34**, 2016を元に作成．

ンスできるのであり，だからこそ世界中で多くのベンチャーが立ち上がり，小さく，PAMの制限が少なく，オフターゲットのないCasの開発に新しい研究のフロントラインは移っているのである．

18.4 CRISPR-Casの立体構造と分子機構

18.4.1 SpCas9-sgRNA-標的DNA三者複合体の立体構造

Cas9を医療・産業へ実際に応用できるゲノム編集ツールに改造するためには，Cas9の立体構造と，それに基づく分子機構を明らかにすることが必須である．筆者らは2014年，*Streptococcus pyogenes* に由来するCas9（SpCas9，残基1-1368）とsgRNA（98 nt），および標的DNA（23 nt）との三者複合体の結晶構造を2.5 Å分解能で決定した（図18.6）[7]．その1週間前にDoudnaらがSpCas9単体の構造を *Science* 誌に発表していたが[8]，複合体の構造は筆者らの論文が初めてである．その結晶構造から，Cas9は二つのローブ〔REC（recognition）ローブとNUC（nuclease）ローブと名付けた〕からなることが明らかとなった（図18.6）．RECローブは，アルギニン残基に

■ 18.4 CRISPR-Casの立体構造と分子機構 ■

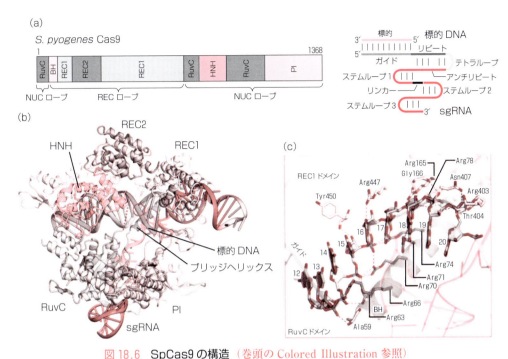

図18.6 SpCas9の構造（巻頭のColored Illustration参照）
（a）SpCas9の一次構造．（b）SpCas9の立体構造．sgRNAに関しては，crRNAを水色-青色で，tracrRNAを赤色で，ゲノムDNAを黄色で示す．（c）Cas9によるsgRNAのseed配列の認識．

富むαヘリックス（ブリッジヘリックスと名付けた），REC1ドメイン，REC2ドメインから構成されていた．NUCローブはRuvCドメイン，HNHドメイン，PI（PAM-interacting）ドメインから構成されていた．一次構造上で散在している三つのRuvCモチーフ（RuvC I-III，図18.6a）は三次構造上で集合し，一つのRuvCドメインを形成していた．RuvCドメインとPIドメインは密に相互作用していた一方，HNHドメインはRuvC IIとRuvC IIIの間に挿入され，NUCローブとの相互作用がほとんど見られず，ほぼ同時に報告された単体構造[8]との比較からも，可動性のドメインであることが示唆された．sgRNAと標的DNAはヘテロ二本鎖を形成し，二つのローブの間に形成された中央チャネルに収納されていた．単体構造ではRECローブがNUCローブと直交する方向で存在しており，核酸が結合して初めて，RECローブが大きく構造変化して中央チャネル

を形成し，sgRNAと標的DNAを収納することがわかった[7,8]．

sgRNAはcrRNA配列とtracrRNA配列，および，それらをつなぐテトラループから構成される（図18.6a）．crRNA配列はガイド領域（20 nt）とリピート領域（12 nt）からなり，tracrRNA配列はアンチリピート領域（14 nt）と3'テール領域からなる（図18.6a）．その結晶構造から，sgRNAは標的DNAと結合し，ガイド：標的DNAヘテロ二本鎖，リピート：アンチリピート二本鎖，三つのステムループ（ステムループ1-3），および一本鎖のリンカーから構成されるT字型構造をとることが明らかとなった（図18.6b）．sgRNAのガイド領域と標的DNAは20対のワトソン-クリック塩基対を介してガイド：標的DNAヘテロ二本鎖を形成しており，とくに標的DNAの5'末端の10残基程度を認識するガイドRNA領域はシード配列と呼ばれ，ブリッジヘリックス

193

から伸びるアルギニンクラスターによって，主鎖のリン酸ジエステル骨格が水素結合や静電相互作用で認識されていた（図18.6c）．これらのアルギニン残基をアラニンに置換した変異体は，HEK細胞内でのノックアウト活性が著しく低下したことから，ガイドRNAのシード配列がしっかりとCas9によって固定されることで，シード配列はゲノムDNAの二重らせんをほどいて標的DNA鎖を確実に認識することが可能になっていることがわかった．一方，リピート領域，アンチリピート領域，三つのステムループ領域は，多くの塩基特異的な相互作用によってCas9のアミノ酸残基側鎖に認識されており，とくに三つのステムループ領域はCas9タンパク質のRECローブとNUCローブの間を貫通し，分子の裏に回ってしっかり認識されていた（図18.6b）．したがってCas9はtracrRNAを塩基特異的に認識し，tracrRNAがcrRNAとリピート・アンチリピートステムを形成することで，crRNAはCas9上に固定され，さらにcrRNAがほどかれた標的DNAの片方の鎖を20塩基対にわたって認識することで，Cas9は標的DNAをほどいて認識し，sgRNAと相補的な鎖（相補鎖）をHNHドメインが，非相補的な鎖（非相補鎖）をRuvCドメインが切断できる機構が明らかになった．

SpCas9は切断部位から数えて5′-NGG-3′というPAM配列を認識する．相同性が高い（しかし認識するPAM配列が異なる）SpCas9と*Streptococcus thermophilus* CRISPR-3 Cas9（St3Cas9）のさまざまなキメラ遺伝子を調製し，細胞内でDNA切断活性を測ることによってC末端のPI（PAM interacting）ドメインがPAM配列を認識することを明らかにした（図18.6b）．さらに筆者らの三者複合体の論文から半年後に，チューリッヒ大学で独立したM. JinekらはSpCas9とガイドRNAと二本鎖DNAの四者複合体の結晶構造を発表した[9]（図18.7a）．その結果，PAM配列中の二つのグアニンは二つのArg残基によってそれぞれ2本の水素結合で認識され（図18.7b），これらArg残基を変異するとCas9のDNA切断活性が完全に失われた[9]．このことから，Cas9がPAM配列を認識することでDNAの二重らせんに歪みが生じ，ヘリカーゼ活性が発動され，二本鎖DNAがほどかれ始めることがわかる（図18.7）．DNAの相補鎖が非相補鎖と分かれて，sgRNAと塩基対をつくる始まりのリン酸基は反

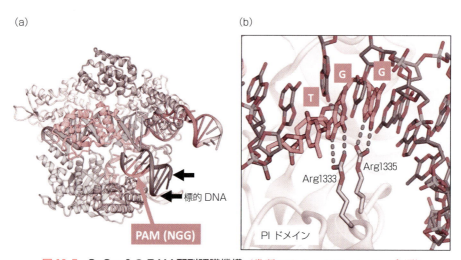

図18.7 SpCas9のPAM配列認識機構（巻頭のColored Illustration参照）
（a）SpCas9-ガイドRNA-二本鎖DNA四者複合体の結晶構造，（b）PAM配列（TGG）の認識機構．

転している．この反転したリン酸基は，Cas9 の RuvC ドメインと WED ドメインをつなぐループ上にある phosphate lock loop で 3 本の水素結合により強固に固定されており，これにより DNA から RNA の乗換えが実現されていることがわかった．

18.4.2 小型の Cas9 を求めて

SpCas9 は現在，ゲノム編集ツールとして広く利用されているが，分子量が大きくウイルスベクターへの導入効率が低いなどの問題点が残されていた．この問題の解決策として，筆者らは小型の *Staphylococcus aureus* 由来 Cas9（SaCas9）[10]に着目した．SaCas9（1053 残基）は SpCas9（1368 残基）に比べて分子量が小さく（遺伝子長として 1 kb 以上短く），配列同一性も低い（17％）．SpCas9 は 5′-NGG-3′PAM を認識する一方，SaCas9 は 5′-NNGRRT-3′PAM〔R はプリン塩基（A または G）〕を認識する．さらに SaCas9 は，SpCas9 とは異なるガイド鎖 RNA を用いて標的 DNA を切断する．筆者らは，SaCas9（残基 1-1053），sgRNA（73 nt），相補鎖 DNA（28 nt），PAM（5′-TTGAAT-3′ および 5′-TTGGGT-3′）を含む非相補鎖 DNA（8 nt）からなる四者複合体の結晶構造を 2.6 Å，2.7 Å 分解能でそれぞれ決定した[11]（図 18.8a）．その結晶構造から，SaCas9 は SpCas9 と同様，二つのローブ，つまり REC ローブと NUC ローブからなることが明らかとなった．SpCas9 と同様に，REC ローブはアルギニン残基に富むブリッジヘリックス，REC1 ドメイン，

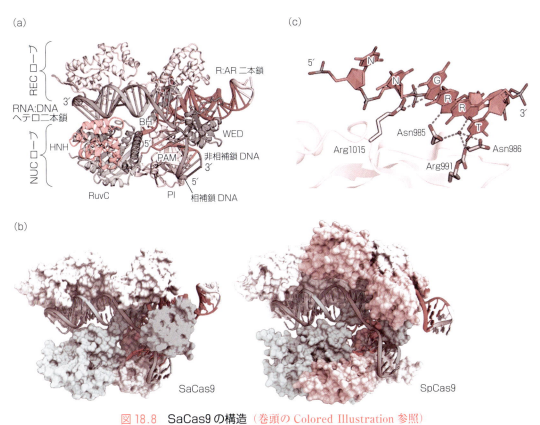

図 18.8 SaCas9 の構造（巻頭の Colored Illustration 参照）
（a）SaCas9 複合体の立体構造，（b）SaCas9 と SpCas9 の構造比較，（c）SaCas9 による PAM 配列 5′-NNGRRT-3′ の認識機構．

REC2ドメインから構成されている一方，NUCローブはRuvCドメイン，HNHドメイン，WEDドメイン，PIドメインから構成されていた．またSpCas9と同様，SaCas9-sgRNA-標的DNA複合体は開いた構造をとり，RNA：DNAヘテロ二本鎖は二つのローブの間の中央チャネルに収納されていた（図18.8a）．

しかしながら，SpCas9と比べると，SaCas9ではRECローブにおける挿入ドメイン，NUCローブ中の，RuvCドメインとPIドメインの間に介在する挿入ドメインなどを大きく欠損しており，これにより300残基以上も小さいコンパクトな構造をとっていた（図18.8b）．一方で，SpCas9のWEDドメインは短いループ構造をとるのに対し，SaCas9のWEDドメインはより肥大し，新規フォールドをもっていた（図18.8b）．元々SpCas9のWEDドメインは矮小化して二次構造をとらないため，以前にSpCas9の結晶構造が解けた時点では独立したドメインとして認識されておらず，PIドメインの一部と考えられていた[5]．WEDドメインはリピート：アンチリピート二本鎖とPAM二本鎖の間に「wedge（くさび）」のように入り込んでいることから命名したものである．異なる生物種のCRISPR-Cas9系においてリピート：アンチリピート二本鎖の塩基配列は異なり，Cas9オルソログはそれぞれのガイド鎖RNAを特異的に認識する（ガイド鎖RNAの直交性）[10]．実際に，SpCas9ではRECドメインのみを用いてsgRNAのリピート：アンチリピート二本鎖を認識していたのに対し，SaCas9では構造の異なるRECドメインとWEDドメインでリピート：アンチリピート二本鎖をサンドイッチする格好で認識しており，ガイドRNAの認識機構に違いがあることがわかった（図18.8b）．

本結晶構造から，SaCas9による5′-NNGRRT-3′PAM認識機構が明らかになった[11]．5′-TTGAAT-3′PAM複合体と5′-TTGGGT-3′PAM複合体の両方において，PAM二本鎖はWEDドメインとPIドメインにはさまれて結合し（図18.8c），5′-NNGRRT-3′PAMの3文字目のdG3*はArg1015と2本の水素結合を形成していた（図18.8c）．5′-TTGAAT-3′PAM複合体において，dA4*のN7はAsn985と水素結合し，dA5*のN7はAsn985/Asn986/Arg991と水を介して水素結合していた（図18.8c）．さらにdG4*のN7はAsn985と水素結合し，dG5*のN7はAsn985/Asn986/Arg991と水を介して水素結合していた（図18.8c）．したがって，SaCas9はプリン塩基に共通のN7を認識することにより，5′-NNGRRT-3′PAMの4文字目と5文字目のプリン塩基を「解読」していることが明らかになった．さらに，5′-NNGRRT-3′PAMの6文字目のTへの指向性と一致して，dT6*のO4はArg991と水素結合していた（図18.8c）．

以上のように，SaCas9はSpCas9に比べて小型化することで，ガイドRNAの認識機構とPAMの認識機構が異なるのに対して，ブリッジヘリックスによるガイドRNAの認識，phosphate lock loopによる反転したリン酸基の固定に関しては共通の機構をもつことが明らかになった．

さらに筆者らは，現在最小のCas9，*Campylobacter jejuni*由来のCjCas9の四者複合体の結晶構造を2.3Å分解能で決定することに成功した[12]．各論になってしまうので細かい記述は避けるが，以下に述べるFnCas9，SpCas9，SaCas9，CjCas9の構造を比べると，ドメインの立体構造はそれぞれ違っているものの，FnCas9はRecドメインやPIドメイン，WEDドメインがSpCas9に比べて肥大し，一方SaCas9はRecドメインが矮小化することでSpCas9よりも小型化し，さらにWEDドメインが再び矮小化することで最小のCjCas9の構造が構築されていた（図18.9）．またCjCas9のPAM配列を調べたところ，5′-NNNVRYM-3′（V：A, G, C，R：A, G，Y：T, C，M：A, C）

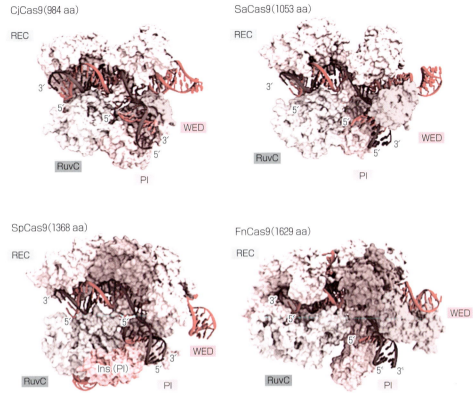

図18.9 CjCas9, SaCas9, SpCas9, FnCas9の構造比較（巻頭のColored Illustration参照）
HNHドメインは非表示.

と長いが曖昧なPAM配列となっており，特徴的なことは，CjCas9がこのPAM配列を非相補鎖上の塩基だけでなく相補鎖上の塩基も特異的に認識して，PAM duplexを認識していた点である．SaCas9にしろCjCas9にしろ，小型のCas9はガイドRNAの認識面積が小さくなるためか，大きなCas9に比べてより長いPAM配列を認識するようであるが，そのかわりPAM配列がより曖昧になる傾向があるようである．またCjCas9に関して特筆すべきは，ガイドRNAの3′末端にシュードノット様の三重ヘリックス構造があり，この構造を壊すガイドRNAの変異は，CjCas9の活性を完全に失活させてしまったことである．このことから，小さなCas9はガイドRNA側も特異的な構造で安定化し，Cas9による認識を強めている工夫があると感じられる．

18.4.3　PAMの短縮化

グラム陰性細菌 *Francisella novicida* 由来のFnCas9は，1629残基からなる最大のオルソログの一つである．FnCas9は，これまで最も単純なPAM配列である5′-NGR-3′を認識する．筆者らは，FnCas9（1-1629残基），sgRNA（94塩基），相補鎖DNA（30塩基），PAM（5′-TGG-3′あるいは5′-TGA-3′）を含む非相補鎖DNA（9塩基）からなる複合体の結晶構造を1.7 Å分解能で決定した[13]（図18.10a）．FnCas9は他のCas9と同様のドメイン構成をもち，RECローブとNUCローブとの間の中央チャネルでガイドRNAと標的DNAを収納していた．

FnCas9においてPAM（5′-TGG-3′あるいは5′-TGA-3′）を含む二本鎖DNAは，主溝（major groove）側からPIドメインにより塩基特異的に

■ 18章 CRISPRの医療応用の最前線 ■

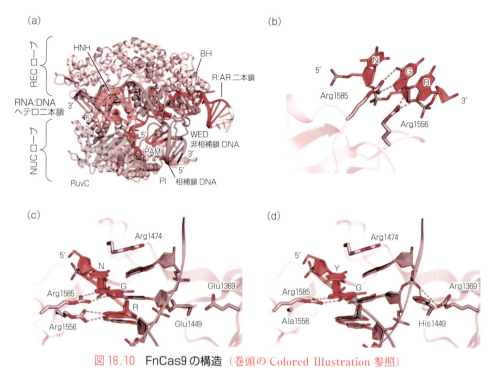

図 18.10　FnCas9の構造（巻頭のColored Illustration参照）
（a）FnCas9複合体の立体構造，（b）FnCas9によるPAM配列5′-NGR-3′の認識機構，（c）野生型FnCas9による PAM配列5′-NGR-3′の認識機構，（d）三重変異型FnCas9によるPAM配列5′-NGR-3′の認識機構．

認識されている一方，副溝（minor groove）側からは肥大したWEDドメインが塩基配列非特異的にリン酸骨格を，あるいは水を介してPAMのパートナー塩基を認識していた（図18.10b）．1文字目のTはCas9とは相互作用していなかった一方，2文字目のGはArg1585と2本の水素結合を形成していた（図18.10b）．PAMとして5′-TGG-3′をもつ標的二本鎖DNAを含む複合体において3文字目のGはArg1556と2本の水素結合を形成していた一方，PAMとして5′-TGA-3′をもつ標的二本鎖DNAを含む複合体において3文字目のAはArg1556と1本の水素結合を形成していた．これらの構造の違いから，3文字目においてはAよりGを好むというPAMの指向性が説明された．

FnCas9が最も単純なPAMを認識していること，そして副溝側からWEDドメインによって多くの塩基非特異的な認識を受けていることから，

本立体構造に基づいてPAMに対する特異性の改変を試みた．5′-NGR-3′の3文字目のRを認識するArg1556をAlaに置換し，この置換による塩基特異的な相互作用の損失を二本鎖DNAの糖-リン酸骨格との間の新たな塩基非特異的な相互作用により補填することで，PAMに対する特異性を5′-NGR-3′から5′-NG-3′へと改変できるのではないかと考えた．F. novicidaに由来するCas9の複数の変異体を作製し，DNA切断活性を評価したところ，野生型のCas9とは異なり，Glu1369をArg，Glu1449をHis，Arg1556をAlaと置換した変異体はPAMとして5′-TGN-3′をもつ標的DNAを切断した．さらにマウスの受精卵において，この改変型のCas9を用いることにより，PAMとして5′-TGN-3′をもつ標的配列のゲノム編集に成功した[13]．これらの結果から，この改変型Cas9はPAMとして5′-NG-3′を認識すると考えられた．しかし，次世代シーケンサーを用

いてPAMの塩基配列を網羅的に調べたところ，この改変型Cas9は5′-NG-3′ではなく5′-YG-3′をPAMとして認識することが明らかにされた．

そこで改変型Cas9によるPAMの認識機構を明らかにするため，改変型Cas9，sgRNA，相補鎖DNA，PAMとして5′-TGG-3′を含む非相補鎖DNAからなる複合体の結晶構造を1.7 Å分解能で決定した[13]．予想されたように，Arg1556のAlaへの置換によりPAMの3文字目の認識が消失し，Arg1369およびHis1449は二本鎖DNAのリン酸基と相互作用していた（図18.10c, d）．PAMの1文字目のTはCas9と相互作用していない一方，相補鎖のAはArg1474とスタッキング相互作用をしていた（図18.10d）．Arg1474はピリミジン塩基よりも大きなプリン塩基と効率的にスタッキング相互作用することから，PAMの1文字目のYに対する指向性が説明された．野生型のCas9においてもArg1474は同様の相互作用を形成していたが，野生型Cas9はPAMの1文字目の要求性を示さなかった．これらの結果から，Glu1369およびHis1449と二本鎖DNAとの間の新たな相互作用は，失われたArg1556とPAMの3文字目のRとの間の相互作用を完全に補填することができなかったため，改変型Cas9においてPAMの1文字目のYに対する要求性が生じたと考えられた．しかしながら，筆者らは同様の戦略により，PAMとして5′-NG-3′を認識するSpCas9の作製に成功している．

18.5 立体構造に基づく理想的なゲノム編集ツールの開発

Cas9複合体の立体構造に基づいて，より小型で，単純なPAMを認識するCas9改変体をつくることが可能である．オフターゲットの少ない高特異的なCas9改変体に関しては，すでにZhangのグループとK. Joungのグループから，立体構造に基づいて高特異的なeCas9やCas9-HFが報告されている．すなわち，標的DNAはCas9上で二重らせんを解いた状態と形成した状態の平衡にあるが，相補鎖とcrRNAの塩基対にミスマッチがあると，二重らせんを形成した状態に，より平衡が移って，DNAはCas9から離れていってしまう．これを利用して，解けたDNAを結合して安定化しているLys残基やArg残基（RuvCドメインやRecドメイン上）をAlaに置換した変異体は，標的DNAとcrRNAのミスマッチによってDNAが解離しやすくなり，特異性が上がる．このような立体構造に基づく理論的デザインによって，高特異的なCas9が開発されている．さらに，Cas9のRuvCあるいはHNHドメインの触媒残基を変異させたニッケースを用い，かつガイドRNAとして標的遺伝子の表鎖に相補的なもの，裏鎖に相補的なものの2本を使って切断するダブルニッケースを用いれば，ターゲットDNAに対する特異性は向上する．以上のように，立体構造に基づいて，オフターゲットが少なく，単純なPAMを認識することで標的の自由度が向上し，小型でウイルスベクターに搭載できる「スーパーCas9」を開発しつつある（図18.11）．さらに欧米や韓国では，全長にわたってランダム変異を入れたCas9を作製し，薬剤耐性やGFPの再構成などを指標に，高特異的，高活性，PAMの特異性を変えたCas9をスクリーニングする人工分子進化によるCas9改変体の開発の報告も相次いでいる．

1章からの流れでいえば，CRISPR-Casの発見という基本特許やコア技術はブロード研究所とUCバークレーに押さえられているものの，立体構造に基づく理論的設計や人工分子進化による「スーパーCas9」の開発は周辺技術に相当し，まだ熾烈な競争が続いており，これを制した者が真に応用開発に進む権利をもつと考えられる（図8.12）．さらにその先には，Editas Medicine社，Intellia Therapeutics社，CRISPR Therapeutics

■ 18章　CRISPRの医療応用の最前線 ■

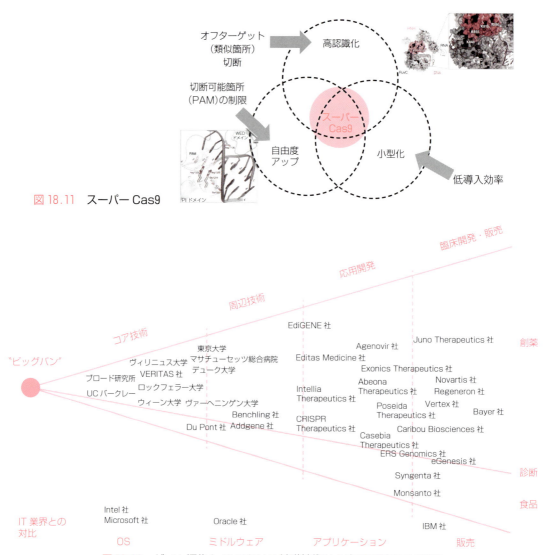

図 18.11　スーパーCas9

図 18.12　ゲノム編集とITにおける基礎技術から応用開発までの流れ

社，EdiGENE社も参画したベンチャーによる医療・産業応用が期待される（図18.12）．そして欧米では，多くの製薬会社，食品会社が臨床開発や販売をすでに行っており（図18.12），とくに農業，畜産業，水産業の分野において顕著である．これをIT業界にたとえるなら，それぞれOS，ミドルウェア，アプリケーション，販売に相当する段階である（図18.12）．

18.6　医療分野におけるゲノム編集の将来展望

しかし，表18.3からわかるように，Editas Medicine社，Intellia Therapeutics社，CRISPR Therapeutics社の大手3ベンチャーの開発動向を見ても，万能と思われるゲノム編集のlow hanging fruits（容易に解決できる問題）は限定的であり，対象疾患は目，血液，肝臓疾患に限られている．これは，目や肝臓疾患はCas9とガイド

表 18.3　先行する CRISPR ベンチャー 3 社の対象疾患

社名	対象疾患	領域	モード	編集方法	パートナー	ステージ
Editas Medicine 社	レーバー先天性黒内障 10	目	AAV local	NHEJ-小欠失	Allergan 社	IND-enabling
	アッシャー症候群 2A, HSV-I	目	AAV local	NHEJ		Discovery
	CAR-T	血液/がん	RNP ex vivo	NHEJ	Juno Therapeutics 社	Discovery
	βサラセミア, 鎌状赤血球症	血液/がん	RNP ex vivo	NHEJ と HDR		Discovery
	デュシェンヌ型筋ジストロフィー (DMD)	筋肉	AAV または LNP	NHEJ-小および大欠失		Discovery
	嚢胞性線維症	肺	AAV または LNP	NHEJ と HDR		Discovery
	α1-アンチトリプシン欠損症	肝臓	AAV または LNP	NHEJ と HDR		Discovery
Intellia Therapeutics 社	トランスサイレチンアミロイドーシス (ATTR)	肝臓	LNP	KO	Regeneron 社	Discovery
	α1-アンチトリプシン欠損症	肝臓	LNP	KO/修復		Discovery
	HBV	肝臓	LNP	KO		Discovery
	先天性代謝異常	肝臓	LNP	KO/修復/挿入		Discovery
	造血幹細胞	血液/がん	エレクトロポレーション	KO/修復/挿入	Novartis 社	Discovery
	CART	血液/がん	エレクトロポレーション	KO/挿入	Novartis 社	Discovery
CRISPR Therapeutics 社	βサラセミア	血液/がん		KO	Vertex 社	IND-enabling
	鎌状赤血球症 (SCD)	血液/がん		KO	Vertex 社	IND-enabling
	ハーラー症候群	血液/がん		修復		Discovery
	重症複合免疫不全 (SCID)	血液/がん		修復	Bayer 社	Discovery
	がん免疫	血液/がん		KO/修復/挿入		Discovery
	糖原病 Ia (GSDIa)	肝臓		修復		Discovery
	血友病	肝臓		修復		Discovery
	デュシェンヌ型筋ジストロフィー (DMD)	筋肉		KO		Discovery
	嚢胞性線維症	その他		修復	Vertex 社	Discovery

RNA の送達（デリバリー）が容易なためであり，とくに眼疾患は，治癒した際に目が見えるようになるという治療効果が顕著だからである．また血液疾患は，血球を取り出して ex vivo で遺伝子矯正ができるため，デリバリーの問題がないという利点がある．T 細胞受容体を遺伝子改変し，免疫能を高めることでがんを治療する CAR-T は，すでにアメリカと中国を中心に効果を上げつつあり，日本の企業も手を伸ばしつつある状況である．また編集方法に関しても，ノックアウトや NHEJ による遺伝子挿入がほとんどである．しかし，あらゆる遺伝子疾患，あるいは非遺伝子疾患をゲノム矯正により治療するためには，まだ越えなければいけない壁が多数存在する．「スーパー Cas9」の開発に加えて，Cas9 やガイド RNA をウイルスやリポソームで組織特異的にデリバリーする技術の問題，Cas9 が働くタイミング（あるいは時間）を調節する技術，NHEJ だけでなく効率的に相同組換えを起こす技術など，真にゲノム編集が万能の薬となるためには，基礎研究に基づく技術開発がいまだたくさん残されているといえる．

（濡木　理）

文　献

1) L. A. Marraffini, E. J. Sontheimer, *Nat. Rev. Genet.*, **11**, 181 (2010).
2) L. Cong, F. A. Ran, D. Cox et al., *Science*, **339**, 819 (2013).
3) M. Jinek, K. Chylinski, I. Fonfara et al., *Science*, **337**, 816 (2012).
4) S. Konermann, M. D. Brigham, A. E. Trevino et al., *Nature*, **517**, 583 (2015).
5) Y. Ishino, H. Shinagawa, K. Makino, M. Amemura, A. Nakata, *J. Bacteriol.*, **169**, 5429 (1987).
6) R. Barrangou, C. Fremaux, H. Deveau, M. Richards, P. Boyaval, S. Moineau, D. A. Romero, P. Horvath, *Science*, **315**, 1709 (2007).
7) H. Nishimasu, F. A. Ran, P. D. Hsu, S. Konermann, S. I. Shehata, N. Dohmae, R. Ishitani, F. Zhang, O. Nureki, *Cell*, **156**, 935 (2014).
8) M. Jinek, F. Jiang, D. W. Taylor et al., *Science*, **343**, 1247997 (2014).
9) C. Anders, O. Niewoehner, A. Duerst, M. Jinek, *Nature*, **513**, 569 (2014).
10) F. A. Ran, L. Cong, W. X. Yan et al., *Nature*, **520**, 186 (2015).
11) H. Nishimasu, L. Cong, W. X. Yan et al., *Cell*, **162**, 1113 (2015).
12) M. Yamada, Y. Watanabe, J. S. Gootenberg et al., *Mol. Cell*, **65**, 1109 (2017).
13) H. Hirano, J. S. Gootenberg, T. Horii et al., *Cell*, **164**, 950 (2016).

Part IV 産学連携

新規ゲノム編集ツール

Summary

ゲノム編集技術は，1996年に第一世代編集技術として確立したZF (zinc-finger) を起点に，続く2010年にTALE (transcription activator-like effector)，2012年にCRISPR (clustered regularly interspaced short palindromic repeats) が登場し，急速な発展・普及を遂げてきた．現在はこれらをベースとした人工ヌクレアーゼ (ZFN, TALEN)，核酸誘導型ヌクレアーゼ (CRISPR-Cas9) を中心に利用が進み，従来広く用いられている相同組換えに基づいた遺伝子改変法に比べ，数十億塩基対から任意のゲノム領域に対し，簡便かつ迅速に種々の改変（配列置換，挿入，欠失）を施すことが可能となった．いずれの編集技術も基礎・応用科学研究領域において優れた成果を収め，さまざまな研究分野において必要不可欠な技術として注目されている．しかし一方で，再生医療や遺伝子治療などの医療応用においては，偶発的に導入される突然変異（オフターゲット効果）の軽減や，治療に際しての倫理的議論など解決すべき問題もいまだ残っており，広域分野での利活用に向けて継続的な機能改善，あるいは新規編集技術の創出が必要とされている．

筆者らは植物オルガネラの研究から，ゲノム編集に利用可能な新しい核酸認識モジュールとしてPPR (pentatricopeptide repeat) タンパク質に着目した[1]．PPRタンパク質にはRNA結合型PPRとDNA結合型PPRの2分子種が存在しており，そのDNA/RNA認識コードを利用することによって，ゲノムスケールでのDNA操作（ゲノム編集）に向けた新規編集技術の提供だけでなく，RNA操作を可能とする人工核酸制御タンパク質としての利用が可能となると考えている．またこれにより，生命現象の根本をなすセントラルドグマ自体の制御（エピジェネティックなゲノム情報管理，転写，RNAプロセシング，翻訳制御）の域まで到達可能となることが期待される．本章では，PPRタンパク質研究とそのDNA/RNA認識コード，PPRを利用したゲノム編集技術およびRNA操作技術の特性，さらにPPR技術の開発の現状と展望を紹介する．

19.1 PPRタンパク質

19.1.1 維管束植物で大きく拡大したPPRタンパク質ファミリー

PPRタンパク質は，PPRモチーフから構成される核酸認識モジュールをもつタンパク質群の総称である[1]．PPRモチーフは35アミノ酸（pentatrico peptide）で構成されるαヘリックス構造で構成されており，通常このPPRモチーフがタンデムに繰返し (repeat) 配置されることで核酸認識モジュールとして機能する（図19.1a, b）．PPR遺伝子は，モデル植物シロイヌナズナのゲノム解読プロジェクトの過程で，維管束植物で特異的に500種にも及ぶ大きな遺伝子ファミリーを形成していることが明らかにされた[2]．さらにPPR遺伝子ホモログは，ヒトや酵母などの真核生物におい

— 203 —

19章 新規ゲノム編集ツール

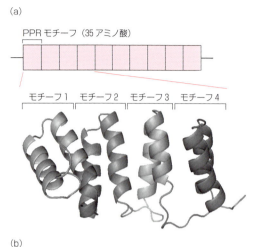

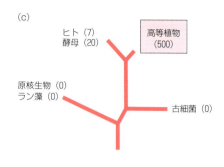

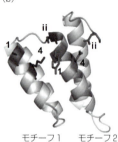

アミノ酸配列			認識塩基
1	4	ii	
F	T	N	A
V	N	S	C
V	T	D	G
V	N	D	T/U

図 19.1 PPR タンパク質の概要
（a）PPR 核酸認識モジュール．（b）PPR モチーフと塩基認識アミノ酸（1, 4, ii）配置．（c）生物種間における PPR の進化的広がり．文献 5 より．PPR タンパク質は真核生物，とくに植物特有の遺伝子として独自の進化・拡大を進めたタンパク質群である．

ては数個保存されている一方で，一部の例外を除いて原核生物や古細菌には存在しないことが示され，このことから PPR タンパク質は真核生物，とくに植物特有の遺伝子として独自に進化・拡大されたタンパク質ファミリーであると考えられている（図 19.1c）．興味深いことに，その後の実験によって PPR 遺伝子はすべて核にコードされているが，遺伝子産物である PPR タンパク質の多くは，ミトコンドリアや葉緑体（色素体）などのオルガネラで機能することがわかった[3]．

19.1.2 オルガネラにおける PPR タンパク質の役割

ミトコンドリアおよび葉緑体は，それぞれ好気性細菌とシアノバクテリアに由来する微生物が，宿主である原真核細胞（もしくは原植物細胞）に取り込まれ，進化の過程で独自性を部分的に失い，光合成，呼吸，代謝物の産生などの機能を担うオルガネラへと応化した「細胞内共生説」が広く受け入れられている．共生体であるミトコンドリアと葉緑体の遺伝情報の大部分は，共生過程で宿主細胞の核へと移行し，共生体にはオルガネラ固有の機能に重要な遺伝子のみが残された．したがって，大半のオルガネラ遺伝子の発現は，おもに宿主核コードの遺伝子によって制御されていると考えられる．

核コード遺伝子を介したオルガネラ遺伝子の発現制御は宿主の生物種によって異なるが，概して植物オルガネラ遺伝子の多くは，真核生物に共通する種々の RNA プロセシング（5′ および 3′ 末端の形成，スプライシング，RNA 編集，安定性制御など）を受け，mRNA へと成熟し，安定に蓄積した一部の mRNA が翻訳される厳密な転写後制御を受ける．これまでに，植物ミトコンドリアから採取した遺伝子情報には約 400 カ所にも及ぶ RNA 編集による塩基置換が存在することが報告

され，転写後における高度な発現制御機構の存在が示された．これらオルガネラ遺伝子（葉緑体で約100個，ミトコンドリアで約50個）における特異的な転写後制御は，各遺伝子領域上の固有配列を介していることが1990年代から知られてきた．その後，オルガネラ遺伝子発現の制御因子が順次単離・同定され，そのほとんどがPPRタンパク質であったことから，オルガネラRNAの転写後制御にPPRタンパク質が深くかかわっていることが示唆された．

*PPR*遺伝子はシロイヌナズナ全遺伝子の1/50に相当するが，その半分以上は生存に必須な遺伝子とされている．大きなファミリーを形成しているが，タンパク質間の機能冗長性がないことから，機能多様化の方向に進化してきたと考えられる．さらに，ほとんどのPPRタンパク質はPPRモチーフの繰返しのみで構成されており，典型的な触媒活性ドメインなどが見出せないことから，その分子実体は，それぞれ異なるオルガネラRNA（またはDNA）分子に直接的に結合し，多様な核酸代謝（転写，切断，スプライシング，編集，安定性，翻訳など）の制御にかかわる核酸アダプターであると考えられた[4]．

19.1.3　PPRタンパク質の構造と機能

PPRモチーフは35アミノ酸の並列した二つのαヘリックス構造から構成されており，2-30個の連続した繰返しにより配置されることで核酸認識モジュールが構成される．PPRモチーフ間のアミノ酸配列の保存性は非常に低いが，モチーフの繰返しパターンの違いから，PPRタンパク質はP型とPLS型の二つのサブファミリーに大別される．

P型サブファミリーは，35アミノ酸のPPRモチーフ（Pモチーフ）の単純な繰返しから構成された核酸結合モジュールをもつ．P型サブファミリーに属するRNA結合型PPRは，標的RNAに直接結合することでエキソヌクレアーゼ分解からRNA末端部を保護することや，mRNA上の二次構造を解くことで翻訳開始因子を翻訳開始点へリクルートすること，スプライシング制御に寄与することが報告されている．また，DNA結合型PPRもこのサブファミリーに分類され，転写の開始などに働くことが報告されている．いくつかのP型サブファミリーPPRタンパク質は，DNA複製，スプライシング，タンパク質間相互作用などに働く付加ドメインをC末端側にもつことが報告されている．

一方，PLS型サブファミリーは，典型的なPPRモチーフ（P）に加えて，長さの異なるPPR-like L（long），PPR-like S（short）モチーフを有し，P-L-Sの繰返しで構成される核酸結合モジュールをもつ．さらに，PLS型サブファミリー固有の特徴として，PPRモチーフのC末端側にE（extension）およびDYW（C末端にアスパラギン酸，チロシン，トリプトファンがよく保存された構造）モチーフをもつことが多い．これらE，DYWモチーフをもつPLS型サブファミリーに属するRNA結合型PPRのほとんどは，植物オルガネラのRNA編集（CからUへの変換）に寄与しており，編集部位の指定に働くことが明らかになっている．前述の通り，PPRモチーフは核酸結合モジュールを構成すると考えられているため，PPRタンパク質はE，DYWモチーフを介してRNA編集に必要な他の因子との相互作用，RNA編集の触媒反応などを制御する可能性が示唆されたが，その作用機序についてはいまだ不明な点が多く，今後さらなる検証が必要とされる．

植物においては，これらP型，PLS型サブファミリーに属するPPRタンパク質の発現が観察されるが，植物以外の生物ではP型サブファミリーのPPRタンパク質しか見つかっていない．酵母や哺乳類においてもPPRタンパク質は核コード

ではあるが，ミトコンドリアに局在してその遺伝子発現制御に働くことが明らかになっており，ヒトのPPRタンパク質であるLRPPRCの変異はミトコンドリア呼吸活性の低下によるリー脳症（French–Canadian type Lei syndrome）を引き起こすことが知られている．以上のことから，PPRタンパク質は共生オルガネラのゲノム機能制御に寄与していると考えられる．

19.2 PPRを利用したDNA操作，RNA操作技術の開発

19.2.1 RNA認識コードの解読

現段階で，植物に含まれる500種のPPRタンパク質ファミリーのうち，90％はRNA結合型PPR，残りがDNA結合型PPRと推測されており，おもにRNA結合型PPRタンパク質を中心とした研究が先行して精力的に進められてきた．筆者らの研究グループでは，PPRモチーフが発見された当時から，PPRタンパク質の植物オルガネラにおける機能について研究を行ってきた．これまでに，解析されたすべてのPPRタンパク質は，共通してPPRモチーフから構成されるRNA認識モジュールをもちながら，それぞれが異なるRNA配列を認識していることが報告されていた．PPRタンパク質によるRNA認識機構の解明に向け，いくつかの*PPR*遺伝子の解析を進めた結果，一つのPPRタンパク質に含まれるPPRモチーフの繰返し構造は平均約10個であることがわかり，植物オルガネラのゲノムサイズ（数百kb）から勘案して，おそらく一つのPPRモチーフが1塩基を認識すると推測された．これは1/4の10乗で，約1 Mbに1カ所，すなわちオルガネラゲノムから一つの配列を指定する能力があると計算できるためである．

研究当初，RNA編集にかかわるPPRタンパク質は，RNAレベルで遺伝情報を書き換える（植物オルガネラの場合，多くはCからUへの変換）というセントラルドグマを逸脱する現象を制御することから注目され，多くのPPRタンパク質が同定されていた．そこで筆者らは，RNA編集にかかわるPLS型PPRタンパク質に標的を絞り，そのRNA認識機構の解明に向け，生化学，構造モデリング，遺伝学，インフォマティクス解析などのさまざまな方法論を用いた解析を進めた．その結果，PPRタンパク質によるRNA認識はPPRモチーフ内の三つのアミノ酸によって規定されるという結論に至った[5]．

研究の足がかりとして，筆者らはインフォマティクス解析によるPPRタンパク質の結合配列の同定を行うため，オルガネラRNAの編集にかかわる既知PPRタンパク質，およびその推定RNA結合配列の組合せ約30種を収集した．解析に際し，RNA編集にかかわるPPRタンパク質は，そのC末端側に存在するEモチーフがPPRモチーフを介してRNA上の編集部位近傍に配置されることで編集酵素を呼び込むと考えられたことから，PPRモチーフと結合塩基の対応関係を1対1に設定し，編集されるC塩基の周辺にEモチーフが配置されるさまざまな仮想結合データセットをコンピュータ上で準備した．そして個々の仮想条件を対比し，相違を比較することで，それぞれのPPRモチーフ（約300種類）ごとに結合する塩基配列を予測した．さらにそこから，PPRモチーフ中のアミノ酸番号（1-35）ごとに，特定のアミノ酸種が出現したときに対応する塩基の種類が非偶発的にA，U，G，Cいずれの塩基に収束するのか探索を行った．

たとえば図19.2aのデータセット4のように，PPRモチーフ中の1番目のアミノ酸がセリンだったときに結合塩基がAに収束するような場合があれば，当該アミノ酸が結合塩基を指定する能力の有無および塩基決定能の重みを予想・評価できる．この解析を通し，一つのデータセットの

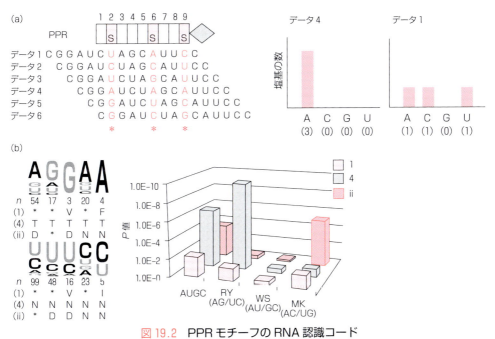

図 19.2 PPR モチーフの RNA 認識コード
（a）認識コードを解明するための計算．さまざまな組合せでモチーフと塩基を並べた仮想的なデータセットを作成（左図）．たとえば，PPR モチーフ中の 1 番目のアミノ酸がセリン（S）であり，対応する塩基が特定の塩基種に収束するような非偶発的なことが起これば，1 番セリンは塩基指定能力をもつと考えられる（データ 4 の場合，右図）．塩基指定能力がない場合，もしくはモチーフと塩基の組合せが正しくないような場合は，塩基種は分散する．（b）解読された RNA 認識コード．1 番，4 番，ii 番（−2 番，後ろから二つ目）のアミノ酸の組合せで結合塩基が決定する．文献 5 より．

みで PPR モチーフ内の 3 カ所のアミノ酸〔1 番，4 番，ii 番（−2 番，後ろから二つ目），図 19.1b〕が RNA 塩基配列の認識に寄与することを統計的有意に示すことができた[5]．

19.2.2 インフォマティクス解析の検証，および PPR タンパク質の結合塩基選択機構

インフォマティクス解析と並行して，PPR タンパク質の核酸結合モジュール表面に露出するすべてのアミノ酸に変異を導入し，核酸に対する結合能を生化学的手法によって解析したところ，インフォマティクス解析によって見出された 3 アミノ酸残基と同じ位置のアミノ酸が RNA との接触に働くことが支持された．この解析から，PPR モチーフによる RNA 認識は 1 モチーフ内の 3 カ所のアミノ酸（1 番，4 番，ii 番）によって 1 塩基が認識されるようにコード化されていることがわかった．アミノ酸配列情報から構築した PPR モチーフの立体構造上でも三つのアミノ酸は空間的に隣接しており（図 19.1b），2014 年に中国の研究グループから報告された PPR タンパク質と RNA との共結晶構造解析の結果から，全体的な結合の様式に関していまだ疑問が残されてはいるが，タンパク質と RNA の接触にかかわる局所的な構造については，筆者らのインフォマティクス解析で得られた結果を支持するデータが得られている[6]．

PPR モチーフによる RNA 認識機構を詳しく見てみると，当初の予想通り，PPR モチーフと塩基は 1 対 1 の対応関係で，ギャップ（認識に関連しない塩基の挿入，欠失）は許さないことがわかった．各アミノ酸の働きとして，RNA 認識に

際し最も効力が高いのは4番アミノ酸で，プリン/ピリミジンの識別に働く．次にii番が核酸のアミノ型/ケト型を認識し，この二つのアミノ酸によってモチーフの結合塩基が大別される．そして，ここに1番アミノ酸による認識が加わることで，結合する塩基の精密な決定が行われるという非常に理論的な様式で結合塩基の選択が行われていた．つまり，筆者らが取得したPPRモチーフのRNA認識コードを用いることで，未解析PPRタンパク質の標的RNA分子を予測することが可能となるが，これは同時に，この3カ所のアミノ酸の組合せに応じて，さまざまな標的RNA分子に対応する人工RNA結合モジュールを独自にプログラムすることが可能であると考えられる（図19.2b）．

米豪のグループも，P型サブファミリーを用いたよく似た実験から同様の結果にたどり着いている[7]．しかし，P型サブファミリーはPLS型同様，PPRモチーフと結合塩基の対応が1対1であるが，長い標的配列の認識においてギャップ（塩基の挿入，欠失）を許すことが報告され，人工RNA結合モジュールの設計には適さない可能性が示されている．

19.2.3 DNA認識コードの解明

PPRタンパク質の研究が進むうちに，一部のPPRタンパク質がRNAでなくDNAに作用する可能性が報告されてきた．コムギのp63タンパク質は，ゲルシフト法でDNAとの結合が直接示され，転写の活性化に働く．シロイヌナズナのpTac2は葉緑体のゲノムが含まれる核様体（葉緑体のクロモソーム）画分に局在し，ある遺伝子の転写促進にかかわる．また，GRP23タンパク質は核に局在するPPRタンパク質で，C末端側の付加ドメインがmRNAの転写を行うRNAポリメラーゼ2のサブユニットと相互作用すると報告されている．

筆者らは，これら潜在的DNA結合型PPRタンパク質のDNA結合能，およびDNA認識コードの検証を行った．まず，前述のRNA結合型PPRタンパク質から見出された塩基指定アミノ酸（1，4，ii）について，DNA結合型PPRタンパク質のアミノ酸配列との比較を行ったところ，両者でほぼ同様のアミノ酸種が配置されていることがわかった．すなわち，DNA/RNA結合型PPRタンパク質はともに，核酸認識ルールを共有している可能性が考えられた．そこで，DNA結合型PPRタンパク質の塩基指定アミノ酸（1，4，ii）から結合DNA配列をデザインし，これを5′転写制御領域に搭載したレポーター遺伝子を用いた一過的発現実験を行った．構築したレポーター遺伝子とDNA結合型PPRタンパク質をエフェクター遺伝子として哺乳類培養細胞に共導入した結果，レポーター遺伝子の有意な亢進が観察された．また，組換えタンパク質を用いた生化学的な解析からもDNAに対する結合活性が確認された．

以上の結果から，PPRタンパク質の多くはRNA結合型PPRとして働くが，一部はDNA結合型PPRとして機能すること，その核酸認識コードはDNA/RNA結合型間でほぼ共通であることが明らかになった．これらの知見から，PPRタンパク質を材料に，目的の配列に結合する人工DNA結合モジュール，または人工RNA結合モジュールを構築するための基礎技術基盤が確立した．

19.3 PPRを用いた核酸操作技術の開発

19.3.1 RNA操作ツールとしてのカスタムPPRタンパク質の開発

前述の通り，PLS型PPRタンパク質は2-30回の繰返しPPRモチーフ（平均約10モチーフ）を含み，モチーフと結合塩基は1対1の対応関係にあり，認識ギャップは存在しない．そのため，

モチーフ数と同じ長さのDNA/RNA配列に結合するタンパク質を設計可能である．人工PPRタンパク質の開発に関してもRNA結合型PPR（RNA binding PPR: rPPR）が先行しており，アミノ酸置換による標的配列の認識改変を植物オルガネラ内で検証した例が報告されている．しかし，天然型のPPRタンパク質およびPPRモチーフはファミリー内で一次配列の保存性が著しく低く，タンパク質の調製が非常に難しいことが知られている．そこで，rPPRモチーフ群のなかからコンセンサスなアミノ酸配列を特定し，これをバックボーンにカスタムrPPRタンパク質を構築する方法がとられた．

先行して行われたＰ型サブファミリーのrPPRタンパク質を用いた研究では，大腸菌内で合成させたカスタムrPPRタンパク質は発現効率および安定性ともに非常に高かった．しかし，精製したＰ型カスタムrPPRタンパク質は，RNA分子に対して解離定数が10^{-6} M程度と，一般的な天然型rPPRタンパク質の解離定数10^{-8}–10^{-9} Mに比べて非常に高い値を示し，生体内での機能が期待できない状態であった．また前述の通り，Ｐ型サブファミリーは核酸との結合において認識ギャップを許す（モチーフ数と塩基数が完全一致しない）ことが知られている．

これを受けて，筆者らはモチーフと核酸間のギャップを許さないPLS型サブファミリーをバックボーンにカスタムrPPRタンパク質の構築を試みている．これまでに，構築したカスタムrPPRタンパク質は in vitro での生化学的解析において10^{-9} M程度の解離定数を呈し，動物培養細胞で実際に機能することを明らかにしている．現在，Ｃ末端側に翻訳活性化，RNA切断酵素，スプライシング関連因子などの作用ドメインを付加し，転写後のRNA動態解析，または転写後制御を操作する分子ツールの作製を進めており，近い将来の商業利用が可能な状態だと考えている．

19.3.2 DNA操作ツールとしてのカスタムPPRタンパク質の開発

国内外を通し，DNA結合型PPR（DNA binding PPR: dPPR）の研究例は非常に少なく，rPPRとdPPRのアミノ酸配列上のどのような違いがRNAとDNAの識別に特異性を生み出しているのか，いまだ明確な答えは出ていない．

現在，筆者らはさまざまなdPPRタンパク質を合成し，DNAに対する結合能，動植物細胞内での働きなどの基礎データの積み上げを主として行っている．rPPRとdPPRは，そのDNA/RNA結合様式やアミノ酸配列において共通する部分が多いため，カスタムrPPRタンパク質の開発を先行させることで，得られた知見をdPPRに適用することが可能と考えている．現在，dPPRに関してはZF，TALE，CRSIPRに続く第4世代のゲノム編集ツールとしての利用に向け，さまざまな用途に適用できるよう開発を進めているところである．

19.3.3 ゲノム編集ツールとしてのPPR技術の位置付け

現在，DNAを対象とするゲノム編集ツールとしてZFN，TALEN，CRISPR-Cas9の3種が広く用いられており，DNA認識モジュール（ZF，TALE，CRISPR）の末端をヌクレアーゼや蛍光分子につなぎ替えることで，標的とする二本鎖DNAの部位特異的な切断や，ゲノム上における遺伝子の可視化，分子挙動情報などの取得が可能となった．

ゲノム編集ツールとして求められる性能は，おもに標的配列の長さおよびDNA認識モジュールの改変自由度，理論的な設計法の有無および簡便性で決定される．加えて，近年では医療分野への利活用を念頭に，生体内での分子デリバリーの観点から比較的分子量の小さいツールが重宝される傾向にある（図19.3）．

19章 新規ゲノム編集ツール

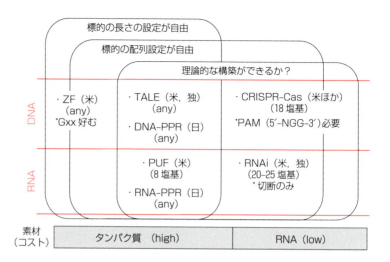

図 19.3 ゲノム編集ツールの性質

　ZF は，これら代表的な 3 種の DNA 認識モジュールのなかでは分子量が小さく（20 kDa），すでに臨床試験に用いられた実績をもつ．一つの ZF モチーフにより 3 塩基が認識されるため，通常 ZF モチーフを 3-6 個連結（9-18 bp 認識）させることで標的配列に対する結合特異性を高めるが，ZF モチーフはタンデムにつなぐことで互いの塩基認識が干渉し合い，結果として設計通りの標的配列に対して結合しないことが多々ある．そのため，研究室レベルで個人が自由に構築・改変することが難しく，モチーフの改変自由度および設計の簡便性は低い．

　TALE（110 kDa）は一つのモチーフによって 1 塩基を認識するため，ZF のようなモチーフ間の干渉がなく，DNA 認識モジュールとして利便性が高い．設計自由度が高く，DNA 認識ドメインを自由にデザインすることが可能である．ZF や TALE を用いたゲノム編集ツール（ZFN と TALEN）は人工ヌクレアーゼと呼ばれ，DNA 認識モジュール（ZF や TALE）の末端にゲノム編集にかかわる因子を連結させて用いる．ただし，TALE を用いる場合は標的配列の 5′ 末端に T（チミン）を必要とすることや，DNA 認識モジュールである TALE repeat の末端に non-TALE repeat と呼ばれる付加構造を必要とするなど，使用に際し制限がある．また TALE は，TALE repeat を構成するモチーフ間の配列相同性が非常に高いリピート構造をとるため，モジュールの設計段階において TALE repeat 内で配列間の組換えが起こり，設計と異なるタンパク質が得られることが多々ある．これを防ぐためには，設計段階で縮重プライマーを用いてモチーフ間の配列に変化をもたせるか，XL1-Blue や SURE2 などの遺伝子組換えを起こしにくいコンピテントセルを用いる必要がある．また，このような TALE の特徴は，デリバリーシステムとして用いるウイルスベクターや導入先となる標的細胞内においても起こる可能性があり，使用に際しては注意を払う必要がある．

　CRISPR（160 kDa）は，ガイド RNA（gRNA）によって標的 DNA を選択するため，ZF や TALE とは標的認識機構がまったく異なる．安価かつ簡便にゲノム編集実験が可能という大きな強みがあり，使用可能な生物域が広く，かつその使用例も多く報告されている．ただし，標的認識のためには gRNA に加えて標的配列近傍に PAM 配列（5′-NGG-3′）を必要とするため，PAM 配列が近傍にない標的配列に対しては使用できないなど，いくつかの制限がある．また CRISPR は，認識配列に対してある程度の誤差を許容するため，他の

編集ツールと比べるとオフターゲット効果が高い．現在，オフターゲット効果の軽減に向け，FokⅠとの併用やPAM配列の改良などの解決策が模索されている[8,9]．

ゲノム編集ツールとしてdPPR（80 kDa）を利用する場合，タンパク質構成上，ZFやTALE同様にDNA認識モジュールの末端にFokⅠを配置する人工ヌクレアーゼとして利用すると想定される．TALE同様に「1モチーフ1塩基認識」であるため，標的配列に合わせてDNA認識モジュールを自由にデザインすることが可能であり，同時に設計自由度が高いため，オフターゲット効果を低く抑える改良が容易であると考えられる．さらにPPRは，TALEのように核酸認識モジュールに加えて付加的なアミノ酸配列を必要としない．また，DNAに対して高い結合能をもつPPRモチーフを取得できれば，認識モジュール内のモチーフのリピート数を低く抑えることができるため，全体の分子量を低く設計することが可能と考えられる．またPPRタンパク質の核酸認識モジュールは，TALE同様，モチーフが連続した繰返しによって構成されている．そのため，TALEの特徴として述べたリピート内での配列組換えが起こる可能性は否定できないが，PPRはモチーフ間の配列相同性が低いため，組換えが起こる頻度はTALEと比べて十分に低いと考えられる．カスタムdPPRタンパク質の開発はいまだ開発途上ではあり，DNA認識能の向上にいま少し時間を要するが，設計自由度の高さや使用に際しての利便性などにおいて優れた面も多く，DNAを対象とするゲノム編集ツールへの利用において高いポテンシャルをもつことが期待される．

一方，RNA操作技術に関しては従来，ガイドRNAを利用したRNAiによるノックダウンが広く使われている．ただし，相補鎖RNAを用いた操作技術は標的とする細胞の状態によっては機能しないことや，導入RNAが生体内において不安定であることなどから，必ずしも技術として完璧ではない．その補完的役割を担うため，また遺伝子ノックダウン以外のさまざまなRNA操作（翻訳活性化，安定化促進，局在調節，スプライシング制御など）への利用を可能にするためにも，タンパク質性因子を用いた技術が必要である．しかし，タンパク質を用いたRNA操作技術に関する研究報告はいまだ少ない．

タンパク質性因子を用いたRNA操作技術の例として，8塩基認識モジュールであるRNA結合タンパク質PUF（Pumilio/fem-3 mRNA binding factor）が挙げられる．PUFタンパク質は，三つのαヘリックスから構成されるRNA認識モチーフが八つ連なったRNA認識モジュールをもっており，PPR同様，1モチーフが1塩基に対応している．RNAとの共結晶構造解析からすでに詳細な結合様式も明らかになっているが，RNA結合モジュールの設計自由度は低く，結合配列に合わせてモジュールをデザインすることが難しい．また，認識モジュールを二つ連結することで標的配列に対する結合特異性を高めることができるが，タンパク質立体構造上，連結は二つまでに限られ，標的配列認識の多様化には限界がある．しかしこれまでに，PUFタンパク質にRNA制御タンパク質をつないだ融合タンパク質は，RNA分解促進，安定化，翻訳活性化/抑制，選択的スプライシングの制御，生体内におけるRNA分子の可視化などさまざまな実験的成功例を収めている[10-13]．今後，PUFタンパク質から得られた多様な知見を反映させることで，rPPRを用いたRNA操作技術の開発は大きく発展すると期待される．

19.4 ゲノム編集の産業利用

19.4.1 既存技術の利用に際しての規制

ゲノム編集はモデル生物での理論的なゲノムの改変を実現，高速化しただけでなく，これまで遺

伝子ターゲッティングができなかったさまざまな実用動植物のゲノム改変の道を拓いた．そのため，遺伝子治療や再生医療などの医学分野，有用な飼料・資源植物，魚類および家畜の作出などの農学分野，エタノールなどの有用物質生産の向上を目的とした微生物の改変などのエネルギー分野を含む多岐にわたる産業での利用が期待されている．

しかし，既存のゲノム編集技術はすべて海外で特許化されており，大学などの基礎研究での利用については問題ないが，日本国内での産業利用を考えた場合，使用に際してさまざまな制限が存在し，それが海外に比べて日本のゲノム編集技術発展が遅れている要因の一つと考えられている．

ZFはSangamo Biosciences社，TALEは研究試薬に関してはThermo Fisher SCIENTIFIC社，治療などの医学分野ではCellectis社が特許実施権・ライセンス権をもっている．CRISPRに関しては，米国UCバークレーのJ. Doudnaおよび共同研究者のスウェーデン・ウメオ大学のE. Charpentierが基盤技術の特許を申請し，2013年にCRISPRの生体内での適用例を示した米国ブロード研究所のF. ZhangとハーバードメのG. Churchもほぼ同様の内容で特許を申請し，Doudna, Charpentier, Zhangはそれぞれが別個のベンチャー企業を設立し，その産業応用に向けた開発を行っている．早期審査を行ったZhangの特許は成立したが，DoudnaとCharpentierの特許が先願の権利をもっており，これが成立すればZhangの特許の有効性は失われる可能性がある．しかしZhangらは，さまざまな周辺技術の特許を申請している．上記の通り，CRISPRに関して今後どのような条件でなら産業利用が可能か，それは誰の特許に触れるのか非常に混沌とした状態になっている．

筆者らが開発対象としているDNA/RNA結合型PPRタンパク質を利用したゲノム編集ツールは，日本発のオリジナル技術である．dPPRタンパク質の開発と利用に関して筆者らは広島大学と共同で基本特許を申請しているが，dPPRタンパク質の利用は既存のゲノム編集の特許に抵触しないことが大きなメリットである[14]．rPPRの開発と利用に関しても筆者らが基本特許を申請している[15]．

今後の多分野での利用に向け，PPRを用いたDNA/RNA編集技術の確立と，国内外における産業・医療分野での利用に適したレベルにまで技術を向上させることを早急の課題とし，核酸に対する結合特異性の改変，異なる解析に対応した操作ツールの開発提供を進めている．将来的にさまざまな分野への貢献を目指している．

19.4.2　ゲノム編集技術の医療への利用と問題点

疾患の発症や進行メカニズムの解明，特定の疾患の原因遺伝子の機能解明，そして創薬支援に向けた臨床試験のために，これまでゲノム編集技術によって複数の遺伝子疾患モデル動物が作製され，研究に用いられてきた．マウスやラットを中心とした臨床試験は，さまざまな疾患関連遺伝子の機能解明や基本的な治療戦略の構築など，多くの分野での貢献を果たしてきたが，得られた知見や考案された治療法を直接ヒトに適用することが難しく，ヒトと生理学的・解剖学的特徴が近い霊長類を用いた研究の開発が求められてきた．2009年に日本国内の研究グループによって，非ヒト霊長類であるマーモセットを用いたトランスジェニックマーモセットが作製され[16]，さらに2016年にはマーモセットへのゲノム編集技術の適用法の開発と，ヒト病態モデルの作製に成功したという報告がなされた[17]．これにより，ヒトへの応用を目的とした再生医療技術の安全性試験や，ヒト遺伝子疾患，精神・神経疾患の治療に向けての有効な技術開発，創薬研究が今後大きく発展すると期待される．加えて，ゲノム編集技術を用いることで

個々人の遺伝子型に合わせたヒト疾患モデル動物の作製も可能となることから，より効果的で最適な治療を行うことや治療薬を作製することが可能となり，患者の肉体的または経済的な負担が軽減されると考えられる．

ゲノム編集技術を用いた遺伝子治療法を大別すると，患者から遺伝子変異をもつ体細胞を採取し，生体外でゲノム編集ツールを用いて遺伝子操作を施し，変異を改変させた細胞を患者へ再移植する「生体外遺伝子治療」と，ゲノム編集ツールと正常型遺伝子を導入したウイルスベクターを患者の全身あるいは局所に直接注入し，変異遺伝子の改変を行う「生体内遺伝子治療」に分けられる．治療に用いられるゲノム編集ツールにはZFN，TALEN，CRISPR-Cas9が用いられている．

生体外遺伝子治療の例として，後天性免疫不全症候群（AIDS）やデュシェンヌ型筋ジストロフィー（DMD）などが挙げられる．AIDSは，HIVウイルスがT細胞上のCCR5などの受容体を介して細胞内に侵入し，これを破壊することで引き起こされる．治療に際しては，患者からT細胞を採取し，ZFNあるいはCRISPR-Cas9を用いて感染の窓口となっている*CCR5*遺伝子を破壊し，HIV非感染型の細胞を再移植する方法がとられる[18]．またDMDは，オルタナティブ・スプライシングによるフレームシフト変異によって正常なジストロフィンを発現できないことに起因しており，患者から採取した変異型の筋芽細胞に対し，ZFNやTALEN，CRISPR-Cas9を用いて標的遺伝子にフレームシフトを誘導することで正常型のジストロフィンの発現を促すか[19]，そもそものフレームシフトの原因となっているエキソン45-55までの領域をまとめて欠損させ，変異型遺伝子の発現を抑制する方法がとられる[20]．

一方で，生体内遺伝子治療として，血友病の原因とされる血液凝固因子IX遺伝子*F9*の欠損をZFNによる変異修復によって治療する手法や[21]，B型肝炎ウイルスゲノムをTALEN，CRISPR-Cas9を用いて破壊することでその症状を軽減させる治療法が試験されている[22,23]．ゲノム編集を用いた遺伝子治療法に関しては，オフターゲット効果の軽減や，標的細胞への正確なデリバリーシステムの構築などの点で解決すべき問題が多い．しかしこれらは，従来の治療では完治が困難であった疾患，あるいは効果的な治療薬・治療法がなかった疾患に対する有効な治療法として注目されており，マウスをはじめ，ヒトに対する臨床試験がすでに進められ，積極的な利用が試みられている．

一方で，患者の体細胞を標的とした上記の遺伝子治療とは対照的に，生殖細胞を標的とした遺伝子治療法については，おもに使用に際しての倫理面についていまだ解決すべき問題が多く残っている．治療技術の開発に関しては，マウスなどを用いた試験によってすでに構築されており，おもには遺伝子変異をもつ受精卵に対し，ゲノム編集を用いて変異修復を施した後，母親の子宮へ移植する方法がとられる．生殖細胞に対するゲノム編集が慎重であるおもな理由として，標的に対するゲノム編集が不十分であった際に，その影響が個人に留まらず，世代を超えて広がり続ける危険性があること，改変後の遺伝子が患者の他の遺伝子に対して干渉する場合，その有害性について予測することが現状では困難であること，そして遺伝子改変による社会的な不公平感の深刻化，人間としての尊厳の侵害，優生学的な発想に基づく人間選別を受ける可能性などが挙げられる．

将来，PPRを用いたゲノム編集技術は，現在広く用いられるゲノム編集ツールと利用操作法，遺伝子改変の原理，デリバリーシステムにおいて共通性が高いと考えられる．そのため今後の改良次第では，第4のゲノム編集ツールとして医療分野への進出が期待できる．しかし，現状においては他のゲノム編集ツール同様に，その積極的な利

用範囲は体細胞に対する遺伝子治療に留まる．生殖細胞への遺伝子改変は先の予測が難しく広範囲に影響が伝搬する可能性があるので，その使用に関しては国内外の機関とともに慎重な協議が必要である．

19.5　今後の展望

ゲノム編集技術の発展により，さまざまな生物種に対し，ゲノムスケールでの遺伝子改変を簡便かつ迅速に操作することが可能となった．医療分野におけるゲノム編集技術の利用は，新たな治療法の創出だけでなく，疾患の原因解明や新たな診断技術の開発，そしてiPS細胞技術との併用により，その利用範囲は大きく拡張され，今後ますますの社会貢献が期待される．また，将来的に直視しなければならない食料問題やエネルギー問題，環境問題に向けた解決策としての可能性も秘めている．

ゲノム編集技術へのPPRの利活用に関し，dPPRの開発はいまだ基礎研究を脱していないが，産業的な観点から重要な技術であると認識されている．産業界からの支援による開発体制の構築および加速が可能になりつつあり，迅速な商業化を現在目指している．一方でrPPRを用いたゲノム機能の編集は，新しい分野を拓く可能性を秘めている．医療分野ではヒトの病気の大部分を占める後天的な疾患の治療法としての利用が見込まれ，ここにrPPRの将来的な発展性が予測されている．また，ヒトゲノム計画を通し，ヒトを含めた真核生物の遺伝子発現制御はゲノム配列情報だけに左右されるのではなく，RNAプロセシングや大量の非コードRNAによる干渉など，複雑なRNA機能（ゲノム機能）のもとに成り立つことが再確認された．汎用的なRNA操作ツールが存在しない現状において，rPPRの開発は生命科学分野のさらなる発展に貢献できることが期待される．

ゲノム編集技術は今後，大規模なゲノム改変やゲノム自体の化学的な全合成などの「ゲノムデザイン」に進むことが予測される．また，デザインしたゲノムを制御する「ゲノムプログラミング」技術の創出も必要となる．dPPR/rPPRを含め，今後さまざまな特性をもつDNA/RNA操作ツールの開発提供が進むことを期待している．

（田村泰造・中村崇裕）

文　献

1) I. Small, N. Peeters, *Trends Biochem. Sci.*, **25**, 46 (2000).
2) C. Lurin, C. Andres, S. Aubourg et al., *Plant Cell*, **16**, 2089 (2004).
3) J. Colcombet, M. Lopez-Obando, L. Heurtevin, C. Bernard, K. Martin, R. Berthome et al., *RNA Biol.*, **10**, 1557 (2013).
4) T. Nakamura, Y. Yagi, K. Kobayashi, *Plant Cell Physiol.*, **53**, 1171 (2012).
5) Y. Yagi, S. Hayashi, K. Kobayashi, T. Hirayama, T. Nakamura, *PLOS ONE*, **8**, e57286 (2013).
6) P. Yin, Q. Li, C. Yan, Y. Liu, J. Liu, F. Yu et al., *Nature*, **504**, 168 (2013).
7) A. Barkan, M. Rojas, S. Fujii, A. Yap, Y. Chong, C. Bond, I. Small, *PLOS Genet.*, **8**, e1002910 (2012).
8) J. P. Guilinger, D. B. Thompson, D. R. Liu, *Nat. Biotechnol.*, **32**, 577 (2014).
9) Z. Hou, Y. Zhang, N. E. Propson, S. E. Howden, L. F. Chu, E. J. Sontheimer, J. A. Thomson, *Proc. Natl. Acad. Sci. USA*, **110**, 15644 (2013).
10) Z. T. Campbell, C. T. Valley, M. Wickens, *Nat. Struct. Mol. Biol.*, **21**, 732 (2014).
11) Y. Wang, C. G. Cheong, T. M. T. Hall, Z. Wang, *Nat. Meth.*, **6**, 825 (2009).
12) T. Ozawa, Y. Natori, M. Sato, Y. Umezawa, *Nat. Meth.*, **4**, 413 (2007).
13) A. Cooke, A. Prigge, L. Opperman, M. Wickens, *Proc. Natl. Acad. Sci. USA*, **108**, 15870 (2011).
14)「PPRモチーフを利用したDNA結合性タンパク質およびその利用」(PCT/JP2014/061329).
15)「PPRモチーフを利用したRNA結合性蛋白質の設計方法及びその利用」(PCT/JP2012/077274, 九州大学, 世界初の技術).
16) E. Sasaki, H. Suemizu, A. Shimada, K. Hanazawa, R. Oiwa, M. Kamioka et al., *Nature*, **459**, 523 (2009).
17) K. Sato, R. Oiwa, W. Kumita, R. Henry, T. Sakuma, R. Ito et al., *Cell Stem Cell*, **19**, 127 (2016).
18) P. Tebas, D. Stein, W. W. Tang, I. Frank, S. Q. Wang,

G. Lee et al., *N. Engl. J. Med.*, **370**, 901 (2014).
19) D. G. Ousterout, A. M. Kabadi, P. I. Thakore, P. Perez-Pinera, M. T. Brown, W. H. Majoros et al., *Mol. Ther.*, **23**, 523 (2015).
20) D. G. Ousterout, A. M. Kabadi, P. I. Thakore, W. H. Majoros, T. E. Reddy, C. A. Gersbach, *Nat. Commun.*, **6**, 6244 (2015).
21) H. Li, V. Haurigot, Y. Doyon, T. Li, S. Y. Wong, A. S. Bhagwat et al., *Nature*, **475**, 217 (2011).
22) K. Bloom, A. Ely, C. Mussolino, T. Cathomen, P. Arbuthnot, *Mol. Ther.*, **21**, 1889 (2013).
23) S. R. Lin, H. C. Yang, Y. T. Kuo, C. J. Liu, T. Y. Yang, K. C. Sung et al., *Mol. Ther. Nucleic Acids*, **3**, e186 (2014).

☑ Genome Editing for Clinical Application

V

倫理と課題

20章　ゲノム編集の臨床応用に向けての課題

21章　ゲノム編集医療の倫理的課題

© Andrei Rahalski | Dreamstime.com

Part V 倫理と課題

ゲノム編集の臨床応用に向けての課題

Summary

ゲノム編集技術の臨床への応用は基礎研究に比べるとハードルが高く，優れた「治療効果」と「安全性」が求められる．とくに安全性を考えた場合に，ゲノム編集治療には従来の遺伝子治療のリスクに加えて，標的配列以外の配列を誤認・切断して変異を入れるいわゆるオフターゲット変異のリスクが問題とされる．しかし，培養細胞においてはこれら酵素のオフターゲット変異よりも，細胞分裂の際のDNA複製エラーによる自然のDNA変異のほうが頻度が高い．また，そもそも我々のゲノム上のDNAバリアントとオフターゲット変異とを区別するのは容易ではない．一方，in vivoでは，Cas9の恒常的発現によるオフターゲット変異の蓄積や，細菌由来のCas9タンパク質に対する細胞性免疫などを考慮に入れたうえで安全性を評価することが必要である．

ゲノム編集の安全性とは，突き詰めれば腫瘍原性の評価とほぼ同等であろう．したがって，ヒトiPS細胞の臨床応用に際しての評価が参考になるであろうし，動物実験も重要になると考えられる．また，あくまでも流行としてのゲノム編集ありきではなく，従来の遺伝子付加治療を含めた既存の治療法と比較して，客観的にリスク・ベネフィットが議論されなければならない．

20.1 はじめに

2000年に報告された，レトロウイルスベクターを用いたX連鎖重症複合免疫不全症（SCID-X1）の造血幹細胞を標的とした遺伝子治療臨床試験は，遺伝子治療のみで顕著な治療効果が得られた初めての例として大きな反響を呼んだ[1]．同様の方法で，これまでに100人以上の造血系遺伝病の患者が治癒している．一方，そのうち何人かで白血病が発症し，大きな問題となった．その原因が調べられた結果，治療に用いたレトロウイルスベクターが染色体上のがん遺伝子近傍へ組み込まれて活性化したこと，また，レトロウイルスベクターは染色体上の転写開始点やCpGアイランドに組み込まれやすい傾向にあることが明らかとなった[2]．このことから，より安全な遺伝子治療技術の確立に向けて，挿入変異を起きにくくした（組込み部位周辺の染色体遺伝子を活性化しにくくした）ベクターの改良・使用が進んだ[3]．またその一方で，より理想的なストラテジーとして，染色体の病因遺伝子の変異を正確に修復する，いわゆる遺伝子修復治療技術の開発が急務であると考えられてきた．

近年，ゲノム編集技術が爆発的に進歩し，本書に特集されているように，医学生物学のさまざまな分野に応用されて注目を浴びている．ゲノム編集をヒトに臨床応用する場合には，生物学的研究での応用とは異なり，治療としての視点で考える必要がある．すなわち，従来の遺伝子治療がもついくつかの課題に加え，ゲノム編集技術がもつ特有の課題がある．本章では，とくにその点について解説したい．

20.2 ゲノム編集技術の臨床応用

20.2.1 ゲノム編集による遺伝子ノックアウト

ZFN（zinc-finger nuclease），TALEN（transcription activator-like effector nuclease），CRISPR（clustered regularly interspaced short palindromic repeats）-Cas9（CRISPR-associated 9）などの人工制限酵素を用いた標的配列へのDNA二本鎖切断の後，非相同末端結合（non-homologous end joining：NHEJ）のエラーにより生じる挿入・欠失（インデル）を利用して遺伝子ノックアウトが可能である．遺伝子ノックアウトは，従来のcDNA発現型の遺伝子治療では困難であったが，人工制限酵素を用いるゲノム編集で初めて可能になり，また効率も非常に高いため，遺伝子治療のストラテジーを拡大した．他章でも説明されているように，ZFNをAIDSの治療のためにHIVのCCR5共受容体遺伝子のノックアウトに利用したり[4]，また，CD19陽性の急性リンパ性白血病を標的としたキメラ抗原受容体発現T細胞をヒト白血球型抗原非拘束的に使用するために，T細胞受容体α鎖遺伝子をTALENでノックアウトする臨床試験が進んでいる[5]．さらに，CRISPRによりPD-1遺伝子をノックアウトしたT細胞を用いるがん免疫療法も進みつつあるという．これらの応用は，疾患が重篤でありかつ成人に利用するため，リスク・ベネフィットの観点からも，後述する安全面での課題をそれほど重視する必要はない．したがって今後も当面は，遺伝子ノックアウトによる後天性疾患の遺伝子治療が中心となって，ゲノム編集の応用が拡大すると考えられる．

20.2.2 ゲノム編集による遺伝子修復，遺伝子ノックイン

一方，ゲノム編集法のなかでも，標的染色体DNA配列に相同なDNA配列をもつドナーDNAを同時に導入することによって，正確な組換えを利用する，いわゆる相同組換え修復（homology directed repair：HDR）による染色体の修復や標的部位への治療遺伝子のノックインは，より理想的な遺伝子発現法として考えられる．遺伝子修復の場合，細胞に導入される鋳型DNAは正常な塩基配列を含む染色体断片であり，ウイルスベクターを用いるときのような，治療遺伝子のcDNAを発現するために必要な強力なエンハンサーとプロモーターはDNAにコードされていないため，染色体組込み後に近傍の遺伝子を活性化する恐れがない（図20.1）．また，修復された病因遺伝子は，外来のものではなく本来もつ染色体上の調節領域によって発現が正確に調節される．一方，近傍にがん関連遺伝子がなく，かつ転写活性が高い染色体部位に治療遺伝子の発現カセットをノックインすることによって，より優れた治療効果が期待される[6]．この，いわゆるHDRを利用したゲノム編集はどこまで進んでいるのであろうか．

ヒトの造血幹・前駆細胞に対する遺伝子ノックインまたは遺伝子修復は，ここ2-3年で大きく進歩しており，約90％の頻度で遺伝子ノックアウト，約25％の頻度でHDRが得られる[7-11]（表20.1）．とくにD. P. Deverらは，*HBB*遺伝子座に対するCRISPR-Cas9のRNP（ribonucleoprotein）とAAVによるドナーDNAの導入によって，かつ，

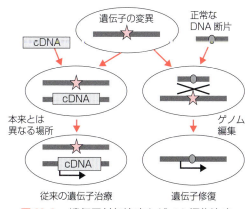

図20.1　遺伝子付加治療とゲノム編集治療

表20.1 さまざまな標的細胞におけるDNAレベルでのゲノム編集の効率

標的組織	遺伝子ノックアウト	遺伝子修復,遺伝子ノックイン	従来の遺伝子付加治療の効率
ヒト造血幹・前駆細胞 (in vitro)	CD34陽性細胞の30-90%	CD34陽性細胞の15-25%*	100%
マウス肝臓 (in vivo)	>40%（SaCas9を用いて）	約10%？	100%
マウス筋肉 (in vivo)	筋肉注射：3-10% 静脈注射：%は不明（タンパクレベルでは20-60%）	？	約100%

*NSGマウスの造血系を再構築するような造血幹細胞での効率はもっと低い.

ドナーDNAに組み込んだ短縮型神経成長因子受容体遺伝子の強発現細胞を選択することによって，効率のよい遺伝子修復を報告している．CD34$^+$細胞でゲノム編集後に超免疫不全NSGマウスに移植し，16週後に3.5%がゲノム編集細胞であったが，移植前に選択することによって，一次移植もしくは二次移植のNSGマウス中のヒト細胞の90%でゲノム編集が得られた[10]．通常，CD34$^+$細胞はまだしも，NSGマウスの免疫系を再構成するような幹細胞に対するゲノム編集の効率はいまだに低いが，この報告のように，さまざまな工夫により少しずつ改善している．

一方，マウスを用いた in vivo の治療モデルにおいては，肝臓での遺伝子修復治療として，遺伝性高チロシン血症I型モデルマウスやオルニチントランスカルバミラーゼ欠損症モデルマウスの治療が報告されており，ノックアウトの効率は40%で，遺伝子修復は約10%である[12,13]．筋肉では，デュシェンヌ型筋ジストロフィーモデルマウスに対するゲノム編集治療が試みられているが，効率はさらに低い[14-16]（表20.1）．

従来の遺伝子治療法が現在のような成功を収めるに至ったのは，20年以上にわたる地道な基礎研究によりさまざまな細胞・組織への遺伝子導入効率が100%近くになったためである．それと比較すると，現状のゲノム編集効率は1990年代に得られていた遺伝子導入効率の程度でしかなく，適用疾患はきわめて限られる．これまでのゲノム編集の前臨床研究の報告では，高い効率を得るために過剰量の制限酵素もしくは修復用鋳型DNAが細胞に導入されている一方で，後述するオフターゲット変異については詳細に解析されていないのが現状である．今後，ゲノム編集を用いた遺伝子治療がより広範な疾患に応用されるためには，さらなる遺伝子導入技術の改良が必須である．とくに，オフターゲット変異や in vivo での制限酵素遺伝子の免疫原性を考えると，従来の遺伝子治療に用いられるウイルスベクターのように，高効率かつ安定な遺伝子発現は，ゲノム編集には向かない場合が多いと考えられる．たとえばCRISPRの場合には，RNP（Cas9タンパク質とgRNAの複合体）を標的細胞・組織へ効率よく導入する技術の開発が，今後望ましいのではないだろうか．

20.3 安全性の評価

さて，いうまでもなく，ゲノム編集の臨床応用を考えるうえで最も重要なのは「安全性」である．前述したように，遺伝病の遺伝子治療法としてゲノム編集が注目されてきた一番の理由は，従来の遺伝子治療法で白血病の発症があったからである．したがって，安全性が確保されないのであれば，

20.3 安全性の評価

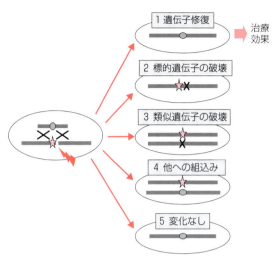

図 20.2 人工制限酵素を用いたゲノム編集の産物

すでに臨床で成功例を重ねている従来の治療法に取って代わるのは難しい．ドナー DNA を利用するゲノム編集，すなわち遺伝子修復や遺伝子ノックインで生じると考えられるゲノムの改変パターンとしては，① 正確に修復する，② 遺伝子を壊す，③ 標的部位以外の配列に変異を入れる，④ ドナー DNA が標的部位以外の部位に組み込まれる，⑤ 元の配列のまま，の 5 通りの変化が考えられる（図 20.2）．実際には，これらの現象が各細胞内で 2 本の染色体で独立に生じ，また細胞によってその組合せは異なるため，ゲノム編集の効率と安全性とを評価するのは容易ではない．② は往々にして ① よりも頻度が高く，一方の遺伝子座を修復しても他方をノックアウトしてしまうことが問題である．このなかでも，人工制限酵素が類似配列に変異を入れるいわゆるオフターゲット変異（③）が問題とされることが多く，それを克服するためのいろいろな方法も開発されている[17]．

20.3.1 人工制限酵素によるオフターゲット変異

従来の遺伝子治療と比べて，ゲノム編集治療がもつ特有の課題のなかでもとくに，標的配列以外の配列を誤認・切断して変異を入れるいわゆるオフターゲット変異のリスクがしばしば問題とされる．この点を改善するには，酵素の切断効率や特異性を上げるだけでなく，まず簡便で高感度にオフターゲット変異を検出する技術が開発される必要がある[17]．ゲノム編集で，人工制限酵素の不正確さによるオフターゲット変異を解析するのに使われる方法を表 20.2 にまとめた．理論的には，一番正確なのは全ゲノムシーケンス（whole genome sequence：WGS）であろう．しかし，コストが高く，仮に全ゲノムの 100x をカバーしても，1/100 未満の頻度の変異は検出できず，検出感度はたかだか 1% ということになる．これまでの WGS の解析法は，基本的には 100% の細胞が同一の DNA 配列をもつという仮定によるため，オフターゲット変異のような対象細胞の 1% 以下がもつ変異を検出するのは容易ではない．また，

表 20.2 人工制限酵素のオフターゲット部位の同定法

カテゴリー	方法	例	長所	短所
全ゲノムシーケンス	次世代シーケンサー	―	正確？	感度，費用
コンピュータ	相同性の検索	ネット上に数多く存在	容易	機能を反映しない偏りがある
細胞内活性	細胞内での切断部位の標識	BLESS, GUIDE-seq	本当の DNA 二本鎖切断	多い細胞数が必要，一部の細胞株でのみ可能
試験管内活性	試験管内酵素反応	Digenome-seq, CIRCLE-seq	高感度，SNP の識別	人工的な条件での反応

現在の次世代シーケンサー（next generation sequencer：NGS）の制限として，エラーが0.1%くらいあるといわれており，それ以上の検出感度を得ることは困難である．すなわち，感度の点でもコストの点でも，WGSは一般的なオフターゲット変異の解析法としては適さない．一方，現在おもに用いられているのは，ゲノム編集の標的配列に類似の配列をコンピュータ解析によって同定する方法である[18]．簡便であるために広く使われているが，後ほど述べる網羅的で偏りのない方法で同定される部位とはそれほど一致しないという報告もある[19]．網羅的でありかつ偏りのない方法として，実際に細胞の中で人工制限酵素によってどの配列が切断されるかを検出する方法もある．これらの方法では，細胞に人工制限酵素を導入して発現した後に，DNA二本鎖切断末端を標識して免疫沈降したり（BLESS）[20]，短い二本鎖オリゴや染色体非組込み型レンチウイルスベクターを同時に導入して組み込まれた部位を集める（GUIDE-seq[21]，IDLV[22]）．これらの方法は，他の方法に比べて，実際に細胞内で切断される部位を同定するという大きな長所をもつ．その一方，多くの細胞を必要としたり，また，多量の二本鎖DNAの導入に耐えられる丈夫な細胞株でしか応用できないなどの限界もある．もう一つのカテゴリーは，通常の分子生物学的手法でDNAを制限酵素で切断するように，標的DNAを人工制限酵素によって試験管内で切断し，全ゲノム配列を決めるか（Digenome-seq）[23]，もしくは切断末端にアダプターを付けてその部分の配列を決定する方法（CIRCLE-seq）である[19]．とくに後者は非常に感度が高く，かつ，個人間のゲノム配列のSNPによる違いさえ検出可能である．一方，高感度のためにバックグラウンドも高く，実際の細胞内で生じる切断以外まで検出している可能性もある．いずれにしてもWGS以外の方法は，あくまでも潜在的なオフターゲット部位のスクリーニング法であり，定量性には限界がある．したがって，実

表20.3 前臨床研究におけるオフターゲット変異の頻度

標的組織	検出法[*1]	オンターゲットゲノム編集の頻度[*2]	オフターゲット変異の頻度[*3]	文献
ヒト造血幹・前駆細胞	上位2部位	42%（初代T細胞）	約22%	7
	上位23部位	29%	約7.0%	8
	エキソン上の上位13部位＋イントロン上2カ所のオフターゲット部位	80–90%	約0.001%（エキソン），80%（イントロン），オフターゲット部位と標的部位間の転座	9
	解析せず	約60%	解析せず	10
	上位7部位＋800xの全エキソン解析	不明	0	11
マウス肝臓	上位16部位	約50%	約0.001%	12
	上位16部位（GUIDE-seqで決定）	11–15%	0.5–1.3%	13
マウス筋肉	上位10部位	不明	T7E1で検出感度以下	15
	上位8部位	2.0–2.3%	約0.03%	16
	上位10部位	約2.5%	約1.0%	14

[*1] とくに記載のない場合はコンピュータプログラムによる予想部位．
[*2] オンターゲット部位のNHEJによるインデル導入頻度．
[*3] とくに記載のない場合はdeep sequencingによる．

際のゲノム編集細胞でのオフターゲット変異の頻度を調べるには，ゲノム編集処理後，それぞれの方法で決定した予想部位に対して deep sequencing をする必要がある．ゲノム編集細胞に生じる変異の結果で一番問題となるのは細胞のがん化であろうが，上記の方法では細胞のがん化の原因となる染色体変異でよく見られる染色体転座を感度よく検出するのは難しい．そして何よりも，これらの解析で得られるのはDNAレベルの変異に過ぎず，治療の副作用として最も恐れるべき細胞のがん化に結びつくような変異は，そのごく一部であると考えられる．

表 20.1 にまとめたこれまでのおもなゲノム編集の前臨床試験で，オフターゲット変異がどのようにして解析されたかをまとめたのが表 20.3 である．これを見てもわかる通り，ほとんどの論文ではコンピュータ解析によりオフターゲット変異部位を予測している．また，そのなかでスコアが上位 2-23 カ所の限られたオフターゲット部位のみを，おもに deep sequencing で頻度を調べているに過ぎない．さらに論文によっては，オフターゲット変異をまったく調べていなかったり，T7E1 法のような感度の非常に低い方法で調べたりしている．すなわち，網羅的な偏りのない方法でオフターゲット変異部位を調べている研究は，治療目的の研究ではまだほとんどない．さらに，オフターゲット変異の頻度を明記している論文の

いくつかでは，その頻度は 1-22% と非常に高い．このように，現在のゲノム編集の治療応用に向けた研究はまだまだ高効率を求める段階にあり，安全性の評価は二の次である．一方，効率化のために多量の人工制限酵素やドナーDNAを細胞に導入する．多くのプロトコルでは標的細胞のゲノム DNA と同じくらいの総量の人工制限酵素のRNAやドナーDNAなどを細胞に導入する．すなわち，ゲノムDNAのサイズとこれらDNA/RNAのサイズを勘案すると，100%のDNAが細胞内に入るわけではないが，細胞あたり 10^5-10^8 コピーの DNA/RNA にさらされた状態でゲノム編集を行っていることになる．そう考えると，高頻度のオフターゲット変異が生じるのも決して驚きではない．では，人工制限酵素によるオフターゲット変異のみが問題なのであろうか．それ以外の原因によって生じる変異または多様性を表 20.4 に示す．

20.3.2 ドナーDNA によるオフターゲット変異

遺伝子修復やノックインのようにドナーDNAを導入するゲノム編集の場合，それらが染色体上のランダムな部位に組み込まれる頻度はしばしば過小評価される．このドナーDNAによるオフターゲット変異ともいえる現象について，筆者らは染色体にほとんど組み込まれないとされるアデ

表20.4 ゲノム変種細胞に生じるDNA変異とバリアント

変異/バリアントの原因	細胞あたりの頻度*
人工制限酵素の不正確さによるオフターゲット変異	< 0.1%？（数 bp のインデル）
ドナーDNAのランダムな染色体部位への組込み	約 1%？（大きなインデル）
DNA複製エラー	10-20 変異/細胞 （10^{10} 塩基の複製あたりに一つ，1 細胞から 10^9 の細胞に増殖させるとして）
DNA配列の個人差（バリアント）	> 10^6

*標的細胞など，実験条件ごとに大きくばらつくので，あくまでも目安．

ノウイルスベクターなどで詳細に調べた．すると，細胞あたり 10 ウイルス粒子という比較的低い濃度で，かつ人工制限酵素を用いなくても，チャイニーズハムスター細胞株では 2% を超える高頻度でベクター組込みによる薬剤耐性コロニーが生じた[24]．また選択なしでも，たとえばマウス ES 細胞では，3-5% の細胞にベクター DNA の組込みが検出された[25]．またこれらの例では，組込み部位には多くの場合に 10-100 塩基対のインデルが観察された[26]．これらの結果から，もちろん用いる細胞や DNA 導入法によるが，ドナー DNA の染色体組込みの頻度については細胞あたり 1% のオーダーであろうと考えられる（表 20.4）．

20.3.3　染色体 DNA の複製エラーによる変異

さらに高頻度に起こるのは，実は DNA 複製の結果で生じる突然変異である．1 回の DNA 複製あたり 10^{10} 塩基に 1 塩基の頻度で，DNA 複製エラーにより自然変異が入るとされている．一見稀な現象のようであるが，たとえば，ゲノム編集で変異を直し，それ以外の配列はまったく正常な幹細胞が 1 個あるとする．それを移植可能な 10^9 個まで増殖させるとする．ヒト二倍体ゲノムサイズが 7×10^9 であり，1 個から 10^9 個になるまでには約 30 回の細胞分裂が必要であり，そこから計算すると，何と平均して細胞あたり 10 個ほどの変異が入ることになる．途中でマスター細胞ストックを作製すると，さらに自然変異の数は増えることになる．となると，細胞あたり 0.1% 以下と予想される制限酵素のオフターゲット変異に比べて，自然変異のほうがはるかに頻度が高いことになる．すなわち，たとえば iPS 細胞で遺伝子を修復した後で増殖・分化させて患者に移植する治療は，コンセプトとしては重要であるが，コストの面，かかる日数の面，導入される変異によるリスクのいずれにおいても現実的ではないことがわかる．それからすると，*in vivo* や *ex vivo* で直接ゲノム編集をするほうが望ましいということになりかねない．しかし，*in vivo* でのゲノム編集治療にも大きな課題が残る．たとえば，細菌などに由来する人工制限酵素の免疫原性や，持続的に人工制限酵素を発現することによるオフターゲット変異の蓄積などが挙げられる．

20.3.4　ヒトゲノム配列の多様性

しかし何よりも，実際の患者の試料で人工制限酵素のオフターゲット変異の解析を困難にする要因として，ヒトゲノム配列のバリアントが挙げられる．我々は純系化された実験動物とは異なり，個人間のゲノム DNA 配列の違いは約 0.1% といわれており，SNP だけでなくインデルやもっと大きなサイズの多型が存在する．これは塩基あたりの頻度であるので，1 細胞あたりは 10^6 のオーダーのバリアントがあることになる．このために実際には，ゲノム配列の個人間の多様性のなかに人工制限酵素のオフターゲット変異は埋もれてしまい，DNA レベルの変異のリスクの解釈は非常に困難である．

20.3.5　DNA レベル以外のリスク評価法

どのような先進医療にもリスクは付きものなので，リスクゼロな安全な技術を求めるのは現実的ではない．リスクをどれくらいとして見積もるかは，リスク・ベネフィットを考え，また患者に同意を得るうえで重要であるが，DNA の変異では測ることが困難なゲノム編集治療のリスクをどう評価すればよいのであろうか．たとえば，ゲノム編集細胞の安全性を示すために，実際に患者に移植するのと同じ数を NSG などの超免疫不全マウスに移植して観察するのも一法であろう．生体に直接ゲノム編集を施すいわゆる *in vivo* のプロトコルとは異なり，ゲノム編集細胞を作製してから患者に移植するいわゆる *ex vivo* の方法は，ES 細胞や iPS 細胞を治療目的で使用する場合と似てい

る．たとえば，京都大学 iPS 細胞研究所（CiRA）の HLA ホモ接合型再生医療用 iPS 細胞ストックのクローンや，ヒトに対して初めて iPS 細胞が用いられた，加齢黄斑変性に対する自己 iPS 細胞由来網膜色素上皮細胞[27]では，80x-200x のカバーで WGS が行われたという．それくらいのカバレージだと約 1% の頻度の変異は同定できることになるが，莫大な費用がかかり，現状では一つ一つの治療前に行うのは不可能である．そのうえ，先ほどの DNA 複製エラーの計算からも明らかなように，実際にいくつか変異は見つかり，その解釈は難しい．一方，2013 年に独立行政法人医薬品医療機器総合機構（PMDA）の細胞組織加工製品専門部会が「iPS 細胞等をもとに製造される細胞組織加工製品の造腫瘍性に関する議論」という報告書を出した．それによると，幹細胞の安全性の基準となるのはゲノム不安定性とがん関連遺伝子の解析とされている．前者については，10 継代前後の全エキソンシーケンスを行い変化がないことを確認すること，後者については約 230 のがん関連遺伝子を調べることとしている．ゲノム編集の場合，ゲノム DNA 配列そのものを標的とするため，多くの場合はヒトの配列と他動物種との間で異なり，ヒトに使う材料とまったく同じものを動物実験で試すのは不可能である．しかし，何らかの基準を設定したうえでの線引きが必要で，*in vivo* のゲノム編集を含めて，安全性を評価するうえでは動物を用いた実験が不可欠になってくるのではないだろうか．

20.4 対象疾患から考えるリスク・ベネフィット

リスク・ベネフィットを考えるうえでは，従来の遺伝子治療と同様に疾患の選択も重要であろう．修復効率はそれほど高くないことが予想されるため，正常細胞（遺伝子修復細胞）が変異細胞の中で増殖優位性があることが知られている疾患が最初の対象として考えられている．SCID-X1（インターロイキン 2 受容体 γ 鎖遺伝子欠損症）や遺伝性高チロシン血症 I 型などの遺伝病がその例である．また，低い遺伝子発現でも治療レベルが期待される血友病なども対象として考えられている．しかし一番考慮すべきことは，ゲノム編集ありきではなく，遺伝子付加治療を含めた既存の治療法と比較してのリスク・ベネフィットである．実際のところ，これら疾患の多くに関しては，通常の遺伝子付加治療でも有効な結果が得られている．そうなってくると，ベネフィットが高い，ゲノム編集が必須である疾患を考えるべきである．いうまでもなく，優性遺伝病はその対象となる．また，制御された遺伝子発現が必要だとされる CD40L 欠損症や FasL 欠損症などの血液系の疾患も，ゲノム編集の有力な対象疾患である．

20.5 ヒト受精卵でのゲノム編集治療

2015 年，ヒト受精卵を用いたゲノム編集を中国のグループが発表し，大きな反響を呼んだ[28, 29]．ゲノム改変人間の誕生につながる可能性のあるヒト受精卵で実験が行われたことで，その倫理的な問題に関して多くの学会や団体などは懸念を示し，さまざまな声明やコメントが出された[30-32]．そのような状況下，中国からの最近の論文では，研究目的で遺伝病の患者の精子と正常卵子を人工授精しており，さらに一歩踏み出している[33]．遺伝子修復に限らず，受精卵での遺伝子治療は，次世代以降に永久にゲノム配列の変化をもたらす一方で，何世代も追跡しなければその安全性が確認できないことから，多くの国では明確に禁止されている．ヒト受精卵を用いたゲノム編集に対する動きとして最も大規模だったのが，2015 年 12 月に米国ワシントン DC で開催された "International Summit on Human Gene Editing" である．これは米国

National Academy of Sciences (NAS), National Academy of Medicine, UK Royal Society, Chinese Academy of Sciencesの共催であった．ここでは医学・生物学研究者，倫理学者，法律家，患者団体など，世界中から参集した約500名の参加者が3日間にわたってゲノム編集技術のヒトへの応用について，ときには激しく討論した．そのときのスライドと動画の多くは今でもNASのHPで視聴できるが，2017年，その会議の300ページを超える報告書が出版された[34]．さまざまな視点からの考察がまとめられており，一読をお勧めする．ちなみにこの報告書では，次世代に遺伝することから，受精卵だけでなく生殖系列の幹細胞などでのゲノム編集もまとめてheritable genome editingと称している．そのなかで，体細胞を標的としたゲノム編集治療に関しては，既存の遺伝子治療の規制の枠組みの範疇として考えてよいと記されている．また，あくまでも病気の予防や治療の目的に限ること，それぞれのケースに応じてリスク・ベネフィットを評価するべきことなどが勧められている．一方，病気以外の目的で健常人の運動能力や知性といった特定の能力のさらなる増強を目的とするいわゆるgenetic enhancementでゲノム編集を行うことは，体細胞レベルであっても禁止すべきと，一つの章を割いて議論していることが興味深い．遺伝子治療やゲノム編集の現実的な適用範囲として，我々が考えている以上に欧米では考えが進んでいるようである．

一方，ヒト受精卵でのゲノム編集研究においては，オフターゲット変異や類似配列をもつ他の遺伝子との組換えなどが，予想以上に高い頻度で検出され，受精卵での遺伝子修復は技術的にもまだ不完全であることが示された．これらの研究でも，オフターゲット変異は限られた予想部位で解析が行われたのみである．上記のように，個人間のDNAバリアントを考えると，両親と子供の全員でWGSを行わない限り，新たに生じた変異の同定は困難である．すなわち，ヒト受精卵でのゲノム編集の安全性の議論のなかで，オフターゲット変異について考えるのはあまり現実的ではないといえる．

20.6 おわりに

ゲノム編集技術は，医療への応用においても素晴らしく進歩を遂げていることは疑いの余地がない．とくに遺伝子ノックアウトは遺伝子治療の新たな可能性を広げ，これからさまざまな臨床プロトコルに用いられるであろう．一方，遺伝子修復や遺伝子ノックインの効率はまだ改善の余地が大きく，遺伝子デリバリー技術の改良・開発が望まれる．また in vivo での応用も，免疫原性や効率といったさまざまな課題が残っている．とくに遺伝病などの治療に関しては安全性が大きな問題ではあるが，適切なアッセイ系と基準が示されていない．

素晴らしい技術である一方で，ゲノム編集は遺伝子治療の一つに過ぎず，治療で用いるからには従来の方法との比較が必要である．iPS細胞が発表されてしばらくは，そのデメリットまでは十分考えずに何から何までとりあえずiPS細胞を使う方向に向かっていた．ゲノム編集に関しても，少なくとも治療応用に関してはゲノム編集ありきとならないよう，効率と安全性に対して客観的に定量的に評価するような研究が今後は望まれる．

〈三谷幸之介〉

文　献

1) M. Cavazzana-Calvo, S. Hacein-Bey, G. de Saint Basile et al., *Science*, **288**(5466), 669 (2000).
2) A. W. Nienhuis, C. E. Dunbar, B. P. Sorrentino, *Mol. Ther.*, **13**(6), 1031 (2006).
3) M. Cavazzana-Calvo, E. Payen, O. Negre et al., *Nature*, **467**(7313), 318 (2010).
4) P. Tebas, D. Stein, W. W. Tang et al., *N. Engl. J. Med.*, **370**(10), 901 (2014).

文　献

5) W. Qasim, H. Zhan, S. Samarasinghe et al., *Sci. Transl. Med.*, **9**(374), eaaj2013 (2017).
6) J. Eyquem, J. Mansilla-Soto, T. Giavridis et al., *Nature*, **543**(7643), 113 (2017).
7) B. D. Sather, G. S. R. Ibarra, K. Sommer et al., *Sci. Transl. Med.*, **7**(307), 307ra156 (2015).
8) J. Wang, C. M. Exline, J. J. DeClercq et al., *Nat. Biotechnol.*, **33**(12), 1256 (2015).
9) M. A. DeWitt, W. Magis, N. L. Bray et al., *Sci. Transl. Med.*, **8**(360), 360ra134 (2016).
10) D. P. Dever, R. O. Bak, A. Reinisch et al., *Nature*, **539**(7629), 384 (2016).
11) S. S. D. Ravin, L. Li, X. Wu et al., *Sci. Transl. Med.*, **9**(372), eaah3480 (2017).
12) Y. Yang, L. Wang, P. Bell et al., *Nat. Biotechnol.*, **34**(3), 334 (2016).
13) H. Yin, C.-Q. Song, J. R. Dorkin et al., *Nat. Biotechnol.*, **34**(3), 328 (2016).
14) C. E. Nelson, C. H. Hakim, D. G. Ousterout et al., *Science (80-)*, **351**(6271), 403 (2016).
15) C. Long, L. Amoasii, A. A. Mireault et al., *Science*, **351**(6271), aad5725 (2016).
16) M. Tabebordbar, K. Zhu, J. K. W. Cheng et al., *Science (80-)*, **351**(6271), 407 (2016).
17) S. Q. Tsai, K. J. Joung, *Nat. Rev. Genet.*, **17**(5), 300 (2016).
18) J. Tycko, V. E. Myer, P. D. Hsu, *Mol. Cell*, **63**(3), 355 (2016).
19) S. Q. Tsai, N. T. Nguyen, J. Malagon-Lopez et al., *Nat. Methods*, **14**(6), 607 (2017).
20) F. A. Ran, L. Cong, W. X. Yan et al., *Nature*, **520**(7546), 186 (2015).
21) S. Q. Tsai, Z. Zheng, N. T. Nguyen et al., *Nat. Biotechnol.*, **33**(2), 187 (2015).
22) X. Wang, Y. Wang, X. Wu et al., *Nat. Biotechnol.*, **33**(2), 175 (2015).
23) D. Kim, S. Bae, J. Park et al., *Nat. Methods*, **12**, 237 (2015).
24) A. Harui, S. Suzuki, S. Kochanek, K. Mitani, *J. Virol.*, **73**(7), 6141 (1999).
25) F. Ohbayashi, M. A. Balamotis, A. Kishimoto et al., *Proc. Natl. Acad. Sci. USA*, **102**(38), 13628 (2005).
26) K. Suzuki, F. Ohbayashi, I. Nikaido et al., *Chromosom. Res.*, **18**(2), 191 (2010).
27) M. Mandai, A. Watanabe, Y. Kurimoto et al., *N. Engl. J. Med.*, **376**(11), 1038 (2017).
28) P. Liang, Y. Xu, X. Zhang et al., *Protein Cell*, **6**(5), 363 (2015).
29) X. Kang, W. He, Y. Huang et al., *J. Assist. Reprod. Genet.*, **33**(5), 581 (2016).
30) M. H. Porteus, C. T. Dann, *Mol. Ther.*, **23**(6), 980 (2015).
31) B. D. Baltimore, P. Berg, M. Botchan et al., *Science (80-)*, **348**(6230), 36 (2015).
32) T. Friedmann, E. C. Jonlin, N. M. King et al., *Mol. Ther.*, **23**(8), 1282 (2015).
33) L. Tang, Y. Zeng, H. Du et al., *Mol. Genet. Genomics*, **292**(3), 525 (2017).
34) National Academies of Sciences, Engineering, and Medicine; National Academy of Medicine; National Academy of Sciences; Committee on Human Gene Editing: Scientific, Medical, and Ethical Considerations, "Human Genome Editing: Science, Ethics, and Governance," National Academies Press (2017).

Part V　倫理と課題

ゲノム編集医療の倫理的課題

Summary

　遺伝子治療の紆余曲折の歴史は，ヒトへの遺伝子導入には予想困難なリスクがあるという教訓を示している．近年，高精度かつ高効率な遺伝子改変技術であるゲノム編集は，またたく間に生物医学分野に普及した．臨床応用もすでに進んでおり，2009年以降，アメリカと中国でエイズ，がん，遺伝子疾患などの治療試験が次々と開始されている．ゲノム編集治療も遺伝子改変による人体への介入であるため，従来の遺伝子治療の延長線上にある．しかし，ゲノム編集治療の試験計画を慎重に倫理審査するならば，そのリスクをどのように評価すべきか，また患者からインフォームドコンセントを取得する前に，どうリスクを説明するべきかという疑問が生じる．ゲノム編集は遺伝子導入のほか，多様な遺伝子改変が可能であり，また人工DNA切断酵素（ヌクレアーゼ）を直接ヒト細胞に導入することから，遺伝子治療のリスク評価体系を直接適用することが困難な部分があるためである．一方で2015年以降，中国から生殖医療応用を目指すヒト受精卵ゲノム編集研究が次々と報告され，世界的な懸念を呼んでいる．遺伝子改変が出生子の全身に影響しうる医療の場合，すべてのケースで親からインフォームドコンセントを取得することをもって正当化はできないだろう．また規制のゆるい国では，この特殊な生殖医療が，親が子に望む外観や運動能力などを実現する（エンハンスメント）ために乱用される恐れもある．この前代未聞の生殖医療は多くの問題をはらんでおり，さらなる検討と適切な規制の制定が必要である．本章は，ゲノム編集医療に関する倫理的諸課題を，患者に対するゲノム編集治療と将来の子孫に影響を及ぼす生殖細胞系列ゲノム編集とに分けて議論する．

21.1　遺伝子治療とゲノム編集治療

21.1.1　遺伝子治療の歴史

　リスクのない医療は存在しない．ヒトに医療介入する際には一定のリスクを伴う．実験的な治療法のリスクは小さくないが，リスクよりベネフィットが上回ると判断される場合，患者らの同意を得て医療開発を行うことは概して許される．遺伝子治療は遺伝子組換え技術を介入として利用するもので，体内で代謝され，排出される薬剤以上の長期的な効果を狙った，明快なコンセプトの治療法である．遺伝子治療は，体外でウイルスベクターなどを用いて細胞に治療のための遺伝子を導入するが，患者に遺伝子導入細胞を移植する生体外遺伝子治療と，患者体内に直接，遺伝子を搭載したウイルスベクターなどを投与し，体内の一部細胞に遺伝子を導入する生体内遺伝子治療の二つのアプローチがある．

　今日まで，世界で少なくとも2597の遺伝子治療臨床試験が進められてきたが[1]，純粋な腫瘍溶解ウイルスを除けば，遺伝子治療製剤の承認数はわずか8に過ぎない（生体内遺伝子治療は中国，フィリピン，ロシア，アメリカ，EUで承認5，生体外遺伝子治療はEU，アメリカで承認3）[2]．

日本ではこれまで44の臨床試験が実施されてきたが，承認製剤はない[1,2]．遺伝子治療の開発が順調に進んでいないおもな理由の一つは，臨床での遺伝子導入のリスク評価の困難さにある．たとえば，2000年初頭にフランスで実施された，先天性の重症免疫不全症の一種であるX連鎖重症複合免疫不全症（X-SCID）に対する遺伝子治療試験では4人の被験者が白血病を発症し，そのうち1人は死亡した[3]．この治療では治療用遺伝子 *IL2RG* をレトロウイルスベクターで自家骨髄細胞へ導入し，体内に戻した．当時，レトロウイルスベクターはゲノムにランダムに挿入されると考えられていたが，想定外に，がん原遺伝子の近くにベクターが挿入された．これに起因して白血病が引き起こされたのだ．リスクとベネフィットの比較衡量の観点に立てば，この臨床試験の実施自体は大きな問題はなかった．X-SCIDの子は，骨髄移植という根治療法が利用できない場合，ひとたび感染症にかかれば幼くして亡くなる可能性が高い．遺伝子治療に伴うリスクよりベネフィットが上回ると判断されたのだ．しかし結果としては，遺伝子導入という介入が直接の原因となり，重大な副作用が起こったばかりか，被験者である幼い子が死亡してしまった．リスクの評価が十分ではなかったのである．

ここから学ぶべき教訓は，ヘルシンキ宣言[4]に従い，介入に伴うリスクをできる限り減らす努力を行い，そのリスクの程度を適正に評価し，継続的に監視していくということだ．しかし，いったん体内に導入した遺伝子を即座に体内から除くのは困難である．遺伝子導入が副作用を伴う場合，その影響は長期に及び，X-SCID遺伝子治療試験で生じた事故と同様の悲劇を起こす恐れがある．ゲノム編集治療も遺伝子改変技術を人に適用する点で，従来の遺伝子治療の延長線上にある医療である．であるならば，現在，黎明期にあるゲノム編集治療の開発において，事前にゲノム編集に伴うリスクを極力減らし，適正にリスクを評価し，慎重に患者をフォローアップしていくことが重要となる．

21.1.2 ゲノム編集治療

遺伝子組換え技術は，細胞外でDNA切断酵素や結合酵素を用いてDNA構築物を作製し，ウイルスベクターなどを使って，あるいはプラスミドとして細胞内に導入する．導入遺伝子は，ゲノムにランダムに，また複数のコピーが組み込まれることが多い．標的配列との相同組換えを狙うこともできるが，概して効率はきわめて低い．遺伝子組換えは遺伝子改変技術としてはさまざまな課題を抱えていた．

一方，ゲノム編集は，DNA切断酵素（ヌクレアーゼ）をゲノム中の標的配列に結合するように設計・加工し，これを細胞に直接導入する．ゲノム編集技術のおもなものとして，ヌクレアーゼに標的指向性を付与するドメインを付加したジンクフィンガーヌクレアーゼ（ZFN）およびTALエフェクターヌクレアーゼ（TALEN）と，細胞内でヌクレアーゼと複合体をつくるガイドRNA（gRNA）を採用したCRISPR-Cas9がある．前者はタンパク質高次構造構築のノウハウや労力の関係で業者外注となることが多いが，後者は設計時，一次構造のみ考慮すればよいgRNAを単体作製し，ヌクレアーゼと同梱して細胞に導入するという簡便さである．そのため，CRISPR-Cas9は2012年に技術確立されると，またたく間に世界中の数千もの研究室に広がった．ウイルスベクターの利用ないしはプラスミドのかたちで人工ヌクレアーゼを細胞に導入すると，数十％の確率で標的遺伝子の特定部位でDNA二本鎖を切断できる．その後の遺伝子改変は非相同末端結合（non-homologous end joining：NHEJ）と相同組換え修復（homology-directed repair：HDR）の二つの経路をとりうる．NHEJでは二本鎖切断後の修復

■ 21章 ゲノム編集医療の倫理的課題 ■

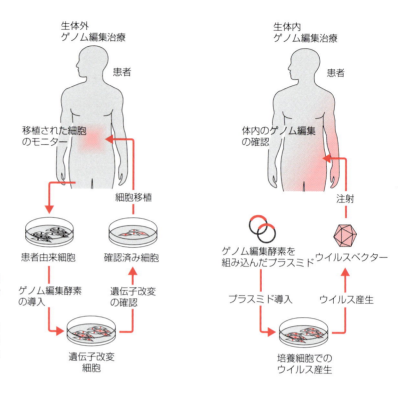

図 21.1 体細胞ゲノム編集治療の二つのアプローチ

図左の生体外ゲノム編集治療は自家移植のケースであるが、他者の細胞をゲノム編集し、体内に移植することもありうる。

時誤りを生かして欠損あるいは挿入変異（インデル）を導入し、遺伝子機能を喪失させる。HDRでは修復鋳型となる DNA 断片をヌクレアーゼとともに導入し、鋳型に従った変異導入ないしは変異修復を行うことが可能である。DNA 断片として遺伝子を使えば、標的部位に遺伝子導入が可能である。ゲノム編集は人工ヌクレアーゼの設計に依存した遺伝子工学ツールであるため、その設計に問題があれば、ゲノム中の標的外の部分を切断してしまう。その切断の後にインデルが生じてしまった場合（オフターゲット変異），しかも，その部位が重要な機能をもつ遺伝子である場合，細胞ひいては組織の機能異常を起こしかねない。

遺伝子治療と同様，体細胞ゲノム編集治療にも二つの方法がある（図 21.1）。すなわち，体外で細胞に遺伝子改変を行い，検査後に移植する生体外ゲノム編集治療と，人体に直接，人工ヌクレアーゼを導入する生体内ゲノム編集治療である。いずれの方法も，ヒト培養細胞や動物を用いた基礎研究で DNA 切断酵素の精度を厳格に評価し，リスクをできる限り低くしなければならない。臨床応用の段階では，生体内ゲノム編集治療に比べ，生体外ゲノム編集治療はリスク低減の点で有利である。細胞移植直前にオフターゲット変異など問題が見つかれば，移植中止できるためだ。

21.1.3 ゲノム編集治療開発の現状

現在進行中のゲノム編集治療の臨床試験を調べたところ，9 件が見つかった（表 21.1）。これらの臨床試験はアメリカや中国で実施されている。ZFN と CRISPR-Cas9 がおもに用いられており，第一世代ゲノム編集技術としての ZFN の存在感と第三世代の CRISPR-Cas9 が使い勝手のよさのため，臨床でも普及していることがよくわかる。TALEN も 1 試験で使われていた。治療法の内訳は，生体外ゲノム編集治療が 4（第 1 相ないし第 2 相試験），生体内ゲノム編集治療が 5（すべて第 1 相試験）となっていた。対象疾患は、生体外

21.1 遺伝子治療とゲノム編集治療

表21.1 ゲノム編集治療の臨床試験一覧[*1]

治療タイプ	試験段階（年）	実施者	ゲノム編集	対象疾患（患者数）	介入内容
生体外	第1および2相 (2017–)	南京大学（中国）	CRISPR-Cas9	ステージⅣの胃がん，鼻咽頭がん，T細胞リンパ腫，ホジキンリンパ腫およびB細胞リンパ腫（20）	PD-1を破壊した自家細胞傷害性T細胞の移植
生体外	第1および2相 (2017–)	PLA総合病院（中国）	CRISPR-Cas9	再発ないし治療抵抗性CD19陽性白血病およびリンパ腫（80）	TCRとB2M遺伝子をともに破壊した他家CAR[*2]-T細胞を移植．CRISPR-Cas9はmRNAのかたちでエレクトロポレーションで導入
生体外	試験段階不明 (2017–)	軍事医学科学院（中国）	CRISPR-Cas9	エイズ感染者で血液腫瘍を発症したケース（5）	CCR5遺伝子を破壊した自家造血幹細胞の移植
生体外	第1相 (2015–)	シティオブホープ医療センター（アメリカ）	ZFN	エイズ（12）	CCR5遺伝子を破壊した自家造血幹細胞の移植．ZFNはmRNAのかたちでエレクトロポレーションで導入
生体内	第1相 (2017–)	中山大学（中国）	TALENとCRISPR-Cas9	子宮頸部上皮内腫瘍1（60）	TALENやCRISPR-Cas9のプラスミドをゲル包埋した座薬を投与し，ヒトパピローマウイルスを駆除
生体内	第1相 (2016–)	華中科技大学（中国）	ZFN	子宮頸部上皮内腫瘍1（20）	ZFNのプラスミドをゲル包埋した座薬を投与し，ヒトパピローマウイルスを駆除
生体内	第1相 (2017–)	Sangamo Therapeutics 社（アメリカ）	ZFN	ムコ多糖症Ⅱ型（9）	静脈注射で，ZFNを搭載したアデノ随伴ウイルスベクターを肝臓に送り，アルブミン遺伝子に正常型IDS遺伝子を挿入
生体内	第1相 (2016–)	Sangamo Therapeutics 社（アメリカ）	ZFN	ムコ多糖症Ⅰ型（9）	上記と同様にZFNを肝臓に送り，アルブミン遺伝子に正常型IDUA遺伝子を挿入
生体内	第1相 (2016–)	Sangamo Therapeutics 社（アメリカ）	ZFN	血友病B（9）	上記と同様にZFNを肝臓に送り，アルブミン遺伝子に正常型FIX遺伝子を挿入

[*1] 2017年7月に臨床試験データベース（https://clinicaltrials.gov/）で現在進行中の関連試験を調査した結果．
[*2] CAR; chimeric antigen receptor（キメラ抗原受容体）．

ゲノム編集治療は胃がんやリンパ腫などの進行がんのほか，エイズであり，一方，生体内ゲノム編集治療は血友病B，ムコ多糖症Ⅰ型とⅡ型といった先天性の遺伝子疾患のほか，子宮頸部上皮内腫瘍1であった．

第1相試験は通常，安全性評価が目的である．化学薬剤の第1相試験では，被験者として患者のほか，健常者が参加することがある．薬剤の安全性を見るには健康状態が安定している人のほうが評価しやすいためである．一方で，薬剤と異なる介入様式をとる遺伝子治療の場合，第1相試験に健常者が参加することはきわめて稀である．それは健常者への遺伝子導入は一過性の負荷ではなく，長期に影響が及ぶ恐れがあることから，倫理的に問題であるためである．上記9件のゲノム編集試験の被験者はすべて患者であった．この点ではこ

れらの試験設計は妥当である．

対象疾患をよく見ると，懸念される部分がある．ほとんどの試験は，進行がんやエイズ，そしてムコ多糖症や血友病などの遺伝子疾患で，患者の命を脅かす，あるいは著しく QOL を損ねる疾患であり，実験的医療のリスクとベネフィットのバランスはとれているように理解できる．しかし中国で進行中の 2 試験は，子宮頸部上皮内腫瘍（CIN）1 を対象としている．CIN1 は通常，自然に消退することがあるため，経過観察となることが多い．確かにヒトパピローマウイルス（HPV）の駆除は容易ではないが，CIN1 の女性らにオフターゲット変異のリスクがありうる人工ヌクレアーゼの座薬を投与する試験が中国で複数承認され，実施されている現状は憂慮される．

21.1.4 ゲノム編集治療のリスクと評価・管理

実験的医療のリスク-ベネフィット比較考量を適切に行うにあたり，ベネフィットのみならずリスクを明確にすることが重要である．ゲノム編集治療で使う人工ヌクレアーゼは，明確に製剤規格化しうる化学薬剤とは異なり，標的遺伝子ごとにテーラーメイドに調製されるものである．そこで，標的部位での目的の遺伝子改変の実効性のみならず，どの程度オフターゲット変異を起こしうるか数字で示す努力が求められよう．さらに，一度，遺伝子が改変されればほぼ不可逆的となり，そのリスクは長期に及びうるため，ゲノム編集治療を受けた被験者のフォローアップもリスク管理の観点から肝要である．以下，論文報告があった臨床試験のケースなどを踏まえて考察する．

(1) 人工ヌクレアーゼの設計と精度検証

ゲノム編集に用いる人工ヌクレアーゼを設計する際，通常，リファレンスゲノムを元に標的配列の検討を行う．標的遺伝子における詳細な DNA 切断部位の選定や，複数の gRNA を用いた DNA 切断の妥当性などを検討し，ジンクフィンガーや TALE ドメイン，gRNA を慎重に設計する必要がある．ただし，患者のゲノムが一塩基多型などの理由で既知のゲノム情報と差異があることなども十分に考慮する必要がある[5]．そのため前臨床研究では，設計した人工ヌクレアーゼの精度を，細胞株のみならず患者由来細胞を用いて見定めるべきであろう．CCR5 破壊エイズ治療の前臨床研究でも患者細胞は用いられた[6]．標的遺伝子の改変効率のほか，オフターゲット効果あるいはオフターゲット変異の評価を行うが，可能な限りゲノムワイドスケールで解析する必要がある．上述の X-SCID 遺伝子治療試験では，レトロウイルスベクターによる副作用は遺伝子導入細胞移植後，最長で 68 カ月後に現れた[3]．動物実験において，生体外ゲノム編集では移植した遺伝子改変細胞の体内動態，生体内ゲノム編集では生体内での遺伝子改変の分析に加え，安全性および治療効果の適切な評価に必要な期間にわたりフォローアップする必要がある．

(2) 生体外ゲノム編集治療のリスク

表 21.1 で示した通り，CRISPR-Cas9 や ZFN で CCR5 遺伝子を破壊した T 細胞をエイズ患者に投与する臨床試験（アメリカ，中国）が進行中である．CCR5 を意図的に破壊した治療根拠は "ベルリンの患者" の逸話に基づいている[7]．このケースでは，もともとエイズ患者で，さらに白血病を発症した人にがん治療のために骨髄移植をしたところ，白血病のみならずエイズも完治した．このすばらしい奏功は，たまたま骨髄提供をしたドナーが，HIV の T 細胞への侵入口となる CCR5 に Δ32 欠損変異を先天的にもっていたためであることが後日判明した．しかし，そのような骨髄ドナーがいつも簡単に見つかるはずはない．そこで，自家 T 細胞の CCR5 を ZFN で破壊することで，個々のエイズ患者をベルリンの患者に変えようという治療法が考案されたのだ．

その先駆けとなる第 1 相試験（2009-13 年実

施）の結果が2014年，アメリカ・ペンシルベニア大学のグループから報告された[8]．これは世界初のゲノム編集治療の試験結果でもある．12人のエイズ患者の協力を得てT細胞を採取し，ZFN処理によりNHEJで$CCR5$遺伝子にインデル変異が入ったことを11-28%の細胞で確認した後，約100億個の$CCR5$破壊細胞が患者の体内に戻された．その後1年あまり経過観察され，追跡調査された．その結果，この遺伝子破壊細胞の移植は患者らに副作用を与えず，安全であると結論された．また患者の体内のヘルパーT細胞の数は，移植前は中央値で448個/mm^{3}であったのが，移植1週間後には1517個/mm^3（うち，$CCR5$が破壊されたT細胞は250個/mm^3）に増加していた．さらにHIVのゲノムRNAは，ほぼすべての患者で減少に転じたという．

しかし，この試験で移植された$CCR5$破壊T細胞については，移植前にオフターゲット変異を調査していなかった．すでに述べたように，フランスで実施されたX-SCIDの臨床試験で，遺伝子導入骨髄細胞をよく調べずに患者に投与し，レトロウイルスベクターのがん関連遺伝子近傍への挿入が原因となって白血病発症や死亡事故が起こった．この教訓はなぜ生かされなかったのか．その理由は二つあると考えられる．この臨床試験に先立つ前臨床試験では，$CCR5$を標的とするZFNは，標的外の$CCR2$遺伝子に5.4%，$ABLIM2$遺伝子に0.005%の頻度でオフターゲット変異が起こること，ただしこれらの遺伝子にオフターゲット変異が入ったとしても重大な問題は起こらないことを明らかにしている[9]．このオフターゲット変異のリスクを臨床試験の計画申請の際に記載し，倫理委員会やFDA（アメリカ食品医薬品局）の承認を得たと考えられる．これも間接的ではあるが，リスク情報を提供していることになる．

もう一つの理由は，FDAの規制にあると考えられる．FDAは，細胞移植治療において体外での培養加工期間が4日を超えると，臨床試験の実施について厳しい審査を課すというガイドラインがある[10]．ペンシルベニア大学の臨床試験において，エイズ患者からT細胞を採取し，ZFNで処理した後，$CCR5$に目的の変異が入ったかまでは容易に分析可能である．しかし，全ゲノムにわたり詳細にオフターゲット変異を調べることは，4日間では不可能である．そのような解析をすれば，FDAのガイドラインに対応しなければならなくなる．しかし，オフターゲットサイト候補として同定済みの$CCR2$や$ABLIM2$遺伝子については調査できたはずだ．これを実施しなかったのは，個々の被験者に対してリスクを誠実に説明していないと見られても仕方ないのではないだろうか．今後実施されていく試験が同様の進め方をするならば，いつかフランスでの事故のようなことが起こらないとも限らない．

$CCR5$破壊による治療試験と同様，中国ではCRISPR-Cas9を用いてNHEJで$PD-1$を破壊するがん免疫治療の臨床試験が進行中である（表21.1）．おそらくゲノム編集による$PD-1$破壊治療は，近年話題のオプジーボというがん抗体医薬品を模して立案されたものと考えられる．T細胞ががん細胞を攻撃する際，対するがん細胞は，その表面にあるPD-L1をT細胞上のPD-1分子に結合させて，T細胞を無抵抗にしてしまう．しかしオプジーボは，T細胞にあるPD-1に抗体を結合させて，がん細胞による抵抗を回避することができ，T細胞ががん細胞を効果的に攻撃し続けるようにしている．$PD-1$遺伝子の破壊はオプジーボと同様の効果を狙っているのだろうが，$CCR5$破壊はベルリン患者という症例に基づいた試験であるものの，$PD-1$破壊治療については臨床例があるとは聞いたことがない．抗体医薬と異なり，$PD-1$遺伝子を破壊した場合，$PD-1$破壊T細胞が体内にあり続ける限り，がん細胞を攻撃し続け

る一方で，がん細胞以外の組織の細胞にも悪影響を及ぼす恐れがある．実際，*PD-1* に変異がある場合，自己免疫疾患と関連する症例が多く見られる[11]．すなわち，ゲノム編集で遺伝子破壊による治療の実施は慎重に検討されなければならない．

遺伝子治療ではヒト細胞への遺伝子導入のリスク評価・管理が主であったが，ゲノム編集の登場で遺伝子改変の幅が拡大して，遺伝子破壊治療という新しい治療概念が登場した．一方で私たちは，遺伝子破壊の潜在的なリスクをまだ十分に理解しているわけではない．

(3) 生体内ゲノム編集治療のリスク

生体内ゲノム編集治療において，ウイルスベクターなどによってヌクレアーゼや遺伝子を送達する場合は，従来の遺伝子治療と同様のリスク管理，つまりベクター自体が患者体内で免疫応答を及ぼさないか慎重に検討することがまず必要となる．現在進行中の ZFN 使用治療試験を見ると，ムコ多糖症Ⅰ型，Ⅱ型および血友病 B にアデノ随伴ウイルスベクターで正常型遺伝子を送達している（表 21.1）．アデノ随伴ウイルス自体は，近年，ヒトでの臨床試験では安全性が高いという評価がある．しかしマウス実験では，アデノ随伴ウイルスベクターがゲノム挿入されると肝細胞がんのリスクがあるという知見が，近年報告された[12]．

生体内ゲノム編集治療試験では標的指向性のヌクレアーゼを用いるため，ゲノムのどの部位に正常型遺伝子を導入するかが重要であるが，上述の進行中試験ではゲノムセーフハーバー（genomic safe harbour：GSH）として肝臓の *ALB* が選択されていた（表 21.1）．その理由としては，肝臓のごく一部細胞で遺伝子導入により *ALB* 遺伝子を破壊したとしても大きな問題はないという判断によるものだろう．しかし，本当に肝臓の *ALB* を標的にして安全なのかは，これら第 1 相試験の結果を待たなければならない．そもそも，ヒト GSH としてはこれまで *CCR5*，*AAVS1*，*ROSA26* が候補として挙げられているが，これら遺伝子座が GSH として最適というコンセンサスはまだないようである[13]．この観点からも，肝臓での *ALB* が最良の GSH か結論するにはまだ慎重な評価が必要であろう．

繰返しになるが，生体外ゲノム編集治療の場合，移植する細胞を慎重に調べて，遺伝子改変に問題があれば移植を中止できるが，生体内ゲノム編集を実施した後は，場合によっては不可逆的に体内にオフターゲット変異を生じることになる．このリスクは，gRNA などの設計の精度検証のみで回避できないかもしれない．生体外あるいは生体内でウイルスベクターに搭載された人工ヌクレアーゼ遺伝子に変異が起こった場合，臨床でオフターゲット変異などの問題を起こす可能性がある．生体内ゲノム編集治療は，より一層慎重な人工ヌクレアーゼの設計，培養系，動物実験などでの検証が必要である．

現在，中国では子宮頸がんの初期段階の女性を対象に，ZFN，TALEN，あるいは CRISPR-Cas9 を用いた，ヒトパピローマウイルス（HPV）を駆逐するための生体内ゲノム編集治療試験が二つ進行している（表 21.1）．このゲノム編集の介入自体も，よく考える必要がある．HPV のゲノムを破壊するのみならず，もし患者の子宮細胞のゲノムにおいてオフターゲット変異をもたらしたら，大きな問題である．むろん，これらの人工ヌクレアーゼは HPV ゲノムの特定部位を特異的に認識するように設計されているが，患者のゲノムは SNP などで個人差があり，患者によっては HPV ゲノムの特定部位と似た DNA 塩基配列をもつ可能性もある[5]．黎明期のゲノム編集治療をこのような初期がんの患者に適用するのは，まだリスク－ベネフィットのバランスの観点で好ましくないと上述したが，介入のリスクの観点から考えてみても，この試験の倫理審査はどれほど慎重に検討されたのか疑問が残る．

21.1.5 ゲノム編集治療開発のあり方

ゲノム編集治療は黎明期にあり，その臨床開発では，リスクとベネフィットのバランスから，対象疾患には重症あるいは代替療法がない症例が望ましいと考えられる．生体外ゲノム編集治療の場合，移植する遺伝子改変細胞のオフターゲット変異の調査は，可能な範囲で移植前に行うべきである．また生体外遺伝子治療と同様，first-in-human試験では，第1相試験には体細胞，第2相試験以降に幹細胞を使うなど，段階的にリスク評価を進めるといった考慮も必要である．

生体内，生体外にせよ，ゲノム編集治療の臨床研究計画の倫理審査で重要な課題はリスク評価である．遺伝子改変細胞や人工ヌクレアーゼは，移植前にオフターゲット変異などを可能な限り調査するべきである．しかし現在，オフターゲット変異の評価のあり方については，日本において，また世界的に見ても統一見解はまだない[14]．関連学会で連携して検討を進め，国の指針などで臨床におけるリスク評価のあり方について統一方針を確立することが望まれる．日本における遺伝子治療製剤の販売承認は現在ない．卓越した遺伝子改変能力をもつゲノム編集の登場を契機にして，遺伝子治療の実用化も含め，ヒトにおける遺伝子改変をいかに順調に新しい治療に発展させるか，バランスのとれた視座をもって患者，研究者，国が互いに連携・協力することが重要である．

21.2 生殖細胞系列ゲノム編集

ゲノム編集は，ヒト体細胞のみならず，配偶子や胚を含む生殖細胞系列にも適用できる．実際2015年以降，臨床応用を目指したヒト受精卵ゲノム編集研究が3度，中国から報告されてきた[15-17]．しかし，これらの研究はヒト受精卵での遺伝子改変を実証しただけでなく，世界的に倫理的懸念を呼んだ．以下，ヒト生殖細胞系列ゲノム編集をめぐる問題を考える．

21.2.1 過去のヒト生殖細胞系列の遺伝学的改変

実験室でDNAの切断，結合などの操作が可能となった1970年代以降，患者に対する遺伝子治療の展望のみならず，生殖細胞系列の遺伝子改変についても議論されるようになった．すなわちヒト生殖細胞系列の遺伝子改変は，ゲノム編集が登場するはるか前から論争の的であったのだ[18]．肯定派からは，親が遺伝子疾患を起こす遺伝子変異を子に遺伝させることが，あらかじめわかっている場合，生殖細胞や受精卵の段階で遺伝子変異を改変・修復すれば，子の出生前に遺伝子疾患の発症予防が可能であると，「生殖細胞系列遺伝子治療」が主張されてきた．しかし，遺伝子導入の悪影響が子の全身の細胞に及ぶリスクのほか，生命倫理や宗教的観点から「人の生命の始まり」に対する介入は許されないなどの理由で，ヨーロッパを中心に法的に禁止する国が次第に増えていった（図21.2）．ヨーロッパでこのような法的措置がとられていった背景には，受精の瞬間から人格を認めるカトリック教会の影響があったであろう．日本では，生殖細胞や胚の遺伝子改変を伴う生殖医療は研究指針で禁止されることになった．禁止とされたが，法律による禁止ではない点に留意する必要がある．

筆者の知る限り，生殖細胞や胚に遺伝子導入を行った生殖医療の実施例はこれまでない．しかし，報告数はわずかだが，ミトコンドリアを操作する生殖医療が実施されてきた．核のみならず，ミトコンドリアにもDNAがあり，それは母から子へ母系遺伝するため，生殖細胞系列の遺伝学的改変といえる．アメリカでは，胚の発生不全を特徴とする不妊の治療を目的とした，第三者の卵子細胞質の移植が1997年に実施された．この卵子細胞質移植は生殖医療クリニックで実験的な不妊治療

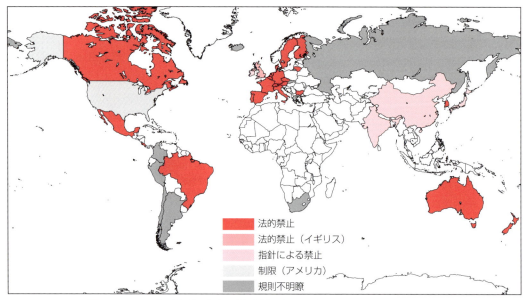

図 21.2 ヒト生殖細胞系列の遺伝学的改変の臨床利用に関する規制状況
規制調査を行った 39 カ国のうち, 24 カ国は法的に禁止 (■), 日本, 中国, インド, アイルランドの 4 カ国は, 法律よりも強制力が弱いか改正が容易な指針での禁止 (■), 9 カ国は規制状況があいまいな状態 (■) となった. イギリス (■) は基本的には法律で禁止しているが, ミトコンドリア提供を 2015 年に解禁した. アメリカ (　) では行為規制はないものの, 2015 年以降, FDA が生殖細胞系列の遺伝学的改変の臨床利用を許可することが禁止されている.

として提供され, 17 人の子の出生につながった. しかし, 一部の胎児でのターナー症候群の事例や, 出生子での発達障害の診断を受け, FDA が以後, 医療ではなく必ず臨床試験として実施するように行政指導が行われる事態となった[19, 20]. 以後, アメリカで卵子細胞質移植の実施例はない. 2003 年には中国でも, 実験的な不妊治療である, 核移植により受精卵の細胞質を置換する不妊治療 (前核移植) が実施された. 三つ子の妊娠となったが, 結局すべての胎児が死産となり, 大きな社会問題となって, 中国厚生省は関連行為を禁止する指針を制定した[20].

一方, イギリスでは 2015 年, 重篤なミトコンドリア病の遺伝予防の目的で, 前核移植と核移植による卵子細胞質の置換 (紡錘体核移植) が合法化された[21]. イギリスでこれらの手技は, 法令用語で「ミトコンドリア提供」と総称される. イギリスの実験的生殖医療の合法化は, 海をまたいで影響を及ぼすことになる. 同年, アメリカの医師らのグループは, 生殖医療の規制がゆるいメキシコで, ミトコンドリア病予防のために紡錘体核移植を実施した. これは無事子の生誕となったが, リスク説明の不備が指摘されたほか, アメリカで核移植を実施し, 再構成卵子をメキシコに発送して, 現地で受精し, 女性の子宮に移植する行為が, 国際的に批判を浴びた[22]. 日本では 2016 年から自家ミトコンドリアを卵子に移植する不妊治療の臨床研究が進行しており, 妊娠に至ったという報道が 2017 年にあった[23]. すなわち出生子への影響が未解明の実験的生殖医療は, 日本を含めて生殖医療の規制がゆるい国では安易に実施される傾向があるということである.

21.2.2 ヒト生殖細胞系列ゲノム編集の目的

現在のところ, ゲノム編集を伴う生殖医療を臨床現場で実施した例はないが, 哺乳動物での研究

21.2 生殖細胞系列ゲノム編集

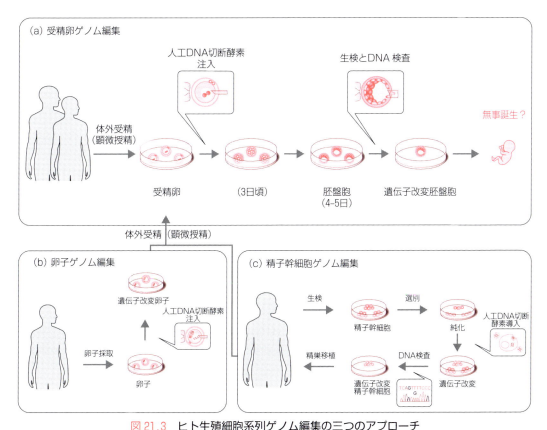

図 21.3　ヒト生殖細胞系列ゲノム編集の三つのアプローチ
生殖細胞でゲノム編集を行う場合，受精前に目的の遺伝子改変が達成されたか，オフターゲット変異がないか検査されるであろうが，胚を子宮移植する前に改めて DNA 検査が実施されるであろう．

論文を俯瞰すると，ゲノム編集を用いる生殖医療のアプローチは，受精卵での改変のみならず，精子幹細胞や卵子での改変も考えられる（図 21.3）[20]．また，iPS 細胞で遺伝子改変した後，生殖細胞に分化誘導するアプローチもとりうる．

ヒト生殖細胞系列ゲノム編集の基礎研究としては，上述の通り中国から報告された受精卵ゲノム編集の基礎研究結果が三つある[15-17]．いずれもヒト受精卵における遺伝子改変の一定の技術的実効性が示された．しかし同時に，低改変効率，モザイク（遺伝子改変された細胞と改変されない細胞が入り混じった状態），オフターゲット変異の問題が認められた．つまり，目的の遺伝子改変に失敗した子や，全身にオフターゲット変異の悪影響を受けた子が生まれる可能性がある．この両刃の剣のような生殖医療が実施される場合，体外受精と同様，夫婦の同意で実施されるであろうが，出生子の同意は得られない実験的な生殖医療に正当と判断される目的があるのかという疑問が自ずと生じる．

卵子細胞質移植を振り返ると，その目的としては不妊治療がまず考えられる．夫婦間での体外受精が有効ではない遺伝性の不妊症（たとえば *TUBB8* 遺伝子変異[24]）が対象となるだろう．しかし，親の不妊治療のために子の健康に重大なリスクをもたらす実験的医療の正当化は困難である．同様に，親がおもにベネフィットを受けると考えられる目的として，社会的目的で親が子に外観，身体上の形質を追求するエンハンスメントが考えられるが，子の福祉に適うとは到底考えにくく，かつ子に健

康リスクを強いるため，正当化はできない．将来的には，イギリスのミトコンドリア提供と同様に，重篤な遺伝子疾患のキャリア夫婦が遺伝的つながりのある子をもつための選択肢の一つに位置づける国が出てくるかもしれない．具体的には，着床前診断が有効でない，常染色体優性遺伝疾患のホモ接合体の親が健康な子を欲するようなケースにおいて，子でのリスク-ベネフィット比較衡量から，子の福祉を考慮した生殖医療と解釈する可能性はある[25]．実際，2017年に全米科学アカデミーが発表した報告書でも，重症な遺伝子疾患の予防を目的とした臨床試験であれば，厳しい規制の下では許容すべきと結論されている[26]．

21.2.3 ゲノム編集を伴う生殖医療が抱える難問

重篤な遺伝子疾患の子への遺伝予防を目的として，ゲノム編集を用いた生殖医療を行うことについては，一見すると正当に思えるが，倫理的，社会的な問題が山積している．実在の患者に施す"治療"に比べて，子の出生前に疾患発症を"予防"する医療は明らかに緊急性が低い．このような生殖医療を希望する夫婦には，代替法があることを説明し，熟慮してもらう必要がある．たとえば，夫婦の遺伝的背景から懸念される遺伝子疾患を発症しない子をもつ選択肢としては，配偶子提供や特別養子縁組がある．ただし，日本では配偶子提供に関する法規制はまだ制定されていない．JISART ガイドラインはあるが，これは一部の生殖医療クリニックの取り決めルールであり，公的な制度ではない[27]．また，日本の特別養子縁組制度の利用は近年増加傾向にあるものの，2017年の成立数は616件に過ぎない．つまり，日本でゲノム編集を伴う生殖医療を提供する段になったとしても，他の家族形成の選択肢があると説明することが困難な状況であり，ゲノム編集を伴う生殖医療を正当化することはできない．

しかし2010年の統計によると，日本は一国で世界の総治療回数の19%を占める生殖医療大国である[28]．これは，生殖医療に直接関係する法規制がないほか，高齢で妊娠・出産を希望する患者が多い，公的配偶子提供制度がない，血縁関係を重視する等も関係している．体外受精などの生殖補助医療を使って，血のつながりのある子をもちたいとする夫婦が多い日本では，ゲノム編集を伴う生殖医療を受け入れやすい状況にあるように見える．仮に，ゲノム編集を使う生殖医療を子での遺伝子疾患の発症予防の目的に限局して開始しても，オフターゲット変異などの原因で胎児や出生子に先天異常を起こすリスクはあるだろう．その懸念が現実になったとき，先天異常を負わせた子を完全に救済することは不可能であり，人道上の問題となるであろう．また，妊娠中に出生前診断でオフターゲット変異を胎児が抱えているとわかった女性は，同意したことを大いに苦悩するかもしれない．目的の子ではないとして，人工妊娠中絶が選ばれるかもしれない．実際，アメリカで卵子細胞質移植が実施された際に，胎児がターナー症候群とわかった女性の一人は減胎手術を受けた．そのような選択が安易に行われるなら，ヒトの生殖（reproduction）はヒトの生産（production）に様変わりしてしまう恐れがある．生殖細胞系列ゲノム編集による遺伝子疾患予防を標榜する生命倫理の論文でも，このような事態を想定した検討はほとんど見られない[29]．

日本では，生殖や生殖医療のあり方について社会で議論を深めることができないまま時間が経過しており，法規制をまったく制定できていない状況である．このような日本の現状を考えると，ゲノム編集を用いる生殖医療を導入することは危険な社会実験ではないか．社会的医療ともいえる生殖医療に極度に依存している日本では，仮に遺伝子疾患の予防目的でゲノム編集を伴う生殖医療を始めても，エンハンスメントに転用されてしまう

だろう．

21.3 ゲノム編集医療と国内規制

目下，日本では，ゲノム編集治療の安全性や効果を評価する臨床研究や，製剤開発を目的とする治験はまだ開始されていない．一方，海外での急速な臨床応用を考えると，遠くなく日本国内でも臨床応用が始まるとみられる．そのときに備えて，臨床応用に関連する国内規制を点検することは有意義であろう（表21.2）．

遺伝子治療の臨床研究に関する国内規制としては，従前より厚生労働省と文部科学省の二省指針である「遺伝子治療臨床研究に関する指針」があり，これに沿って生体内，生体外遺伝子治療が進められてきた．2014年の「再生医療等の安全性の確保等に関する法律」施行に伴って，本指針から生体外遺伝子治療関連（同法の一部の再生医療等）は除かれることになった．すなわち生体外遺伝子治療の臨床研究は，再生医療安全性確保法の規制を受けることになった．同法では，再生医療を，患者の生命および健康に与える影響の想定される程度に応じて，iPS細胞などを含む，ヒトに未実施など高リスクな「第1種再生医療等」，体性幹細胞を中心とする「第2種再生医療等」，体細胞等の「第3種再生医療等」と三つに区分しており，前二者と後者では審査する倫理委員会が異なる．ゲノム編集を経た遺伝子改変細胞は細胞加工の程度が高いため，生体外ゲノム編集治療の臨床研究は「第一種再生医療等」に分類される公算が高い．生体内遺伝子治療は，2015年に改正された厚生労働省「遺伝子治療〝等〟臨床研究に関する指針」の規制対象のままとなっている．生体内ゲノム編集治療でウイルスベクターやプラスミドにより人工ヌクレアーゼを送達する場合は，遺伝子治療等臨床研究指針に沿って臨床研究を実施していくことになるだろう．なお遺伝子治療と同様，生体内および生体外ゲノム編集治療のいずれにおいても，ウイルスベクターを調製し臨床で使用する場合は，「遺伝子組換え生物等の使用等の規制による生物の多様性の確保に関する法律」（いわゆるカルタヘナ法）の規制を順守したウイルスベクターの適切な使用や管理が求められる．

ゲノム編集の医療開発が世界で急速に進む状況を受け，平成29年4月，厚生労働省は，「遺伝子治療等臨床研究に関する指針の見直しに関する専門委員会」を発足させた．本委員会における想定される論点を以下，考察する．上述の通り，生体

表21.2 ゲノム編集医療開発に関連する規制

	生体外ゲノム編集治療	生体内ゲノム編集治療	ゲノム編集を伴う生殖医療
臨床開発	再生医療等の安全性の確保等に関する法律（平成25年法律第85号）	遺伝子治療等臨床研究に関する指針（平成16年文部科学省・厚生労働省告示第2号，改正平成20年，26年）	左記指針により禁止
ゲノム編集を受けたヒト細胞加工製品の製造	医薬品，医療機器等の品質，有効性及び安全性の確保等に関する法律（平成25年法律第84号）	—	—
ゲノム編集治療用製品の製造（プラスミドやウイルスベクター，およびその他製品）		医薬品，医療機器等の品質，有効性及び安全性の確保等に関する法律（平成25年法律第84号）	—
ヌクレアーゼなどを搭載したウイルスベクターの臨床現場での使用・管理	遺伝子組換え生物等の使用等の規制による生物の多様性の確保に関する法律（平成15年法律第97号）．		

グレーの部分は，一部のゲノム編集は規制対象とならない可能性を示す．

内ゲノム編集治療の多くのケースは本指針の規制対象となるであろうが，ゲノム編集にはこの指針を超越した部分もありそうだ．ゲノム編集は，NHEJ で標的遺伝子に（外来遺伝子を導入せずに）インデルを導入することができる．つまり，この指針における遺伝子治療の定義「疾病の治療や予防を目的として遺伝子又は遺伝子を導入した細胞を人の体内に投与すること」に当たらない可能性がある．レトロウイルスベクターを使ってゲノム編集のヌクレアーゼを導入すれば，ベクター自体がゲノムに挿入されて遺伝子導入となるが，もし人工ヌクレアーゼを mRNA やタンパク質の形態で導入してインデルを起こさせる場合，遺伝子治療指針の定義に該当しないと解釈しうる．厚生労働省が難病に苦しむ患者に向けた生体内ゲノム編集治療の開発を円滑に進められるように適切に指針見直しを進めるのであれば，大変有意義であろう．

生体内ゲノム編集治療のウイルスベクター製品など，あるいは生体外ゲノム編集治療のための細胞製品の開発は「医薬品，医療機器等の品質，有効性及び安全性の確保等に関する法律」の枠組みの中で進められる治験を経なければならない（表 21.2）．しかし，その具体的な運用は医薬品医療機器総合機構による薬事戦略相談などにおもに委ねられており，相談時の支援内容は目下のところ公開されていない．したがって，多くの患者に新しいゲノム編集治療の恩恵を届けるには，オフターゲット変異などのリスクを評価する体系などを整えつつ，相談支援の具体的なガイダンスが公開されることが重要である．

遺伝子治療等臨床研究指針には，生殖細胞系列の遺伝学的改変を禁じる条項がある．「第七 生殖細胞等の遺伝的改変の禁止」は，ヒトの生殖細胞や胚の意図的な遺伝的改変，あるいは遺伝的改変となる恐れのある臨床研究を禁止しているが，これについてもゲノム編集の一部は該当しないことが想定される．2017 年 3 月に中国から発表されたヒト受精卵ゲノム編集の基礎研究論文は，Cas9 タンパク質，gRNA，鋳型 DNA を受精卵に精密注入して HDR の実験をした．仮に，Cas9 タンパク質と gRNA のみを受精卵に注入して NHEJ を行う場合，標的遺伝子でインデルが生じ，遺伝学的改変になると科学的には理解される．しかし，同指針では遺伝子治療を遺伝子導入として定義しており，このようなゲノム編集は指針第七の対象にならないと規制上は考えられる．厚生労働省の指針見直しのなかで，同指針第七のゲノム編集の規制隘路の解消に取り組み，ゲノム編集を伴う生殖医療の拙速な臨床利用を禁止する対応をとるかもしれない．それは暫定措置としては意味があるものの，研究指針は研究者向けのルールであり，このような生殖医療のリスクを十分に理解していない一般の人々に対しては何ら導くものではない．国の研究指針では違反のペナルティーは公的研究費の制限などであり，国の研究費を受給していない研究機関には効果は乏しいだろう．また，一般の人が海外へ渡航してゲノム編集を伴う生殖医療を受けようと考えるかもしれない．ゲノム編集の後，出生子が先天異常を負って生まれたなどの社会問題を防止するには，研究者向けのルールの指針ではなく，国の法律として規制あるいは禁止するほうがよいかもしれない．むろん国内法は国内でのみ有効であるが，社会ルールを広く示す効果が期待できるのではないか．

21.4　おわりに

我が国では，まだ遺伝子治療の恩恵は患者にはもたらされていない．その原因の一つとして，遺伝子治療等臨床研究指針が厳格な規制，研究機関と国の二重審査を強いてきたという批判がある．一方でこの指針は，国内の臨床研究で重大な副作用が発生しなかったことに寄与してきた．研究コ

ミュニティーが遺伝子治療の開発を適正に進めてきた実績も考慮され，同指針は 2015 年に規制緩和された．この経緯を慎重に汲めば，遺伝子治療の延長線上に位置するゲノム編集治療開発に対して，単に新しい技術であるからと過度な規制をとることは避けるべきであり，一方で必要なリスク評価が臨床で必ず行われるよう適正な規制対応が望まれる．今後，日本でもゲノム編集治療の臨床研究が進められるであろうが，前臨床で遺伝子改変に伴うリスクの低減化が図られ，臨床で患者に明確にリスクが説明され，インフォームドコンセントが適正に取得されることを通じて開発が順調に進むことを祈念する．

これまで生殖医療に関する規範の制定を十分に進めることができなかった日本社会が，出生子の健康に重大な影響を及ぼしかねない，また家族や社会に重大な問題を起こしかねない生殖細胞系列ゲノム編集の臨床応用へ進むのは，明らかに時期尚早である．したがって暫定的には禁止とするべきであるが，この前代未聞の生殖医療の社会での取扱いについて，法規制の必要性も含めて開かれた議論を継続し，社会的な合意形成を進めていくことが重要であろう．

(石井哲也)

文　献

1) The Journal of Gene Medicine Clinical Trial site (http://www.abedia.com/wiley/countries.php).
2) 金田安史,「世界での遺伝子治療薬の開発状況」, 循環器内科, **80**, 311 (2016).
3) S. Hacein-Bey-Abina et al., *J. Clin. Invest.*, **118**, 3132 (2008).
4) ヘルシンキ宣言 人間を対象とする医学研究の倫理的原則 (http://www.med.or.jp/wma/helsinki.html).
5) M. Araki, T. Ishii, *Trends Biotechnol.*, **34**, 86 (2016).
6) D. A. Maier et al., *Hum. Gene Ther.*, **24**(3), 245 (2013).
7) K. Allers, G. Hütter, J. Hofmann, C. Loddenkemper, K. Rieger, E. Thiel, T. Schneider, *Blood*, **117**(10), 2791 (2011).
8) P. Tebas et al., *N. Engl. J. Med.*, **370**, 901 (2014).
9) E. E. Perez et al., *Nat. Biotechnol.*, **26**(7), 808 (2008).
10) FDA Minimal Manipulation of Human Cells, Tissues, and Cellular and Tissue-Based Products: Draft Guidance (http://www.fda.gov/BiologicsBloodVaccines/GuidanceComplianceRegulatoryInformation/Guidances/CellularandGeneTherapy/ucm427692.htm).
11) OMIM PROGRAMMED CELL DEATH 1 (https://www.omim.org/entry/600244).
12) L. M. Kattenhorn, C. H. Tipper, L. Stoica, D. S. Geraghty, T. L. Wright, K. R. Clark, S. C. Wadsworth, *Hum. Gene Ther.*, **27**(12), 947 (2016).
13) M. Sadelain, E. P. Papapetrou, F. D. Bushman, *Nat. Rev. Cancer*, **12**(1), 51 (2011).
14) J. K. Joung, *Nature*, **523**, 158 (2015).
15) P. Liang et al., *Protein Cell*, **6**, 363 (2015).
16) X. Kang et al., *J. Assist. Reprod. Genet.*, **33**, 581 (2016).
17) L. Tang et al., *Mol. Genet. Genomics*, **292**, 525 (2017).
18) T. Ishii, *Brief Funct. Genomics*, **16**, 46 (2017).
19) S. H. Chen et al., *Reprod. Biomed. Online*, **33**, 737 (2016).
20) T. Ishii, *Trends Mol. Med.*, **21**(8), 473 (2015).
21) Human Fertilisation and Embryology (Mitochondrial Donation) Regulations 2015.
22) T. Ishii, *J. Law Biosci.*, **4**(2), 384 (2017).
23) 毎日新聞, 2017 年 6 月 22 日, 東京朝刊,「ミトコンドリア卵子移植で出産」大阪の施設発表 安全性に懸念も.
24) R. Feng et al., *J. Med. Genet.*, **53**(10), 662 (2016).
25) T. Ishii, *Reprod. Biomed. Online*, **34**(1), 27 (2017).
26) National Academies of Sciences, Engineering, and Medicine, "Human Genome Editing: Science, Ethics, and Governance," The National Academies Press (2017).
27) 精子・卵子の提供による非配偶者間体外受精に関する JISART ガイドライン (https://jisart.jp/about/external/guidline/).
28) S. Dyer et al., *Hum. Reprod.*, **31**(7), 1588 (2016).
29) たとえば C. Gyngell, T. Douglas, J. Savulescu, *J. Appli. Philos.*, **34**(4), 498 (2016).

用語解説

【数字】

3C（chromosome conformation capture）**法**
核内におけるゲノム領域の空間的近接性を検出する技術．二者ゲノム領域間での空間的近接性を検出する．3C法の発展的技術として，ゲノム全体にわたって空間的近接性を評価するHi-C法なども開発されている．

【アルファベット】

AID（activation-induced cytidine deaminase）
DNAのシトシンをウラシルに脱アミノ化する酵素．B細胞が免疫グロブリン遺伝子を多様化するための体細胞超変異にかかわる．

BAC（bacterial artificial chromosome）
細菌人工染色体．長大なゲノムを断片化して組み込めるように工夫したDNAベクターで，10-30万塩基対程度の配列を保持できる．

Base Editor
DNA1塩基を脱アミノ化反応酵素デアミナーゼにより変換して，直接書き換える標的変異導入技術．原則的に，CからTへの変換とAからGへの変換が可能．

ChIP（chromatin immunoprecipitation）**法**
ゲノムDNA中におけるDNA結合タンパク質などの結合部位を決定する技術．ゲノムDNAを断片化後，解析対象分子に対する抗体などを用いて免疫沈降を行い，免疫沈降物中に含まれるDNAを定量PCR法や次世代シーケンス法などにより解析する．

EdU（5-ethynyl-2′-deoxyuridine）
チミジンのヌクレオシド類似体．培養細胞に添加すると，細胞のDNA合成の際にゲノムDNAに取り込まれるため，S期に入りDNA合成を行った細胞の標識が可能となる．

HDR（homology-directed repair）
DNAの二本鎖切断が生じた際，切断を生じた付近の塩基配列と相同な配列をもつDNAを鋳型として切断部位を修復する機構であり，DNA複製中の損傷修復などに関与する．ゲノム編集のDNA切断時にも，鋳型DNAを利用してこの修復機構が起こり，変異が修復される．

HLA拘束性（HLA restriction）
HLA（ヒト白血球抗原）はヒトのMHC（主要組織適合抗原）のことで，抗原に由来するペプチド分子を提示し，その複合体をT細胞が認識する．T細胞が反応するにはHLAが一致している必要があり，それをHLA拘束性と呼ぶ．

isogenic-iPS細胞（isogenic-iPS cell）
ゲノム編集によって作製された，編集ターゲット遺伝子以外の遺伝的背景が元の細胞と同一であるiPS細胞．

MMEJ（microhomology-mediated end joining）
DSB修復経路の一つであり，数塩基対から数十塩基対程度までの短い相同配列を"のりしろ"にして連結する．NHEJと異なる末端結合修復としてalternative end joining（alt-EJ）とも呼ばれる．

MS2/MCPシステム（MS2/MCP system）
特定ゲノム領域にMS2繰返し配列を導入しておき，MS2 RNA特異的に結合するMCP-蛍光タンパク質融合体を発現させることで，特定の転写産物を可視化する方法．

NHEJ（non-homologous end joining）
非相同末端結合とも呼ばれ，相同配列に依存せず切断末端を直接結合する，比較的エラーの多いDNA二本鎖切断修復機構．

PD1/PD-L1経路（PD-1/PD-L1 pathway）
PD-1は活性化T細胞に，PD-L1は抗原提示細胞に発現される．PD-1にPD-L1が結合するとT細胞の機能が抑制されるため，これらは免疫チェックポイントタンパク質と呼ばれる．がん細胞もPD-L1を発現し，PD-1/PD-L1経路を介して腫瘍免疫反応に抵抗性を示す．免疫チェックポイント阻害薬

■ 用語解説 ■

が，新しいがん治療薬として開発されている．

RNA-FISH（RNA fluorescence *in situ* hybridization）**法**
固定した細胞のRNAに，蛍光標識した核酸プローブをハイブリダイゼーションさせることで，プローブと相補的な配列をもつRNAの細胞内局在を解析する技術．

RNA編集（RNA editing）
ゲノムDNAから転写されたmRNAに対し，特定の酵素・タンパク質群を介して塩基置換・挿入・欠損を加える分子メカニズム．

TAD（topologically associating domain）
ゲノムワイドに特定DNA領域間の相互作用頻度を定量化するHi-C法から明らかになった，特徴的な0.2-2.5 Mbpサイズのゲノム構造．

【あ】

アデノ随伴ウイルス（AAV）ベクター（adeno-associated virus vector）
パルボウイルス科ディペンドウイルス属の非エンベロープウイルスであるアデノ随伴ウイルスを用いた遺伝子導入方法．ウイルスゲノムはホストゲノムには挿入されないため，分裂細胞では一過性発現であるが，非分裂細胞では核内に滞留可能なため，組織によっては年オーダーで外来遺伝子を持続発現できる．非病原性かつ粒子径が小型で非分裂細胞にも進入できるため，遺伝子治療で用いられることも多い．多くのセロタイプ（血清型）が存在し，それによって異なる組織・細胞への感染指向性を示す．

遺伝子治療（gene therapy）
疾病の治療や予防を目的として，遺伝子または遺伝子を導入した細胞をヒトの体内に投与すること．従来は導入遺伝子によって細胞の機能を調節して治療を行っていたが，ゲノム編集技術の進展により，宿主の遺伝子自体を操作し，変異の修復や特定の遺伝子の破壊が可能になった．

遺伝子付加治療（gene addition therapy）
従来の遺伝子治療のストラテジーであり，染色体DNA配列そのものを操作するのではなく，治療遺伝子のcDNAなどを細胞へ導入する治療法．

遺伝性心血管疾患（inherited cardiovascular disease）
遺伝子変異を原因とする心血管疾患の総称．拡張型心筋症をはじめとする心筋症だけでなく，QT延長症候群，ブルガダ症候群などの不整脈疾患や，マルファン症候群などの多くの心血管疾患において，遺伝子変異の関与が明らかとなっている．

インプリンティング疾患（imprinting disorder）
ある一群の遺伝子において，父方あるいは母方アレル特異的にDNAのメチル化が見られ，遺伝子発現に影響を与える現象．そのような影響を受けている遺伝子をインプリント遺伝子という．インプリンティング疾患はインプリント遺伝子の発現異常により起こる．

ウイルスベクター（viral vector）
遺伝子を細胞内導入するため，ウイルスのゲノムを改変し，目的の遺伝子をウイルスゲノム内に入れ込み，細胞内で発現できるようにする一方で，基本的には細胞内でのウイルスゲノム複製やウイルス増殖が起こらないようにゲノムを組み換えたウイルス．

エキソンスキッピング（exon skipping）
スプライシングアクセプター，スプライシングエンハンサーなどの配列に対するスプライソソームの結合を阻害して，関連するエキソンを読み飛ばすこと．結合阻害は，アンチセンスオリゴや配列そのものの破壊によって引き起こされる．

エピゲノム（epigenome）
エピジェネティクスとは，DNAのメチル化やヒストン修飾によって遺伝子発現情報が制御・伝達される機構であり，スイッチにたとえられる．また，その修飾情報のことをエピゲノムという．

塩基除去修復（base excision repair）
DNAの異常な塩基を取り除いて修復する過程．異常な塩基を認識する脱塩基酵素グリコシラーゼが塩基部を切り取り，次にAPエンドヌクレアーゼがDNA片鎖切断により脱塩基部位を除き，最後にDNAポリメラーゼとリガーゼが相補鎖依存的に正常な塩基対に修復する．

用語解説

オフターゲット（off-target）
本来意図する標的とは異なる標的を指す．ゲノム編集の文脈では「オフターゲット作用」や「オフターゲット変異」といった表現で使われることが多く，いずれも狙った領域以外のゲノム領域に変異が入る現象を表す．

オルガネラゲノム（organelle genome）
真核生物の細胞において，細胞核が保持する核ゲノムを除き，ミトコンドリアやプラスチドなどの細胞小器官（オルガネラ）が独自に保持するゲノムDNA．

【か】

外挿（extrapolation）
動物実験で得られた知見をヒトに当てはめるなど，ある系で得られた結果を異なる系に対して当てはめること．

核酸アナログ製剤（nucleoside/nucleotide analogues）
B型肝炎ウイルスがもつ逆転写酵素の働きを阻害することで，ウイルスの増殖を抑制する薬剤．

核酸認識モジュール（nucleic acid recognition module）
DNAあるいはRNAなどの核酸に結合することを目的としたタンパク質ドメインであり，転写や翻訳などに働く活性化因子と連結する（モジュール化する）ことで，特定の標的配列に対して多様な核酸代謝を可能にする構成要素．

キメラ抗原受容体（chimeric antigen receptor：CAR）
異なった種類の複数の受容体の各部分から構成される．代表的なものは，単鎖抗体分子とT細胞受容体のCD3ζ鎖を融合させ，両者の間に副刺激シグナル発生ドメインをはさんだもので，CAR-T細胞療法に用いられる．

クロマチン（chromatin）
細胞内でゲノムDNAはヒストン8量体に約2回転巻きついてヌクレオソームを形成し，これが連なった構造をクロマチンと呼ぶ．

血液キメラ（blood chimera）
マーモセットの多胎妊娠では胎子の胎盤が融合し，血液幹細胞が胎子間で交換されて骨髄に生着するため，同腹仔由来の血液幹細胞を併せもつ血液キメラとなる．同腹仔同士は免疫寛容となり，組織移植が可能となる．

【さ】

サルコメア（sarcomere）
骨格筋や心筋における筋収縮の基本構成単位．Z板で隔てられた細いフィラメント（アクチン）と太いフィラメント（ミオシン）より形成される．両フィラメントの横滑りが筋収縮を惹起する．

腫瘍原性（oncogenicity）
細胞が腫瘍を形成する能力を獲得すること．

神経変性疾患（neurodegenerative disease）
中枢神経における特定の神経細胞群が障害を受け，脱落を起こす疾患の総称．多くは神経細胞内に異常タンパク質の蓄積を生じ，細胞死を起こす．

人工制限酵素（artificial restriction enzyme）
人工的にデザイン可能な，通常は20-30塩基の任意のDNAもしくはRNA配列を認識して結合し，切断する酵素．ZFN，TALEN，CRISPRなどがある．

人工ヌクレアーゼ（artificial nuclease）
標的とするDNA配列を人工的にプログラムできるヌクレアーゼ．かつては「ゲノム編集酵素」とほぼ同義であったが，自然界のシステムをほぼそのまま流用したCRISPR-Cas9の登場により，とくにZFNやTALENを指す用語となった．

人工分子進化（artificial molecular evolution）
遺伝子にランダムな変異を入れ，その遺伝子から転写および翻訳により生成するRNA，タンパク質を特定の性質に基づいてスクリーニングし，特定の性質をもつRNA，タンパク質遺伝子を単離すること．

生殖医療（reproductive medicine）
体外受精や顕微授精などの手技を用いて受精・着床過程に介入する医療．おもに不妊治療として実施されるが，遺伝子疾患を発症しない子の産み分けにも使われる．日本はアメリカと並び生殖医療大国とさ

■ 用語解説 ■

れる.

生殖細胞系列ゲノム編集(germline genome editing)
遺伝子疾患の出生前予防などを目的として,ヒト受精卵でゲノム編集を実施した基礎研究論文が少なくとも6報発表された.理論的には生殖細胞でも実施できる.しかし日本を含め,臨床応用を禁止する国がある.

セロタイプ(serotype)
ウイルスに対する抗体の違いによる分類方法.血清型とも呼ばれる.セロタイプの違いにより,種々の細胞への感染指向性が異なる.

センダイウイルス(Sendai virus)
一本鎖RNAウイルスであり,遺伝子が標的細胞の核内に進入せず,宿主ゲノムに取り込まれないという特徴をもつ.分裂/非分裂細胞にかかわらず,効率的な遺伝子導入が可能である.

【た】

体細胞クローニング(somatic cell cloning)
動物のクローニング法の一つ.ある個体の体細胞核を未受精卵細胞質に移植して胚を再構築し,最終的に借り腹に移植して個体を産生する.

ドラッグリポジショニング(drug repositioning)
ヒトでの安全性および体内動態が確認されている既存薬に対して,別の疾患に対する薬効を発見し,新規治療薬として開発すること.

トランスジェニック(transgenic)
生物の受精卵などに人為的に特定の遺伝子を導入し,外来遺伝子をもたせた生物のこと.一般的に外来遺伝子はゲノム上にランダムに導入され,生殖系列細胞に導入が起こった場合は外来遺伝子が次世代へと受け継がれる.

トリソミー(trisomy)
通常2本で対をなすべき相同染色体に,1本過剰に染色体が存在することで3本になった細胞・個体を指す.ヒトでは21番,18番,13番染色体の三つのトリソミーが見られる.

【な】

ナイーブ型とプライム型(naïve and primed)
マウスES細胞など,配偶子やすべての体細胞への分化能力をもつ多能性幹細胞をナイーブ型と呼ぶ.ヒトES細胞など,マウス着床後胚の胚盤葉上層細胞と同等で,個体化能力をもたない多能性幹細胞をプライム型と呼ぶ.

【は】

光遺伝学(optogenetics)
光学と遺伝子工学の方法論を融合させた学問分野.光駆動型のイオンチャネル(チャネルロドプシン)が神経細胞の光操作に応用されて以降,神経科学の分野で爆発的に利用されている.近年では,さまざまな光駆動型のツールが開発されている.

光受容体(photoreceptor)
植物などがもつ,光を吸収して機能するタンパク質の総称.青色光や赤色光などの可視光を吸収することで構造を変化させる.構造変化に伴って,別のタンパク質と結合することもある.

光スイッチタンパク質(photoswitching protein)
アカパンカビの青色光受容体にプロテインエンジニアリングを施して開発されたMagnetシステム(pMagおよびnMag)が代表例.青色光を照射するとpMagとnMagが結合するので,これを利用してさまざまな光駆動型ツールを開発できるようになった.

尾静脈急速静注法(hydrodynamic tail vein injection:HTVi)
マウスの尾静脈から体重あたり約8-10%容量の核酸溶液を5-7秒間で注入することで,肝細胞に簡便に遺伝子を導入する方法.

ヒト化動物(humanized animal model)
遺伝子ヒト化と細胞ヒト化に分けられる.遺伝子ヒト化は,ゲノムの一部や特定の遺伝子をヒト遺伝子配列と置き換えた動物.一方,ヒト由来の細胞や組織を移植した動物を細胞ヒト化と呼ぶ.

■ 用語解説 ■

非分裂細胞（non-dividing cell）
神経細胞や心筋細胞など，分裂を止めた細胞．終末分化細胞とも呼ばれ，生体内の大部分を占める細胞である．

ファウンダークローン（founder clone）
体細胞クローニングによって生産された第1世代のクローン個体．ファウンダークローンを繁殖に供して次世代を得る場合と，ファウンダークローンから細胞を採取して，再び次世代クローン個体を得る場合がある．

分解能（resolving power）
分子の原子構造がどのくらいの細かさで決まっているか，誤差がどのくらい小さいかを表す数字．X線結晶構造解析やクライオ電顕単粒子解析における構造の正確度の指標となる．

紡錘体核移植（spindle nuclear transfer）
成熟卵子から紡錘体核（染色体，微小管，中心体などを含む）を採取し，別の脱核成熟卵子に移植する手技．2015年，イギリスはミトコンドリアDNAに起因する疾患の遺伝予防を目的として合法化した．

母子感染（maternal-fetal transmission）
妊娠中の胎内感染，出産時の産道感染，出生後の経母乳感染などを介して，B型肝炎ウイルスやヒト免疫不全ウイルスなどの病原体が母から児に感染する病態の総称．

ポジティブ/ネガティブセレクション（positive/negative selection）
相同組換えが起こった目的の細胞を得るために，薬剤耐性遺伝子などのマーカー遺伝子を利用して選択する方法．マーカー遺伝子が導入された細胞を選択的に生存させる場合と，逆に死滅させる場合とがある．

【ま】

モザイク（mosaic）
異なる遺伝子型の細胞が一個体中で混在している状態を指す．受精卵の分裂過程で，各割球に異なる変異が生じた結果，モザイク個体となる．キメラは外来の細胞が全身へ分布した様子であり，区別が必要である．

【ら】

ライブイメージング（live imaging）
個体および細胞を生きた状態で観察する手法．同一サンプルの経時変化を捉えることが可能で，多数の固定サンプルだけからでは推測できない情報が得られる．

リピート：アンチリピート二本鎖（repeat: anti-repeat duplex）
Cas9はcrRNAとtracrRNAの2本の非翻訳RNAを用い，ゲノムの特定の配列を認識して二本鎖切断を行う．crRNAとtracrRNAは互いに相補的な配列をもち，二本鎖を形成する．これをリピート：アンチリピート二本鎖という．

レンチウイルスベクター（lentiviral vector）
レトロウイルス亜科のレンチウイルスを送達媒体として用いた遺伝子導入方法で，分裂細胞と非分裂細胞の両方に感染可能．ウイルスゲノムはホストゲノムに挿入されるため，導入した遺伝子が長期にわたって安定して発現する．安全性を高めるために，構造タンパク質をコードするパッケージングベクターが複数に分けられており，感染後に細胞内でウイルス複製が起こらないように改変が施されている．

索　引

【数字】

2Aペプチド	36
2H2OP	96
2ヒット2オリゴ法	95
3C法	58, 66
3xFLAG-dCas9	57

【アルファベット】

AAV	168, 219
AAVベクター	20, 81, 125
ABE	43
ADPKD	105
AID	40
ALS	157
BAC	95
Base Editor	43
BE	43
BFP	71
BMD	123
B型肝炎ウイルス	137
B細胞	116
C2c2	20
CAG	150
CAR	176, 177
CAR-T	201
CAR-T遺伝子治療	176, 177
Cas12a	20
Cas13a	20
Cas9	31, 129
Cas9n	25
Cas9恒常発現マウス	168
Cas9タンパク質	55
Cas9ニッカーゼ	97
Cas9マウス	86
caspase 3	162
cccDNA	140
CCR5	233
CCR5	7
CCR5共受容体遺伝子	219
CD19	5
channelrhodopsin-2	28
CIB1	34
CjCas9	20
control-iPS細胞	159
Cpf1	20, 130
Cre	35
Cre-*loxP*システム	35
CRISPRainbow	72
CRISPR-Cas9	5, 18, 45, 77, 94, 105, 111, 129, 158, 184
CRISPR-Cas9システム	19, 31
CRISPR-Casタンパク質	186
CRISPRアレイ	188
CRISPRスクリーニング	19
crRNA	20
CRS	180
CRY2	34
dCas9	24, 33
DGC	124
DMD	82, 122
DNA結合型PPR	209
DNA二本鎖切断	21, 91
DNAメチル化	46
DNAメチルトランスフェラーゼ	46
DNMT	46
dPPR	209
DSB	21, 79, 91, 126
DSB修復機構	21, 79
EdU	170
EF1α	150
EM-CCDカメラ	38
enChip法	53
EpiSC	110
ERG	153
ESC	92
ES細胞	78, 110
ETS2	153
ex vivo	201
*ex vivo*遺伝子治療	131
*ex vivo*編集	43
*ex vivo*法	3
FACS解析	116
FAD	30
FIAU	150
first-in-human試験	235
FISH法	65
FokI-dCas9法	25
FROS	67
FUS	158
GATA1	148

■索引■

GFP	69
Glybera	4
GRP23	208
GSH	234
HBc抗原タンパク質	139
HBe抗原タンパク質	138
HBs抗原タンパク質	139
HBV	137
HBVキャリア	137
HBxタンパク質	139
HDR	79
HeLa細胞	75
Hi-C法	58
HITI法	10, 21, 83
HMEJ法	86
HNH	187
HNHドメイン	193
Hoechst33342	66
HR	21
iChiP法	54
Il2rg	114
IL2Rγ	102
IL受容体	117
in vitro enChiP法	59
in vivo 遺伝子治療	132
in vivo 編集	43
in vivo 法	3
iPS細胞	78, 156
isogenic-iPS細胞	159
loxP	35
lssDNA	95
Magnetシステム	31
MMEJ	22, 84
MN	126
MPC	160
MS2	50
nCas9（D10A）	42
Neon Transfection System	150
NGS解析	53
NHEJ	21, 79, 201
NK細胞	116
NUCローブ	193
on-target, off-tumor反応	181
OTC	102
OTC欠損症	102
p63	208
PA-Cas9	32
PAM配列	19, 97, 186
ParB-INTシステム	68

PD-1	183, 233
PD-1/PD-L1経路	184
Peg-IFN	141
PGK	150
pgRNA	138
phosphate lock loop	195
PITCh法	22, 86
PIドメイン	193
Platinum TALEN	115
PmCDA1	40
PPRタンパク質	203
PPRモチーフ	203
pTac2	208
PUF	211
puroΔtk	150
rAAV	144
rApobec	43
RECローブ	192
RFP	71
RNAi	57
RNA干渉	57
RNA結合型PPR	209
RNA誘導型ヌクレアーゼ	18
RNP	220
ROLEXシステム	74
RPE65	4
rPPR	209
RTT	111
RUNX1	153
RuvC	187
RuvCドメイン	193
Rループ構造	40
SaCas9	20, 172
SAM	50
SCID	102
SCID-X1	218, 225
sequential-FISH	72
sgRNA	18, 129, 188
SILAC法	56
SpCas9	19, 94, 172
split-Cas9	32
split-Cre	36
ssODN	23, 95
Strimvelis®	2
SunTag	49, 72
SuperNova Tagging	49
TAD	74
TALE	18
TALEN	5, 18, 45, 94, 102, 111, 128, 158, 181

■索 引■

TALE ヌクレアーゼ	18
TAL エフェクター	18
TAL タンパク質	55
TAM	148
Target-AID	40
TCR-T 遺伝子治療	176, 178
TET	47
TG 動物	91
TP53	4
tracrRNA	20
T-VEC	5
T 細胞	116
UGI	41
Vivid	29
VPR	49
WED ドメイン	196
X-SCID	93, 115
X 染色体	12
X 連鎖重症複合免疫不全症	1, 93, 114, 218
X 連鎖性遺伝病	101
ZFN	5, 17, 45, 92, 102, 111, 128, 158, 177
ZF タンパク質	54

【あ】

青色蛍光タンパク質	71
アカゲザル	108
アカパンカビ	29
アデノシンデアミナーゼ欠損症	2
アデノ随伴ウイルス	1, 168
アデノ随伴ウイルスベクター	20, 81
アポトーシス	161
アンチセンスオリゴ	124
異種細胞移植モデル	117
一過性骨髄異常増殖症	148
一本鎖オリゴ DNA	95
遺伝子 KO	102
遺伝子改変 T 細胞療法	176
遺伝子改変マウス	90
遺伝子座特異的 ChiP 法	53
遺伝子座特異的クロマチン免疫沈降法	53
遺伝子治療	1, 134, 172, 228
遺伝子治療等臨床研究に関する指針	239
遺伝子ノックアウト	23, 77
遺伝子ノックイン	23, 77
遺伝子発現	33
遺伝子ヒト化動物	98
遺伝子付加治療	225
遺伝性高チロシン血症 I 型	8
遺伝性心血管疾患	173
イメージサイトメーター	168
医薬品，医療機器等の品質，有効性及び安全性の確保等に関する法律	240
囲卵腔	109
インターロイキン 2 受容体 γ 鎖	102
インターロイキン 2 受容体 γ 鎖遺伝子欠損症	225
インターロイキン受容体	117
インデル	6, 230
インフォームドコンセント	228
ウイルスベクター	191
ウラシル DNA グリコシラーゼ	41
ウラシル脱塩基酵素	41
ウラシル脱塩基修復阻害タンパク質	41
運動ニューロン	160
運動ニューロン前駆細胞	160
エキソンスキッピング法	11
エピゲノム	44
エピゲノム編集	24
エピジェネティクス	44
エピジェネティック修飾	105
エピブラスト幹細胞	110
エレクトロポレーション	128
エンハンサー創薬	63
エンハンスメント	228
オフターゲット効果	6, 25, 33, 86, 96, 131, 164, 186, 218, 220, 224, 226, 232
オフターゲット部位	222
オルニチントランスカルバミラーゼ	102

【か】

ガイド RNA	7, 31, 186
介入試験	163
改変型 Cas9	199
核移植	101
核移行化配列	36
核局在シグナル	159
核酸アダプター	205
核酸アナログ製剤	141
核酸医薬	62
拡張型心筋症	106, 166
獲得免疫システム	189
割球分離	113
カニクイザル	109
肝がん	140
肝硬変	140
肝細胞	139
機能獲得	173
機能喪失	173
機能喪失変異	101

■ 索　引 ■

キメラ抗原受容体	176, 177
キメラ抗原受容体発現 T 細胞	4, 219
キメラ動物	110
逆位	23
キャリアフリーデリバリー	133
急性肝炎	140
筋衛星細胞	124
筋芽細胞	130
筋線維鞘	123
組換え型アデノ随伴ウイルス	144
グルタミン酸	161
クロマチン構造	68
クロモセンター	67
蛍光 in situ ハイブリダイゼーション法	65
血液キメラ	115
血清型	81
ゲノムセーフハーバー	234
原核生物	35
顕微注入	93
高アンモニア血症	102
広域欠失	23
コモンマーモセット	114

【さ】

細菌人工染色体	95
再生医療等の安全性の確保等に関する法律	239
臍帯血	149
サイトカイン放出症候群	180
細胞周期	75, 80
細胞ヒト化動物	98
サルコメア	167
サロゲートレポーター	33
ジストロフィン	122
ジストロフィン糖タンパク質複合体	124
次世代シーケンス解析	53
自然発症モデル	91
疾患 iPS 細胞	173, 174
疾患特異的 iPS 細胞	163
疾患モデル系	147
疾患モデルブタ	100
実験的病態発症モデル	91
実験モデル動物	90
質量分析法	53
シード配列	194
自閉症スペクトラム障害	111
重症複合免疫不全症	102
周辺技術	199
主溝	197
腫瘍溶解ウイルス	5

常染色体優性遺伝病	103
常染色体優性多嚢胞腎症	105
常染色体劣性遺伝病	105
小頭症	112
ジンクフィンガータンパク質	54
ジンクフィンガーヌクレアーゼ	17, 92, 128
シングルガイド RNA	18
神経変性疾患	156
人工多能性幹細胞	78, 156
人工ヌクレアーゼ	17, 80
人工分子進化	199
心臓移植	167, 173
心不全	166
スタッキング相互作用	199
ストレス顆粒	160
スーパー Cas9	199
青色光受容体	29
生体外遺伝子治療	131, 213
生体外ゲノム編集治療	230
生体内遺伝子治療	132, 213
生体内ゲノム編集技術	77
生体内ゲノム編集治療	230
赤色蛍光タンパク質	71
世代時間	113
セロタイプ	81, 132
前核移植	236
染色体除去	152
染色体転座	73
センダイウイルス	149
セントロメア	66
造血異常	148
造血幹細胞	2
造血分化誘導	151
相同組換え	21
相同組換え DNA 修復機構	126
相同組換え修復	5, 79
挿入変異	218
相補鎖	197

【た】

第 1 相試験	231
体細胞クローニング	100
大動脈乖離	104
ダウン症候群	147
ダウン症候群重要領域	153
脱アミノ化	39
ダブルニッキング法	25
ダブルニッケース	199
単一遺伝子疾患	100

■ 索 引 ■

中央チャネル	193
中和抗体	133
長鎖一本鎖DNA	95
重複	23
デアミナーゼ	39
デスモソーマルカドヘリン	173
デュシェンヌ型筋ジストロフィー	82, 122
デリバリー	191
テロメア	67
転座	23
転写活性化ドメイン	34
トシリズマブ	181
特許紛争	190
ドナーDNA	221, 223
ドミナントネガティブ	173
ドラッグリポジショニング	163
トランスクリプトーム解析	63
トランスジェニック	108
トランスジェニック動物	91
トロポニン	170

【な】

内皮-造血転換	151
ナイーブ型	110
ニッカーゼ	41
ニッケース	199
二本鎖切断	126
二本鎖閉鎖環状DNA	140
二量体	29
ネガティブセレクション	150
ノックアウト	110, 189
ノックアウトマウス	92
ノックイン	110
ノックインマウス	92

【は】

胚性幹細胞	78, 91, 110
ハイドロダイナミック遺伝子導入法	8
ハイドロダイナミックインジェクション	36
バクテリオファージ	35
バックグラウンド	70
パッケージ	191
ハプロ不全	104, 173
バリアント	223
光遺伝学	28
光受容体	28
光スイッチタンパク質	28
光ファイバー	38
非相同末端結合	6, 21, 79

非相補鎖	197
ヒトiPS細胞	147
ヒト化疾患モデル	130
ヒト化動物	98
ヒト受精卵	225, 226
ヒト免疫不全ウイルス	3
非分裂細胞	77
病態モデリング	157
標的DNA	192
ファウンダー個体	97
副溝	198
副腎白質ジストロフィー	3
不整脈源性右室心筋症	174
プライム型	110
ブリッジヘリックス	193
プレゲノムRNA	138
フレームシフト	126
分裂細胞	80
ベッカー型筋ジストロフィー	123
ヘテロクロマチン	65
ヘリカーゼ活性	194
ヘルシンキ宣言	229
ベンチャー	190
芳香族アミノ酸脱炭酸酵素	4
紡錘体核移植	236
母子感染	137
ポジティブセレクション	150
ホットスポット領域	123

【ま】

マイクロインジェクション	93
マイクロホモロジー	22
マイクロホモロジー媒介性末端結合	21
マウスES細胞	69
マーモセット	212
マルファン症候群	103
ミオシン調節軽鎖タンパク質	168
ミトコンドリア提供	236
メガヌクレアーゼ	17, 126
メタゲノム解析	63
免疫遺伝子治療	176
免疫不全マーモセット	114
網膜色素変性症	83
モザイク	97, 237
モザイク改変	111
モザイク形成	12
モザイクの推定	113
モデル動物	108

253

索　引

【や】

薬剤スクリーニング	162
優性阻害変異	101
ユークロマチン	65
ユニバーサル CAR-T 遺伝子治療	176, 181

【ら】

卵子細胞質移植	235
リスク	228
リスク・ベネフィット	218, 219, 224, 225
リソソーム酵素欠損症	9
リー脳症	206
リファレンスゲノム	232
リポソーム	133
リポタンパクリパーゼ欠損症	4
緑色蛍光タンパク質	69
リン酸化 STAT5	117
リンパ球	116
レスキュー	162
レチガビン	162
レトロウイルス	1
レーバー黒内障	3
レンチウイルス	1, 70
レンチウイルスベクター	128

編者略歴

真下　知士（Tomoji Mashimo）
1971年　京都府生まれ
2000年　京都大学大学院人間・環境学研究科博士課程修了
現　在　大阪大学大学院医学系研究科附属動物実験施設准教授
　　　　同研究科附属共同研ゲノム編集センターセンター長
博士（人間環境学）
おもな研究テーマは，ゲノム編集基盤技術の確立，ヒト疾患モデル（マウス，ラット等）の作製，ヒト遺伝子や細胞を導入したヒト化動物の開発など

金田　安史（Yasufumi Kaneda）
1954年　奈良県生まれ
1984年　大阪大学医学部大学院医学研究科博士課程修了
現　在　大阪大学大学院医学系研究科ゲノム生物学講座教授
医学博士
おもな研究テーマは，腫瘍治療学，遺伝子発現制御機構

DOJIN BIOSCIENCE SERIES 29

医療応用をめざすゲノム編集──最新動向から技術・倫理的課題まで

2018年6月25日　第1版　第1刷　発行

検印廃止

〈(一社)出版者著作権管理機構委託出版物〉
本書の無断複写は著作権法上での例外を除き禁じられています．複写される場合は，そのつど事前に，(一社)出版者著作権管理機構（電話 03-3513-6969, FAX 03-3513-6979, e-mail: info@jcopy.or.jp）の許諾を得てください．

本書のコピー，スキャン，デジタル化などの無断複製は著作権法上での例外を除き禁じられています．本書を代行業者などの第三者に依頼してスキャンやデジタル化することは，たとえ個人や家庭内の利用でも著作権法違反です．

乱丁・落丁本は送料当社負担にてお取りかえいたします．

編　者　真下知士
　　　　金田安史
発行者　曽根良介
発行所　(株)化学同人

〒600-8074　京都市下京区仏光寺通柳馬場西入ル
編集部　TEL 075-352-3711　FAX 075-352-0371
営業部　TEL 075-352-3373　FAX 075-351-8301
振替　01010-7-5702

E-mail　webmaster@kagakudojin.co.jp
URL　https://www.kagakudojin.co.jp

印　刷　創栄図書印刷㈱
製　本　清水製本所

Printed in Japan　© T. Mashimo, Y. Kaneda　2018　無断転載・複製を禁ず　　ISBN978-4-7598-1729-4